普通高等教育"十三五"规划教材

遥感专题信息处理与分析

李恒凯　编著

扫一扫

北　京

冶 金 工 业 出 版 社

2020

内 容 提 要

本书主要以专题介绍的形式对当前多种来源遥感影像处理方法及具体应用进行了详细介绍，对其中遥感软件的主要操作步骤进行了描述，并通过配套的数据，以作者科研实践为例，结合多种遥感专题应用，详细介绍了遥感方法及所用数据源的特点、涉及的相关技术、算法的背景和参考文献、参数的分析选择等内容。

本书可作为地理学、测绘科学与技术、测绘工程等空间信息学科本科生及研究生教材，也可供从事遥感应用研究的专业人员和测绘、地理信息科学、地理学等相关专业的科研人员参考。

图书在版编目(CIP)数据

遥感专题信息处理与分析/李恒凯编著．—北京：冶金工业出版社，2020.5

普通高等教育“十三五”规划教材

ISBN 978-7-5024-8482-8

Ⅰ.①遥…　Ⅱ.①李…　Ⅲ.①遥感数据—数据处理—高等学校—教材　Ⅳ.①TP751.1

中国版本图书馆 CIP 数据核字（2020）第 059098 号

出 版 人　陈玉千

地　　址　北京市东城区嵩祝院北巷 39 号　邮编　100009　电话　(010)64027926

网　　址　www.cnmip.com.cn　电子信箱　yjcbs@cnmip.com.cn

责任编辑　郭冬艳　美术编辑　郑小利　版式设计　禹　蕊

责任校对　李　娜　责任印制　禹　蕊

ISBN 978-7-5024-8482-8

冶金工业出版社出版发行；各地新华书店经销；三河市双峰印刷装订有限公司印刷

2020 年 5 月第 1 版，2020 年 5 月第 1 次印刷

787mm×1092mm　1/16；15.75 印张；382 千字；241 页

39.00 元

冶金工业出版社　投稿电话　(010)64027932　投稿信箱　tougao@cnmip.com.cn

冶金工业出版社营销中心　电话　(010)64044283　传真　(010)64027893

冶金工业出版社天猫旗舰店　yjgycbs.tmall.com

（本书如有印装质量问题，本社营销中心负责退换）

前　言

遥感是20世纪60年代初发展起来的一门新兴技术，最初遥感是采用航空摄影技术，1972年美国陆地卫星计划发射了第一颗对地观测卫星（Landsat），开始了航天遥感技术发展和应用的新时期，人类认识地球的范围变得无限宽广。随着遥感技术的不断成熟，将遥感技术推向市场，形成遥感市场。目前，该市场涉及领域非常广泛，包括国防、数字城市、农业、林业、土地、海洋、测绘、气象、生态、环保以及地矿、石油等。

遥感影像处理是遥感应用的第一步，也是非常重要的，目前的技术也非常成熟，有很多相关的软件。其中，ENVI(The Environment for Visualizing Image)是由遥感领域的科学家采用交互式数据语言IDL(Interactive Data Language) 开发的一套功能强大的遥感图像处理软件，也是本书主要介绍的软件。

本书共分12章。第1章的主要内容为遥感当前发展现状、数据来源及ENVI软件的基础知识，可作为遥感图像处理入门内容；第2章的主要内容为多光谱与决策树分类，介绍了一般的分类方法及处理过程，并以分形纹理辅助的土地利用分类为例，对分类方法进行改进与专题实践；第3章的主要内容为遥感动态监测，介绍了ENVI最新版本软件中的监测技术，并以赣州地区陆表环境遥感变化监测为例，对动态监测方法进行专题实践；第4章的主要内容为遥感光谱分析技术，介绍了高光谱数据分析的常用处理方法，介绍了基于高光谱野外实测数据的复垦植被判别分析，并以Hyperion高光谱影像为例，进行脐橙提取的专题实践；第5章的主要内容为遥感地形构建与分析，介绍了常用的地形构建与地形提取方法，以Sentinel-1A数据为例，介绍了微波遥感的地形构建方法。以东江流域面积提取为例，进行地形提取的专题应用实践；第6章的主要内容为波段运算与波谱运算工具，介绍了波段运算基本方法，并利用波段运算工具计算遥感影像变异系数，从而对植被NPP变异进行了分析；第7章的主要内容为面向对象分类与识别，对面向对象研究进展进行综述，并比较了ENVI和eCongnition软件面向对象分析方法过程，以稀土开采识别及识别过程中的尺度选择为例，进行专题应用实践；第8章的主要内容为植被覆盖度反演方法，比较了当前常用的植被覆盖度反演方法，并以东江源区植被覆盖度提取为例，进行专题实践；第 9 章的主要内容为遥感景观格局分析，介绍了景观格局遥感分析及数据处理方法，并以岭北稀土矿区为例，进行景观格局分析；第 10 章的主要内容为地表温度遥感反演，对比分析了常用的几种地表温度反演方法及数据处理过程，以稀土矿区为例，进行专题应用实践；第 11 章的主要内容为土壤侵蚀遥感评估，介绍了 RULSE 模型的土壤侵蚀评估方法及数据处理过程，并以稀土矿区为例，进行专题实践；第 12 章的主要内容为土地荒漠化遥感监测，介绍 Albedo-NDVI 特征空间方法及数据处理过程，并以稀土矿区土地荒漠化为例，进行专题应用实践。

全书由李恒凯设计大纲并主持撰写，研究生徐丰、吴冠华、魏志安、刘玉婷、瓮旭阳、李迎双、王利娟、邓昊键、李芹、王英浩、雷军、杨柳、欧彬、吴娇、阮永俭、熊云飞等参与本书的相关编写工作。在编写过程中，参考了有关图书中的一些内容，在此对相关作者表示感谢。本书的撰写得到江西理工大学兰小机教授、刘小生教授、况润元副教授及江西理工大学建筑与测绘工程学院有关领导、老师的热忱关心与大力支持，在此一并表示衷心的感谢。

本书由江西理工大学研究生教材建设项目资助出版，在此对江西理工大学在各方面提供的支持和帮助表示感谢。

由于作者水平所限，书中不当之处，敬请广大读者不吝赐教，不胜感激。

作　者
2020 年 1 月

目　录

1 绪 论

1.1 遥感市场及与 GIS 关系

遥感（Remote Sensing，RS）是 20 世纪 60 年代初发展起来的一门新兴技术，最初遥感是采用航空摄影技术，1972 年美国陆地卫星计划发射了第一颗对地观测卫星（Landsat），开始了航天遥感技术发展和应用的新时期，人类认识地球的范围变得无限宽广。随着遥感技术的不断成熟，将遥感技术推向市场，形成遥感市场。目前，该市场涉及领域非常广泛，包括国防、数字城市、农业、林业、土地、海洋、测绘、气象、生态、环保以及地矿、石油等众多领域。

遥感市场和 GIS 之间有着天然的联系，它们可以互为补充。遥感市场促使 GIS 技术不断发展，同时 GIS 技术的进步也加速遥感市场发展。遥感影像和遥感（技术）是遥感市场核心。其中，遥感是空间数据采集和分类的有效工具，GIS 是管理和分析空间数据的有效工具。两者是空间信息的主要组成部分，有着天然的联系。遥感具有动态、多时相采集空间信息的能力，遥感影像已经成为 GIS 的主要信息源。作为 GIS 的核心组成部分，遥感影像是提供及时信息的理想方式。在遭遇灾害的情况下，遥感影像能够立刻获取地理信息，在地图缺乏的地区，遥感影像甚至是我们能够获取的唯一信息。在空间信息的许多行业，离开遥感影像，GIS 就是不完整的。另一方面，遥感获取丰富的、海量的空间数据有赖于 GIS 的有效管理与共享，同时利用 GIS 强大的空间分析功能提取更深层次的专题信息，全面提升影像的利用价值，促进遥感市场进一步发展。

遥感与 GIS 不仅从数据上，还将从整个软件构架体系上真正实现融合，从而可以达到优势互补，进一步提升 GIS 软件的可操作性，提升空间和影像分析的工作效率，并有效节约系统成本。为了适应这种新的用户需求和未来的技术发展趋势，更好地为用户提供服务，Esri 公司与美国 ITT VIS 公司建立了全球战略合作伙伴关系，共同开发和建设遥感与 GIS 一体化平台。比如，作为 GIS 技术代表软件 ArcGIS，可以方便、快捷、实时和准确地访问影像数据；提供了一些实用的图像增强工具，如亮度、对比度等，方便影像解译；增加新的栅格数据模型（Mosaic Dataset），集成了栅格目录（Raster Catalog）、栅格数据集（Raster Dataset）和 Image Server 技术的最佳功能；增强影像服务功能（Image Services），服务端高效执行动态镶嵌和动态处理。而 ENVI 是遥感影像处理软件，完全兼容 ArcGIS 版本，并将高级的影像处理与分析工具直接整合到 ArcGIS 产品体系当中，使得用户在进行影像信息提取与 GIS 数据更新时无需进行软件切换。同时，ENVI 新增针对 ArcGIS 软件更新插件工具，如 ENVI for ArcGIS Server 工具，这种新的基于服务器的影像工具将为 ArcGIS Server 的企业级用户带来 ENVI 的图像处理功能。允许用户同时使用服务器上的资源，提高大数据量的处理和流程化分析速度。也可以包含在地理过程模型中并且应用于桌面端用户，进行分批次的分析，在各种客户端通过互联网进行网络服务。

随着空间信息市场的快速发展，遥感市场与 GIS 的结合日益紧密。遥感与 GIS 的一体化逐渐成为一种趋势和发展潮流。ENVI/IDL 与 ArcGIS 为遥感和 GIS 的一体化集成提供了一个最佳的解决方案。

1.2 卫星数据处理流程

遥感处理是遥感应用的第一步，也是非常重要的，目前的技术也非常成熟，大多数的商业化软件都具备这方面的功能。预处理的流程在各个行业、不同数据中有点差异，而且注重点也各有不同。下面介绍常见卫星数据处理流程：

（1）几何校正与影像配准。引起影像几何变形一般分为两大类：系统性和非系统性。系统性一般由传感器本身引起，有规律可循和可预测性，可以用传感器模型来校正；非系统性几何变形是不规律的，它可以是传感器平台本身的高度、姿态等不稳定，也可以是地球曲率及空气折射的变化以及地形的变化等。

（2）图像融合。将低分辨率的多光谱影像与高分辨率的单波段影像重采样生成一幅高分辨率多光谱影像遥感的影像处理技术，使得处理后的影像既有较高的空间分辨率，又具有多光谱特征。

（3）图像镶嵌与裁剪。图像镶嵌：当研究区超出单幅遥感影像所覆盖的范围时，通常需要将两幅或多幅影像拼接起来形成一幅或一系列覆盖全区的较大的影像。在进行影像的镶嵌时，需要确定一幅参考影像，参考影像将作为输出镶嵌影像的基准，决定镶嵌影像的对比度匹配，以及输出影像的像元大小和数据类型等。镶嵌的两幅或多幅影像选择相同或相近的成像时间，使得影像的色调保持一致。但接边色调相差太大时，可以利用直方图均衡、色彩平滑等使得接边尽量一致，但用于变化信息提取时，相邻影像的色调不允许平滑，避免信息变异。

图像裁剪：将研究区之外的区域去除，常用的是按照行政区划边界或自然区划边界进行影像的分幅裁剪。

（4）大气校正。遥感影像在获取过程中，受到如大气吸收与散射、传感器定标、地形等因素的影响，且它们会随时间的不同而有所差异。因此，在多时相遥感影像中，除了地物的变化会引起影像中辐射值的变化外，不变的地物在不同时相影像中的辐射值也会有差异。利用多时相遥感影像的光谱信息来检测地物变化状况的动态监测，其重要前提是要消除不变地物的辐射值差异。

辐射校正是消除非地物变化所造成的影像辐射值改变的有效方法，按照校正后的结果可以分为 2 种，绝对辐射校正方法和相对辐射校正方法。绝对辐射校正方法是将遥感影像的 DN（Digital Number）值转换为真实地表反射率的方法，它需要获取影像过境时的地表测量数据，并考虑地形起伏等因素来校正大气和传感器的影响，因此这类方法一般都很复杂，目前大多数遥感影像都无法满足上述条件。相对辐射校正是将一影像作为参考（或基准）影像，调整另一影像的 DN 值，使得两时相影像上同名的地物具有相同的 DN 值，这个过程也叫多时相遥感影像的光谱归一化。这样我们就可以通过分析不同时相遥感影像上的辐射值差异来实现变化监测，用户可以在遥感集市服务平台上完成数据采集、数据处理、产品生产、软件研制、应用开发、系统集成、设备制造等一系列工作。因此，相对辐射校正就是要使相对稳定的同名地物的辐射值在不同时相遥感影像上一致。

1.3 常见的遥感卫星数据

最近几年，卫星传感器发展非常迅速，空间分辨率越来越高。表 1-1 为常见中等分辨率的卫星，表 1-2 中为高分辨率卫星，表 1-3 中为国产卫星数据。

表 1-1 中等分辨率卫星一览表

卫星	发射时间/年	国家或组织	波段/μm	空间分辨率/m	宽幅/视场/km（km×km）	访问周期/天
Landsat TM5	1984	美国	TM1：0.45~0.52 TM2：0.52~0.60 TM3：0.63~0.69 TM4：0.76~0.90 TM5：1.55~1.75 TM6：10.40~12.50 TM7：2.09~2.35	30	185×185	16
Landsat ETM+	1999	美国	TM1：0.450~0.515 TM2：0.525~0.605 TM3：0.630~0.690 TM4：0.775~0.900 TM5：1.550~1.750 TM7：2.090~2.350	30	185×185	16
			TM6：10.40~12.50	60		
			TM8：0.52~0.90	15		
Landsat 8	2013	美国	TM1：0.433~0.453 TM2：0.450~0.515 TM3：0.525~0.600 TM4：0.630~0.680 TM5：0.845~0.885 TM6：1.560~1.660 TM7：2.100~2.300 TM9：1.360~1.390	30	185×185	16
			TM8：0.52~0.90	15		
			TM10：10.6~11.2 TM11：11~12	100		

续表 1-1

卫星	发射时间/年	国家或组织	波段/μm	空间分辨率/m	宽幅/视场/km（km×km）	访问周期/天
SPOT 4	2001	法国	Pan：0.49～0.73	10	60×60	26
			G：0.50～0.59	20		
			R：0.61～0.68			
			NIR：0.78～0.89			
			SWIR：1.58～1.78			
ASTER	1999	日本	可见光/近红外部分		60×60	15
			B1：0.52～0.60	15		
			B2：0.63～0.69			
			B3：0.76～0.86			
			短波红外部分			
			B4：1.600～1.700	30		
			B5：2.145～2.185			
			B6：2.185～2.225			
			B8：2.295～2.365			
			B9：2.360～2.430			
			热红外部分			
			B10：8.125～8.475	90		
			B11：8.475～8.825			
			B12：8.925～9.275			
			B13：10.250～10.950			
			B14：10.950～11.650			
Sentinel-1A	2014	欧空局	C 波段 SAR	5×20	250	6
				5×5	80	
				20×40	400	
Sentinel-2A	2015	欧空局	Coastal aerosol：0.443			5
			B：0.49	10		
			G：0.56	10		
			R：0.665	10		
			VRE：0.705	20		
			VRE：0.740	20		
			VRE：0.783	20		
			NIR：0.842	10		
			VRE：0.865	20		
			Water vapour：0.945	60		
			SWIR-Cirrus：1.375	60		
			SWIR：1.610	20		
			SWIR：2.190	20		

表 1-2 商业高分辨率卫星参数一览表

卫星	发射时间/年	国家和地区	波段/μm	空间分辨率/m	宽幅/视场/km×km	访问周期/天
IKONOS	1999	美国	Pan：0.45~0.90 B：0.45~0.53 G：0.52~0.61 R：0.64~0.72 NIR：0.77~0.88	1 4	11×11	1.5~2.9
SPOT 5	2001	法国	Pan：0.49~0.69 G：0.49~0.61 R：0.61~0.68 NIR：0.78~0.89 SWIR：1.58~1.78	5 或 2.5 10	60×60	26
QuickBird	2001	美国	Pan：0.45~0.90 B：0.45~0.52 G：0.52~0.66 R：0.63~0.69 NIR：0.76~0.90	0.61 2.44	16.5×16.5	16
FORMOSAT	2004	中国台湾	Pan：0.45~0.90 B：0.45~0.52 G：0.52~0.60 R：0.63~0.69 NIR：0.76~0.90	2 8	24×24	1
EROS-B	2006	以色列	Pan：0.50~0.90	0.7	7×7，7×140（条带）	5
CartoSAT-1(P5)	2005	印度	Pan：0.50~0.85	2.5	30×30	5
ALOS（已停止运行）	2005	日本	Pan：0.52~0.77 B：0.42~0.50 G：0.52~0.60 R：0.61~0.69 NIR：0.76~0.89	2.5 10	35×35 70×70	2
北京一号小卫星	2005	中国	Pan：0.500~0.800 G：0.523~0.605 R：0.630~0.690 NIR：0.774~0.9	4 32	24.2×24.2 600×600	3~5

续表 1-2

卫星	发射时间/年	国家和地区	波段/μm	空间分辨率/m	宽幅/视场/km×km	访问周期/天
KOMPSAT-2	2006	韩国	Pan：0. 50～0. 90 B：0. 45～0. 52 G：0. 52～0. 60 R：0. 63～0. 69 NIR：0. 76～0. 90	1 4	15×15	3
WorldView-1	2008	美国	Pan：0. 450～0. 900	0. 5	17. 7×17. 7	1. 7
WorldView-2	2009	美国	Pan：0. 450～0. 800 B：0. 450～0. 510 G：0. 510～0. 580 R：0. 630～0. 690 NIR：0. 770～0. 895 海岸：0. 400～0. 450 黄色：0. 585～0. 625 红边：0. 705～0. 745 NIR 2：0. 860～1. 040	0. 46 1. 8	16. 4×16. 4	1. 1
WorldView-3	2014	美国	Pan：0. 450～0. 800 B：0. 450～0. 510 G：0. 510～0. 580 R：0. 630～0. 690 NIR：0. 770～0. 895 海岸：0. 400～0. 450 黄色：0. 585～0. 625 红边：0. 705～0. 745 NIR 2：0. 860～1. 040 短红 1：1. 195～1. 225 短红 2：1. 550～1. 590 短红 3：1. 640～1. 680 短红 4：1. 710～1. 750 短红 5：2. 145～2. 185 短红 6：2. 185～2. 225 短红 7：2. 235～2. 285 短红 8：2. 295～2. 365	0. 31 1. 24	13. 1×13. 1	1
WorldView-4	2016	美国	Pan：0. 450～0. 800 B：0. 450～0. 510 G：0. 510～0. 580 R：0. 655～0. 690 NIR：0. 780～0. 920	0. 31 1. 24	13. 1×13. 1	4. 5

续表 1-2

卫星	发射时间/年	国家和地区	波段/μm	空间分辨率/m	宽幅/视场/km×km	访问周期/天
GEOEye-1	2008	美国	Pan：0.45~0.90	0.41	15×15	2~3
			B：0.45~0.51 G：0.51~0.58 R：0.655~0.690 NIR：0.78~0.92	1.65		
RapidEye	2008	德国	B：0.440~0.510 G：0.520~0.590 R：0.630~0.685 红边：0.690~0.730 NIR：0.760~0.850	5.8	77×77	1
Pleiades-1	2011	法国	Pan：0.480~0.830	0.5	20×20 100×100 20×280	1
			B：0.430~0.550 G：0.490~0.610 R：0.600~0.720 NIR：0.750~0.950	2		
SPOT 6	2012	法国	Pan：0.455~0.745	1.5	60×60	2~3
			B：0.455~0.525 G：0.530~0.590 R：0.625~0.695 NIR：0.760~0.890	6		

表 1-3 主要国产卫星参数一览表

卫星	发射时间/年	波段/μm	空间分辨率/m	宽幅/km	重访周期/天
资源一号 02C ZY-1-02C	2011	HR：0.50~0.80	2.36	54	3~5
		Pan：0.51~0.85	5	60	
		G：0.52~0.59 R：0.63~0.69 NIR：0.77~0.89	10		
资源三号 ZY-3	2012	前视：0.50~0.80 后视：0.50~0.80	3.5	52	3~5
		正视：0.50~0.80	2.1		
		B：0.45~0.52 G：0.52~0.59 R：0.63~0.69 NIR：0.77~0.89	6	51	5

续表 1-3

卫星	发射时间/年	波段/μm	空间分辨率/m	宽幅/km	重访周期/天
高分一号 GF-1	2013	Pan：0.45～0.90	2	60	4
		Pan：0.45～0.52 Pan：0.52～0.59 Pan：0.63～0.69 Pan：0.77～0.89	8		
		B：0.45～0.52 G：0.52～0.59 R：0.63～0.69 NIR：0.77～0.89	16	800	2
高分二号 GF-2	2014	Pan：0.45～0.90	1	45	5
		Pan：0.45～0.52 Pan：0.52～0.59 Pan：0.63～0.69 Pan：0.77～0.89	4		
高分四号 GF-4	2015	VNIR 1：0.45～0.90 VNIR 2：0.45～0.52 VNIR 3：0.52～0.60 VNIR 4：0.63～0.69 VNIR 5：0.76～0.90	50	0.4	20 秒
		MNIR：3.5～4.1	400		
HJ-1A CCD	2008	B：0.43～0.52 G：0.52～0.60 R：0.63～0.69 NIR：0.76～0.90	30	360	2
HJ-1A HIS	2008	0.45～0.95	100	50	4
HJ-1B CCD	2008	B：0.43～0.52 G：0.52～0.60 R：0.63～0.69 NIR：0.76～0.90	30	360	2
HJ-1B IRS	2008	0.75～1.10 1.55～1.75 3.50～3.90	150	720	4
		10.5～12.5	300		
HJ-1C	2012	S 波段	5 25	40 100	31

1.4 ENVI 遥感软件介绍

本小节主要介绍的内容包括：ENVI 的背景、ENVI 功能结构与特点、ENVI 工程化应用、ENVI 可利用资源。

1.4.1 ENVI 的背景

ENVI（The Environment for Visualizing Images）和交互式数据语言 IDL（Interactive Data Language）是美国 Exelis VIS 公司的旗舰产品。ENVI 是由遥感领域的科学家采用 IDL 开发的一套功能强大的遥感图像处理软件。IDL 是进行二维或多维数据可视化、分析和应用开发的理想软件工具。

创建于 1977 年的 RSI 公司（现为 Exelis VIS 公司）已经成功为其用户提供了超过 30 年的科学可视化软件服务，提供的综合软件解决方案帮助科学家、工程师、研究人员和医学专业人员把复杂的数据转化为有用的信息。目前，Exelis VIS 的用户数超过 20 万，遍布 80 个国家和地区。2004 年，RSI 公司并入上市公司 ITT 公司，并于 2011 年 11 月正式成立 Exelis VIS 公司，属 ITT 三大子公司之一，使 ENVI 和 IDL 的发展更加有利和快速，将更多的新功能与算法加入新版本中。

今天，众多的图像分析师和科学家选择 ENVI 来获取遥感图像中的信息，其应用领域包括环境保护、气象、石油矿产勘探、农业、林业、医学、国防和安全、地球科学、公用设施管理、遥感工程、水利、海洋、测绘勘察以及城市与区域规划等。

1.4.2 ENVI 功能结构与特点

ENVI 是一个完整的遥感图像处理平台，其软件处理技术覆盖了图像数据的输入/输出、定标、几何校正、正射校正、图像融合、图像镶嵌、图像裁剪、图像增强、图像解译、图像分类、基于知识的决策树分类、面向对象图像分类、动态监测、矢量处理、DEM 提取及地形分析、雷达数据处理、制图、与 GIS 的整合，并提供了专业可靠的波谱分析工具和高光谱分析工具。ENVI 软件可支持所有的 UNIX、Mac OS X、Linux 系统，以及 PC 机的 Window 2000/XP/Vista/7/8/10 操作系统。ENVI 可以快速、便捷、准确地从遥感图像中获得所需要的信息；它提供先进的、人性化的实用工具可方便用户读取、探测、准备、分析和共享图像中的信息；还可以利用 IDL 为 ENVI 编写扩展功能。

ENVI 是以模块化的方式组成的，可扩展模块包括：

（1）大气校正模块（Atmospheric Correction）。校正了由大气气溶胶等引起的散射和由于漫反射引起的邻域效应，消除大气和光照等因素对地物反射的影响，同时可以进行卷云和不透明云层的分类。

（2）面向对象空间特征提取模块（Feature Extraction，FX）。根据图像空间和光谱特征，即采用面向对象方法，从高分辨率全色或多光谱数据中提取特征信息。

（3）立体相对高程提取模块（DEM Extraction）。可以从卫星图像或航空图像的立体像对中快速获得 DEM 数据，同时还可以交互量测特征地物的高度或收集 3D 特征并导出为 3D Shapefile 格式的文件。

（4）正射校正扩展模块（Orthorectification）。提供基于传感器物理模型的图像正射校正功能，可以一次性完成大区域、若干景图像和多传感器的正射校正，并能以镶嵌结果的方式输出，提供接边线、颜色平衡等工具，采用流程化向导式操作方式。

（5）LiDAR 数据处理和分析模块（ENVI LiDAR）。提供高级的 LiDAR 数据浏览、处理和分析工具，能读取原始的 LAS 数据、NITF LAS 数据和 ASCII 文件，浏览显示场景。能自动对 LiDAR 数据进行分类，提取包括地形（DSM、DEM）等高线、树木、建筑物、电力线、电线杆、正射图等二、三维信息，提取的信息可直接通过菜单传递到 ArcGIS 中进行使用和分析。

（6）NITF 图像处理扩展模块（Certified NITF）。读写、转化、显示标准 NITF 格式文件。

ENVI 具有以下几个特点：

（1）操作简单、易学；

（2）先进、可靠的图像分析工具；

（3）专业的光谱分析；

（4）随心所欲扩展新功能，底层的 IDL 语言可以帮助用户轻松地添加、扩展 ENVI 的功能；

（5）流程化向导式的图像处理工具；

（6）与 ArcGIS 的整合。

1.4.3 ENVI 工程化应用

ENVI 提供先进的、人性化的实用工具来方便用户读取、准备、探测、分析和共享图像中的信息。

（1）读取图像类型和格式。ENVI 支持各种类型航空和航天传感器的图像，包括全色、多光谱、高光谱、雷达、热红外、激光雷达、地形数据和 GPS 数据等。ENVI 支持上百种图像以及矢量数据格式，包括 HDF5、Geodatabase、GeoTIFF 和 JITC 认证的 NITF 等格式。同时，ENVI 的企业级性能可以让你通过内部组织机构或互联网快速、轻松地访问 OGC 和 JPIP 兼容服务器上的图像。

（2）准备图像。ENVI 提供了自动预处理工具，可以快速、轻松地处理图像，以便进行查看浏览或其他分析。通过 ENVI，可以对图像进行以下处理：1）几何/正射校正；2）图像（自动）配准；3）辐射定标；4）大气校正；5）创建矢量叠加；6）确定感兴趣区（ROI）；7）创建数字高程模型（DEM）；8）图像融合，掩膜和镶嵌；9）调整大小、旋转或数据类型转换。

（3）探测图像。ENVI 提供了一个直观的用户界面和易用的工具，可以轻松、快速地浏览和探测图像。可以使用 ENVI 完成的工作包括：浏览大型数据集和元数据、对图像进行视觉对比、创建三维地形可视化场景、创建散点图、探测像素特征等。

（4）分析图像。ENVI 提供了领先的图像处理功能，方便从事各种用途的信息提取。ENVI 提供了一套完整的经科学实践证明的成熟工具用于分析图像。

1）数据分析工具。

ENVI 包括一套综合数据分析工具，通过实践证明的成熟算法快速、便捷、准确地分析图像。

①创建图像统计资料，如自相关系数和协方差；②计算图像统计信息，如平均值、最小/最大值、标准差；③提取线性特征；④图像变换，如主成分计算、最小噪声分离、独立主成分分析；⑤变化检测；⑥空间特征测量；⑦地形建模和特征提取；⑧应用通用或自定义的滤波器；⑨执行自定的波段和光谱数学函数。

2）光谱分析工具。光谱分析通过像素在不同波长范围上的反映，来获取有关物质的信息。ENVI 拥有目前先进的、易于使用的光谱分析工具，能够很容易地进行科学的图像分析。ENVI 的光谱分析工具包括以下功能：①监督和非监督方法进行图像分类；②使用强大的光谱库识别光谱特征；③光谱分析识别地物；④检测和识别目标；⑤识别感兴趣的特征；⑥对感兴趣物质的分析和制图；⑦执行像素级和亚像素级的分析；⑧使用分类后处理工具完善分类结果；⑨使用植被分析工具计算林地健康度。

（5）共享信息。ENVI 能轻松地整合现有的工作流，让你能在任何环境中与同事们分享地图和报告。所处理的图像可以输出成常见的矢量格式和栅格图像，便于协同和演示。

（6）自定义遥感图像应用。ENVI 建立于一个强大的开发语言——IDL 之上。IDL 允许对其特性和功能进行扩展或自定义，以符合用户的具体要求。这个强大而灵活的平台，可以让你创建批处理、自定义菜单、添加自己的算法和工具，甚至将 C++和 Java 代码集成到你的工具中等。

1.5 ENVI 遥感图像处理基础

ENVI 是一个成熟的商业化软件，拥有标准的文件格式，包含一套文件命名约定规范，同时支持众多通用文件格式。使用 ENVI 之前，可以通过配置常用系统参数来提高效率，ENVI 根据遥感图像处理流程设置的菜单功能易于使用。

本小节主要介绍以下内容包括：文件系统和存储、常用系统配置说明、菜单命令及其功能、数据输入与输出、常见商业卫星数据。

1.5.1 文件系统和存储

（1）栅格文件系统。ENVI 栅格文件格式：ENVI 使用的是通用栅格数据格式，包含一个简单的二进制文件和一个相关的 ASCII（文件）和头文件（文件后缀名为 .hdr）。其中，ENVI 头文件包含用于读取图像数据文件的信息，它通常创建于一个数据文件第一次被 ENVI 读取时；通用栅格数据都会存储为二进制的字节流，通常它将以 BSQ（Band Sequential；按波段顺序存储）、BIP（Band Interleaved by Pixel；按波段像元交叉存储）或者 BIL（Band Interleaved by Line；按波段行交叉存储）的方式进行存储。数据文件的后缀名可以任意设置，甚至可以不设置。

（2）栅格文件保存。图像原始的 DN（Digital Number）值记录图像的光谱信息，不能轻易更改。在窗口显示的一般是经过拉伸等增强处理的 LUT 上的灰度值，在保存文件时有不同的方式。

1）菜单保存功能。在主界面中，选择 File→Save As 菜单，可以将图像另存为 ENVI、NITF、TIFF、DTED 等格式文件。

2）Toolbox 保存功能。在 Toolbox 工具箱中的搜索框输入“Save File As”即可看到各种可另存为的数据格式。

（3）ENVI 的文件命名约定。ENVI 的文件处理设计得极其灵活，它在对文件命名时，除不能使用用于头文件的扩展名 .hdr 之外，不加任何限制。为了便于使用，一些 ENVI 功能预先约定含特定扩展名的文件类型。当使用 ENVI 相应功能时，应当使用约定的文件名，使文件处理效率最高。

1.5.2 常用系统配置说明

（1）安装目录结构。一般情况下，ENVI 安装在 Exelis 文件夹下，完整版本包括 IDL、License 等文件夹。ENVI 的所有文件及文件夹保存在…\Program Files\Exelis\ENVI53 下。目录下包括 ENVI 安装目录和 ENVI 经典模式安装目录。

（2）常用系统设置。为了提高 ENVI 运算效率，选择开始 ENVI→Tools→ENVI Classic，启动 ENVI Classic 界面，选择 File→Preferences→Miscellaneous 菜单。缓冲大小（Cache Size）可以设置为物理内存的 50%~75%；“Image Tile Size”的设置原则不能超过 4MB，如果为 64 位操作系统，如内存 8GB，可设置其为 50~100MB。

打开 ENVI，主界面中选择 File→Preferences，可以设置 ENVI 系统参数。下面介绍几个常见参数设置。

1）默认文件目录（Default Directories）。

在 Preference 面板中选择 Setting→Directories，如图 1-1 所示，设置一些 ENVI 默认打开的文件夹，如默认数据目录（Default Input Directory）、临时文件目录（Temporary Directory）、默认输出文件目录（Output Directory）、ENVI 补丁文件（Extension File Directory）。其中带有 * 符号的设置项需要重启 ENVI 生效。

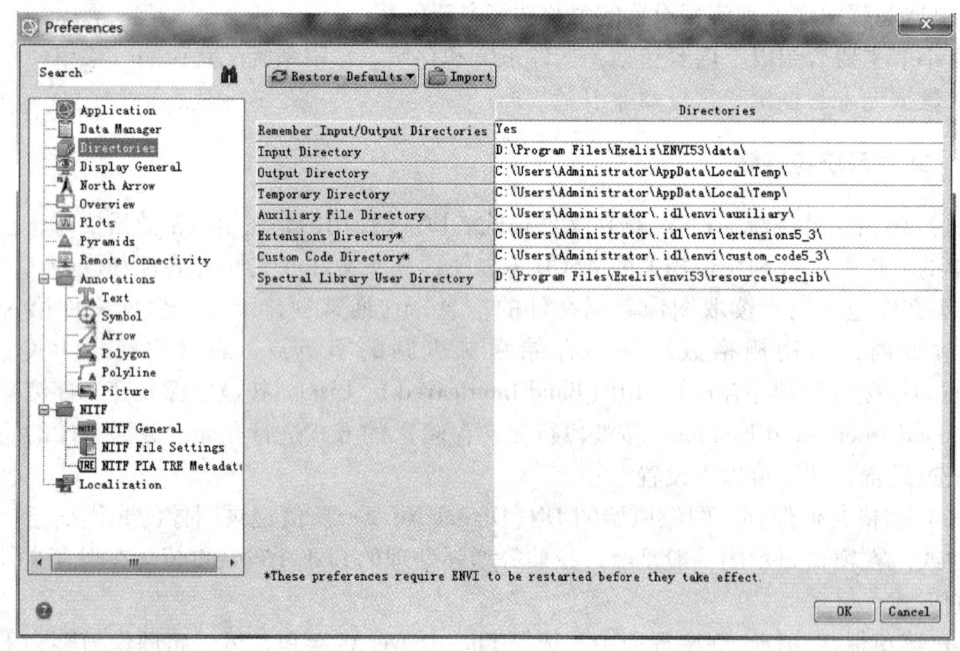

图 1-1 默认文件目录设置

2）数据管理设置（Data Manager）。在 Preferences 面板中选择 Data Manager 选项，如图 1-2 所示，可以设置是否自动显示打开文件、多光谱数据显示模式、打开新图像时是否清空视窗、ENVI 启动时是否自动启动 Data Manager 等选项。

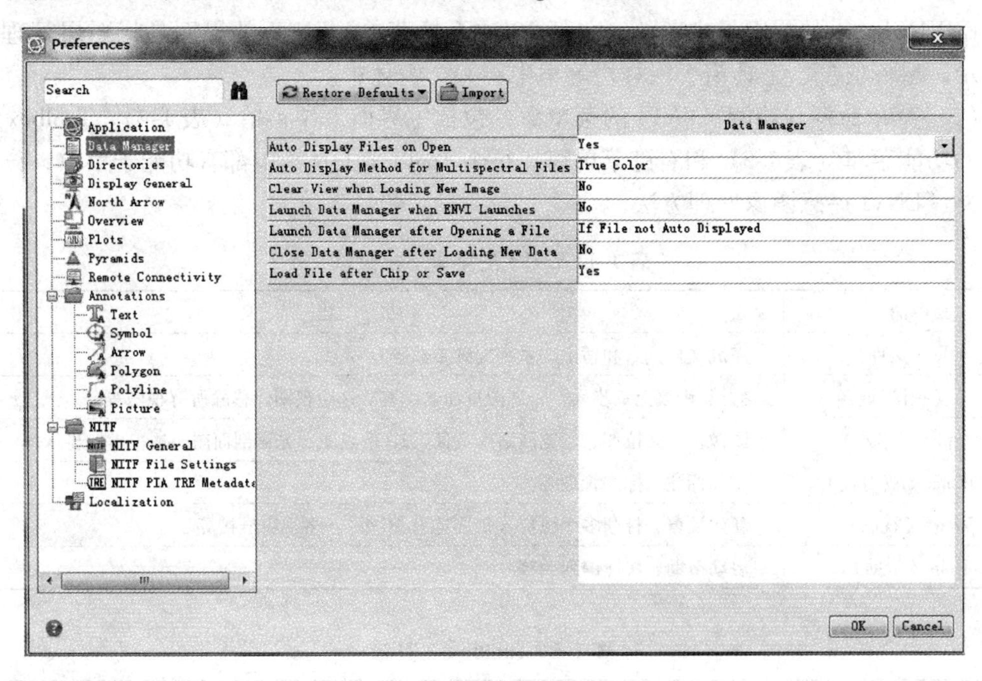

图 1-2 数据管理设置

3）显示设置（Display General）。在 Preferences 面板中选择 Display General 选项，如图 1-3 所示，可以设置默认缩放因子、缩放插值方法、默认选择颜色等属性。同样可以设置默认滚轮按下功能、使用显卡加速功能、经纬度显示方法、是否显示指北针等。

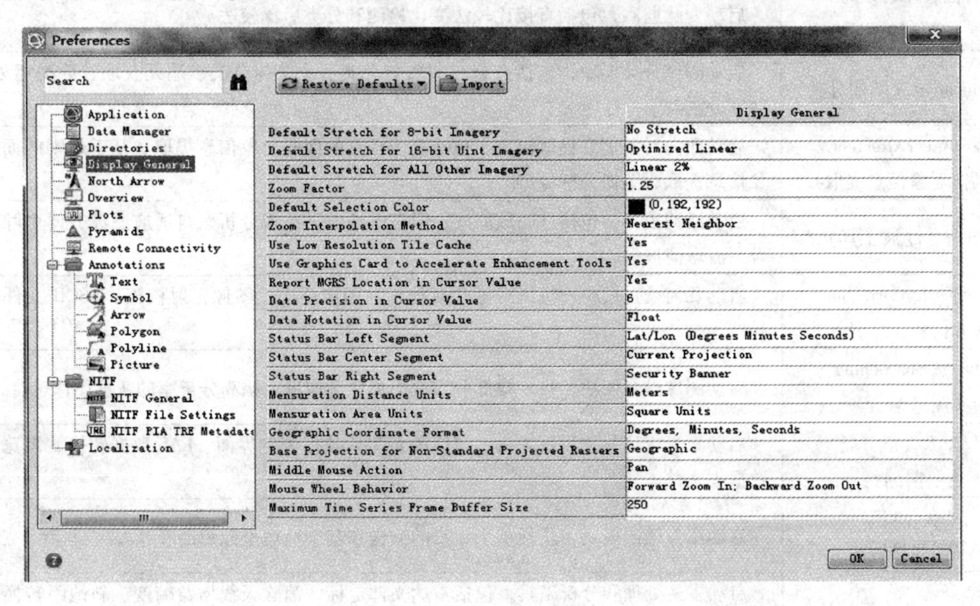

图 1-3 显示设置

1.5.3 菜单命令及其功能

（1）图形用户界面。ENVI 的图形用户界面（GUI）有 ENVI 和 ENVI Classic 两种风格。ENVI Classic 的界面是主菜单，包括 13 项下拉菜单。ENVI 的界面是将图层管理、图像显示、鼠标信息、工具箱、工具栏等集中在一个窗体中。

（2）菜单命令与功能。ENVI 的菜单命令包括主界面下拉菜单（表 1-4）、Toolbox 工具箱中的功能菜单（表 1-5）和右键菜单等。每个 Toolbox 工具箱中都有功能子菜单，详情参见教材《ENVI 遥感图像处理方法》。

表 1-4 ENVI 主菜单下拉菜单

菜单命令	功　能
File（文件）	完成文件读入和写出、系统配置参数等
Edit（视图编辑）	撤销/恢复上一步操作、试图重命名、移除选中视图、移除所有视图等
Display（显示）	图像自定义拉伸、浏览波谱库文件、2D 散点图、光谱剖面图、透视窗口显示等
Placemarks（标注）	添加标注、标注管理等
Views（视图）	新建视窗、打开多个视窗（最多能开 16 个）、多视窗链接等
Help（帮助）	启动帮助、快捷键列表等

表 1-5 Toolbox 工具箱

工具箱名称	功　能
Anomaly Detection（异常探测）	启动异常探测工具
Band Radio（波段比值）	启动波段比值工具，包括波段运算和计算波段比值的工具
Change Detection（变化检测）	启动变化监测，包括直接比较法变化检测和分类后比较法
Classification（图像分类）	启动图像分类模块，包括监督与非监督分类、决策树分类、端元获取、分类后处理、灰度分割等
Feature Extraction（面向对象信息提取）	启动面向对象信息提取模块，包括基于样本的面向对象信息提取、基于规则的面向对象信息提取、图像分割等
Filter（滤波工具）	启动滤波工具，包括空间域滤波、形态学滤波、纹理分析、自适应滤波、傅里叶变换及滤波域滤波等
Geometric Correction（几何校正工具）	启动几何校正模块，包括图像几何校正、图像配准、图像正射校正、ASCII 文件坐标转换等
Image Sharpening（图像融合）	启动图像融合模块，将一幅低分辨率的彩色图像域一幅高分辨率的灰度图像融合
LiDAR（激光雷达数据浏览）	启动激光雷达数据浏览工具，包括激光雷达数据浏览界面、LAS 数据转换、浏览 LAS 数据头文件
Mosaicking（图像镶嵌）	启动图像镶嵌模块，包括基于像素的镶嵌和基于地理坐标的镶嵌等
Radar（雷达工具）	启动雷达处理和分析工具，包括雷达文件定标、消除天线增益畸变、斜地距转换、生成入射角图像、滤波、彩色图像合成、极地雷达处理、TOPSAR 工具等

续表 1-5

工具箱名称	功　能
Radiometric Correction（辐射校正工具）	启动辐射校正模块，包括图像辐射定标、图像大气校正、热红外数据定标等
Raster Management（栅格数据管理）	启动栅格数据管理模块，包括图像拉伸、坐标转换、头文件编辑、生成测试数据、与 IDL 通信、图像掩膜、重采样、图像保存等
Regions of Interest（感兴趣区工具）	启动感兴趣区工具，包括波段阈值生成 ROI、ROI 生成分类文件、ROI 裁剪、矢量转为 ROI 等
SPEAR（流程化工具）	启动流程化图像处理工具，包括 16 个工具
Spectral（光谱分析工具）	启动波谱分析工具，包括波谱库的建立、重采样和浏览、波谱分割、波谱运算、波谱端元的判断、波谱数据的 *n* 维可视化、波谱特征拟合、植被分析等
Statistics（统计工具）	启动统计工具，包括生成图像统计文件、浏览统计文件等
Target Detection（目标探测）	启动目标探测与识别工具
THOR（高光谱分析流程化工具）	启动高光谱分析流程化工具
Terrain（地形工具）	启动地形分析工具，包括打开 DEM 数据格式、地形建模、地形特征提取、DEM 提取、等高线生成 DEM、点数据栅格化等
Transform（图像变换）	启动图像转换模块，包括颜色空间变换、图像增强变换、PCA 变换、ICA 变换、MNF 变换、TC 变换
Vector（矢量工具）	启动矢量工具，包括转换为 shp 矢量格式、数字化、栅矢转换等
Extensions（扩展工具）	启动用户自定义的扩展功能

1.5.4　数据输入与输出

（1）ENVI 支持数据格式。ENVI 支持众多的卫星和航空传感器，包括：Panchromatic（全色）、Multispectral（多光谱）、Hyperspectral（高光谱）、Radar（雷达）、Thermal（热量数据）、Terrain（地形数据）、LiDAR（激光雷达）等。支持上百种图像以及矢量数据格式的输入、多种格式图像文件的直接调入以及 30 多种格式的输出。

（2）数据的输入。在主界面中，使用 File→Open 菜单打开 ENVI 图像文件或其他已知格式的二进制图像文件。ENVI 自动识别或读取某些类型的文件：AVHRR、BMP、DPPDB、DTED、ER Mapper、PCI（.pix）、ERDAS 7.x（.lan）、ERDAS IMAGINE 8.x（.img）、Esri Grid、GeoTIFF、HDF、HDF SeaWIFS、HDF5、JPEG、JPEG 2000、Landsat 7 Fast（.fst）、Landsat 7 HDF、MAS-50、MRLC（.dda）、MrSID、NLAPS、PDS、RADARSAT、SRF、TFRD、TIFF。数据仍保留其原有格式，必要的信息从数据头文件中读取。

（3）特定数据的输入。虽然上述的 File→Open 菜单可以打开大多数文件类型，但对于特定的已知文件类型，利用内部或外部的头文件信息通常会更加方便。

如下为打开一个多波段 Landsat 8 影像步骤：

1）在主界面中，选择 File→Open As→Optical Sensors→Landsat→GeoTIFF with Metadata 菜单。

2）选择 *_ MTL.txt 文件。

3）单击 Open 按钮打开。ENVI 自动将每个 TIFF 单波段图像打开并进行分组，同时自动从头文件中读取包括 gains 和 bias、太阳高度角和方位角、成像时间等信息。

对于普通的二进制文件，可以使用 File→Open As→Generic Formats→Binary 菜单打开，下面为具体操作步骤：

1）在主菜单中，选择 File→Open As→Generic Formats→Binary 菜单，打开普通二进制文件。

2）在打开的 Header Info 对话框中填写图像信息（图 1-4）。

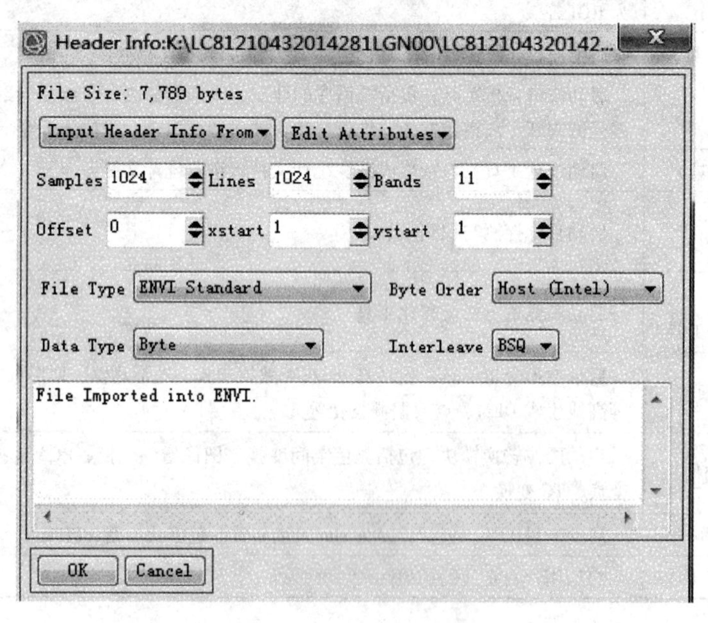

图 1-4　Header Info 对话框

3）单击 OK 按钮，ENVI 自动生成一个头文件（. hdr）并把文件打开。

（4）数据的输出。在 ENVI 中为了提高处理速度，会将输入的任何数据格式经过处理后生成 ENVI 自己的格式。虽然很多处理过程的图像出处对话框中可以修改其他后缀名，如 . tif 等，实际输出的图像还是 ENVI 标准栅格格式。输出其他栅格格式可选择如图 1-5 所示的格式。

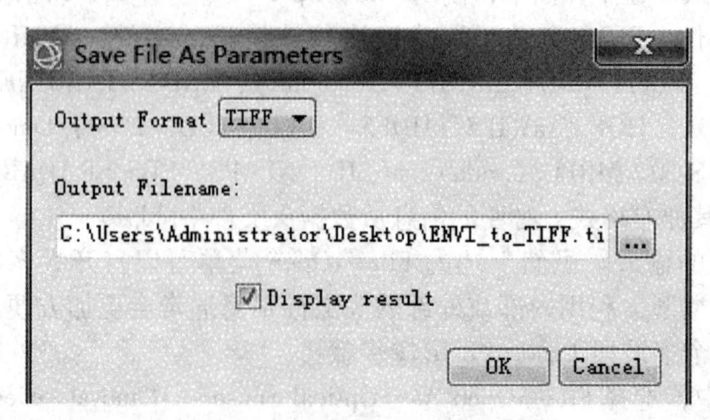

图 1-5　文件保存路径选择框

2 多光谱与决策树分类

2.1 遥感图像分类技术

遥感图像通过亮度值或像素值的高低差异及空间变化表示不同地物的差异，如不同类型的植被、土壤、建筑物及水体等，这也是区分不同地物的理论依据。利用光谱特征（地物电磁波辐射的多波段测量值）或纹理等空间结构特征，按照某种规则就能对地物在遥感图像上的信息进行识别与分类。图像分类的目标就是通过对各类地物波谱特征的分析选择特征参数，将特征空间划分为不相重叠的子空间，进而把影像内诸像元划分到各子空间去，从而实现分类。

遥感影像的计算机分类方法可分为两种：统计判决分类和句法模式识别。前者通过对研究对象进行大量的统计分析，抽出反映模式的本质特点、特征而进行识别。后者则需要了解图像结构信息，从而对其进行分类。传统的分类方法一般为统计判决分类，如最大似然法、K 均值法等。近年来发展的分类新方法则多采用句法方法，如专家系统法和决策树分类法等。

根据是否已知训练样本的分类数据，统计模式方法可分为监督分类、非监督分类。下面将具体介绍监督分类、非监督分类以及其他分类（如模糊分类和人工神经网络分类）的典型算法及其主要步骤。

2.2 多光谱遥感影像分类

2.2.1 监督分类

监督分类是一种常用的精度较高的统计判决分类，在已知类别的训练场地上提取各类训练样本，通过选择特征变量、确定判别函数或判别规则，把图像中的各个像元点划归到各个给定类。常用的监督分类方法有最小距离分类、平行六面体分类、最大似然分类等。主要步骤包括：（1）选择特征波段；（2）选择训练区；（3）选择或构造训练分类器；（4）对分类精度进行评价。

最小距离分类的基本思想是按照距离判决函数计算像素点与每一个聚类中心的光谱距离，将该像素点归到距离最近的类别。该分类方法的距离判决函数是建立在欧氏距离的基础上的，公式如下：

$$d_{x,M_i} = \left[\sum_{K=1}^{n} (x_K - M_{iK})^2 \right]^{1/2} \tag{2-1}$$

式中，n 为波段数（维数）；K 为某一特征波段；i 为聚类中心数；M_i 为第 i 类样本均值；M_{iK}为第 i 类中心第 K 波段的像素值；d_{x,M_i}为像素点 x 到第 i 类中心 M_i 的距离。

最小距离判别方法的具体步骤如下：

（1）确定地区和波段；

（2）选择训练区；

（3）根据各训练区图像数据，计算 M_i；

（4）将训练区外图像像元逐类代入等式计算 $d(x, M_i)$，按判别规则比较大小，将像元归到距离最小的类别；

（5）产生分类图像；

（6）检验结果，如果错误较多，重新选择训练区；

（7）输出专题图像。

最小距离分类有计算量相对较小、分类速度快的优点并能适用于样本较少的情况。缺点是分类精度相对其他监督分类方法较低。

平行六面体分类是通过设定在各轴上的一系列分割点，将多维特征划分成对应不同类别的互不重叠的特征子空间的分类方法。通过选取训练区详细了解分类类别的特征，并以较高的精度设定每个分类类别的光谱特征上限值和下限值，构成特征子空间。对于一个未知类别的像素点，它的分类取决于它落入哪个类别特征子空间中。如落入某个特征子空间中，则属于该类，如落入所有特征子空间中，则属于未知类型。因此平行六面体分类要求训练区样本的选择必须覆盖所有的类型。这种方法的优点有：快捷简单，因为对每一个范本的每一波段与数据文件值进行对比的上下限都是常量；对于一个首次进行的跨度较大的分类，这一判别规则可以很快缩小分类数，避免了更多的耗时计算，节省了处理时间。缺点是由于平行六面体有“角”，因此像素点在光谱意义上与模板的平均值相差很远时也可能被分类。

最大似然分类利用了遥感数据的统计特征，假定各类别的分布函数为正态分布，在多变量空间中形成椭圆或椭球分布，根据各方向上散布情况不同按正态分布规律用最大似然判别规则进行判决，得到较高准确率的分类结果。

分类公式如下：

$$D = \ln a_C - [0.5\ln(|\mathrm{Cov}_C|) - [T(\mathrm{Cov}_C^{-1})(X - M_C)] \tag{2-2}$$

式中，D 为加权距离（可能性）；C 为某一特征类型；X 为像素的测量向量，M_C 为类型 C 的样本平均向量；a_c 为任一像素属于类型 C 的百分概率（缺省为 1.0，或根据先验知识输入），Cov_C 为类型 C 的样本中的像素的协方差矩阵。具体的分类流程如下：

（1）确定需要分类的地区和使用的波段和特征分类数，检查所用各波段或特征分量是否相互已经位置配准。

（2）根据已掌握的典型地区的地面情况，在图像上选择训练区。

（3）计算参数。根据选出的各类训练区的图像数据，计算 M_C 和 Cov_C，确定先验概率 a_c。

（4）分类：将训练区以外的图像像元逐个代入公式，对于每个像元，分几类就计算几次，最后比较大小，选择最大值得出类别。

（5）产生分类图。给每一类别规定一个值，如分成 10 类，可规定每一类对应的值分别为 1，2，3，…，10。分类后的像元值便用类别值代替并进行着色，最后得到的分类图像就是专题图像。

（6）检验结果。如果分类中错误较多，需要重新选择训练区再做以上各步，直到结果满意为止。

虽然最大似然法的分类精度较高，但是计算量大，分类时间长，而且对输入的数据有一定要求（最大似然是参数形式的，意味着每一输入波段必须符合正态分布）。

2.2.2　非监督分类

非监督分类是在没有先验类别知识的情况下，根据图像本身的统计特征及自然点群的分布情况来划分地物类别的分类处理。这类方法以图像的统计特征为基础，能够获得图像数据内在的分布规律。因为非监督分类不需要对待分类的地区有已知知识或进行实地考察，相对监督分类而言有更广泛的应用范围。主要的方法有 K 均值分类和 ISODATA 分类。

K 均值分类的基本思想是通过迭代，逐次移动各类的中心，直至得到最好的分类结果为止。需要预先设定聚类中心的个数（这在一定程度上限制了该算法的应用），逐次移动各类的中心，使聚类域中所有样本到聚类中心的距离平方和最小，直至各类的中心不再移动（或移动的范围小于设定的阈值）或达到规定的迭代次数时停止分类。其主要步骤如下：

（1）确定类别数及各类的初始中心：$Z_1(0)$，$Z_2(0)$，…，$Z_K(0)$，K 为类别数。初始中心的选择对聚类结果有一定影响，一般通过以下方法选取：

1）根据问题的性质，用经验的方法确定类别数 K，从数据中找出直观上看来比较适合的 K 个类别的初始中心；

2）将全部数据随机地分为 K 个类别，将这些类别的重心作为 K 个类别的初始中心。

（2）择近归类：将所有像元按照与各中心的距离最小的原则分到 K 个聚类中心。

（3）计算新中心：待所有样本第 i 次划分完毕后，重新计算新的集群中心 Z_{ji+1}，$j=1，2，…，K$。

（4）如果聚类中心不变或小于设定的阈值，则算法收敛，聚类结束；否则回到步骤（2），进入下一次迭代；聚类中心数 K、初始聚类中心的选择、样本输入的次序，以及样本的几何特性等均可能影响 K 均值算法的进行过程。对这种算法虽然无法证明其收敛性，但当各类之间彼此远离时这个算法所得的结果是令人满意的。由于 K 均值分类有实现过程简单、分类速度较快的优点，在遥感图像分类应用中有着重要的作用。

ISODATA(Iterative Self-Organizing Data Analysis Techniques A）分类也称为迭代自组数据分析算法，它与 K 均值分类类似，都是通过迭代移动各类的中心，直到得到最好的分类结果。差别在于：第一，它不是调整一个样本的类别就重新计算一次各类样本的均值，而是在每次把所有样本都分类完毕之后才重新计算一次各样本的均值。所以，K 均值分类可看作逐个样本修正法，ISODATA 分类可看作成批样本修正法。第二，该算法不仅可以通过调整样本所属类别完成样本的聚类分析，而且可以自动地进行类别的“合并”与“分裂”，从而得到类别数比较合理的聚类结果。

这种方法不受初始聚类组的影响，对识别蕴含于数据中的光谱聚类组非常有效，前提是重复足够的次数。缺点是比较费时，因为可能要迭代上百次。

2.2.3 其他分类方法

遥感图像中的像元不一定由单纯的一种地物信息构成，因此，用传统的“硬”分类方法（如前面提到的监督分类和非监督分类，每个像元归为单一类别）进行图像分类，无法获得较高的精度。一种较好的解决办法就是采用以模糊理论为基础的模糊分类法。

模糊分类允许根据各类型的百分比函数，将一个像元归到几个类别。模糊分类具有过程灵活简便、主观影响小、适应面广等优点。但仍存在如下问题：

（1）算法性能依赖于参数的初始化；

（2）数据量大时算法严重耗时。针对这些问题学者们进行了很多研究，并取得了重要成果，主要研究内容有隶属函数确定、模糊模式识别匹配（分类）、模糊推理、模糊方法与统计方法的结合、模糊方法与人工神经网络的结合、模糊动态识别等。

人工神经网络分类是利用计算机模拟人类学习的过程，建立输入与输出数据之间联系的程序。在模仿人脑学习的过程中，通过进行重复的输入和输出训练来增强和修改输入和输出数据之间的联系。所以，人工神经网络分类也可归为监督分类。人工神经网络主要由3个基本要素构成，即处理单元、网络拓扑结构及训练规则，是由大量简单的处理单元（神经元）连接成的复杂网络，能够模仿人的大脑进行数据接收、处理、贮存和传输。神经网络方法具有极强的非线性映射能力，可高速并行处理大量数据，而且具有自学习、自适应和自组织能力。图2-1为三层神经网络的典型结构。

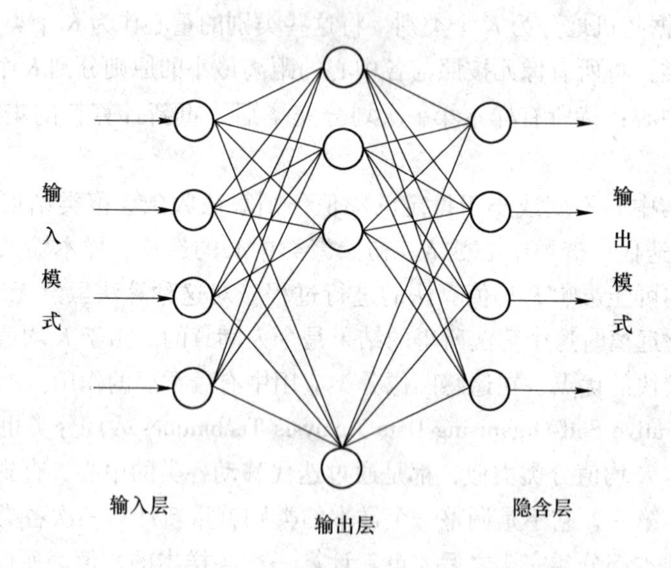

图2-1 三层神经网络的典型结构

目前，人工神经网络技术在遥感图像分类处理中的应用主要有单一的BP（Back Propagation，反向传播）网络、模糊神经网络、多层感知器、径向基函数（RBF）网络、Kohonen自组织特征分类器、Hybrid学习向量分层网络等多种分类器。

2.3 基于专家知识的决策树分类

基于知识的决策树分类是基于遥感影像数据及其他空间数据，通过专家经验总结、简单的数学统计和归纳方法等，获得分类规则并进行遥感分类。分类规则易于理解，分类过程也符合人的认知过程，最大的特点是利用的多源数据。

2.3.1 定义分类规则

分类规则可以来自经验总结，如坡度小于20°是缓坡等；也可以通过统计的方法从样本中获取规则，如C4.5算法、CART算法、S-PLUS算法等。如下为C4.5算法的基本思路。

C4.5算法的基本原理是从树的根节点处的所有训练样本开始（如图2-2所示）。选取一个属性来区分这些样本，对属性的每一个值产生一个分支，分支属性值的相应样本子集被移到新生成的子节点上，这个算法递归地应用于每个子节点上，直到节点的所有样本都分区到某个类中，到达决策树的叶节点的每条路径表示一个分类规则。该算法采用了信息增益比例来选择属性，克服了用信息增益选择属性时偏向选择取值多的属性不足，并且在树构造过程中或者构造完成之后进行剪枝，能够对连续属性进行离散化处理。

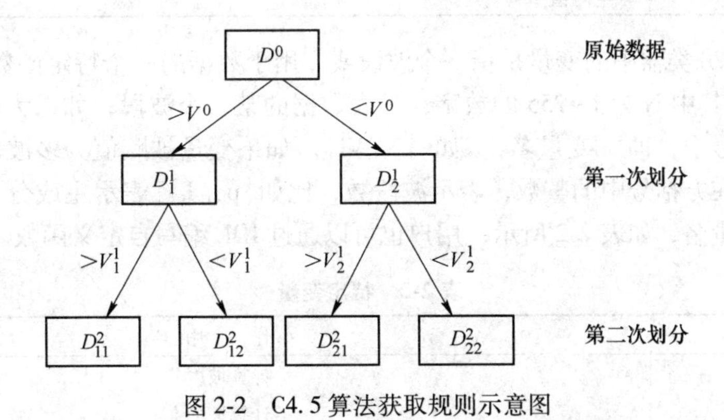

图2-2 C4.5算法获取规则示意图

算法中描述的属性也叫做变量，来源于多源数据中，如DEM文件可以当做变量。下面是以Landsat TM数据和DEM数据构成的多源数据获得分类规则：

Class1（朝北缓坡植被）：NDVI>0.3，坡度小于20°，朝北；

Class2（非朝北缓坡植被）：NDVI>0.3，坡度小于20°，非朝北；

Class3（陡坡植被）：NDVI>0.3，坡度大于等于20°；

Class4（水体）：NDVI≤0.3，波段4的DN值大于0且小于20；

Class5（裸地）：NDVI≤0.3，波段4的DN值大于等于20；

Class6（无数据区，背景）：NDVI≤0.3，波段4的DN值等于0。

2.3.2 规则表达式

在ENVI中，分类规则是由变量和运算符组成的规则表达式来描述，在创建决策树之前，需要将分类规则转化成规则表达式。

在 ENVI 中，描述分类规则的表达式符合 IDL 编程规范，主要由四部分构成：操作函数、变量、数字变量和数据格式转换函数。操作见表 2-1。

表 2-1 表达式中常用的运算符

种 类	可 用 函 数
基本运算符	加（+）、减（-）、乘（*）、除（/）
三角函数	正弦 sin(x)、余弦 cos(x)、正切 tan(x) 反正弦 asin(x)、反余弦 acos(x)、反正切 atan(x) 双曲线正弦 sinh(x)、双曲线余弦 cosh(x)、双曲线正 tanh(x)
关系和逻辑运算符	小于（LT）、小于等于（LE）、等于（EQ）、不等于（NE）、大于等于（GE）、大于（GT） 并（AND）、或（OR）、NOT、XOR 最大值运算符（>）和最小值运算符（<）
其他数学函数	指数（^）、自然指数 exp(x) 自然对数 alog(x) 以 10 为底的对数 alog10(x) 取整——round(x)、ceil(x)、fix(x) 平方根 sqrt(x) 绝对值 abs(x)

ENVI 决策树分类器中的变量是指一个波段或作用于数据的一个特定函数。如果为波段，需要命名为 bN，其中 N 为 1~255 的数字，代表数据的某一个波段；如果为函数，则变量名必须包含在大括号中，即{变量名}，如{NDVI}。如果变量被赋值为多波段文件，变量名必须包含一个写在方括号中的整数，表示波段数，比如{pc[1]}表示主成分分析的第一主成分。支持特定变量名，如表 2-2 所示，用户也可以通过 IDL 编写自定义函数。

表 2-2 特定变量

变量	作 用
Slope	计算坡度
Aspect	计算坡向
NDVI（）	计算归一化植被指数
tascap[n]	穗帽变换，n 表示获取的是哪一分量
pc[n]	主成分分析，n 表示获取的是哪一分量
lpc[n]	局部主成分分析，n 表示获取的是哪一分量
mnf[n]	最小噪声变换，n 表示获取的是哪一分量
lmnf[n]	局部最小噪声变换，n 表示获取的是哪一分量
Stdev[n]	波段 n 的标准差
Lstdev[n]	波段 n 的局部标准差
mean[n]	波段 n 的平均值
lmean[n]	波段 n 的局部平均值
max[n]、min[n]	波段 n 的最大、最小值
lmax[n]、lmin[n]	波段 n 的局部最大、最小值

注：局部统计变量仅用于经过地理坐标定位的文件，且该文件必须与所选基文件的投影相同。

IDL 中的数据类型转换函数在表达式中同样适用（见表 2-3），在实际应用中使用得最多的是将整数转换成浮点型。比如与浮点型常数比较，表达式：B_4/B_3 gt 0.35，B_3和B_4都是字节型，所以B_4/B_3得到的结果也是字节型的，这样影响最终结果。因此，这个表达式应该写成：float(B_4)/(B_3)。

表 2-3　数据类型转换函数

数据类型	转换函数	缩写	数据范围	Bytes/Pixel
8-bit 字节型（Byte）	byte（）	B	0~255	1
16-bit 整型（Integer）	fix（）		-32768~32767	2
16-bit 无符号整型（Unsigned Int）	uint（）	U	0~65535	2
32-bit 长整型（Long Integer）	long（）	L	大约+/-20 亿	4
32-bit 无符号长整型（Unsigned Long）	ulong（）	UL	0~大约 40 亿	4
32-bit 浮点型（Floating Point）	float（）	.	+/-1e38	4
64-bit 双精度浮点型（Double Precision）	double（）	D	+/-1e308	8
64-bit 整型（64-bit Integer）	long64（）	LL	大约+/-9e18	8
无符号 64-bit 整型（Unsigned 64-bit）	ulong64（）	ULL	0~大约 2e19	8
复数型（Complex）	complex（）		+/-1e38	8
双精度复数型（Double Complex）	dcomplex（）		+/-1e308	16

“波段 1 大于波段 2 平均值，加上 2 倍的波段 2 的标准差”的表达式就可以表示为 b_1 GT({mean[2]}+2＊{stdev[2]})

将定义好的分类规则转换成规则表达式为

Class1（朝北缓坡植被）：

{NDVI} gt0.3,{slop} lt20,({aspect} lt90) or({aspect} gt270)

Class2(非朝北缓坡植被)：

{NDVI} gt0.3,{slop} lt20,({aspect} lt90) and({aspect} lt270)

Class3(陡坡植被)：{NDVI} gt0.3,{slop} gt20

Class4(水体)：{NDVI} le0.3,($b_4$gt0) and($b_4$lt20)

Class5(裸地)：{NDVI} le0.3,$b_4$ge20

Class6(无数据区,背景)：{NDVI} le0.3,$b_4$eq0

除了 ENVI 提供的特定变量外，还可以用 IDL 编写函数构建变量。函数的定义和使用与波段运算一致，区别是返回的结果必须是 0 或者 1，也可以是二进制数组。

在 IDL 环境中编写一个函数，函数的作用是指定一个波段中几个灰度值设为 1，其余像元值设为 0，输出一个掩膜文件（二进制数组）。

```
FUNCTION dt choose_values,data,values
info=SIZE(data)
result=MAKE_APPAY(/BYTE,SIZE=info)
FOR index=OL,(N_ELEMENTS(values)-1)DO $
Result+=(data EQ values[index])
RETURN, result
END
```

将保存的.pro 文件存放到安装目录下的 save_add 文件内，运行 ENVI+IDL 模式，在决策树中，就可以这样调用：dt_chose_values(b1,[20，22，24，26])。

2.3.3　创建决策树

ENVI 中的决策树是用二叉树来表达，规则表达式生成一个单波段的效果，并且包含一个二进制结果 0 和 1。0 结果被归属到“No”分支，1 结果被归属为“Yes”分支。下面我们以南方局部地区的 HJ-1 CCD 影像和 30mDEM 高程数据为例（图 2-3），介绍在 ENVI 下创建决策树的过程。

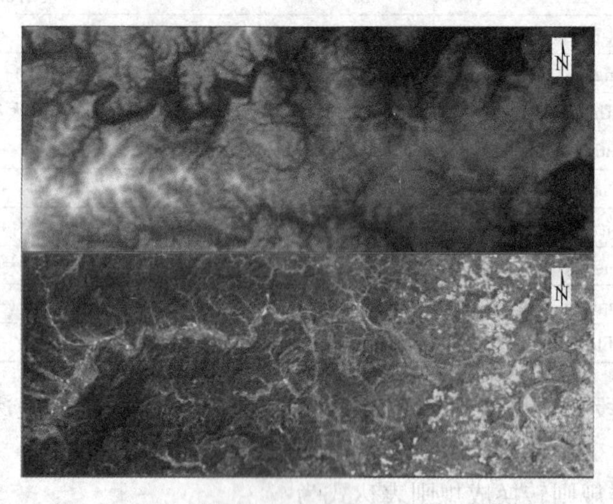

图 2-3　DEM 数据（上）和 HJ-1 CCD 影像（下）

第一步：打开决策树窗口。

（1）打开环境卫星影像以及 DEM 数据。

（2）在主菜单中，选择 Classification→Decision Tree→Build New Decision Tree，打开 ENVI Decision Tree 窗口，默认包含一个决策树节点和两个类别（分支）（图 2-4）。

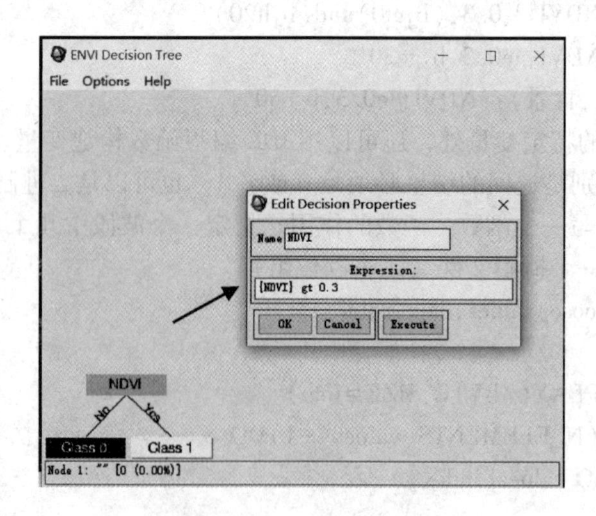

图 2-4　决策树窗口

（3）在 ENVI Decision Tree 窗口中，有菜单命令和二叉树图形显示区域组成。

（4）菜单命令及功能说明见表 2-4。

表 2-4 决策树窗口的菜单命令及功能

菜单命令	功 能
File	文件
New Tree	新建决策树
Save Tree	保存决策树文件
Restore Tree	打开一个决策树文件
Options	选项
Rotate View	决策树方向水平/垂直显示切换
Zoom In	决策树进行放大
Zoom Out	决策树进行缩小
Assign Default Class Values	在决策树中按照从左到右的顺序指定类别数和颜色
Show Varible/File Pairings	影藏/显示变量/文件对话框
Change Output Parameters	更改输出参数对话框
Execute	执行决策树

第二步：创建决策树。

（1）单击 Nodel 图标，打开节点属性编辑窗口（Edit Decision Properties）。

（2）填写节点名称（Name）：NDVI>0.3。

（3）填写节点表达式（Expression）：{NDVI} gt0.3。

（4）单击 OK 按钮，打开变量/文件对话框（Variable/File Pairings），单击左边列表中的 {NDVI} 变量，在弹出 L 的文件选择对话框中选择 TM 图像，给 {NDVI} 变量指定一个数据文件。如果图像文件中含有中心波长信息，ENVI 将自动判断在 NDVI 计算中需要哪一个波段；如果图像在所选的头文件中没有包含波长信息，那么 ENVI 就会进行提示，以确定 NDVI 计算中所需的红波段和近红外波段。单击 OK 按钮，可以看到属性编辑窗口中的第一层节点名称变成 NDVI>0.3。

（5）第一个节点表达式设置完成，根据 NDVI>0.3 成立与否划分为两部分（本例中分为植被覆盖区与无植被区），继续添加第二层节点。

（6）鼠标右键单击 Class1，从快捷菜单中选择 Add Children，将 NDVI 值高的那类进一步细分成两类。ENVI 自动地在 Class1 下创建两个新的类（Class1 和 Class2）。

（7）单击空白节点，调出节点属性编辑窗口（Edit Decision Properties）。

（8）填写节点名称（Name）：{Slope}<20。

（9）填写节点表达式（Expreesion）：{Slope}lt20。

（10）单击 OK 按钮，调出变量/文件选择对话框（Variable/File Pairings），在弹出的文件选择对话框中选择 DEM 文件，给 {Slope} 变量指定一个 DEM 文件。

（11）这样就把 NDVI 高的部分（NDVI>0.3：Yes）又划分为缓坡植被（Slope<20：Yes）和陡坡植被（Slope<20：No）。

（12）重复步骤（6）~（11），根据规则表达式把剩余的子节点加入。

（13）单击最底层的 Class#，弹出输出分类属性（Edit Class Properties）。

（14）分类名称（Name）：Land。

（15）分类值（Class Value）：1。

（16）通过 Color 选择标准颜色或者用 Red、Green、Blue 滑动条分别选择对应的颜色。

（17）单击 OK 按钮，得到最终的决策树（图 2-5）。

（18）选择 File→Save Tree，选择输出路径及文件名将决策树文件保存。

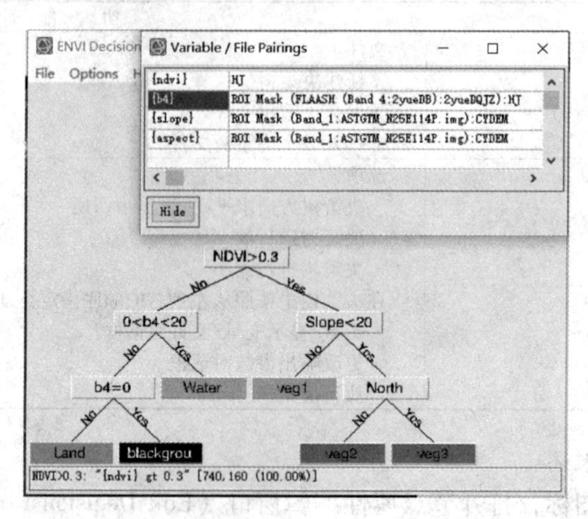

图 2-5 最终的决策树结果

2.3.4 执行决策树

第一步：执行决策树。

（1）在 ENVI Decision Tree 窗口中，选择 Options→Execute，打开 Decision Tree Execution Parameters 对话框。

（2）在 Decision Tree Execution Parameters 对话框中，选择一个文件作为输出分类结果的基准。分类结果的地图投影，像素大小和范围都将被调整，以匹配该基准图像。

（3）选择重采样方法（Resample）。

（4）选择分类结果的输出路径和文件名，单击 OK 按钮，执行决策树分类，结果如图 2-6 所示。

当决策树进行分类计算时，可以看到一个节点到另一个节点的分类处理过程（浅绿色显示）。当分类处理完成以后，分类结果会自动地加载到对话框的空白背景上，单击鼠标右键，从弹出的快捷键菜单中，选择 Zoom In。现在每个节点标签都会显示每个分类的像素个数以及所包含像素占总图像的百分比。

第二步：修改决策树。

当对分类结果不满意时，可以修改决策树后重新执行分类。

（1）节点属性编辑。左键单击节点处，打

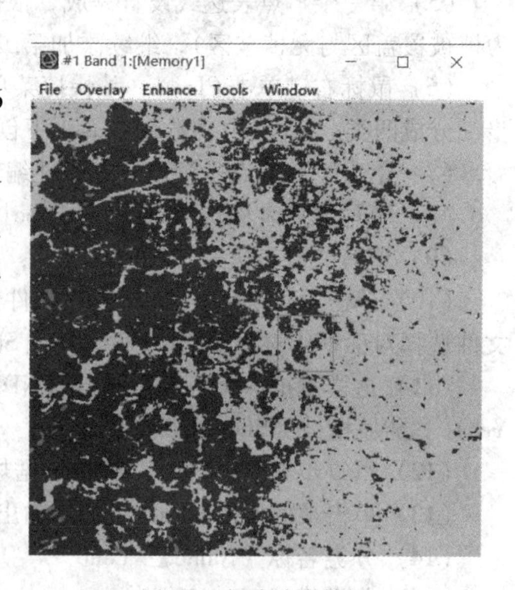

图 2-6 初步分类结果

开节点属性编辑窗口（Edit Decision Properties），编辑节点名称和表达式。

右键单击节点处，弹出 Prune Children（Restore Pruned Children）和 Delete Children 快捷菜单供选择。Pruned Children 菜单命令是剪除与后面子节点的联系，当执行决策树时，它们不会再被使用，Restore Pruned Children 菜单命令恢复节点与后面子节点的联系；Delete Children 菜单命令从决策树中将后面子节点永久地移除。

（2）输出分类属性编辑。单击在最底层的分类，打开输出分类属性（Edit Class Properties），编辑分类名、分类值和分类颜色。

（3）变量赋值编辑。选择 Options→Show Variable/File Pairings，打开变量/文件选择对话框（Variable/File Pairings），单击左边列表中的变量，可以修改变量对应的文件。

（4）更改输出参数。第一次执行决策树之后，选择 Options→Execute 命名时，系统会按照第一次输出参数的设置执行决策树，选择 Options→Change Output Parameters。打开 Decision Tree Execution Parameters 对话框，重新设置输出参数。

评价分类结果的过程与监督分类的方法一样，可参考相关章节，这里不再赘述。

2.4 分类后处理

以上分类方法得到的是初步结果，一般难以达到最终的应用目的。所以，对获取的分类结果需要再进行一些处理，才能得到最终理想的分类结果，这些处理过程通常为分类后处理。常用的分类后处理包括更改分类颜色、分类统计分析、小斑点处理（类后处理）、栅矢转换等操作。

以 ENVI 自带数据“can_tmr. img”的分类结果“can_tmr_class. dat”为例。数据位于“... \ 13. 分类后处理 \ 数据 \ ”。其他数据描述：

（1）can_tmr. img：原始数据。

（2）can_tmr_验证 . roi：精度评价时用到的验证 ROI。

2.4.1 小斑块去除

应用监督分类或者非监督分类以及决策树分类，分类结果中不可避免地会产生一些面积很小的图斑。无论从专题制图的角度，还是从实际应用的角度，都有必要对这些小图斑进行剔除或重新分类，目前常用的方法有 Majority/Minority 分析、聚类处理（Clump）和过滤处理（Sieve）。

2.4.2 Majority 和 Minority 分析

Majority/Minority 分析采用类似于卷积滤波的方法将较大类别中的虚假像元归到该类中，定义一个变换核尺寸，主要分析（Majority Analysis）用变换核中占主要地位（像元数最多）的像元类别代替中心像元的类别。如果使用次要分析（Minority Analysis），将用变换核中占次要地位的像元的类别代替中心像元的类别。

下面介绍详细操作流程：

（1）打开分类结果——“ \ 13. 分类后处理 \ 数据 \ can_tmr_class. dat”。

（2）打开 Majority/Minority 分析工具，路径为 Toolbox /Classification/Post Classification/Majority/Minority Analysis，在弹出对话框中选择“an_tmr_class. dat”，点击 OK。

（3）在 Majority/Minority Parameters 面板中，点击 Select All Items 选中所有的类别，其他参数按照默认即可，如图 2-7 所示。然后点击 Choose 按钮设置输出路径，点击 OK 执行操作。

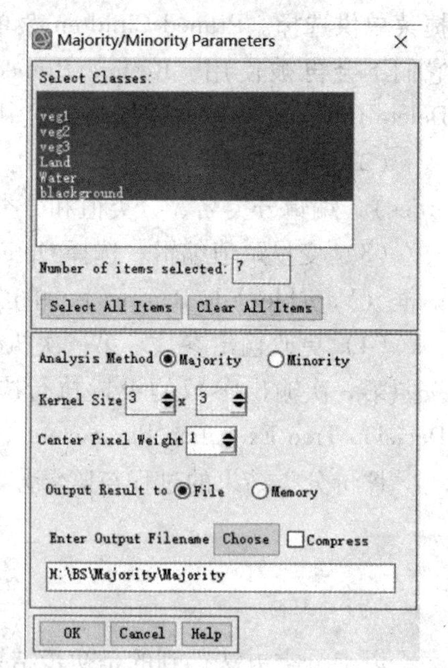

图 2-7　Majority/Minority Parameters 面板参数设置

（4）查看结果如图所示，可以看到原始分类结果的碎斑归为了背景类别中，更加平滑。

注：参数说明如下：

Select Classes 时，用户可根据需要选择其中几个类别；

如果选择 Analysis Methods 为 Minority，则执行次要分析；

Kernel Size 为核的大小，必须为奇数×奇数，核越大，则处理后结果越平滑；

中心像元权重（Center Pixel Weight）。在判定在变换核中哪个类别占主体地位时，中心像元权重用于设定中心像元类别将被计算多少次。例如：如果输入的权重为 1，系统仅计算 1 次中心像元类别；如果输入 5，系统将计算 5 次中心像元类别。权重设置越大，中心像元分为其他类别的概率越小，结果对比如图 2-8 所示。

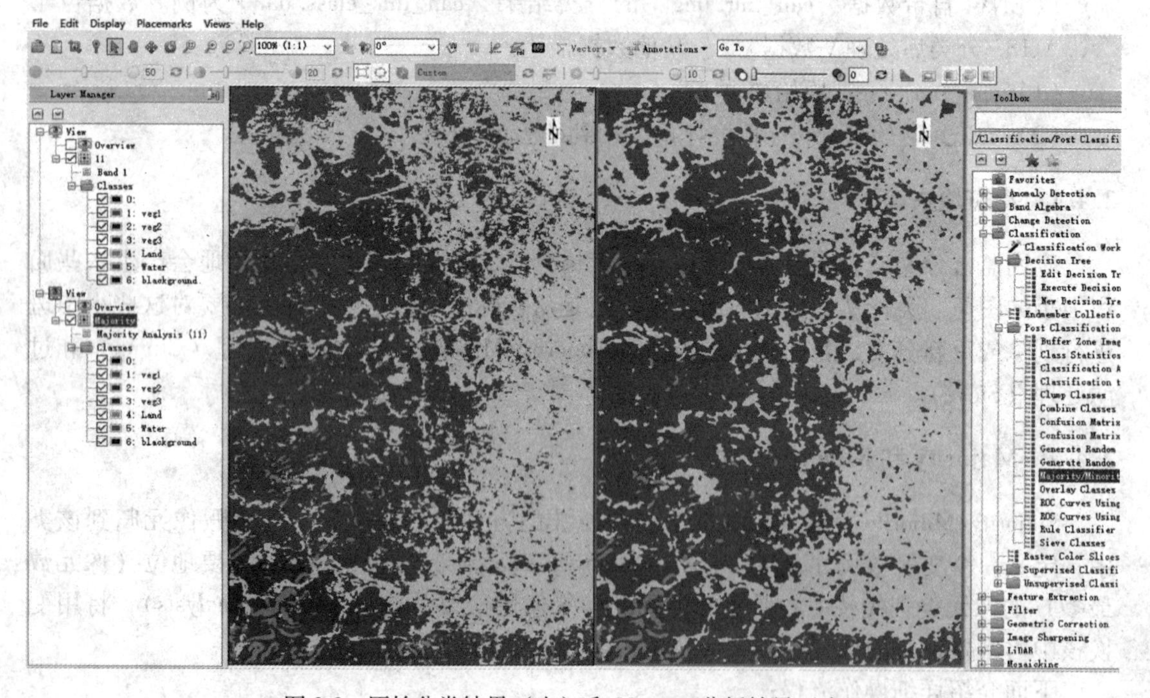

图 2-8　原始分类结果（左）和 Majority 分析结果（右）

2.4.3 聚类处理（Clump）

聚类处理（Clump）是运用数学形态学算子（腐蚀和膨胀），将临近的类似分类区域聚类并进行合并。分类图像经常缺少空间连续性（分类区域中斑点或洞的存在）。低通滤波虽然可以用来平滑这些图像，但是类别信息常常会被临近类别的编码干扰，聚类处理解决了这个问题。首先将被选的分类用一个膨胀操作合并到一块，然后用变换核对分类图像进行腐蚀操作。

下面介绍详细操作流程：

（1）打开分类结果——“\ 13. 分类后处理 \ 数据 \ can_tmr_class. dat”。

（2）打开聚类处理工具，路径为 Toolbox/Classification/Post Classification/Clump Classes，在弹出对话框中选择“can_tmr_class. dat”，点击 OK。

（3）在 Clump Parameters 面板中，点击 Select All Items 选中所有的类别，其他参数按照默认即可，如图 2-9 所示。然后点击 Choose 按钮设置输出路径，点击 OK 执行操作。

（4）查看结果如图 2-10 所示，可以看到原始分类结果的碎斑归为了背景类别中，更加平滑。

注：参数说明如下：

Select Classes 时，用户可根据需要选择其中几个类别；

Operator Size Rows 和 Cols 为数学形态学算子的核大小，必须为奇数，设置的值越大，效果越明显，如图 2-10 所示。

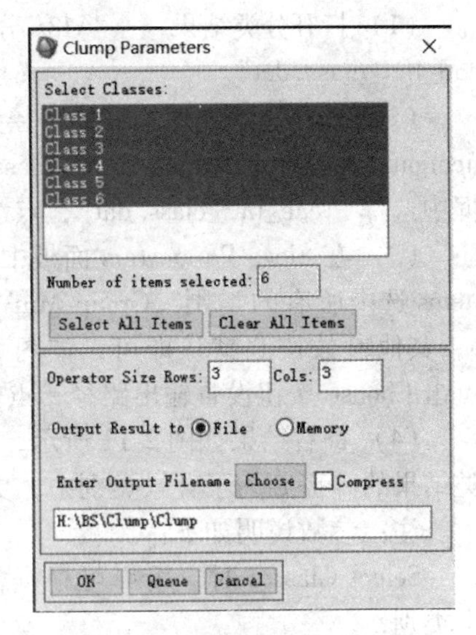

图 2-9 Clump Parameters 面板参数设置结果

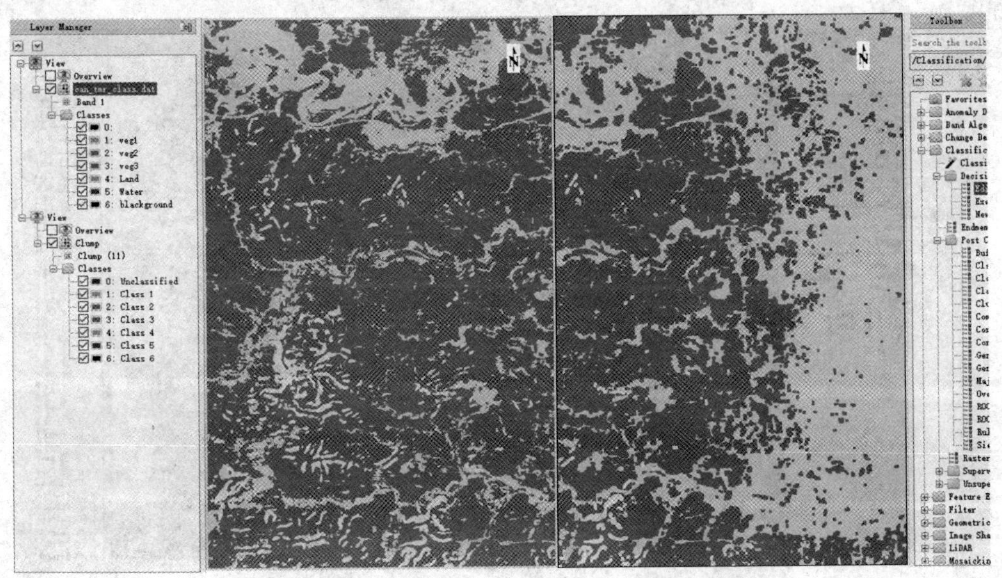

图 2-10 原始分类结果（左）和聚类处理结果（右）

2.4.4　过滤处理（Sieve）

过滤处理（Sieve）解决分类图像中出现的孤岛问题。过滤处理使用斑点分组方法来消除这些被隔离的分类像元。类别筛选方法通过分析周围的4个或8个像元，判定一个像元是否与周围的像元同组。如果一类中被分析的像元数少于输入的阈值，这些像元就会被从该类中删除，删除的像元归为未分类的像元（Unclassified）。

下面介绍详细的操作流程：

（1）打开分类结果——"\13. 分类后处理\数据\can_tmr_class. dat"。

（2）打开过滤处理工具，路径为Toolbox/Classification/Post Classification/Sieve Classes，在弹出对话框中选择"can_tmr_class. dat"，点击OK。

（3）在Sieve Parameters面板中，点击Select All Items选中所有的类别，Group Min Threshold设置为5，其他参数按照默认即可，如图2-11所示。然后点击Choose按钮设置输出路径，点击OK执行操作。

（4）查看结果如图2-12所示，可以看到原始分类结果的碎斑归为了背景类别中，更加平滑。

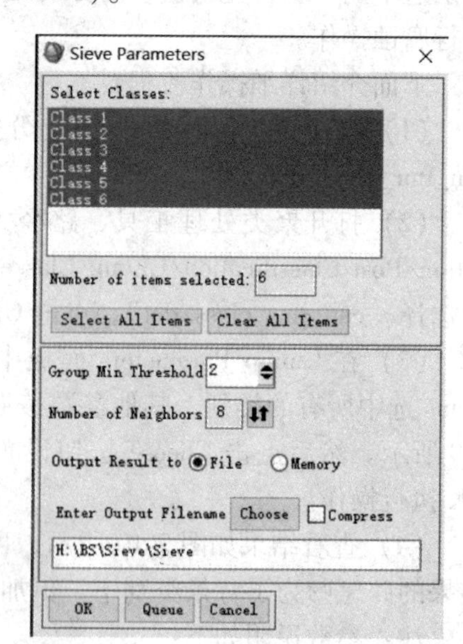

图2-11　Sieve Parameters面板参数设置

注：参数说明如下：

Select Classes时，用户可根据需要选择其中几个类别；

过滤阈值（Group Min Threshold），一组中小于该数值的像元将从相应类别中删除，归为未分类（Unclassified）；

聚类领域大小（Number of Neighbors），可选四连通域或八连通域。分别表示使用中心像元周围4个或8个像元进行统计，结果如图2-12所示。

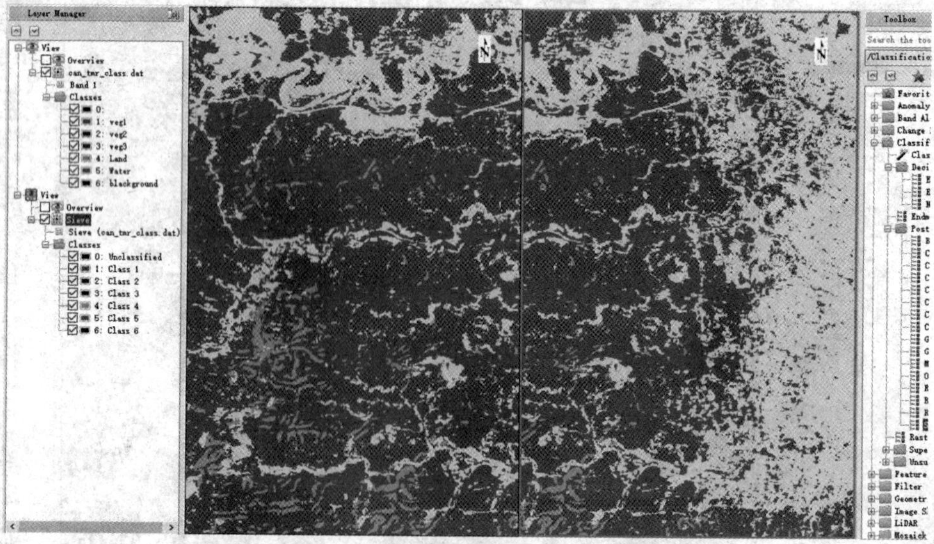

图2-12　原始分类结果（左）和过滤处理结果（右）

2.5 分类统计

分类统计（Class Statistics）可以基于分类结果计算源分类图像的统计信息。基本统计包括：类别中的像元数、最小值、最大值、平均值以及类中每个波段的标准差等。可以绘制每一类对应源分类图像像元值的最小值、最大值、平均值以及标准差，还可以记录每类的直方图，以及计算协方差矩阵、相关矩阵、特征值和特征向量，并显示所有分类的总结记录。下面介绍详细操作流程：

（1）打开分类结果和原始影像——“\13. 分类后处理\数据\can_tmr_class.dat”和“can_tmr.img”。

（2）打开分类统计工具，路径为 Toolbox/Classification/Post Classification/Class Statistics，在弹出对话框中选择“can_tmr_class.dat”，点击 OK。

（3）在 Statistics Input File 面板中，选择原始影像“can_tmr.img”，点击 OK。

（4）在弹出的 Class Selection 面板中，点击 Select All Items，统计所有分类的信息，点击 OK。

注：可根据需要只选择分类列表中的一个或多个类别进行统计。

（5）在 Compute Statistics Parameters 面板可以设置统计信息（如图 2-13 所示），按照图中参数进行设置，点击 Set Report Precision…按钮可以设置输入精度，按默认即可。点击 OK。

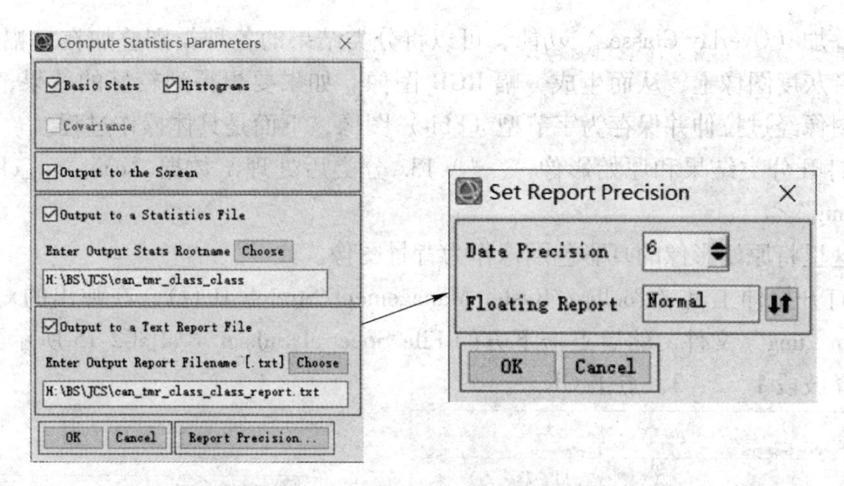

图 2-13 统计结果参数设置面板

注 1：统计功能包含三种统计类型，分别为：

1）基本统计（Basic Stats）：基本统计信息包括所有波段的最小值、最大值、均值和标准差，若该文件是多波段的，还包括特征值。

2）直方图统计（Histograms）：生成一个关于频率分布的统计直方图，列出图像直方图（如果直方图的灰度小于或等于 256）中每个 DN 值的 Npts（点的数量）、Total（累积点的数量）、Pct（每个灰度值的百分比）、和 Acc Pct（累积百分比）。

3）协方差统计（Covariance）：协方差统计信息包括协方差矩阵和相关系数矩阵以及特

征值和特征向量，当选择这一项时，还可以将协方差结果输出为图像（Covariance Image）。

注 2：输出结果的方式有三种：输出到屏幕显示（Output to the Screen）、生成一个统计文件（.sta）和生成一个文本文件。其中生成的统计文件可以通过以下工具打开：

ENVI 5.x：Toolbox/Statistics/View Statistics File

ENVI Classic：Classification > Post Classification > View Statistics File

（6）如图 2-14 所示为显示统计结果的窗口，统计结果以图形和列表形式表示。从 Select Plot 下拉命令中选择图形绘制的对象，如基本统计信息、直方图等。从 Stats for 标签中选择分类结果中类别，在列表中显示类别对应输入图像文件 DN 值统计信息，如协方差、相关系数、特征向量等信息。在列表中的第一段显示的为分类结果（图 2-14）中各个类别的像元数、百分比等统计信息。

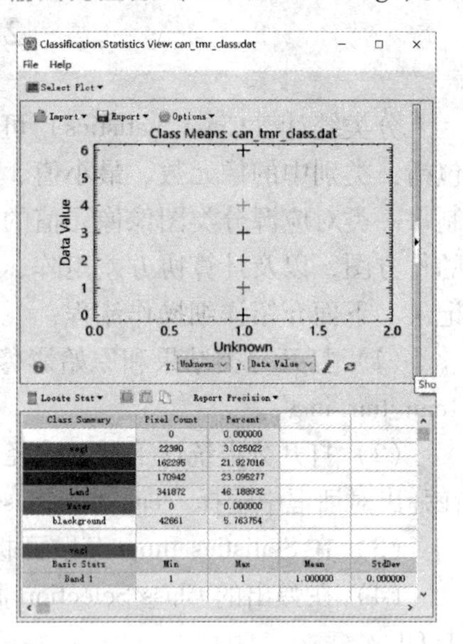

图 2-14　显示统计结果的窗口

2.6 分类叠加

分类叠加（Overlay Classes）功能，可以将分类结果的各种类别叠加在一幅 RGB 彩色合成图或者灰度图像上，从而生成一幅 RGB 图像。如果要想得到较好的效果，在叠加之前，背景图像经过拉伸并保存为字节型（8bit）图像，下面是具体操作过程。

（1）打开分类结果和原始影像——“\ 13. 分类后处理 \ 数据 \ can_tmr_class.dat”和“can_tmr.img”。

注：这里将原始影像的真彩色图像作为背景图像。

（2）打开拉伸工具（Toolbox/Raster Management/Stretch Data），在弹出的对话框中选择“can_tmr.img”文件，然后点击下方的 File Spectral Subset（如图 2-15 所示），在弹出面板中选择波段 1、2、3，点击 OK。

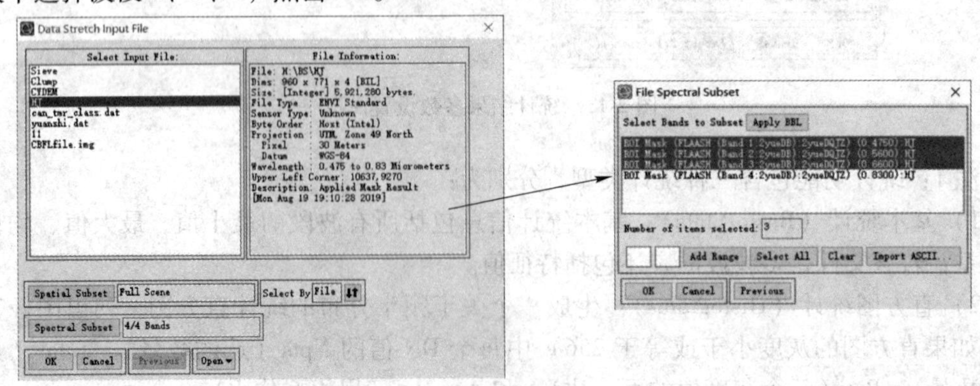

图 2-15　选择拉伸文件和波段选择

（3）在 Data Stretching 面板中，按照图 2-16 进行参数设置，点击 OK 即可。

（4）打开分类叠加工具，路径为 Toolbox/Classification/Post Classification/Overlay Classes。

（5）在打开的 Input Overlay RGB Image Input Bands 面板中，R、G、B 分别选择拉伸结果“can_tmr_background. dat”的 band 3、2、1，点击 OK，如图 2-17 所示。

注：如果需要一个灰度背景，为 RGB 三个通道输入同样的波段即可。

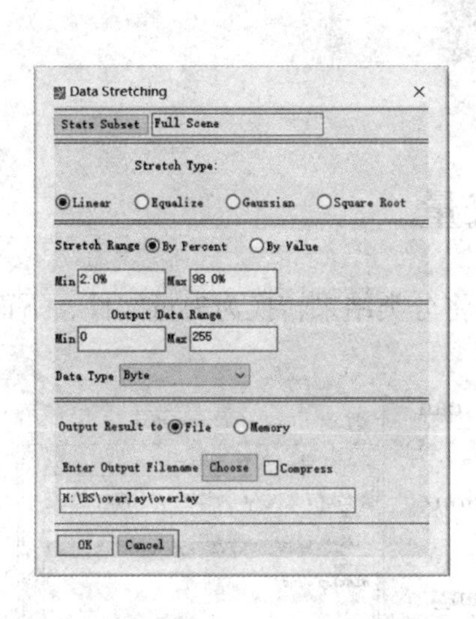

图 2-16　拉伸参数设置

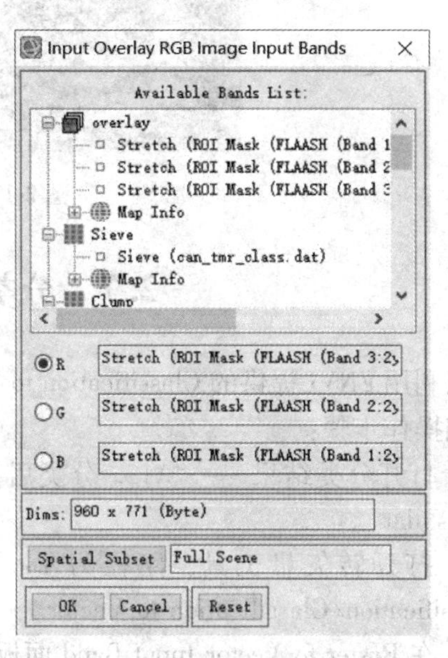

图 2-17　选择背景图像的 RGB 波段组合

（6）在 Classification Input File 面板中选择分类图像“can_tmr_class. dat”，点击 OK。

（7）在 Class Overlay to RGB Parameters 面板中选择要叠加显示的类别（如图 2-18 所示），这里选择 veg1、veg3、Land 三个类别，设置输出路径，点击 OK 即可。

注：按住 Ctrl 键，点击鼠标左键可以实现多选。

（8）查看叠加结果，如图 2-19 所示。

注：可以通过 File>Save As 将“can_tmr_overlay. dat”转换为 TIFF 格式，这样使用普通图片查看器便可以进行浏览，并保持了背景拉伸效果与原始类别颜色，效果如图 2-19 所示。

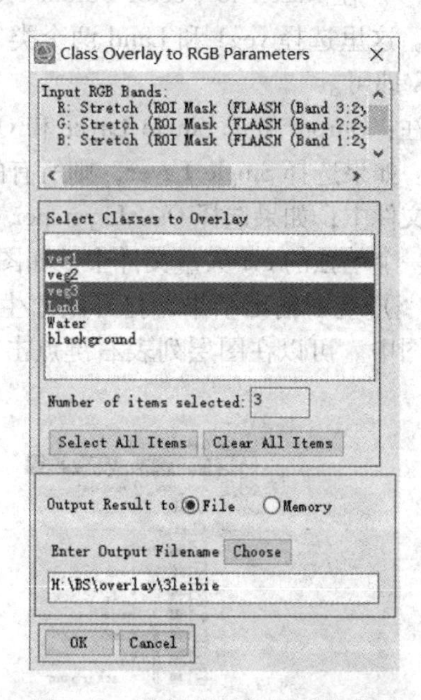

图 2-18　选择要叠加显示的类别

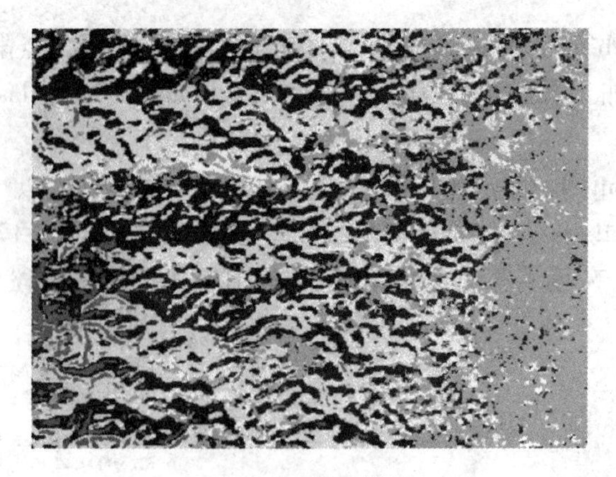

图 2-19　叠加效果

2.7　分类结果转矢量

可以利用 ENVI 提供的 Classification to Vector 工具，将分类结果转换为矢量文件，下面介绍详细操作步骤：

（1）打开分类结果——“\13. 分类后处理\数据\can_tmr_class. dat”。

（2）打开转矢量工具，路径为 Toolbox/Classification/Post Classification/Classification to Vector。

（3）在 Raster to Vector Input Band 面板中，选择“can_tmr_class. dat”文件的波段，点击 OK。

（4）在 Raster to Vector Parameters 面板中设置矢量输出参数。这里选择 veg1 和 Land 两个类别，设置输出路径，点击 OK 即可。

注：Output 可选 Single Layer 和 One Layer per Class 两种情况。如果选择 Single Layer，则所有的类别均输出到一个 evf 矢量文件中；如果选择 One Layer per Class，则每一个类别输出到一个单独的 evf 矢量文件中，如图 2-20 所示。

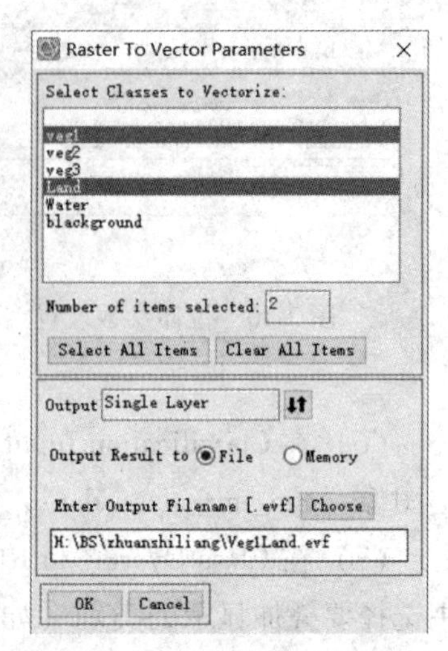

图 2-20　输出矢量参数设置

（5）查看输出结果，打开刚才生成的 evf 文件，并加载到视图中。可以在图层列表右键点击矢量文件名（如图 2-21a 所示），选择 Properties，

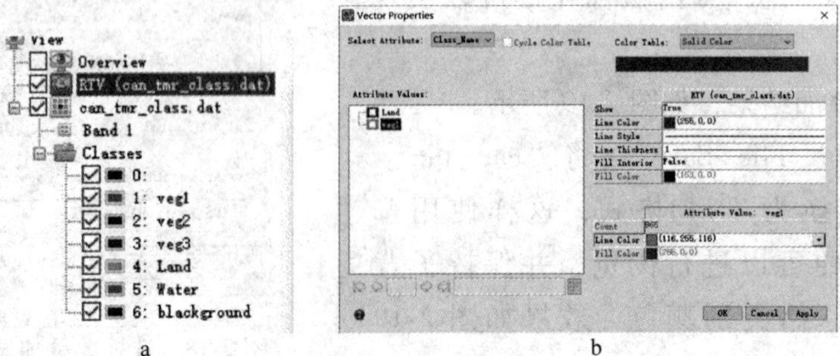

a　　　　b

图 2-21　设置矢量图层属性

在弹出面板中可以根据 Class_ Name 修改不同类别的颜色（如图 2-21b 所示），修改 Land 和 veg1 分别为红色和绿色，点击 OK，最终效果如图 2-22 所示。

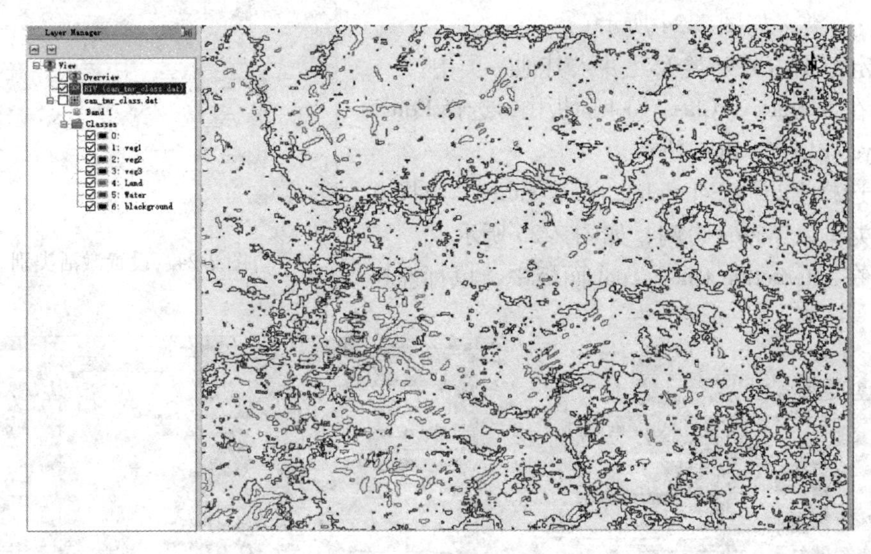

图 2-22 矢量显示最终效果

2.8 ENVI Classic 分类后处理

以上的分类后处理在 ENVI Classic 和 ENVI 5.x 版本中均能完成，操作步骤基本一致。本节的操作需要在 ENVI Classic 下完成的，主要为局部手动修改、更改类别颜色等。

2.8.1 浏览结果

打开 ENVI Classic，使用 File > Open Image File 打开“can_tmr.img”和“can_tmr_class.dat”。在显示“can_tmr.img”的 Display 中，选择 Overlay > Classification，打开 Interactive Class Tool Input File 面板中选择“can_tmr_class.dat”，将分类结果叠加显示在 Display 上。如图 2-23 所示，可以勾选复选框进行类别的叠加显示。

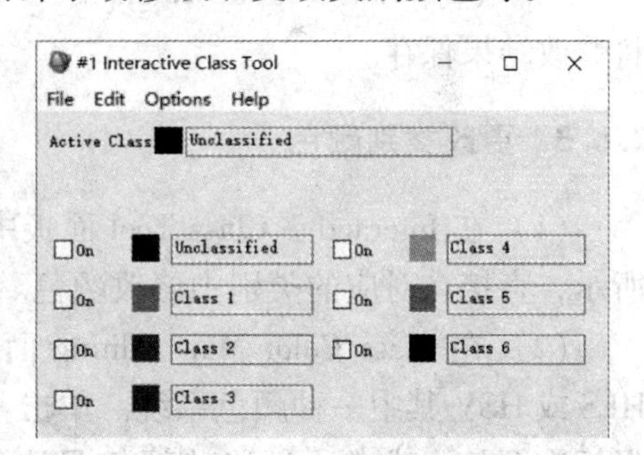

图 2-23 Interactive Class Tool 面板

2.8.2 局部修改

对于局部错分、漏分的像元，可以手动进行修改。在 Interactive Class Tool 面板可利用两个工具进行修改。

将一定范围内的像元都并入其他一个类别中。

（1）在 Interactive Class Tool 面板中，选择 Edit > Mode：Polygon Add to Class。

（2）在 Interactive Class Tool 面板中，鼠标左键单击“Unclassified”前面的方型色块，让“Unclassified”类别处于激活状态。

（3）选择一个编辑窗口：Image，在Image窗口中绘制多边形，多边形以内的像元全部归于“Unclassified”一类，如图2-24所示。

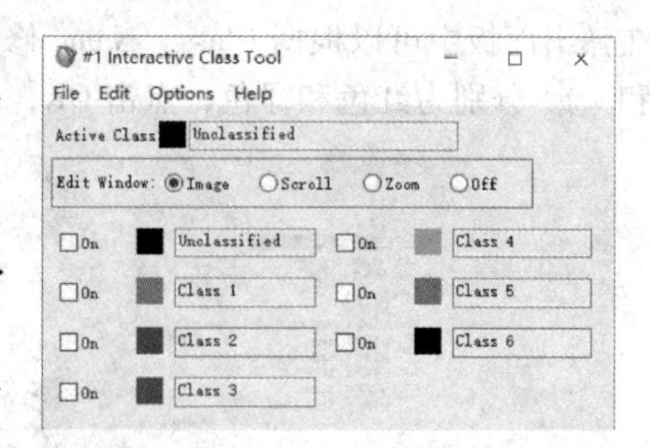

图2-24　设置激活类别

将一定范围内某一类像元并入其他一类中：

（1）在Interactive Class Tool面板中，选择Edit > Mode：Polygon Delete from Class。

（2）选择Edit > Set delete class value，选择并入的目标类，以Water为例，如图2-25所示。

（3）在Interactive Class Tool面板中，鼠标左键

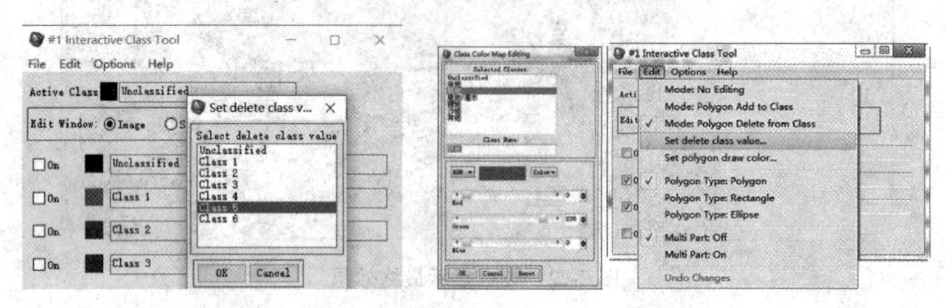

图2-25　设置删除归入的目标类别

单击“Unclassified”前面的方型色块，让“Unclassified”类别处于激活状态。

（4）选择一个编辑窗口：Image，在Image窗口中绘制多边形，多边形以内的类别“Unclassified”全部归于“Water”。

（5）选择Edit > Undo Changes，可以取消修改，选择File > Save changes to File，可以将修改结果保存。

2.8.3　更改类别颜色

（1）在Interactive Class Tool面板中，选择Option > Edit class colors/names，如图2-26所示，直接在对应的类别中修改颜色。

（2）在Class Color Map Editing面板中选择RGB、HLS或HSV其中一种颜色系统。单击“Color”按钮选择标准颜色，或者通过移动颜色调整滑块分别调整各个颜色分量定义颜色。选择Options >Reset Color Mapping，可以恢复初始值。

注：也可以根据一个显示的RGB影像来自动分配类别颜色，打开主菜单> Classification > Post Classification > Assign Class Colors。

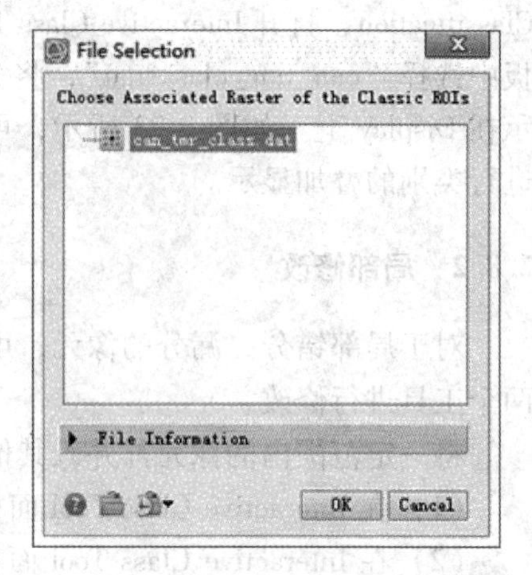

图2-26　选择与ROI绑定的文件

常用的精度评价的方法有两种：一是混淆矩阵；二是ROC曲线。其中，比较常用的为混淆矩阵，ROC曲线可以用图形的方式表达分类精度，比较形象。

真实参考源可以使用两种方式：一是标准的分类

图；二是选择的感兴趣区（验证样本区）。两种方式的选择都可以通过以下工具实现：

ENVI 5.x：/Classification/Post Classification/Confusion Matrix Using… 和 ROC Curves Using…

ENVI Classic：Classification > Post Classification > Confusion Matrix 和 ROC Curves

真实的感兴趣区参考源的选择可以是在高分辨率影像上选择，也可以是野外实地调查获取，原则是确保类别参考源的真实性。验证样本选择方法和训练样本的选择过程是一样的，这里不再赘述，直接使用“\13. 分类后处理\数据\can_tmr_验证.roi”为验证样本。

下面以 ENVI 为例，介绍详细的操作步骤：

（1）打开分类结果影像——“\13. 分类后处理\数据\can_tmr_class.dat”；

（2）打开验证样本，打开 File > Open，选择“\13. 分类后处理\数据\can_tmr_验证.roi”，在弹出的 File Selection 对话框（如图 2-26 所示）中选择“can_tmr_class.dat”，点击 OK；

（3）选择混淆矩阵计算工具，路径为 Toolbox/Classification/Post Classification/Confusion Matrix Using Ground Truth ROIs，在弹出面板中选择“can_tmr_class.dat”，点击 OK；

（4）软件会根据分类代码自动匹配，如不正确可以手动更改（见图 2-27a），点击 OK 后选择混淆矩阵显示风格（像素和百分比，见图 2-27b）；

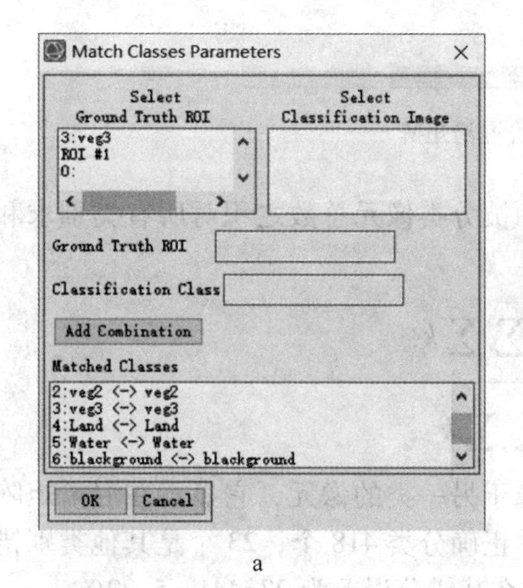

a

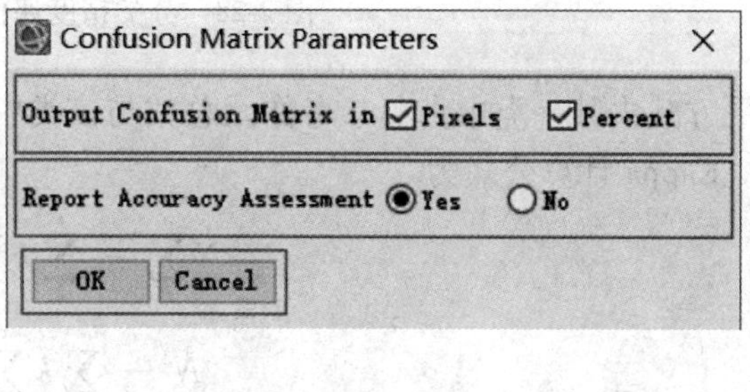

b

图 2-27 验证操作面板

（5）点击 OK，就可以得到精度报表（如图 2-28 所示）。

这里说明一下混淆矩阵中的几项评价指标，如下：

总体分类精度等于被正确分类的像元总和除以总像元数。被正确分类的像元数目沿着混淆矩阵的对角线分布，总像元数等于所有真实参考源的像元总数，如本次精度分类精度表中的 Overall Accuracy =（2258/2346）96.2489%。

Kappa 系数它是通过把所有真实参考的像元总数（N）乘以混淆矩阵对角线（XKK）的和，再减去某一类中真实参考像元数与该类中被分类像元总数之积之后，再除以像元总

Class Confusion Matrix

File

Confusion Matrix: H:\BS\JCS\can_tmr_class.dat

Overall Accuracy = (466/482) 96.6805%
Kappa Coefficient = 0.9549

Ground Truth (Pixels)

Class	1:veg1	2:veg2	3:veg3	4:Land
	0	0	0	0
veg1	24	0	0	0
veg2	0	66	8	0
veg3	0	0	123	0
Land	0	0	0	68
Water	0	0	0	0
blackground	0	0	0	0
Total	24	66	131	68

Ground Truth (Pixels)

Class	6:blackground	Total
	0	0
veg1	0	24
veg2	0	74
veg3	0	131
Land	0	68
Water	0	0
blackground	185	185
Total	185	482

Ground Truth (Percent)

Class	1:veg1	2:veg2	3:veg3	4:Land
	0.00	0.00	0.00	0.00
veg1	100.00	0.00	0.00	0.00
veg2	0.00	100.00	6.11	0.00
veg3	0.00	0.00	93.89	0.00
Land	0.00	0.00	0.00	100.00
Water	0.00	0.00	0.00	0.00
blackground	0.00	0.00	0.00	0.00
Total	100.00	100.00	100.00	100.00

Ground Truth (Percent)

Class	6:blackground	Total
	0.00	0.00
veg1	0.00	4.98
veg2	0.00	15.35
veg3	0.00	27.18
Land	0.00	14.11
Water	0.00	0.00
blackground	100.00	38.38

图 2-28　分类精度评价混淆矩阵

数的平方减去某一类中真实参考像元总数与该类中被分类像元总数之积对所有类别求和的结果。Kappa 计算公式为

$$K = \frac{N\sum_{k}^{x} - \sum_{k}^{x} k \sum^{x} \sum k}{N^2 - \sum_{k}^{x} k \sum \sum k}$$

错分误差指被分为用户感兴趣的类，而实际属于另一类的像元，它显示在混淆矩阵里面。本例中，总共划分为林地有 441 个像元，其中正确分类 418 个，23 个是其他类别错分为林地（混淆矩阵中林地一行其他类的总和），那么其错分误差为 23/441 = 5. 22%。

漏分误差指本身属于地表真实分类，当没有被分类器分到相应类别中的像元数。如在本例中的林地类，有真实参考像元 419 个，其中 418 个正确分类，其余 1 个被错分为其余类（混淆矩阵中耕地类中一列里其他类的总和），漏分误差 1/419 = 0. 24%。

制图精度是指分类器将整个影像的像元正确分为 A 类的像元数（对角线值）与 A 类真实参考总数（混淆矩阵中 A 类列的总和）的比率。如本例中林地有 419 个真实参考像元，其中 418 个正确分类，因此林地的制图精度是 418/419 = 99. 76%。

用户精度是指正确分到 A 类的像元总数（对角线值）与分类器将整个影像的像元分为 A 类的像元总数（混淆矩阵中 A 类行的总和）比率。如本例中林地有 418 个正确分类，总共划分为林地的有 441，所以林地的用户精度是 418/441 = 94. 78%。

注：监督分类中的样本选择和分类器的选择比较关键。在样本选择时，为了更加清楚的查看地物类型，可以适当的对图像做一些增强处理，如主成分分析、最小噪声变换、波段组合等操作，便于样本的选择；分类器的选择需要根据数据源和影像的质量来选择，比如支持向量机对高分辨率、四个波段的影像效果比较好。

2.9　基于 HJ-CCD 影像的定南县土地利用分类

本节以江西赣州定南县土地利用分类为例，采用双毯覆盖模型对 HJ 卫星 CCD 影像 6 类典型地物的波谱分形特征进行了分析，利用不同地物在不同波段上的分形区分度差异构建了最佳分形波段选择模型，并利用该模型挑选出最佳分形波段来辅助土地利用分类，最后对分类结果进行检验。论文对研究区采用最大似然分类方法。首先，在原始影像上针对每类地物采集一定数量的有代表性样本，然后分别利用 3 类组合进行分类：即 HJ-1CCD 原始 4 波段影像、HJ-1CCD 原始 4 波段影像+第 2 波段分形特征影像、HJ-1CCD 原始 4 波段影像+第 1 主组分分形特征影像，分类结果如图 2-29 所示。

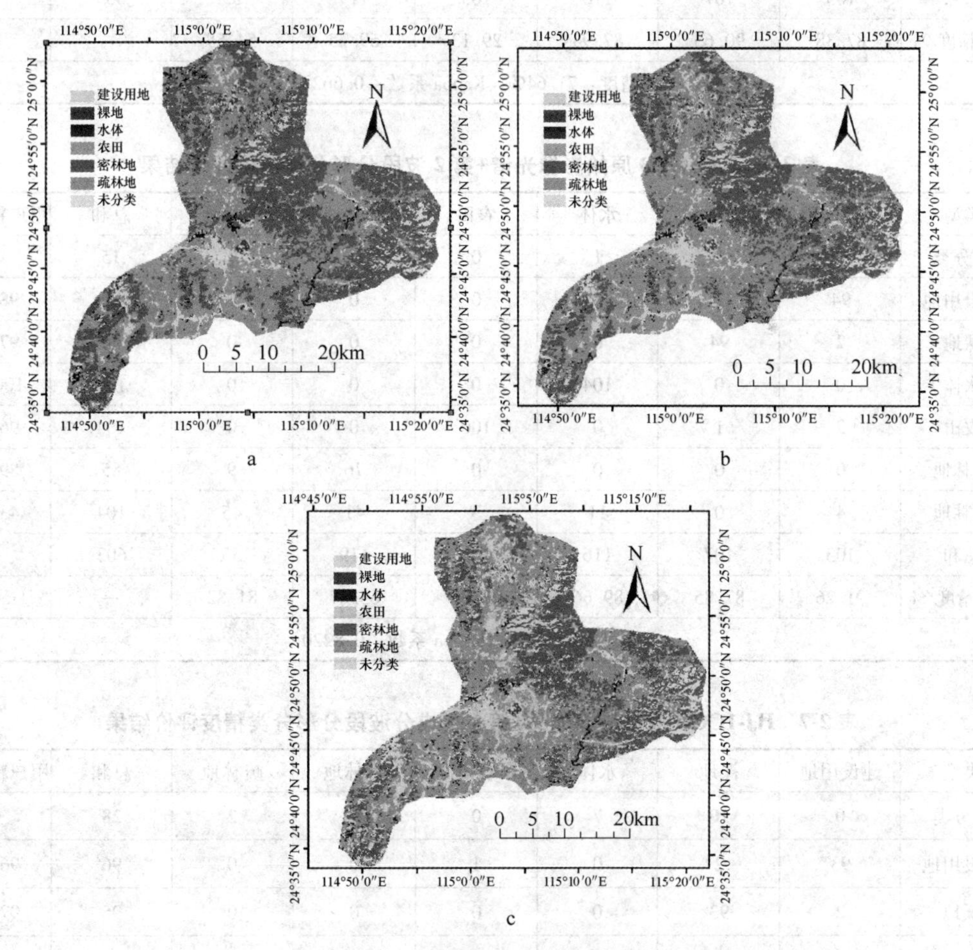

图 2-29　定南县土地利用分类结果

a— 影像光谱分类；b—影像光谱+2 波段分形分类；c— 影像光谱+第 1 主成分波段分形分类

采用同期 SPOT 影像作为参考影像，通过目视解译获取各个分类的感兴趣区的地表真实地物。进而计算感兴趣区的混淆矩阵，分别得到 HJ-1CCD 原始影像光谱分类、HJ-1CCD 原始影像光谱+第 2 波段分形、HJ-1CCD 原始影像光谱+第 1 主成分波段分形分类，得到分类精度如表 2-5~表 2-7 所示。

表 2-5 HJ-1CCD 原始影像光谱分类精度评价结果

类型	建设用地	裸地	水体	农田	密林地	疏林地	总和	用户精度/%
未分类	1	9	6	14	8	1	39	—
建设用地	90	1	4	54	0	7	156	57.69
裸地	7	97	0	5	0	13	109	88.99
水体	0	0	102	0	0	0	0	100.00
农田	1	0	0	30	1	4	36	83.33
密林地	0	0	0	0	83	13	96	86.46
疏林地	4	0	4	0	27	30	65	46.15
总和	103	107	116	103	119	55	603	—
制图精度/%	87.38	90.65	87.93	29.13	69.75	54.55	—	—
总精度：71.64%，Kappa 系数：0.6623								

表 2-6 HJ-1CCD 原始影像光谱+第 2 波段分形分类精度评价结果

类型	建设用地	裸地	水体	农田	密林地	疏林地	总和	用户精度/%
未分类	0	11	1	0	2	1	15	—
建设用地	94	1	0	0	0	0	95	98.95
裸地	2	94	0	0	0	0	96	97.92
水体	0	0	104	0	0	0	104	100.00
农田	3	1	0	100	0	0	104	96.15
密林地	0	0	0	0	76	9	85	89.41
疏林地	4	0	11	3	41	45	104	43.27
总和	103	107	116	103	119	55	603	—
制图精度/%	91.26	87.85	89.66	97.09	63.87	81.82	—	—
总精度：85.07%，Kappa 系数：0.8220								

表 2-7 HJ-1CCD 原始影像光谱+第 1 主成分波段分形分类精度评价结果

类型	建设用地	裸地	水体	农田	密林地	疏林地	总和	用户精度/%
未分类	0	10	7	0	9	2	28	—
建设用地	93	2	0	1	0	0	96	96.88
裸地	2	93	0	0	0	0	95	97.89
水体	0	0	104	0	0	0	104	100.00
农田	4	2	0	100	0	0	106	94.34

续表 2-7

类型	建设用地	裸地	水体	农田	密林地	疏林地	总和	用户精度/%
密林地	0	0	0	0	69	9	78	88.46
疏林地	4	0	5	2	41	44	96	45.83
总和	103	107	116	103	119	55	603	—
制图精度/%	90.29	86.92	89.66	97.09	57.98	80.00	—	—
总精度：83.41%，Kappa系数：0.8029								

3 遥感动态监测

3.1 动态监测技术

从不同时间或在不同条件下获取的同一地区的遥感图像中，识别和量化地表类型的变化、空间分布状况和变化量，这一过程就是遥感动态监测过程。

地表变化信息可分为两种：一种是转化（Conversion）；另一种是改变（Modification）。前者是土地从一种土地覆盖类型向另一种类型的转化，如草地转变为农田、森林转变为灌丛，也称为“绝对变化”；后者是一种土地覆盖类型内部条件（结构和功能）的变化，如森林由密变疏或由一种树种组成变成另外一种组成，或植物群落生物量、生产力、物候现象变化，也称为“相对变化”。

遥感动态监测过程一般可分为三个步骤，如图 3-1 所示。

图 3-1　遥感动态监测过程

3.1.1　数据预处理

在进行变化信息检测前，需要考虑以下因素对不同时相图像产生的差异信息。

（1）传感器类型的差异：考虑选择相同传感器的图像，甚至选择相同的波段，因为不同中心波长或者不同的波谱响应会导致相同物质具有不同的像元值。

（2）采集日期和时间的差异：季节的变化会引起地表植被的差异，不同的时间段也会影响太阳高度角和方位角。

（3）图像像元单位的差异：不同时相的图像具有相同的像元物理单位和值范围，如同时为浮点型的辐射亮度的图像数据。

（4）像素分辨率的差异：不同的像素大小会导致错误的变化检测结果。

（5）大气条件的差异：不同的天气条件会影响光的传输和散射。这样会导致相同的物质在不同大气条件具有不同的像元值。

（6）图像配准的精度：动态监测是获取相同空间位置的地表变化信息，图像的精确配准对监测结果影响很大。可以通过每个文件的精确几何校正来保证，也可以以一个文件作为基准配准另一个时相的文件。

可以通过图像选择、图像定标、重采样、大气校正和图像配准减少甚至消除以上因素的影响。预处理的内容根据动态监测的内容和变化信息检测方法的选择不同而有所不同。

3.1.2 变化信息检测

根据处理过程可分为以下四类：

（1）图像直接比较法。图像直接比较法是最为常见的方法，它是对经过配准的两个时相的遥感图像中像元值直接进行运算或变换处理，找出变化的区域。以下为几种常见的方法。

1）图像差值/比值法。图像差值法就是将两个时相的遥感图像相减或相除。其原理是：图像中未发生变化的地类在两个时相的遥感图像上一般具有相等或相近的灰度值，而当地类发生变化时，对应位置的灰度值将有较大差别。因此，在差值/比值图像上发生地类变化区域的灰度值会与背景值有较大差别，从而使变化信息从背景图像中显现出来。

这种方法也可以推广到植被指数、水指数、建筑物指数、主成分分析第一成分等相减或相除。

2）光谱特征变异法。同一地物反映在一时相图像上的信息与其反映在另一时相图像上的光谱信息是一一对应的。当将不同时相的图像进行融合时，如同一地物在两者上的信息表现不一致，那么融合后的图像中此地物的光谱就表现得与正常地物的光谱有所差别，此时称地物发生了光谱特征变异，我们就可以根据发生变异的光谱特征确定变化信息。

3）假彩色合成法。由于地表的变化，相同传感器对同一地点所获取的不同时相的图像在灰度上有较大的区别。在进行变化信息的发现时，将前、后两时相的数据精确配准，再利用假彩色合成的方法，将后一时相的一个波段数据赋予红色通道，前一时相的同一波段赋予蓝色和绿色通道。利用三原色原理，形成假彩色图像。其中，地表未发生变化的区域在合成后图像上的灰度值接近，而土地利用类型发生变化的区域则呈现出红色，即可判定为变化区域。

4）波段替换法。在 RGB 假彩色合成中，G 和 B 分量用前一时相的两个波段，用后一时相的一个波段图像组成 R 分量，在合成的 RGB 假彩色图像上能够很容易地发现红色区域即为变化区域。

（2）分类后比较法。分类后结果比较法是将经过配准的两个时相的遥感图像分别进行分类，然后比较分类结果得到变化检测信息。该方法的核心是基于分类基础发现变化信息，该方法也是获取土地利用转移矩阵的过程。

（3）直接分类法。结合了图像直接比较法和分类后结果比较法的思想，常见的方法有：多时相主成分分析后分类法、多时相组合后分类法等。以下介绍多时相主成分分析后分类法。

当地物属性发生变化时，必将导致其在图像某几个波段上的值发生变化，所以只要找出两个时相的图像中对应波段值的差别并确定这些差别的范围，便可发现变化信息。在具体工作中将两个时相的图像各波段组合成一个两倍于原图像波段数的新图像，并对该图像做 PCA 变换。由于变换结果前几个分量上集中了两个图像的主要信息，而后几个分量则反映两个图像的差别信息，因此可以选择后几个分量进行波段组合来发现变化信息。

（4）回溯法。对于多时相遥感影像动态信息提取，首先对某一时相的影像进行面向对象的目标信息提取，结合纹理特征，光谱信息、高程信息、形状信息等特征建立分类规则，然后以此结果为基础和限制条件，提取其他时相的目标信息。

3.1.3 变化信息提取

变化信息提取可以归结为从图像上提取信息，有以下方法供选择：

(1) 手工数字化法；

(2) 图像自动分类；

(3) 监督分类；

(4) 非监督分类；

(5) 基于专家知识的决策树分类；

(6) 面向对象的特征提取法；

(7) 图像分割。

以上方法中的每一步都可以借助 ENVI 提供的功能实现，如图像几何校正工具、大气校正工具、Band Math 工具、主成分分析、植被指数计算器、图像分类等。ENVI 同时也提供动态监测工具，下面对其介绍。

3.2 ENVI 中的动态监测工具

ENVI 中的图像直接比较法工具包括 Compute Difference Map 工具和 Image Difference 工具。

3.2.1 Compute Difference Map 工具

Compute Difference Map 工具对两个时相的图像做波段相减或者相除，设定相应的阈值对相减或者相除的结果进行分类。可选择一些预处理功能，包括将图像归一化为 0~1 的数据范围，或者统一像元值单位，这个工具比较适合获取地表相对变化信息。

输入图像必须经过精确配准或精确地理坐标定位，如果输入图像没有经过配准，Compute Difference Map 工具将使用可获取的地图信息对图像进行自动配准。在配准过程中，如果需要重新投影和重新采样，系统将使用初始图像作为基准图像。

这个工具的详细操作过程如下：

(1) 在 ENVI 主界面的 Toolbox 中选择 Change Detection→Change Detection Difference Map。在 Select the Initial State Image 文件选择对话框中，从前一时相图像中选择一个波段，单击 OK 按钮；在 Select the Initial State Image 文件选择对话框中，从后一时相图像中选择前面相同的波段，单击 OK 按钮，打开 Compute Difference Map Input Parameters 对话框（图 3-2）。

(2) 选择分类数（Number of Classes）：7。每一类都由一个特定的阈值定义，代表不同的差异变化量，最小类别数为 2。

注：在对图像进行差值运算时（simple differences），默认的分类阈值在-1 和 1 之间等分；在对图像进行比值运算时（percent difference），分类阈值在-100%和 100%之间等分。默认的分类定义生成相对称的分类，即以无变化（值为 0）为中心，两侧的正值差异和负值差异的类别数相同。

(3) 单击 Define Class Thresholds 按钮，可以在打开的对话框中（图 3-3）修改类别名称和分类阈值。

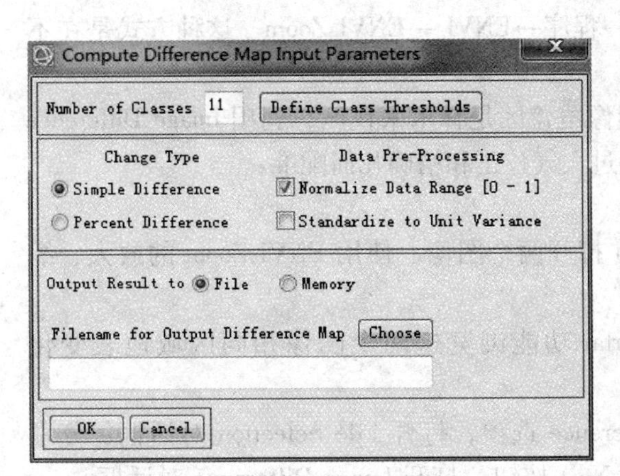

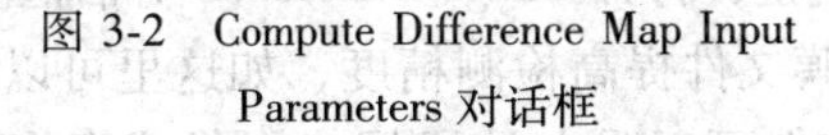
图 3-2 Compute Difference Map Input Parameters 对话框

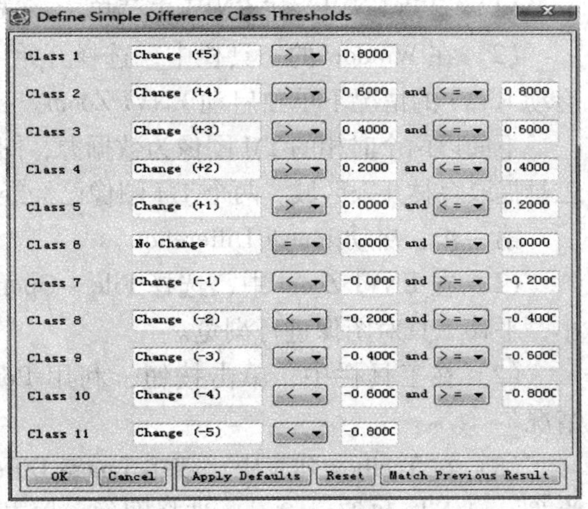

图 3-3 Define Simple Difference Class Thresholds 对话框

（4）设置图形比较类型（Change Type）：Simple Difference。

注：Simple Difference 选项是“final state image”减去“initial state image”。Percent Difference 选项是用“Simple Difference”除以“initial state image”。

（5）数据预处理（Data Pre-Processing）：Normalization Data Range 为［0，1］。

注：归一化处理（Normalization Data Range［0，1］）是用图像的 DN 值减去图像的最小值，然后再除以图像的数据范围，即 Normalization $=\dfrac{DN-DN_{\min}}{DN_{\max}-DN_{\min}}$。

统一像元值单位（Standardization to Unit Varance）：用图像的 DN 值减去图像均值，然后再除以标准差，即 Standardization $=\dfrac{DN-DN_{\text{mean}}}{DN_{\text{stdev}}}$。

（6）为变化图像分析结果选择输出路径和文件名。

注：如果输入图像需要重新配准证或重采样，会出现“saving auto-coregistered Input Images?”选项，可以将自动配准的图像保存到“File”或“Memory”。

（7）单击 OK 按钮，执行处理。

作为结果的变化分类图像将以彩色显示。正值差异用渐变的红色表示，从代表无变化的灰色到代表最大正值差异的亮红色逐级显示；负值差异用渐变的蓝色表示，从代表无变化的灰色到代表最大正值差异的亮蓝色逐级显示。

注：如果先前更改了默认的正值和负值变化类别数量或定义的类别顺序，结果图像的颜色将与这里描述的不同。

3.2.2 Image Difference 工具

Image Difference 工具可以检测到两个时相图像中增加和减少两种变化信息，适合获取地表绝对变化信息。它集成在 ENVI Zoom（或者 ENVI EX）视图下，采用流程化操作方式。首先通过以下方式启动 ENVI Zoom 视图。

（1）启动 ENVI，在 ENVI 主菜单中，选择 File→Launch ENVI Zoom。

（2）在 Window 的工具栏中，选择开始→程序→ENVI →ENVI Zoom。这种方式是在不启动 ENVI 的情况下单独启动 ENVI Zoom。

下面以两个时相的 TM 图像为数据源，图像覆盖区是林木采伐区，利用 Image Difference 工具提取森林开采区域。两个 TM 图像已经经过大气校正和精确几何配准。

第一步：启动 Image Difference。

（1）在 ENVI Zoom 中，选择 File→Open 打开两个图像。使用 ENVI Zoom 的放大、缩小、平移工具对图像进行浏览。

（2）在工具栏中，单击按钮，利用 Portal 功能浏览这两个图像相同区域地表变化情况。

（3）在 Toolbox 列表中，双击 Image Difference 选项，打开 File Selection 对话框，分别为 Time 1 File 和 Time 2 File 选择图像。单击 Next 按钮，打开 Image Difference 对话框。

注：切换 Input Mask 对话框，可以选择一个掩膜文件提高检测精度，如这里可以制作一个林区的掩膜文件，排除非林区的干扰。掩膜文件可以是单波段栅格图像或者多边形 Shapefile 文件。

第二步：变化信息检测。

在 Image Difference 对话框中（图 3-4），设置变化信息检测方法。提供两种方法：

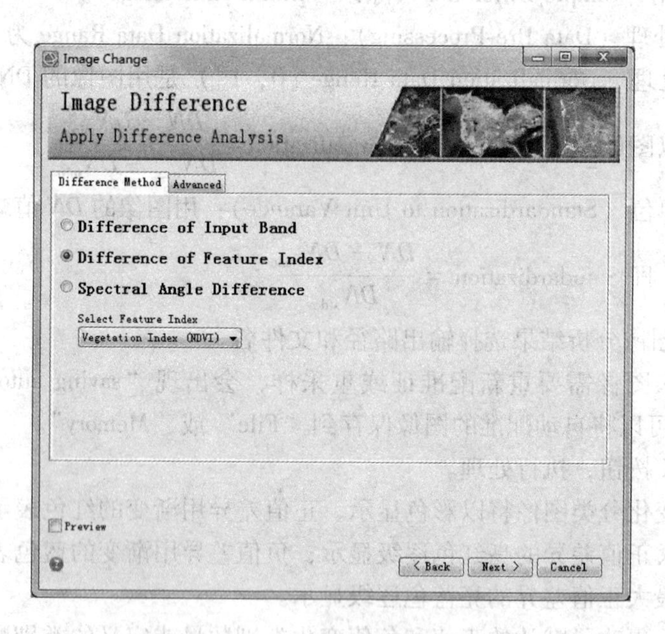

图 3-4 Image Difference 对话框

（1）波段插值。选择 Input Band 及相应波段。切换到 Advanced 选项，提供辐射归一化（Radiometric Normalization）选项，可以将两个图像近似在一个天气条件下成像（以 Time 1 图像为基准）。

（2）特征指数差。这个方法要求是多光谱或者高光谱数据，自动根据图像信息（波段数和中心波长信息）在 Select Feature Index 列表中选择的特征指数。提供四种特征指数：

1）Vegetation Index（NDVI）：归一化植被指数。

2）Water Index（NDWI）：归一化水指数。水体区域 NDWI 值大。

3）Built-up Index（NDBI）：归一化建筑物指数。建筑物区域 NDBI 值大。

4）Burn Index：燃烧指数。燃烧区域值大。

切换到 Advanced 选项，自动为 Band 1 和 Band 2 选择相应的波段。

1）选择 Feature Index，在 Select Feature Index 列表中选择 Vegetation Index（NDVI）。

2）勾选 Preview 选项，可以预览变化信息检测结果，红色区域表示 NDVI 减少，蓝色区域表示 NDVI 增加。

3）单击 Next 按钮，打开 Choose Thresholding or Export 对话框，提供两种方法：

①Apply Thresholding：设置阈值细分变化信息图像。

②Export Image Difference Only：直接输出变化信息图像。

4）选择 Apply Thresholding，单击 Next 按钮，打开 Change Thresholding 对话框（见图 3-5）。

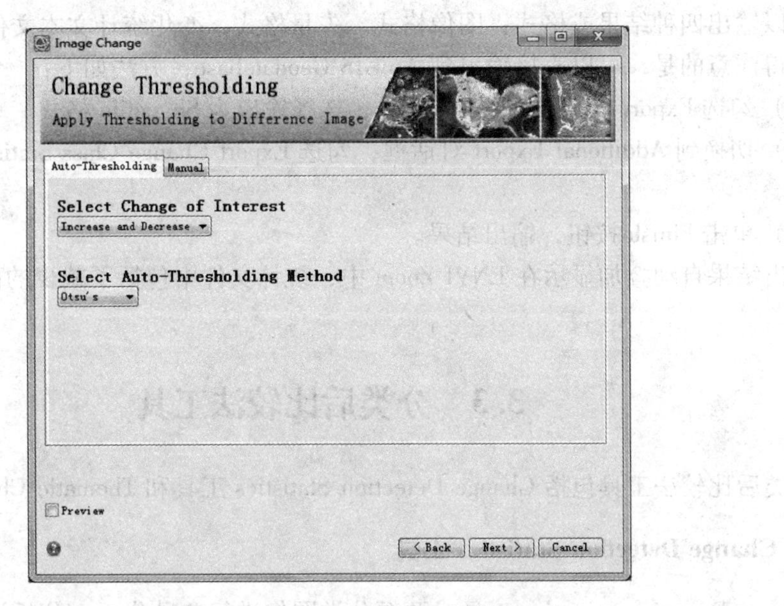

图 3-5　Change Thresholding 对话框

第三步：变化信息提取。

可以从变化信息检测结果中提取三种变化信息：Increase and Decrease：增加（蓝色）和减少（红色）变化信息。Increase Only：增加（蓝色）变化信息。Decrease Only：减少（红色）变化信息。

ENVI 提供两种阈值设置方法：

（1）Auto-Thresholding。ENVI 提供四种算法自动获取分割阈值：

1）Otsu's：基于直方图形状的方法，使用直方图积累区间来划分阈值。

2）Tsai's：基于力矩的方法。

3）Kapur's：基于信息熵的方法。

4）Kittler's：基于直方图形状的方法。把直方图近似成高斯双峰从而找到拐点。

切换到 Manual 状态查看获取的分割阈值，可以手动更改，勾选 Preview 预览分割效果。

（2）Manual（手动设置阈值）。

1）在 Select Change of Interest 列表中选择 Decrease Only 选择，获取森林减少区域。

2）在 Select Auto-Thresholding Method 列表选择“Otsu's”。单击 Next 按钮，打开 Cleaning Up Change Detection Results 对话框。这个对话框的作用是移除椒盐噪声和去除小面积斑块。

3）勾选 Enable Smoothing 选项，平滑核（Smooth Kernel Size）设置为 3。值越大，平滑尺度越大。

4）勾选 Enable Aggregation 选项，最小聚类值（Aggregate Minimum Size）设置为 30。

5）勾选 Preview 选项预览效果，单击 Next 按钮，打开 Exporting Image Difference Change Detection Results 对话框。

第四步：输出变化信息。

可以输出四种结果或格式：图像格式、矢量格式、变化统计文本文件、插值图像。

值得注意的是，可以直接输出到 ArcGIS Geodatabase，方法如下：

（1）勾选 Export Change Class Vectors，选择输出为 Shapefile 格式。

（2）切换到 Additional Export 对话框，勾选 Export Change Class Statistics 选项，输出统计文件。

（3）单击 Finish 按钮，输出结果。

输出结果自动叠加显示在 ENVI Zoom 中，统计文件中包括了减少的面积，即森林采伐面积。

3.3　分类后比较法工具

分类后比较法工具包括 Change Detection Statistics 工具和 Thematic Change 工具。

3.3.1　Change Detection Statistics 工具

Change Detection Statistics 工具对两幅分类图像进行差异分析，分析识别出哪些像元发生了变化，以像元数量、百分比和面积统计参数输出。同时，还会生成一幅掩膜图像，该图像记录两个分类图像相应像素变化空间信息，这有助于识别发生变化的区域以及变化像元的归属。

当两幅分析图像是土地利用分类图时，得到的结果就是土地利用转移矩阵。土地利用转移矩阵是不同时间段内同一区域内土地利用类型的相互转换关系，一般用二维表来表达，从二维表中可以快速查看各个地类间相互转化的具体情况。比如某一类别的土地有多少（或者面积）分别转化成了其他的土地类型，现在某类型的土地分别是由过去的哪些类别转化而来的等。还可以生成变化统计栅格图（掩膜图像），它描述前后两幅土地分类图之间的地类发生转变的位置和类别。

下面详细介绍这个工具的操作。

（1）在 ENVI 主菜单中，选择 Basic Tools→Change Detection→Change Detection Statistics。

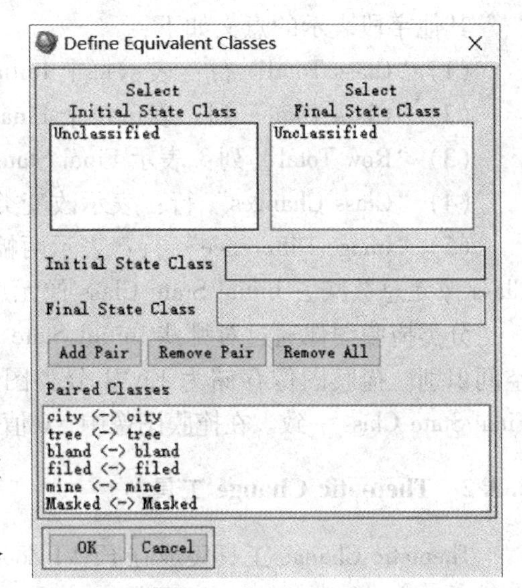

图 3-6　Define Equivalent Classes 对话框

（2）在 Select the Initial State Image 对话框和 Select the Final State Image 对话框中分别选择前一时相和后一时相的分类结果（ENVI Classification 栅格格式）。打开 Define Equivalent Classes 对话框（图 3-6）。

（3）在 Define Equivalent Class 对话框中，如果两个分类名称（像元值）一致，系统自动将 Initial State Class 和 Final State Class 对应；否则，手动选择。

（4）在左边列表中选择一个分类类别，在右边选择对应分类名称，单击 Add Pair 按钮。

（5）重复步骤（4），直至所有需要分析的分类类别一一对应（显示在 Paired Classes 列表中）。单击 OK 按钮，打开 Change Detection Output 对话框。

（6）选择生成图表表示单位（Report Type）：像素（Pixels）、百分比（Percent）和面积（Area）。选择“Output Classification Mask Images?”为“YES”，输出掩膜图像，选择输出路径及文件名。

（7）单击 OK 按钮，执行计算。

注：如果选择了以面积格式输出，但是输入数据没有投影信息，会弹出对话框选择像素大小和单位用于统计变化面积。

变化分析其中一个结果是统计报表（图 3-7），Initial State Class 的分类列在每一列中，Final State Class 分类列在每一行中。为了对变换了类别的像元分布进行充分计算，列中仅包含所选的用于分析的 Initial State Class 类别，行中包含 Final State Class 所有的分类类别。分析报表显示出了这些像元两个分类图中的变化情况。例如，在图 3-7 中 Initial State Class 的林地变成草地的有 2520900m²，变成耕地的有 127800m²，林地变成其他分类的总数为 2648700m²。

Change Detection Statistics (Initial State: 10_class.dat, Final State: 2015MXDXmajior)

File　Options　Help

Pixel Count | Percentage | Area (Square Meters) | Reference

		Initial State							
		city	tree	bland	filed	mine	Masked	Row Total	Class Total
Final State	Unclassified	36806	126352	68621	9	1	2740	234529	23452
	city	445	77	144	157	88	0	911	91
	tree	4081	164902	32271	6160	3016	0	210430	21043
	bland	452	624	1867	760	723	0	4426	442
	filed	2397	1546	3738	5720	1735	0	15136	1513
	mine	107	175	843	399	4525	0	6049	604
	Masked	0	0	0	0	0	4	4	
	Class Total	44288	293676	107484	13205	10088	2744		
	Class Changes	43843	128774	105617	7485	5563	2740		
	Image Difference	-43377	-63246	-103058	1931	-4039	-2740		

图 3-7　变化分析统计报表

其他字段表示的意义如下：

（1）“Class Total”行：表示每个 Initial State Class 类别中所包含的像元数。

（2）“Class Total”列：表示每个 Final State Class 类别中所包含的像元数。

（3）“Row Total”列：表示 Final State Class 中每一类从 Initial State Class 变化的总和。

（4）“Class Changes”行：表示改变类别的初始状态像元数。

（5）“Image Difference”行：表示两幅图像中的分析的像元总数的差值，即 Final State Class 像元总数减去 Initial State Class 像元总数，该值为正代表类别增加。

分类掩膜图像通过对哪些 Initial State Class 像元改变了类别归属、变化为哪一些进行空间识别。掩膜图像存储为 ENVI 分类图像，图像中的类别属性（名称、颜色和值）与 Final State Class 一致。在掩膜图像中，0 值像元没有发生变化；非 0 值说明像元发生了变化。

3.3.2 Thematic Change 工具

Thematic Change 工具集成在 ENVI Zoom 视图下，采用流程化操作方式。首先通过以下方式之一启动 ENVI Zoom 视图：

（1）启动 ENVI，在 ENVI 主菜单中，选择 File→Launch ENVI Zoom。

（2）在 Window 的工具栏中，选择开始→程序→ENVI→ENVI Zoom，可在不启动 ENVI 的情况下单独启动 ENVI Zoom。

下面介绍详细操作过程：

（1）在 ENVI Zoom 中，选择 File→Open 打开两个分类图像。使用 ENVI Zoom 的放大、缩小、平移工具对图像进行浏览。

（2）在 Toolbox 列表中，双击 Thematic Change 选项，打开 File Selection 对话框，分别为 Time 1 Classification Image File 选择前一时间的分类图像和 Time 2 Classification Image File 选择后一时间的分类图像。单击 Next 按钮，打开 Thematic Change 对话框。

注：切换到 Input Mask 对话框，可以选择一个掩膜文件提高检测精度，如这里可以制作一个林区的掩膜文件，排除非林区的干扰。掩膜文件可以是单波段栅格图像或者多边形 Shapefile 文件。

（3）在 Thematic Change 对话框中，如果两个分类图像中分类数目和分类名称都一样，可选 Only Include Areas That Have Changed 选项，当选择这个选项时，未发生变化的分类全部归为并命名为“no change”，单击 Next 按钮，进入 Clean up 对话框。Clean up 对话框的作用是移除椒盐噪声和去除小面积斑块。

（4）勾选 Enable Smoothing 选项，平滑核（Smooth Kernel Size）设置为 3，值越大，平滑尺度越大。

（5）勾选 Enable Aggreration 选项，最小聚类值（Aggrerate Minimum Size）设置 5。

（6）勾选 Preview 选项预览效果，单击 Next 按钮，打开 Export 对话框。

在 Export 对话框中，可以输出三种结果或格式：图像格式、矢量格式、变化统计文本文件。

值得注意的是，可以直接输出到 ArcGIS Geodatabase，方法如下：

（1）勾选 Export Thematic Change Image，选择输出为 ENVI 格式。

（2）勾选 Export Thematic Class Vectors，选择输出为 Shapefile 格式。

（3）切换到 Export Statistics 对话框，勾选 Export Thematic Change Statistics 选项，输出统计文件。

（4）单击 Finish 按钮，输出结果。

输出结果自动叠加显示在 ENVI Zoom 中，选择工具栏中的可以预览结果。

3.4 赣州地区陆表环境遥感变化监测

3.4.1 变化监测方法

本例针对江西赣州地区进行近 26 年的陆表环境遥感变化监测。选取 1988~2014 年的 Landsat 数据，以 1990 年、1995 年、2000 年、2004 年、2009 年和 2014 年 6 期，约每 5 年做一次基础的制图调查分析，获取近 26 年的多时相、长时间尺度影像数据。通过高精度的影像解译，结合现有其他类型数据开展对比验证分析，理解赣州地区近 26 年地表覆盖变化及环境变化的过程和特征。

为了数据更加精确、消除变形误差，需要对各期影像进行相对校正。本书以 Landsat-TM 2004 期影像作为基准，采用人机交互方式选取控制点，避免了人工选取控制点数量少及繁琐的缺点，即先人工选择 3 个精确的校正点，再使用 Cross Correlation 匹配算法智能获取 100 个以上的校正点后去除均方根误差大于 0.3 个像元的校正点。最后对需校正影像进行二次多项式校正和三次卷积内插法重采样，使影像的地理坐标的均方根误差在 0.3 个像素内。

通过对比试验研究，计算机的自动化分类虽然简便，但其分类精度往往难以达到实际需求，需要考虑人工检测、人机交互的方式可弥补计算机自动分类所带来的误差。本书选用决策树分类算法（Classification And Regression Tree，CART）、迭代自组织数据分析技术（Iterative Self-Organizing Data Analysis Technique，ISODATA）算法与人机交互结合的改进分类流程，对影像信息进行提取。Landsat-5 与 Landsat-8 影像的空间分辨率为 30m，通过目视解译可以清楚的识别并修正“裸地、水体、人造地表”这 3 类地物，经验证，使用 CART 决策树算法分类与人机交互处理后，所提取的这 3 类地物提取精度可以达到 93% 以上。

3.4.2 分类处理步骤

第一步，用 CART 决策树分类算法，并结合目视解译人机交互形式，以精度达到 93% 以上的准则提取出裸地、水体、人造地表 3 类地物。

第二步，对分类精度不高的类别合并掩膜，得到分类精确度不高的空间范围。在经过区域掩膜的遥感影像进行 ISODATA 迭代再分类，通过目视判别和其他非遥感数据资料，判别分类的准确性。如有分类不准确，则重复“第二步”，通过不断的掩膜切割，缩小空间限制，逼近真实分类情况，以此提高精度，直至分类精度达到允许误差为止。该方法流程图如图 3-8 所示。

3.4.3 精度检验与对比

利用 Google Earth 工具查看研究区历史影像（自 2004~2015 年），借助时相相近的

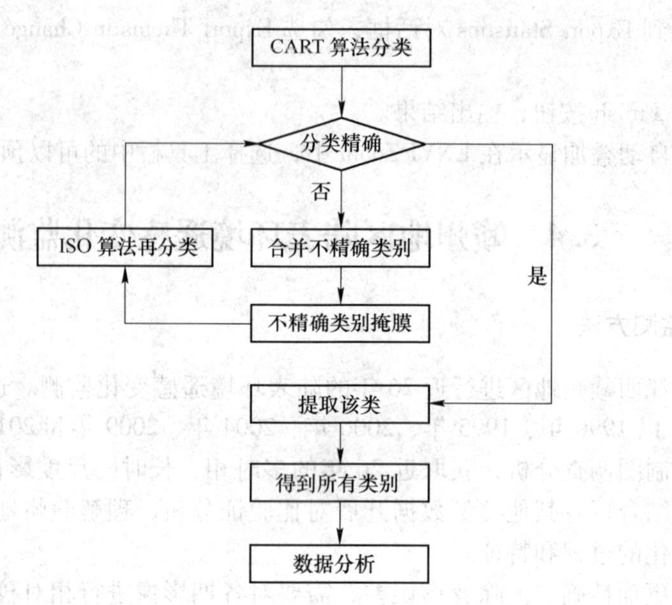

图 3-8　ISO 算法改进流程图

Google 高分辨率影像从原始的 Landsat 影像中随机选取出各种类别地物 50 个纯净验证区域，使用混淆矩阵进行验证。通过验证解译产品各期影像分类结果验证平均 Kappa 指数 0.8797，平均总体分类精度为 90.30%。如表 3-1 为 2014 年赣州地区地表覆盖分类验证表。

表 3-1　2014 年赣州地区地表覆盖分类精度验证表

LUCC	森林	灌草	耕地	裸地	水体	人造地表	Total	PA/%
森林	3546	29	2	1	13	0	3591	98.75
灌草	5	283	17	0	1	0	306	92.48
耕地	0	29	1593	0	1	0	1623	98.15
裸地	0	0	182	713	0	0	895	79.66
水体	0	0	0	0	858	0	858	100
人造地表	0	0	0	28	11	506	545	92.84
Total	3551	341	1794	742	884	506	7818	
CA/%	99.86	82.99	88.8	96.09	97.06	100	95.92	
总精度 = 95.9197%，Kappa 系数 = 0.9429								

同时选取 GlobeLand30 产品 2010 期地表覆盖数据、赣州市统计中 1990 年、1995 年、2000 年和 2009 年耕地面积数据与 2000 年、2004 年、2009 年、2014 年的森林面积数据与解译产品进行对比验证。解译产品 2009 期与 GlobeLand30 产品 2010 期的局部区域比对图解译的 2009 年产品与 GlobeLand30 的 2010 产品，在水体一类地物差异甚小，空间纹理基本一致。而在人造地表、灌草、耕地 3 类地物中，解译产品的地表覆盖地物与 GlobeLand30 产品相比能展现更清晰的细节，GlobeLand30 产品较为粗糙。本研究产品与 GlobeLand30 存在局部纹理差异，是由于两者的研究出发点与研究尺度不同所造成的。GlobeLand30 是以全球范围尺度为研究区域，而全球地表结构存在多样性、复杂性，影像的时相难以统一性，研究区域

越大其局部区域纹理细节越难兼顾；而本研究产品是针对赣州地区中小区域范围，相对较注重细节纹理，故在纹理方面比 GlobeLand30 更细致，且经实地考察本数据产品更为符合赣州地区真实情况。

为了进一步理解地表分类结果的真实相关性，选取赣州地区统计数据进行比对，其比对情况如表 3-2 所示。在耕地面积上，统计年鉴数据与影像解译结果在 1990 年相差 2.89%、1995 年相差 21.93%、2000 年相差 16.15%、2009 年相差 3.14%，耕地面积 4 期结果的平均误差为 12.86%。在森林面积上，统计年鉴数据与影像解译结果在 2000 年相差 4.58%、2004 年相差 7.19%、2009 年相差 5.89%、2014 年相差 3.11%。森林面积平均误差为 5.19%。本研究产品所统计耕地与森林面积与统计年鉴所存在误差，是由于两者统计手段不同特点造成。统计年鉴所统计的耕地与森林面积是使用传统的统计手段，其耗时长、费人力，而遥感统计手段则具有快速监测大面积区域的优势。耕地面积在一年中随时间季节变化较大，而森林面积变化较小，故在遥感统计数据与年鉴统计数据比较中耕地面积比森林差异要大。且由于现有科学技术局限，在一定技术条件内所提供的统计结果具有一定的不确定性。

表 3-2 数据精度比对表 (km^2)

项目	1990 年	1995 年	2000 年	2004 年	2009 年	2014 年
影像耕地面积	3533.97	4488.82	4082.22	—	3518.69	—
年鉴耕地面积	3636.13	3504.22	3423.11	—	3629.03	—
误差/%	2.89	21.93	16.15	—	3.14	—
影像森林面积	—	—	30731.88	31510.79	31077.41	30997.47
年鉴森林面积	—	—	29324.78	29245.95	29245.95	30034.25
误差/%	—	—	4.58	7.19	5.89	3.11

遥感光谱分析技术

4.1 基本光谱分析技术

4.1.1 地物波谱与波谱库

光学遥感技术的发展经历了：全色（黑白）→彩色摄影→多光谱扫描成像→高光谱遥感四个历程。

高光谱分辨率遥感（Hyperspectral Remote Sensing）是用很窄（小于10nm）而连续的光谱通道实现地物成像的技术。在可见光到短波红外波段，其光谱分辨率高达纳米数量级。高光谱遥感通常具有图谱合一、波段多等特点，在空间成像的同时记录下上百个连续光谱通道数据，而每个像元均可提取出一条连续的光谱曲线（图4-1），因此高光谱遥感又通常被称为“成像光谱（Imaging Spectrometry）遥感”。

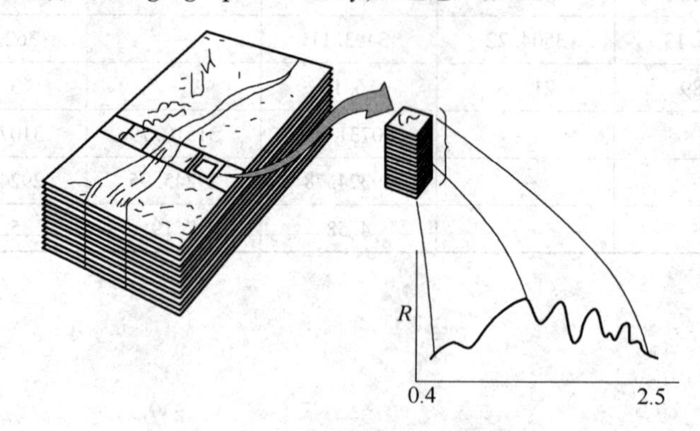

图4-1　高光谱影像与光谱曲线

不同地物的种类和环境的变化使反射和辐射电磁波随波长的变化而变化。通常用二维曲线表示，横坐标表示波长 λ，纵坐标表示反射率 ρ，称为“波谱曲线”。地物波谱可以通过波谱仪等仪器测量，也可以从高光谱图像上获取。

ENVI 波谱库文件包括一个头文件（hdr）和一个二进制文件（sli），使用波谱工具可以方便查看每一种波谱文件的波谱曲线。

4.1.1.1　标准波谱库与浏览

ENVI 自带5种标准波谱库，存放在… \ programfiles \ Exelis \ ENVI51 \ classic \ spec_lib 文件夹中，由 . hdr 和 . sli 文件组成。

（1）IGCP264 波谱库。该波谱库由5部分组成，通过对26个优质样品用5个不同的波谱仪测量获得（表4-1）。存放路径：spec_lib \ igcp264。

表 4-1　IGCP 波谱库列表

波谱文件	波长范围/μm	波长精度/nm
igcp_1	0.7~2.5	1
igcp_2	0.3~2.6	5
igcp_3	0.4~2.5	2.5
igcp_4	0.4~2.5	近红外 0.5，可见光 0.2
igcp_5	1.3~2.5	2.5

（2）JHU 波谱库。来自 Johns Hopkins University（JHU）的波谱库包含 0.4~25μm。存放路径：spec_lib \ jhu_lib，波谱库种类如表 4-2 所示。

表 4-2　JHU 波谱库列表

波谱文件	地物种类	波长范围/μm
ign_crs	粗糙火成岩	0.4~14
ign_fn	精细火成岩	0.4~14
lunar	Lunar Materals	2.08~14
manmade1	人造原料	0.42~14
manmade2	人造原料	0.3~12
meta_crs	粗糙变质岩	0.4~14.98
meta_fn	精细变质岩	0.4~14.98
meteor	陨星	2.08~25
minerals	矿物	2.08~25
sed_crs	粗糙沉积岩	0.4~14
sed_fn	精细沉积岩	0.4~14.98
snow	雪	0.3~14
soils	土壤	0.42~14
veg	植被	0.3~14
water	水体	2.08~14

（3）JPL 波谱库。该波谱库波长范围 0.4~2.5μm，来自 3 种不同粒径，160 种“纯”矿物的波谱。其中，0.4~0.8μm 波长精度为 1nm，0.8~2.5μm 波长精度为 4nm。存放路径：spec_lib \ jpl_lib，包括以下三个波谱库：1）jpl1，粒径<45μm；2）jpl2，粒径 45~125μm；3）jpl3，粒径 125~500μm。

（4）USGS 矿物波谱库。美国 USGS 矿物波谱库波长范围 0.4~2.5μm，包括 500 种典型的矿物，近红外波长精度 0.5nm，可见光波长精度 0.2nm。存放路径：spec_lib \ usgs_min。

（5）VEG 植被波谱库。植被波谱库分为 USGS 植被波谱库和 Chris Elvidge 植被波谱库。波长范围都为 0.4~2.5μm。存放路径：spec_lib \ veg_lib。

USGS 波谱库包括 17 种植被波谱（usgs_veg），近红外波长精度 0.5nm，可见光波长精度 0.2nm；Chris Elvidge 植被波谱库包括：1）干植被波谱（veg_1dry），波长范围 0.4~0.8μm，波长精度 1nm；2）绿色植被波谱（veg_2grn），波长范围 0.8~2.5μm，波长精度 4nm。

通过 ENVI 自带的波谱工具可以浏览标准波谱库中的波谱曲线。

（1）启动 ENVI，在主菜单点击 Display/Spectral Library Viewer，在弹出的窗口左侧为系统自带的标准波谱库，打开 USGS 波谱库并选择 5 种不同矿物的波谱曲线，可以看到对应的波谱曲线以及属性信息，如图 4-2 所示。

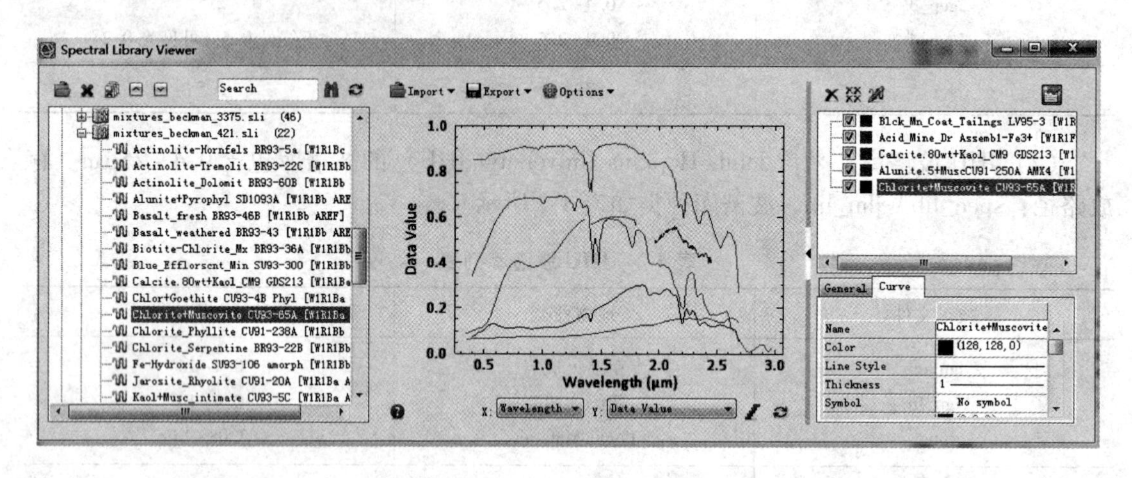

图 4-2　不同矿物的波谱曲线

（2）在 Spectral Library Viewer 对话框中，可以看到波谱曲线 X、Y 坐标轴，点击 X 和 Y 下拉框有多种属性选择。

X 轴属性选择：

Wavelength：（默认显示）影像波长。Index：波段 i，i 代表影像具有 i 个波段。Wavenumber：波数，即 1/wavelength ，波数与波长成反比关系，波长越小，波数就越大。

Y 轴属性选择：

Data Value：（默认显示）影像原始值。Continuum Removed：包络线去除。Binary Encoding：二进制编码，重新生成 0 与 1 的波频曲线。

（3）Spectral Library View 对话框中常用按钮介绍：

：打开波谱库文件。：移除选中的波谱库文件。：移除所有的波谱库文件。

Import（导入文件）：可直接导入 ASCII 和波谱库形式文件到波谱曲线显示窗口（见图 4-3）。

图 4-3　导入数据

Export（导出文件）：可导出 ASCII 和波谱库形式文件；Image、PDF 和 PostScript 格式；Copy（复制波谱曲线）；Print（打印曲线）和在 PPT 中显示（图 4-4）。

Options（选项工具）：打开新的 Plot 窗口；在波谱曲线上显示十字丝；添加波谱图例（见图 4-5）。

波谱曲线属性窗口小工具介绍：

：显示多个地类波谱曲线且不重叠。：恢复曲线原始数值范围。：移除选中的波谱曲线。：移除所有波谱曲线。：编辑波谱曲线节点异常。

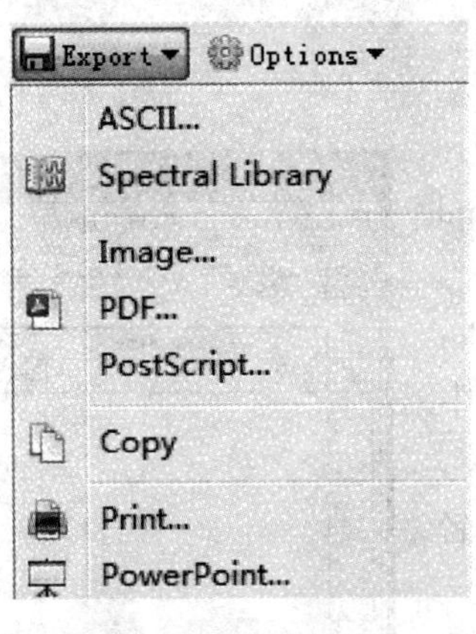

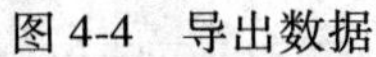

图 4-4 导出数据

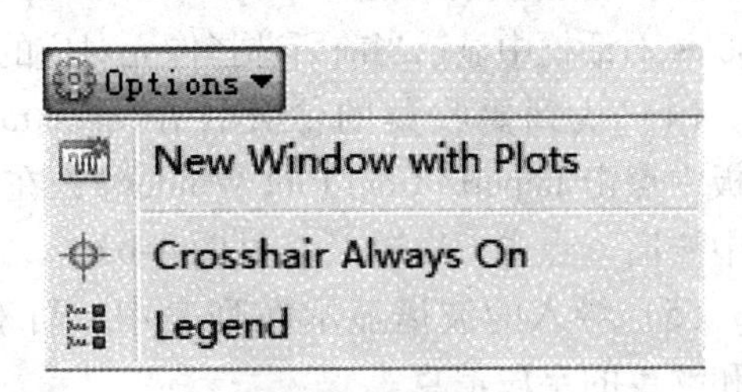

图 4-5 选项功能

4.1.1.2 波谱库的创建

ENVI 可以从波谱源中构建波谱库，波谱来源包括：ASCII 文件、ASD 波谱仪获取的波谱文件、标准波谱库、感兴趣区/矢量区域平均波谱曲线、波谱剖面和曲线等。

下面介绍波谱库创建的操作步骤：

第一步：输入波长范围。

（1）打开 ENVI，选择 Toolbox/Spectral/Spectral Libraries/Spectral Library Builder，打开 Spectral Library Builder 对话框。

（2）为波谱库选择波长范围和 FWHM 值，有三个选项：

Data File（ENVI 图像文件）：波长和 FWHM 值（若存在）从选择文件的头文件中读取。

ASCII File：波长值与 FWHM 值的列的文本文件。

First Input Spectrum：以第一次输入波谱曲线的波长信息为准。

第二步：波谱收集。

在 Spectral Library Builder 面板中，点击 First Input Spectrum，OK，在弹出来的对话框中，菜单栏 Import 按钮有多种波谱收集的方法，详细说明见表 4-3。

表 4-3 波谱收集方法介绍

菜单命令	功能
文本文件（From ASCII file）	从包含波谱曲线 X 轴和 Y 轴信息的文本文件，当选择好文本文件时候，需要在 Input ASCII File 面板中为 X 轴和 Y 轴选择文本文件中相应的列。当选择 from ASCII file（previous template）时，自动按照前面设置导入波谱信息
From ASD Binary Files	从 ASD 波谱仪中导入波谱曲线。波谱文件将被自动重采样以匹配波谱库中的设置。当 ASD 文件的范围与输入波长的范围不匹配，将会产生一个全 0 结果
From Spectral Library	从标准波谱库中导入波谱曲线
From ROI/EVF from input file	从 ROI 或者矢量 EVF 导入波谱曲线，这些 ROI /EVF 关联相应的图像，波谱就是 ROI/EVF 上每个要素对应图像上的平均波谱
From Stats file	从统计文件中导入波谱曲线，统计文件的均值波谱将被导入
From Plot Windows	从 Pot 窗口中导入波谱曲线

下面介绍如何从高光谱影像上收集波谱。

（1）启动 ENVI。

（2）打开高光谱数据并在 Display 中显示。

（3）点击主菜单栏 Display/Profiles/Spectral，在 Spectral Profiles 对话框中显示当前所选择像元对应的波谱曲线。

（4）找到要收集的像元，在 Spectral Library Builder 面板中点击 Import/ from Plot Windows，在弹出的对话框中选中波谱，点击 OK 导入（见图 4-6）。

（5）导入的波谱显示在列表中，可双击鼠标修改名称和颜色的字段信息。

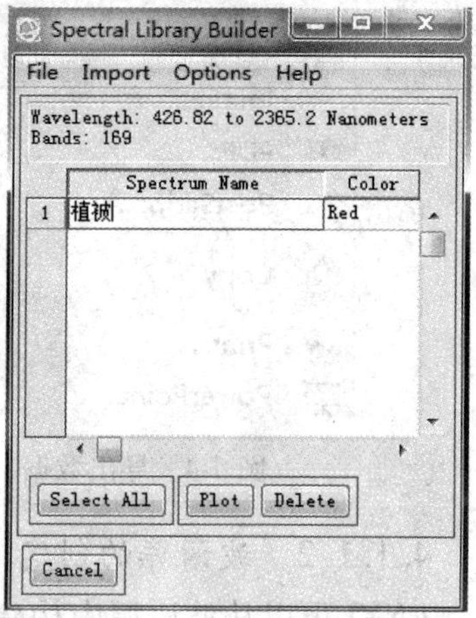

图 4-6 收集单个像元波谱

上述方法是收集影像上单个像元的波谱曲线，收集某个区域的平均波谱曲线步骤如下：

（1）创建一个感兴趣区或者打开一个感兴趣区样本文件。

（2）在影像上绘制某一地物的区域，完成后在 Spectral Library Builder 面板中点击 Import/from ROI/EVF from input file，在弹出的对话框选择该影像作为波谱来源，点击 OK，选中绘制的感兴趣区导入到列表中。

（3）在 Spectral Library Builder 面板中选中某一类感兴趣区，点击 Plot，绘制该感兴趣区的平均波谱曲线（见图 4-7）。

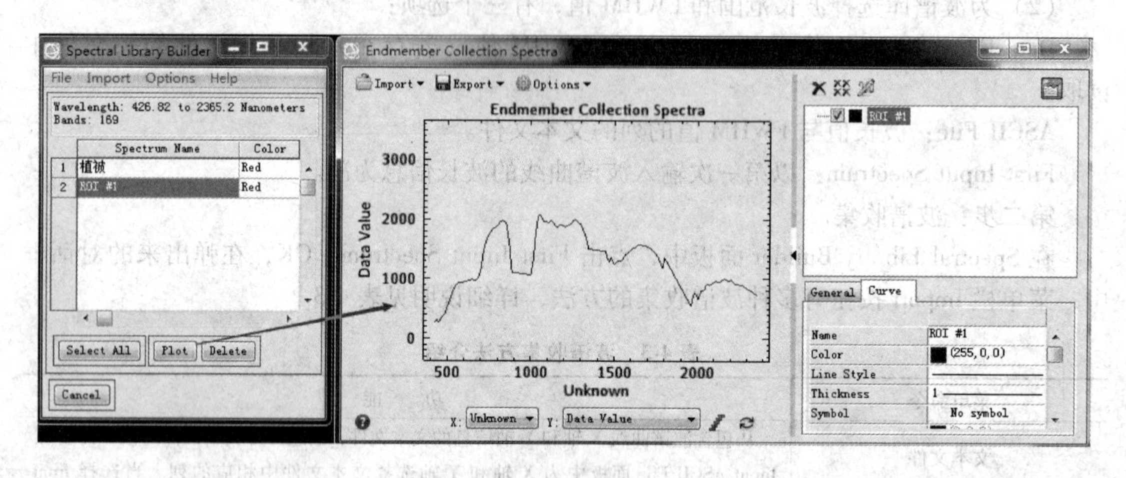

图 4-7 收集某一地物的平均波谱

第三步：保存波谱库。

（1）在 Spectral Library Builder 面板中，点击 Select All，将样本全部选中。

（2）选择菜单栏 File/Save spectra as/Spectral Library file，打开 Output Spectral Library 对话框。

（3）在 Output Spectral Library 面板中，可以输入以下参数：

Z 剖面范围（Z Plot Range）：空白（Y 轴的范围，根据波谱值自动调节）。

X 轴标题（X Axis Title）：波长。

Y 轴标题（Y Axis Title）：反射率；反射率缩放系数（Reflectance Scale Factor）：空白；波长单位（Wavelength Units）：Nanometers（纳米）；X 值缩放系数（X Scale Factor）：1；Y 值缩放系数（Y Scale Factor）：1。

（4）选择输出路径及文件名，单击 OK 保存波谱库文件。

4.1.2 高光谱地物识别

高光谱影像上每一个像元均可以获取一条连续的波谱曲线，理论上已知的波谱曲线和影像上获取的波谱曲线是一致的，这样能够区分每个像元属于哪种物质。

ENVI 中提供了功能强大的光谱分析方法，比如 SMACC 端元提取技术、波谱归一化处理、MNF 变换的噪声分析、像元纯度分析、N 维散度分析等功能，还具有二进制编码、波谱角分类、线性波段预测（LS-Fit）、线性波谱分离、光谱信息散度、匹配滤波、混合调谐匹配滤波（MTMF）、包络线去除、光谱特征拟合、多范围光谱特征拟合等高光谱分析方法。

4.1.2.1 基于标准波谱库的地物识别

本实例使用波谱角分类方法对高光谱影像进行地物识别，具体步骤如下：

第一步：选择端元。

（1）启动 ENVI，打开高光谱数据 CupriteReflectance. dat。

（2）单击主菜单 Display/Spectral Library Viewer，打开 usgs（1994）/minerals_asd_2151. sli，选择 Alunite、Calcite、Protlanndite、Prehnite 四种矿物的端元波谱并修改备注名（见图 4-8）。

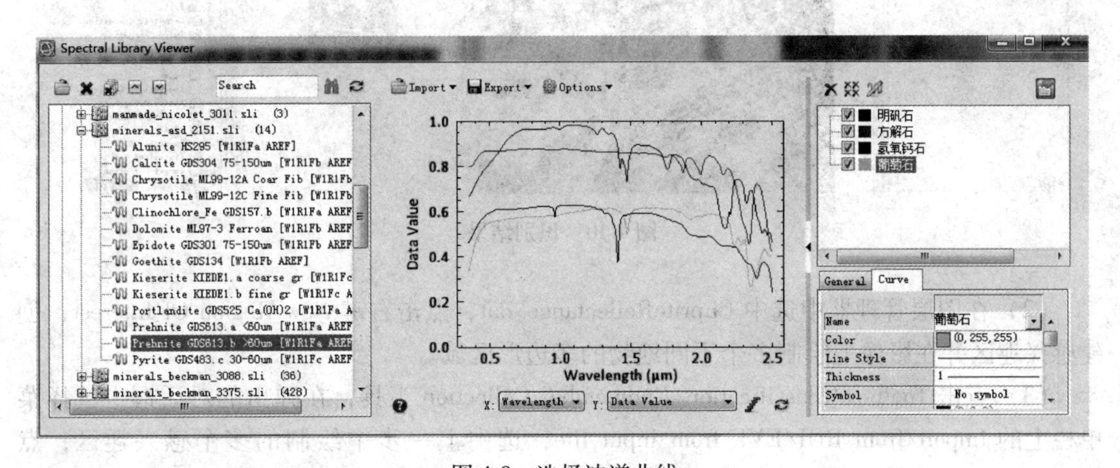

图 4-8 选择波谱曲线

第二步：地物识别。

（1）在 Toolbox 中，打开 Classification/Endmember Collection 工具，在弹出的对话框中选择高光谱数据 CupriteReflectance. dat，点击 OK。

（2）在 Endmember Collection 面板中，选择 Import/from Plot Windows。将 4 个端元波谱全部选中，点击 OK。

（3）在主菜单上选择 Algorithm/Spectral Angle Mapper 波谱角识别方法。

（4）单击 Select All，选中所有的端元波谱，点击 Apply。

第三步：结果输出。

在 Spectral Angle Mapper Parameters 面板中设置波谱角阈值为 0.15，选择输出路径（见图 4-9），点击 OK，结果显示如图 4-10 所示。

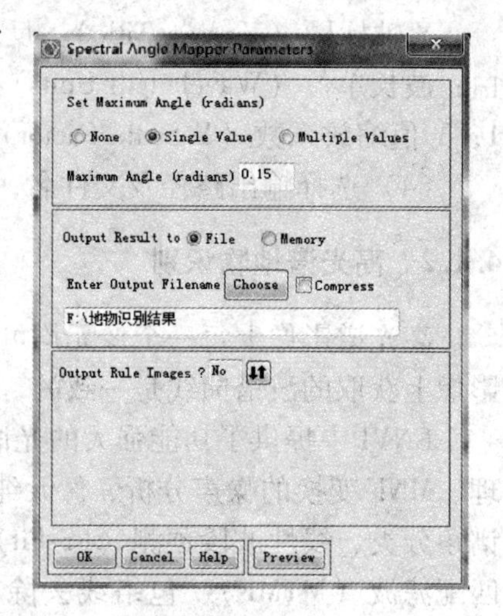

图 4-9 参数设置

4.1.2.2 自定义端元波谱的地物识别

本实例将从高光谱影像上获取端元波谱，具体步骤如下：

第一步：构建端元波谱库。

（1）启动 ENVI，打开高光谱数据 CupriteReflectance.dat。

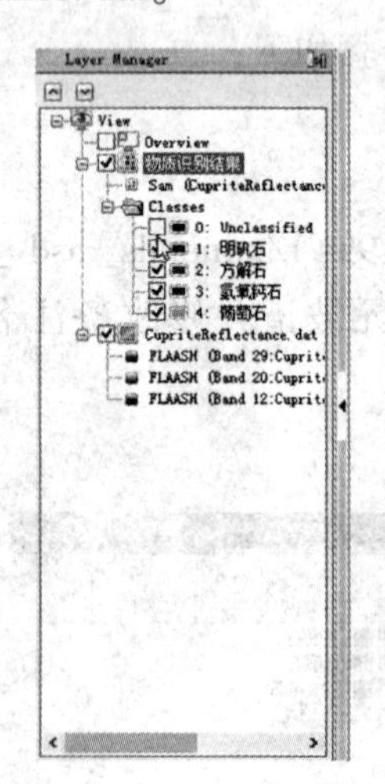

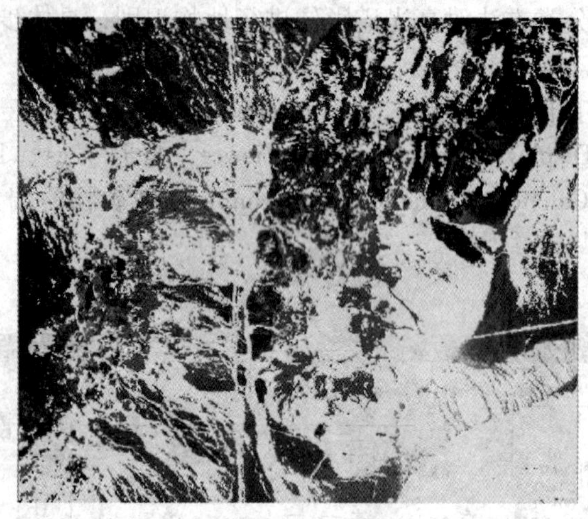

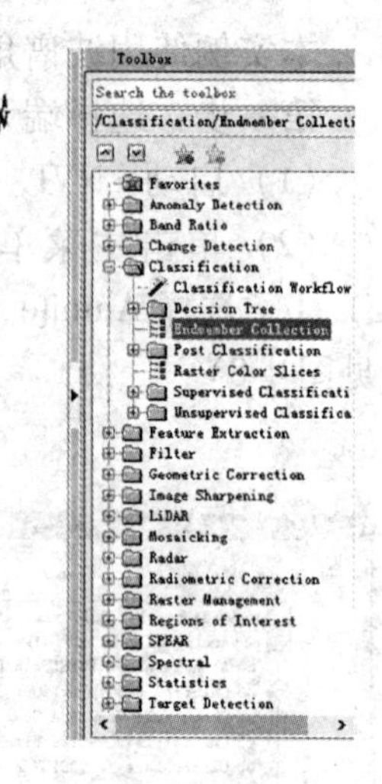

图 4-10 识别结果

（2）在图层管理器中选中 CupriteReflectance.dat，点击右键 New Region Of Interest，创建感兴趣区并在影像上绘制多个不同地物的多边形区域。

（3）点击 Toolbox/Classification/Endmember Collection 工具，在弹出的对话框中选择菜单栏上的 Import/from ROI/EVF from input file，选中上一步中绘制的多个感兴趣区，点击 OK。

（4）在 Endmember Collection 面板中选择 Select All，点击 File/Save Spectra as/Spectral Library File，将获取的端元波谱保存为端元波谱文件。

第二步：确定端元波谱类型。

（1）在 Toolbox 中，选择/Spectral/Spectral Analyst 工具，在弹出的对话框的右下角选择 Open>Spectral Library，选择标准波谱库 USGS 作为对比波谱库，点击 OK（见图 4-11）。

（2）在弹出的 Edit Identify Methods Weighting 对话框中按照默认，点击 OK。

（3）在 Spectral Analyst 面板上，选择 Options/Edit(x，y)Scale Factors，设置 X Data Multiplier 为 0.001，设置 Y Data Multiplier 为 0.0001，点击 OK。

（4）返回 Spectral Analyst 面板，点击 Apply 按钮，依次选择绘制的感兴趣区，点击 OK，查看分值最高的地物名称。

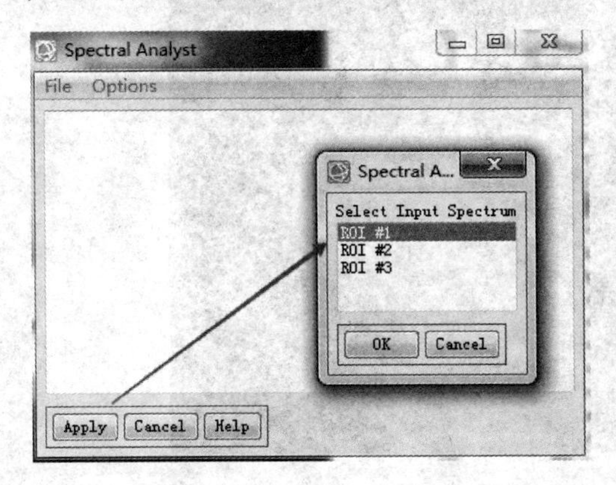

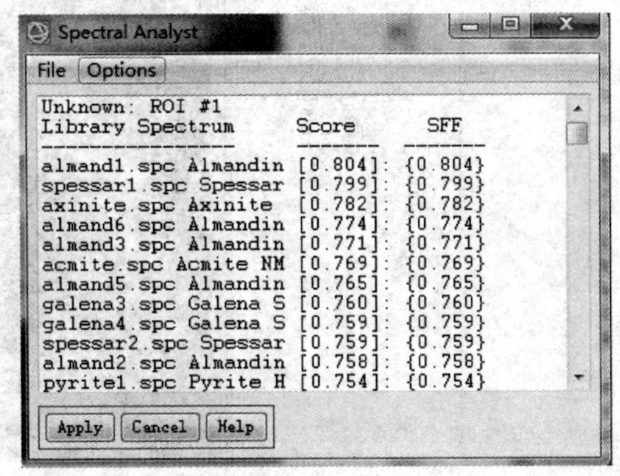

图 4-11 波谱曲线对比结果

（5）重复步骤（4），分别记录感兴趣区所对应分值最高的地物名称，在 Endmember Collection 面板中对应修改（见图 4-12）。

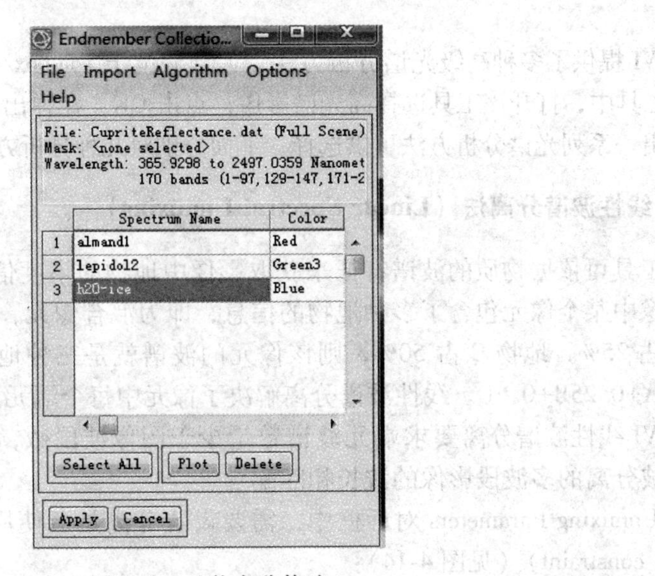

图 4-12 地物名称修改

第三步：地物识别。

（1）在 Endmember Collection 面板中，选择 Algorithm/Spectral Angle Mapper 波谱角识别方法。

（2）选择 Select All 将所有端元波谱全部选中，单击 Apply。

（3）在弹出的 Spectral Angle Mapper Parameters 对话框中，设置波谱角阈值为 0.02，选择输出路径，点击 OK，地物识别结果如图 4-13 所示。

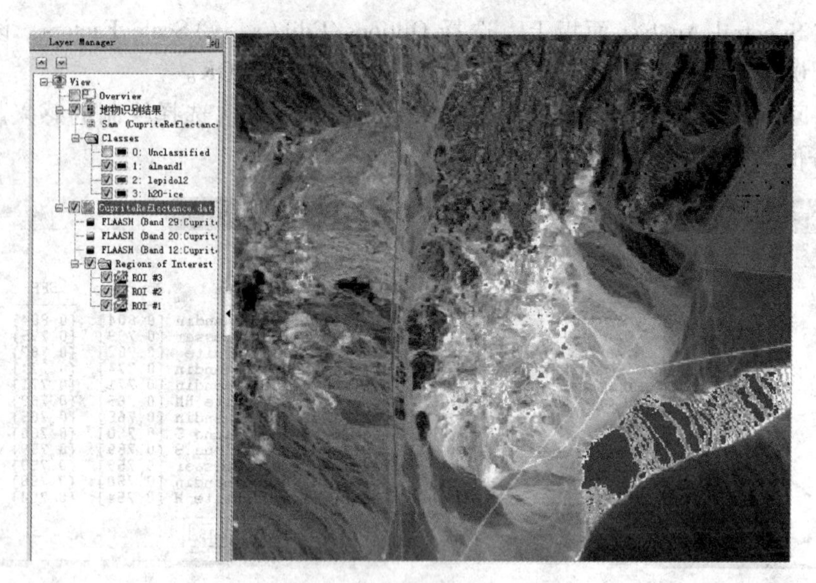

图 4-13 识别结果

4.2 高级光谱分析

ENVI 提供了多种高级光谱分析方法，大部分位于 Toolbox/Classification/Endmember Collection 工具中，打开该工具选择高光谱影像，点击 OK，在弹出的对话框中选择 Algorithm 按钮，列出一系列光谱分析方法可供选择，下面分别对几种分析方法进行说明。

4.2.1 线性波谱分离法（Linear Spectral Unmixing）

该工具可依据物质的波谱特征来获取影像中地物的丰度信息，即混合像元分解过程。假设影像中某个像元包含了多种地物的信息，即为混合像元，设该像元中地物 A 占 25%，地物 B 占 25%，地物 C 占 50%，则该像元的波谱就是三种地物波谱的一个加权平均值，为 0.25A+0.25B+0.5C。线性波谱分离解决了像元中每个端元波谱的权重问题。

ENVI 线性波谱分离要求端元波谱数量少于图像波段数，收集的端元将自动重采样，以与要被分离的多波段影像的波长相匹配。

在 Unmixing Parameters 对话框中，需要设置分离是否使用总和的限制极值（Apply a unit sum constraint）（见图 4-14）：

Yes：不限制，丰度可以为负值，且总和不限制在 1 以内。No：使用总和限制，默认权重为 1。权重越大，所进行的分离就越满足设定的限制条件，推荐权重的大小是数据方差的数倍。

4.2.2 匹配滤波（Matched Filtering）

该工具可以局部分离以获取端元波谱的丰度。该方法将已知端元波谱的响应最大化，抑制未知背景合成的响应，最后匹配已知波谱。该方法无需对影像中所有端元波谱进行了解就可以快速探测出特定要素。

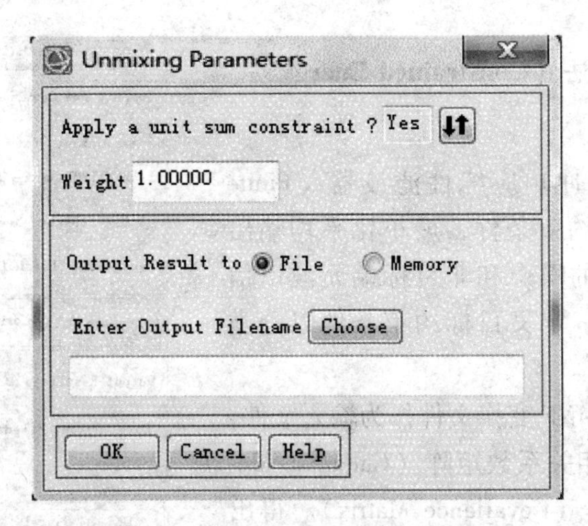

图 4-14 Unmixing Parameters 对话框

在 Matched Filter Parameters 对话框中，可选择 Compute New Covariance Stats 重新计算影像协方差，或切换到 Use Existing Stats File 选择外部协方差文件。

勾选 Use Subspace Background，设置背景阈值用于计算子空间的背景统计，阈值范围是 0.5~1（整幅影像）。浮点型结果提供了像元与端元波谱相匹配程度，近似混合像元的丰度，1 代表完全匹配。

4.2.3 混合调谐匹配滤波（Mixture Tuned MF）

该工具和匹配滤波中的参数设置一致，唯一不同的是需要输入 MNF 变换文件。该方法的结果是每个端元波谱对比每个像元得到的 MF 匹配影像以及相应的不可行性影像。浮点型的 MF 匹配值影像表示像元与端元波谱匹配程度，近似亚像元的丰度，1 代表完全匹配；不可行性（Infeasibility）值以 sigma 噪声为单位，显示了匹配滤波结果的可行性（见图 4-15 和图 4-16）。

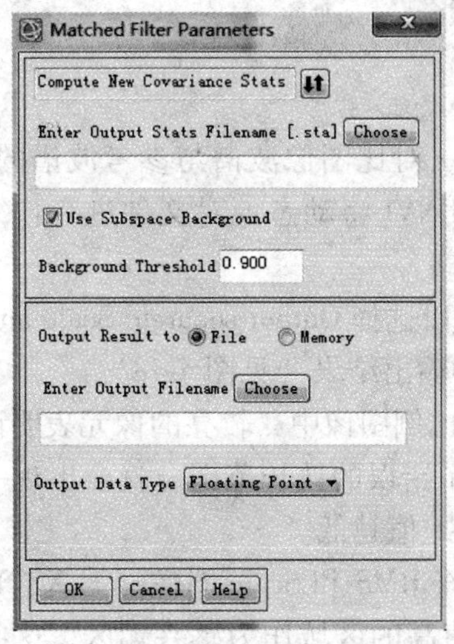

图 4-15 Matched Filter Parameters 对话框

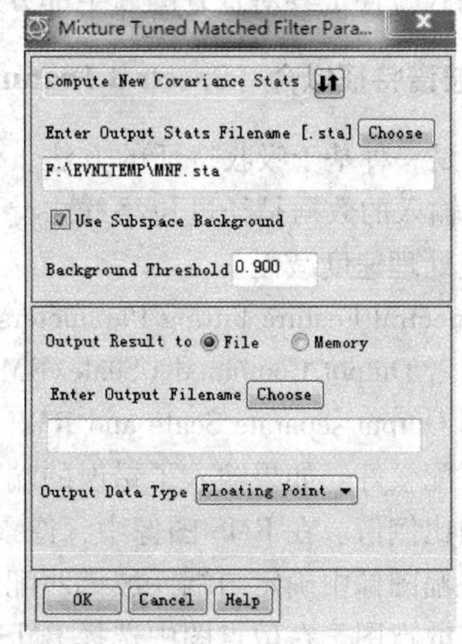

图 4-16 Mixture Tuned Matched Filter Parameters 对话框

4.2.4 最小能量约束法（Constrained Energy Minimization）

CEM 使用有限脉冲响应线性滤波器（Finite Impulse Response）和约束条件，最小化平均输出能量，以抑制影像中的噪声和非目标端元波谱信号，即抑制背景光谱，定义目标约束条件以分类目标光谱（见图 4-17）。

该方法推荐使用 MNF 变换文件作为输入文件，计算过程中可以选择相关系数矩阵（Calculate Matrix）或者协方差矩阵（Covariance Matrix）。得出结果是每个端元波谱对比每个像元得到的灰度图像，像元值越大表示越接近目标。

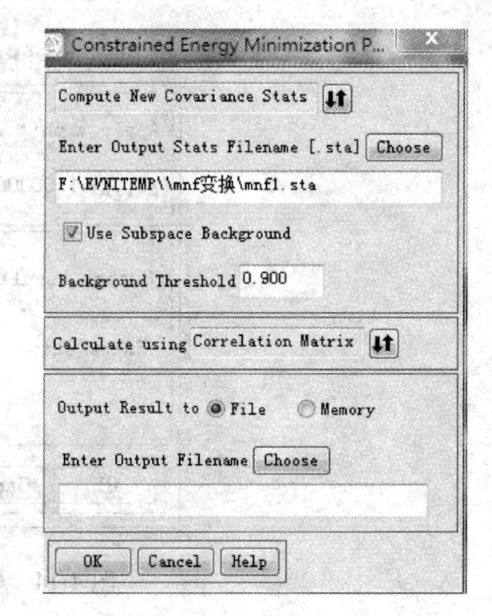

图 4-17 Constrained Energy Minimization Parameters 对话框

4.2.5 自适应一致性估计法（Adaptive Coherence Estimator）

该工具在分析过程中，输入波谱的相对缩放比例作为 ACE 的不变量，这个不变量参与检测恒虚警率。使用方法与匹配滤波一致，在此不再阐述。自适应一致估算法的结果是每个端元波谱比较每个像元的灰度图像，像元值表示越接近目标。

4.2.6 正交子空间投影法（Orthogonal Subspace Projection）

首先构建一个正交子空间投影用于估算非目标光谱响应；然后用匹配滤波从数据中匹配目标，当目标波谱很特别时，OSP 效果非常好。OSP 要求至少两个端元波谱。

OSP 结果是每个端元波谱对比每个像元得到的灰度图像。像元值表示越接近目标，可以用交互式拉伸工具对直方图后半部分拉伸。

4.2.7 波谱特征拟合（Spectral Feature Fitting）

SFF 是一种基于吸收特征的方法，使用最小二乘法对比图像波谱与参考波谱的匹配。SFF 要求输入的数据是经过包络线去除，如果没有，ENVI 将动态地对文件进行包络线去除，这使处理速度减慢。

在 Spectral Feature Fitting Parameters 对话框中，可以选择 Output separate Scale and RMS Images 或者 Output Combined（Scale/RMS）Images 两种输出结果（见图 4-18）。

选择 Output separate Scale and RMS Images 时，在比例图像中，较亮的像元表明该与端元波谱匹配较好。如果输入了错误的端元波谱或使用了错误的波长范围，就会出现一个远大于 1 的比例值。在 RMS 图像中，像素值越小表示误差值越低。

在一幅图像中确定与端元波谱匹配最好的区域，将 RMS 和 Scale 图像作为 X、Y 轴构成的二维散点图。在散点图中选择 RMS 值低，Scale 值高的区域作为感兴趣区，这些感兴趣区就是与端元波谱匹配最好的像素。另外一种生成结果是拟合图像（Scale/RMS），较高的拟合值表明该像元与端元波谱匹配较好。

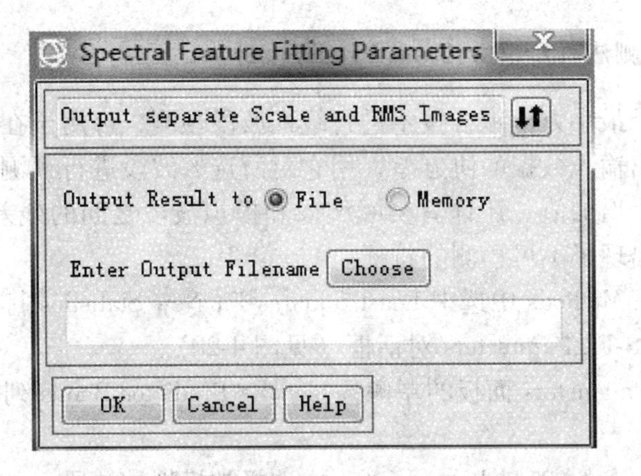

图 4-18 Spectral Feature Fitting Parameters 对话框

4.2.8 多范围波谱特征拟合（Multi Range Spectral Feature Fitting）

Multi Range SFF 可以使用多个波长范围对每个端元波谱进行波谱特征拟合，尤其适用于波谱表现为多个吸收特征。在 Edit Multi Range SFF Endmember Ranges 对话框中，选择端元波谱，设置在波谱特征拟合中要使用的端元波谱波长范围。

（1）波谱曲线上用鼠标左键点击在所需的波长范围起点处，出现一个菱形的标志，点击右键选择 Set as Start Range，波长值出现在 Start Range 文本框中。同理，在波长范围的终点处也选择一个波长，记录波长值在 End Range 文本框中。

（2）点击 Add Range 按钮，包络线去除后的吸收特征曲线绘制在右上方窗口，旁边的数值代表它的强度刻度。值越低，表示特征强度越大（每一个端元波谱都要设置至少一个波长范围）。

（3）点击 OK，打开 Multi Range SFF Parameters 对话框，操作步骤参考波谱特征拟合法（见图 4-19）。

上面介绍完 Endmember Collection 面板的几种光谱分析技术，下面介绍的两种方法是在 Toolbox/Spectral/Mapping Methods 中。

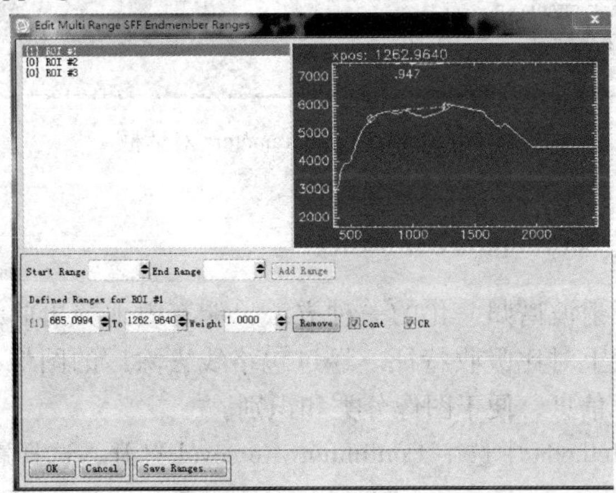

图 4-19 Edit Multi Range SFF Endmember Ranges 对话框

4.2.9 线性波段预测法（Linear Band Prediction）

该方法使用一个最小方框拟合技术进行线性波段预测，可用于在数据集中找出异常波谱相应区。先计算出输入数据的协方差，用它对所选的波段进行预测模拟，预测值作为预测波段线性组的一个增加值。还计算实际波段和模拟波段之间的残差，并输出一幅图像，残差大的像元表示出现了不可预测的特征。

（1）在 Mapping Methods 中选中 Least Squares-Fit New Statistics 打开，选择输入文件点击 OK 按钮，弹出 LS-Fit Parameters 对话框（见图 4-20）。

（2）在 LS-Fit Parameters 面板的左侧 Select the Predictor Bands 列表中选择作为预测值的波段（可多选）。

（3）在右侧 Select the Model Bands 列表中选择被模拟的波段（如果选择的波段已作为预测值，则不能再次选择）。

（4）计算统计时，在 Stats X/Y Resize Factor 文本框中键入一个小于 1 的调整系数，可以降低统计文件的分辨率而提高效率。

（5）选择输出路径，点击 OK。

输出包含两个波段：模拟波段和残差图像。残差图像中绝对值较大的像元表示所在位置的实际波段和模拟波段的差异。

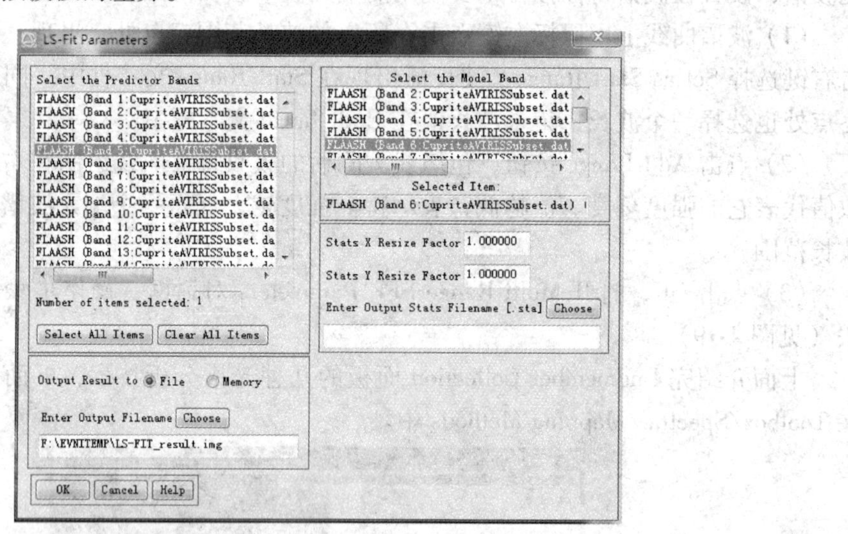

图 4-20　LS-Fit Parameters 对话框

4.2.10 包络线去除（Continuum Removal）

包络线去除是将反射波谱归一化的一种方法，能有效地突出曲线的吸收和反射特征，使得可以在同一基准线上对比吸收特征。经过包络线去除后的图像，有效地抑制了噪声，突出了地物波谱的特征信息，便于图像分类和识别。

（1）在 Mapping Methods 中选中 Continuum Removal 打开，选择影像点击 OK。

（2）在弹出的 Continuum Removal Parameters 对话框中设置输出路径，点击 OK。

在包络线去除图像中，包络线和初始波谱匹配处，波谱等于1，出现吸收特征的区域波谱小于1。为得到最好的结果，利用Spectral Subset选择包含吸收特征的波段。

4.3 目标探测与识别

高光谱影像除了应用于一般的图像分类，还应用于目标探测、地物识别等。图像分类更多的是在地物覆盖和物质成分上，目标探测和识别则是对特定对象的搜索，其结果是“有”或者“没有”。

4.3.1 去伪装目标探测

去伪装目标探测是利用高光谱影像的地物识别能力，从影像上探测遮掩或者伪装的目标，比如一种特殊物质、矿物甚至军事目标等。

本节以影像上探测一个目标为例，介绍ENVI的Target Detection Wizard工具的操作流程。示例数据包含384个波段，波段覆盖382~2500nm的高光谱数据，主要的流程：从影像上目视解译一个目标，以这个目标的平均波谱作为参考，搜索整幅影像，识别具有类似或者相同波谱的目标。

第一步：打开数据并绘制目标多边形。

（1）打开高光谱数据nvis_sub1_hsi.img。

（2）在图层管理器中选中高光谱文件，右键创建一个感兴趣区。对照高分影像得知该位置有一辆坦克（图4-21），修改ROI名称为坦克。

注：练习数据中提供了目标ROI文件target1_sub1_roi.xml。在ROI Tool工具中选择菜单File>Open，可以打开ROI文件。

图4-21 绘制目标多边形

第二步：打开目标探测流程化工具。

（1）打开位于Toolbox/Target Detection/Target Detection Wizard工具，在弹出的对话框中单击Next按钮（见图4-22）。

（2）单击Select Input File，选择高光谱数据nvis_sub1_hsi.img；单击Select Output Root

Name，选择输出结果的根目录。单击 Next 按钮进入大气校正（Atmospheric Correction）面板。

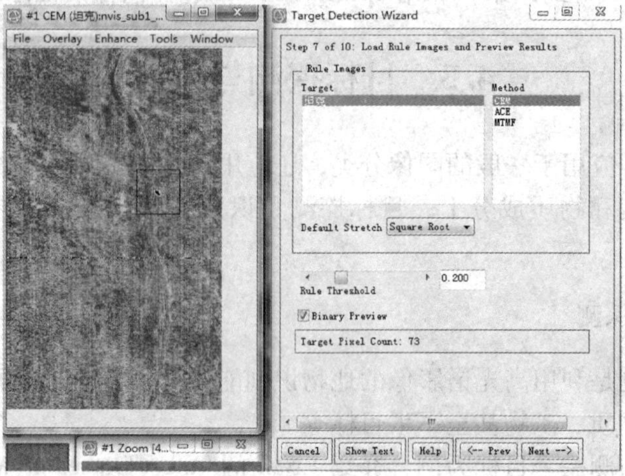

图 4-22 目标提取

（3）此数据是经过大气校正的，选择 None/Already Corrected 选项，单击 Next 进入 Select Target Spectra 面板。

（4）在 Select Target Spectra 面板选择 Import/From ROI/EVF from input file，选择列表中的坦克，点击 OK。单击 Select All，选中目标波谱，然后单击 Next 按钮进入 Select Non-Target Spectra 面板。

注：1）如果需要探测多个目标，则输入多个目标的波谱，单击 Select All 选择列表中所有目标波，单击 Next 执行下一步操作。

2）当使用 Orthogonal Subspace Projection（OSP），Target-Constrained Interference-Minimized Filter（TCIMF），和 Mixture Tuned Target-Constrained Interference-Minimized Filter（MT-TCIMF）三种波谱分析方法时，需要至少 2 个目标波谱。

（5）在 Select Target Spectra 面板中可以选择易与目标波谱混淆的波谱作为背景波谱，有助于提高探测精度。这里选择 No，单击 Next 进入 Apply MNF Transform 面板。

（6）在 Apply MNF Transform 面板中，选择 Yes；单击 Show Advanced Options 按钮，默认选择全部的 MNF 波段；单击 Noise Stats Shift Diff Spatial Subset，默认选择整个图像用于统计噪声；单击 Next 执行 MNF 变换，计算完成后自动进入 Select Target Detection Methods 面板。

注：MNF 变换可以分离噪声，对数据降维以减少计算量。如果选择 No，那么将不能选择 TCIMF 和 MTTCIMF 识别方法。

（7）在 Select Target Detection Methods 面板选择 CEM、ACE 和 MTMF 三种方法，单击 Next 按钮执行分析，之后自动进入 Load Rule Images and Preview Result 面板。

（8）在 Load Rule Images and Preview Result 面板中，“Target”列表中显示所有探测目标参考波谱，在“Method”列表中选择相应分析方法，设置规则阈值或者在散点图上选择点云将目标分离。

1）在“Method”列表中选择 CEM，Rule Threshold：0. 2。

2）在“Method”列表中选择 ACE，Rule Threshold：0.1。

3）在“Method”列表中选择 MTMF，自动会生成一个 MF scores 和 infeasibility values 的散点图，选择高 MF scores 和低 infeasibility values 的点云，就是探测到的目标。

单击 Next 执行从规则图像中分离目标，进入 Filter Targets 面板。

注：1）对于 MF，CEM，ACE，SAM，OSP，和 TCIMF，ENVI 自动生成默认值阈值。当手动修改阈值时，调整阈值越小，得到的目标点越多，“假目标”也随之增多，SAM 刚好相反。

2）对于 MTTCIMF 和 MTMF，ENVI 自动生成 MF scores 和 Infeasibility values 的整个图像的散点图。用鼠标左键绘制多边形区域选择点云，鼠标右键结束选择。鼠标中键拉框可放大点云，单击中键回到上一个视图，同时之前选择的点云被取消，当选择错误时候用这个功能重新选择点云。

（9）在 Filter Targets 面板提供分类后处理的方法（Clumping 和 Sieving）用于去除结果中的小斑点。Clumping 是用卷积的方法定性去除小斑点；Sieving 是用定性的方法去除小斑点，通过设置最小聚类像素个数（Group Min Threshold）移除小斑点。按照默认设置单击 Next 按钮进入到 Export Results 面板（见图 4-23）。

（10）在 Export Results 面板，可以将探测结果输出为感兴趣区（ROI）和矢量（Shapefile），按照默认设置点击 Next 按钮，进入最后一个面板 View Statistics and Report，自动统计探测的结果，且探测的所有结果自动加载到 ROI Tool 中并显示在图上。定位探测结果（169，163）是一个树林掩盖的目标，点击 Finish 完成。

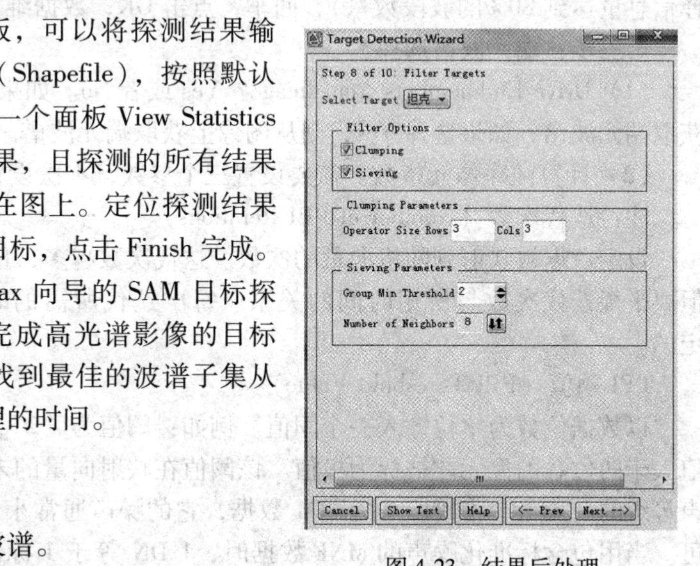

图 4-23　结果后处理

ENVI 还具备了基于 BandMax 向导的 SAM 目标探测工具。该工具可以引导我们完成高光谱影像的目标探测。向导的 BandMax 工具能找到最佳的波谱子集从而区分背景和目标，并节省处理的时间。

向导主要有以下几个步骤：

（1）选择输入/输出文件。

（2）选择目标：选择目标波谱。

（3）选择背景：选择需要抑制的背景信息。

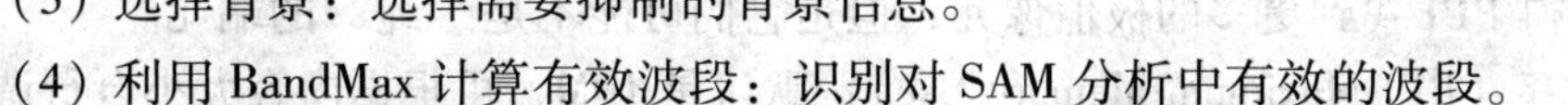

（4）利用 BandMax 计算有效波段：识别对 SAM 分析中有效的波段。

（5）选择最大角阈值：定义 SAM 最大角。

（6）检验制图成果：SAM 分析以及成果检验。

如处理结果理想，那么可以点击 Finish 退出向导。如果检验结果显示波段子集不充分，向导会返回到第二步，需要重新输入目标和背景波谱，然后利用 BandMax 选择最合适的波段子集以及利用 SAM 对输入数据重新分类。处理分析完成后，向导中将显示分析报告。如果需要，我们可以保存这个文件以备后用。向导得出的影像结果会显示在 ENVI 的 Data Manager 中。如果输入数据的质量不好或者设置了不合适的参数，有可能得到不理想的结果。

4.3.2 基于波谱沙漏工具的地物识别

波谱沙漏工具是把数据维数判断、端元波谱选择、波谱识别和结果分析集成的一个流程化工具，可对高光谱影像进行地物识别。

第一步：打开波谱沙漏工具并选择高光谱影像。

（1）在 Toolbox 中打开/Spectral/Spectral Unmixing/Spectral Hourglass Wizard 向导。

（2）点击 Select Input File，选择高光谱数据，在 Select Output Root Name 选择输出路径，点击 Next。

第二步：数据维数判断。

（1）设置 MNF 变换参数，默认是全部波段输出，点击 Next。

（2）单击 Load MNF Result to ENVI Display 按钮查看 MNF 变换结果（显示亮、颜色纯的像元是占优势的纯净像元）。

（3）单击 Load Animation of MNF Bands 按钮可以动态浏览 MNF 结果，后面的波段基本是噪声，查看完毕后点击 Next。

（4）计算数据维数，点击 Calculate Dimensionality，设置 Threshold Level 为 0.8（即选择信息量达到 80%的波段数量），回车，点击 OK，数据维数自动修改为 43，点击 Next。

第三步：端元波谱选择。

（1）Drive Endmembers from Image？Yes 或者 No。如果选择 No，则需要从外部文件中获取端元波谱；如果选择 Yes，则从图像上获取端元波谱。这里我们选择 Yes，点击 Next。

（2）计算纯净像元指数。需要设置三个参数，本次设置按照默认值，点击 Next。

注：迭代次数（Number of PPI Iterations）。

设定数据被映射到随机向量的次数。迭代次数越多，ENVI 越能较好的发现极值像元。但要平衡迭代次数与所用时间的关系。每次迭代所需的时间是由 CPU 和系统的配置决定的。

PPI 阈值（PPI Threshold Value）。

以数据位数为单位键入一个阈值。例如：阈值为“2”，则只有 DN 值与极值像元的差值大于两位数的像元才被标为极值。该阈值在映射向量的末端选取像元。阈值应是数据噪声等级的 2~3 倍。例如，对于 TM 数据，它的噪声通常小于 1 DN ，因此阈值用 2 或 3 即可。当用包含标准化噪声的 MNF 数据时，1 DN 等于 1 标准差，因此阈值用 2 或 3 即可。较大的阈值将使得 PPI 找到更多的极值像元，但是它们可能不是“纯”的端元。

最大使用内存（PPI Maximum Memory Use）：默认是 10M，可根据内容大小自行调整。

（3）这一步是选择 PPI 的个数，以便在 N 维散点图中选择波谱端元。默认是 10000 个 PPI 纯净像元，点击 Next（见图 4-24）。

（4）在 N 维可视化空间，自动选择了部分端元（具体分布在图 4-24 中标出），可以手动修改或者重新收集部分端元波谱。直到在每个角度下，各类端元都是离散的。

（5）在流程化工具面板中，点击 Retrieve Endmembers，右侧的 Endmember List 窗口下面就列出了选择的几类端元，点击 Plot Endmembers，绘制出几类端元的波谱曲线。

（6）点击 Next，是否输入其他的端元波谱，默认为 No，如果选择 Yes，则会打开波谱收集工具，这里按照默认 No，点击 Next。

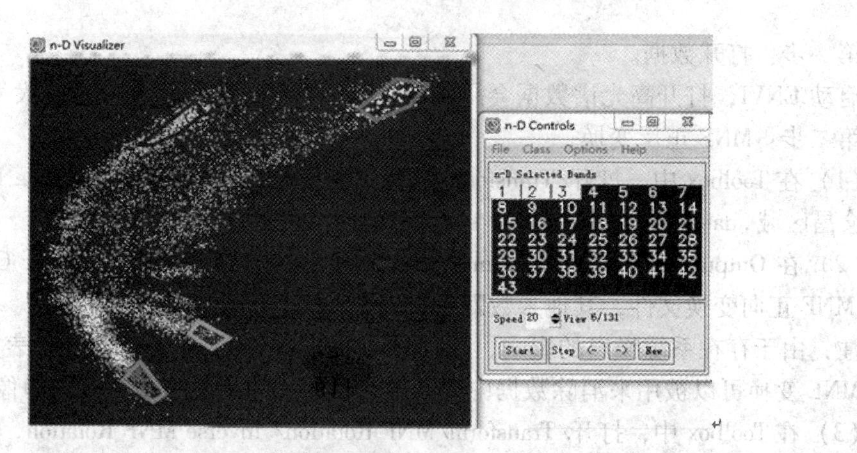

图 4-24　端元选择

第四步：波谱识别与结果分析。

（1）提供了三种高光谱制图的方法：SAM 光谱角法、MTMF 以及 Unmixing 方法，这里选择 SAM 方法，最大光谱角度阈值设置为 0.05，点击 Next。

（2）查看分类的结果，（若是结果不理想，可以点击 Prev，调节阈值或者选择其他分类方法）完成光谱分析，最后打印出了流程化操作过程的记录，可以 File/Save Text to ASCII，保存为文本文件，以供查看。

4.4　柑橘的光谱混合像元分解识别方法

混合像元分解是近年来随着高光谱技术的发展而兴起的一种遥感图像处理技术，利用该技术可以求解出混合像元中不同地物所占的丰度值，并通过该值，实现地物信息识别和提取。本例以 EO-1 Hyperion 高光谱影像作为数据源，采用混合像元分解方法得到柑橘端元的丰度值，并构建其丰度与柑橘实际种植的对应的关系，实现了高光谱影像柑橘识别与提取。波谱识别流程如图 4-25 所示。

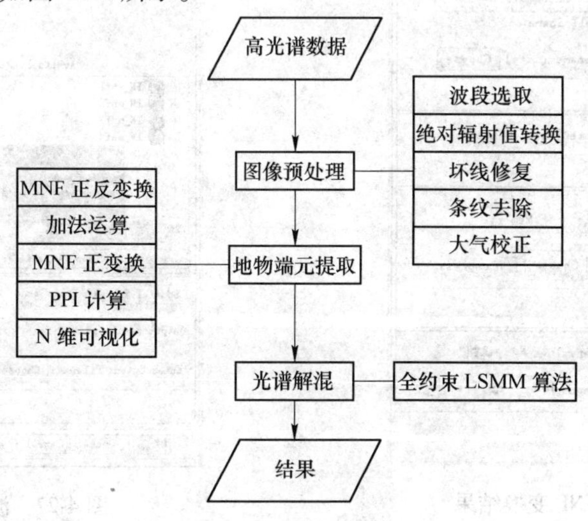

图 4-25　波谱识别流程图

第一步：打开数据。

启动 ENVI，打开高光谱数据会昌区域 . dat（影像已进行了预处理和大气校正）。

第二步：MNF 正反变换。

（1）在 Toolbox 中，打开/Transform/MNF Rotation/Forward MNF Estimate Noise Statistics，选择会昌区域 . dat，点击 OK。

（2）在 Output MNF Stats Filename 输出 MNF 反向变换文件，在 Enter Output Filename 输出 MNF 正向变换文件，其他参数默认，点击 OK（见图 4-26）。

注：由于存在系统噪声的影响，几何顶点提取的结果不能有效的代表背景地物的特点。MNF 变换可以被用来消除数据中的噪声，目的是为了下一步提取纯净像元。

（3）在 Toolbox 中，打开/Transform/MNF Rotation/ Inverse MNF Rotation，选择 mnf1. dat，在 Spectral Subset 选择“好”波段，点击 OK，弹出的对话框选择 IN_mnf1. sta 进行 MNF 反向变换，输出文件为 IN_mnf1. dat。

注：通过运行 MNF 正向变换，判断哪些波段包含相关图像，因为之后的 MNF 波段特征值接近于 1 多少是含有噪声的影像，再用波谱子集（只包括“好”波段）进行一次反向的 MNF 变换。

（4）以 IN_mnf1. dat 为源数据，重复步骤（2）和步骤（3）进行四次 MNF 正反变换。

第三步：加法运算。

在 Toolbox 中，打开 Band Ratio/Band Math，将 MNF 正反变换后的 4 个新影像进行波段加法运算（见图 4-27）。

注：加法运算主要用于将同一地区的多幅遥感影像求平均，这样可以有效地减少存在于遥感影像之中的加性噪声。

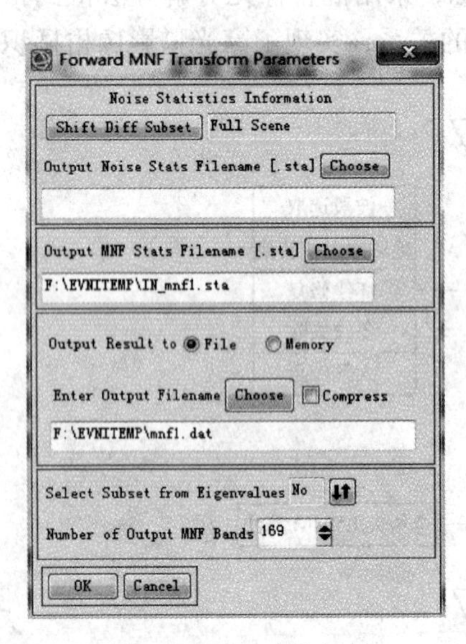

图 4-26　MNF 变换结果

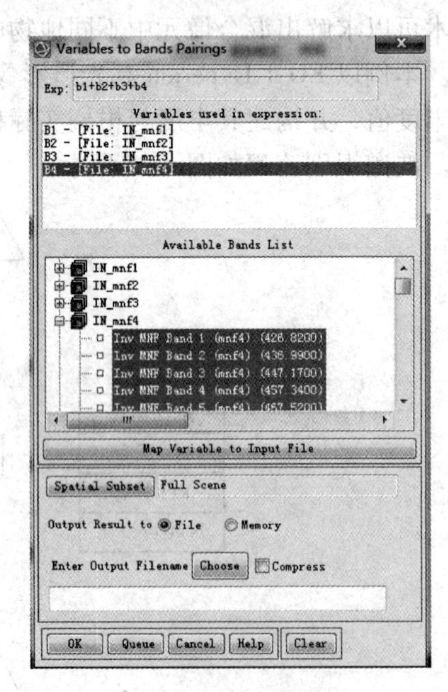

图 4-27　波段运算

第四步：端元波谱提取。

（1）在 Toolbox 中，打开/Transform/MNF Rotation/Forward MNF Estimate Noise Statistics，选择加法运算后的新影像，点击 OK。

（2）只进行 MNF 正变换，选择输出路径及文件名，其他参数默认，点击 OK。

（3）在 Toolbox 中，打开/Spectral/Pixel Purity Index/Pixel Purity Index（PPI）［FAST］New Output Band，选择上一步 MNF 变换后的结果，单击 Spectral Subset 按钮，选择前 20 个波段，点击 OK。

（4）在 PPI 计算参数面板中（见图 4-28），设置迭代次数（Number of Iterations）：默认为 10000 和阈值（Threshold Factor）：2.5。迭代次数越高，结果的精度越高，但是计算越慢，阈值越小，得到结果的精度越高，但是得到纯净数量越小。这里设置迭代次数为 8000 次，阈值为 3。

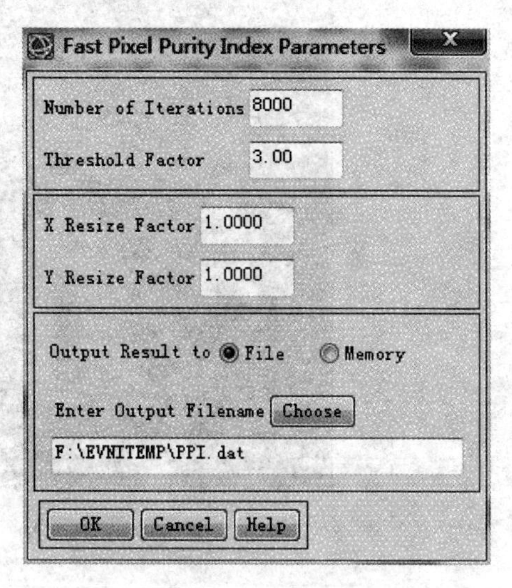

图 4-28　PPI 计算

（5）在 PPI 的结果上点击右键，选择 New Region of Interest，在 ROI Tools 窗口选择 Threshold，选择 PPI 结果，Min Value 设置为 10，Max Value 到最大值，回车，点击 OK，看到阈值范围的 ROI 显示在图层上（见图 4-29）。

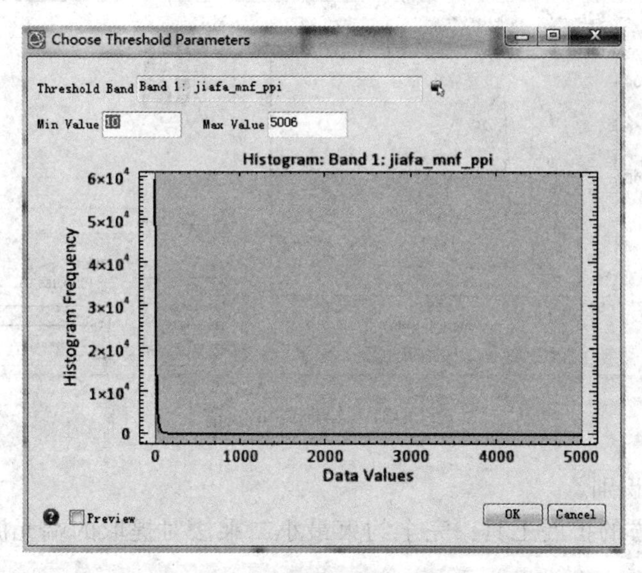

图 4-29　按照阈值建立 ROI

（6）在 Toolbox 中，打开/Spectral/n-Dimensional Visualizer/n-Dimensional Visualizer New Data，选择 MNF 变换结果，点击 OK。

（7）在 n-D Selected Bands 列表框中，选择前 5 个波段，设置 Speed 为 20，单击 Start 按钮，构成的散点图在 N 维可视化窗口中旋转，转动到一定程度时候，单击 Stop 按钮，在视图中点击鼠标右键 New Class 勾画认为属于同一类地物的区域（如图 4-30 所示）。继续单击 Start 按钮查看选择的点是否集中，如果点不集中，选择 Class>Items 1：20>White，选择散落的点删除。

图 4-30 N 维可视化选择端元

（8）在散点图上，单击右键选择 Mean All，选择高光谱数据作为波谱曲线源数据，自动绘制样本内的像元平均波谱，修改地物名称并点击 Export 导出波谱曲线（见图 4-31）。

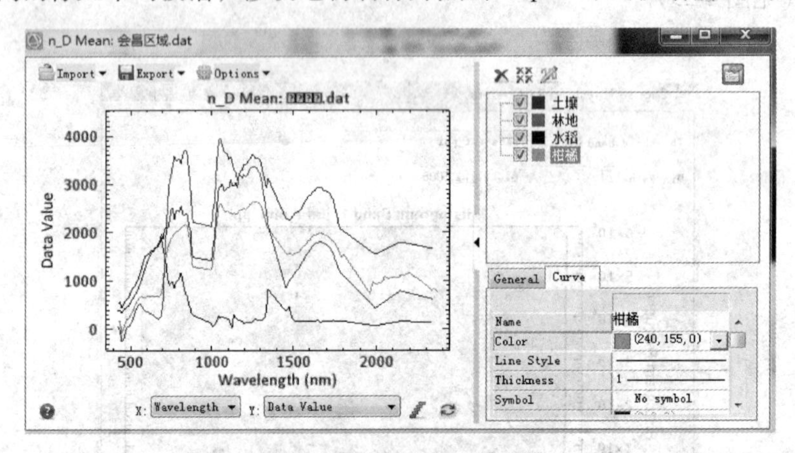

图 4-31 绘制端元波谱

第五步：波谱识别。

利用 ENVI 官方的扩展工具：完全约束最小二乘法对提取的端元波谱进行混合像元分解。

（1）在 Toolbox 中，打开/Extensions/FCLS Spectral Unmixing，选择高光谱影像，点击 OK。

（2）在弹出的 Endmember Collection 面板中，点击 Import/from Spectral Library file；在 Spectral Library Input File 对话框中点击 Open/Spectral Library，选择上面获取的端元波谱，点击 OK。

（3）在弹出的 Input Spectral Library 面板中，点击 Select All Items，OK。

（4）回到 Endmember Collection 面板，点击 Select All，点击 Apply，得出解混结果如图 4-32 所示。

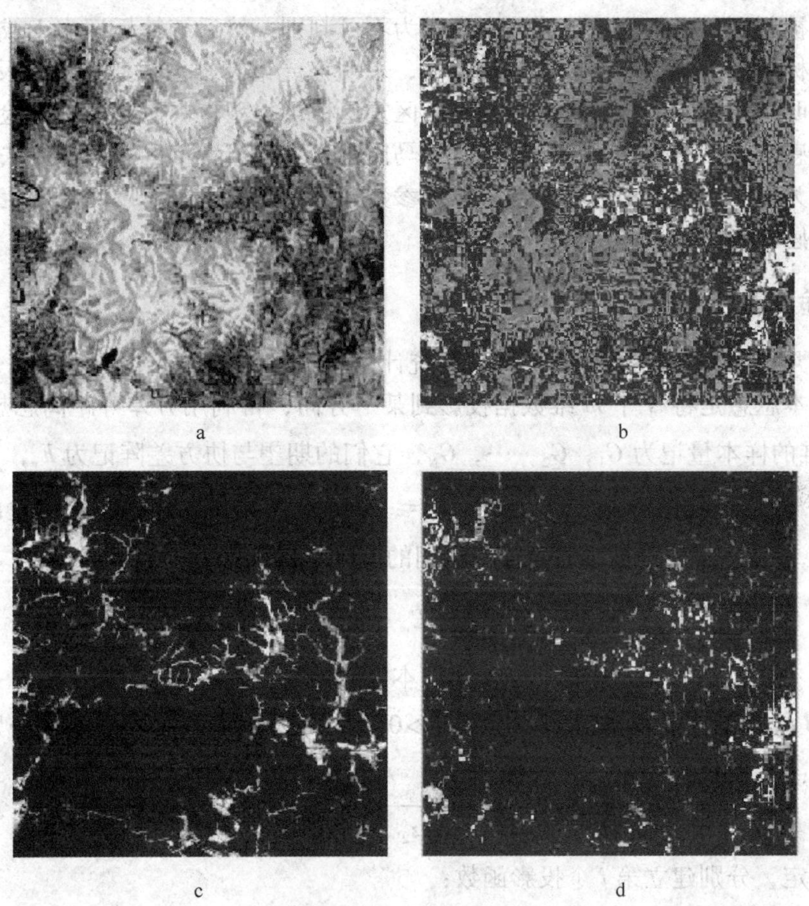

图 4-32　混合像元分解结果

a—林地；b—柑橘；c—水稻；d—土壤

4.5　复垦植被波段检测与判别方法

本节主要是介绍基于高光谱数据的复垦植被判别分析所使用到的三种方法，其中，T-test（T 检测）法主要是用于对植被光谱特征波段进行敏感度检测；而费希尔（Fisher）判别法和贝叶斯（Bayes）判别法主要是用于复垦植被的判别。

4.5.1　T-test 法

T-test 法由英国著名数学家威廉·戈塞（William Sealy Gosset）提出，常被用于判断两个样本均值的差异是否显著。本书中，使用 T-test 法检验上文中基于马氏距离和均值置信区间选择出的特征波段，以期判断每两种复垦植被光谱反射率均值间的差异是否显著，实验过程如下：

首先，将四种矿区典型复垦植被两两组成一对，共组成 6 个待检验对，利用 T-test 法对每个特征波段上的两种复垦植被都进行检验，对两种植被间的光谱反射率均值存在显著差异的特征波段标记为 1，否则标记为 0，标记为 1 的特征波段表明两种复垦植被在此波段区间内能被判别，为 0 的特征波段则表示为不可判别；然后统计标记为 1 或 0 的特征波段的数量，标记为 1 的特征波段的数量越多，表明该光谱特征波段越敏感；反之标记为 0 的越多则表明越不敏感。为了准确地判别矿区复垦植被类型，本研究选择检验对数量至少为 5 作为敏感波段参数标准；最后统计基于马氏距离和均值置信区间两种方法选择的特征波段被标记为敏感的数量，若小于敏感波段参数标准 5 则需剔除，以此来确定最终的复垦植被最佳敏感波段。

4.5.2 费希尔判别法

费希尔判别法是在 1936 年由英国著名统计学家 Ronald Aylmer Fisher，R. A. Fisher 最早提出，基本思想是将 N 个 m 维数据投影到某一方向，再利用方差等距离思想判别样本，把 N 个 m 维的样本量记为 G_1，G_2，…，G_N，它们的期望与协方差阵记为 E_r，$\sum r>0$（$r=0, 1, \cdots, N$），同时已知当 $\sum 1 = \sum 2 = \cdots = \sum N = \sum$ 时，需求建立的投影函数 $F(X)=a'X$，$a \in RN$ 使得投影后各样本量间的差异尽量放大，表示为：

$$\overline{E} = \sum_{r=1}^{N} E_r/N, B = \sum_{r=1}^{N} (E_r - \overline{E})(E_r - \overline{E})', A = N\sum \tag{4-1}$$

B 为 N 个样本量组间的离差阵；A 为 N 个样本量组内离差阵，则有：

若 $\sum -1B$ 的非零特征根 $x_1 \geqslant x_2 \geqslant \cdots \geqslant x_m > 0$，它们对应的单位特征向量分别为 z_1，z_2，…，z_m，令：

$$a_1 = z_1/\sqrt{z_{1'}\sum z_1}, a_2 = z_2/\sqrt{z_{2'}\sum z_2}, \cdots, a_m = z_m/\sqrt{z_{m'}\sum z_m} \tag{4-2}$$

根据上述规定，分别建立第 i 个投影函数：

$$F_i(X) = a_i'X = (z_i'/\sqrt{z_i'\sum z_i})X \quad (i = 1,2,\cdots,m) \tag{4-3}$$

计算出经过投影后的点到各类样本量投影后中心的欧氏距离，在对样本 X 进行判别，投影后的判别函数为（$r=0, 1, \cdots, N$）：

$$f_r(x) = (F_1(X) - F_1(E_r))^2 + (F_2(X) - F_2(E_r))^2 + \cdots + (F_m(X) - F_m(E_m))^2 \tag{4-4}$$

最终判别标准为：若 $f_i(X) = \min\limits_{1 \leqslant r \leqslant N} f_r(X)$，则样本 X 属于 F_i。

4.5.3 贝叶斯判别法

贝叶斯判别法由英国数学家、统计学家贝叶斯提出，其基本原理为基于各样本量发生的概率分布（即先验概率）来计算出根据“已知信息”样本量发生的概率分布（即后验概率），由后验概率对样本 X 做出判别，同时还会考虑误判造成的损失的一种判别方法，这也是其区别于费希尔判别法的部分[78]。

假设存在 N 个样本 G_1，G_2，…，G_N，样本总量为 G_i（$i=1, 2, \cdots, N$），它们的先验概率分别为 q_1，q_2，…，q_N，每个样本的密度函数分别为 $f_1(x)$，$f_2(x)$，…，$f_N(x)$，根据

贝叶斯公式计算它们的后验概率：

$$p(G_i|x_0)\ \frac{q_i f_i(x_0)}{\sum q_i f_i(x_0)} \tag{4-5}$$

基于此，样本 X 的判别规则为：

$$p(G_i|x_0)\ \frac{q_i f_i(x_0)}{\sum q_i f_i(x_0)} = \max 1 \leqslant i \leqslant kp(G_i|x_0)\ \frac{q_i f_i(x_0)}{\sum\ q_i f_i(x_0)} \tag{4-6}$$

贝叶斯判别的实质就是将样本总量的后验概率尽量最大化，$f_i(x_0)$ 为第 i 个分类下的样本的总体多元分布，若 $f_i(x_0)$ 是多元正态分布，最终判别公式为：

$$D_i = \ln q_i - \frac{1}{2}\ln \sum i - \frac{1}{2}(x - \bar{x}_i)' \sum_i^{-1} (x - \bar{x}_i) \tag{4-7}$$

式中，$\bar{x}_i$ 为第 i 个分类的类中心；$\sum i$ 为第 i 个方差阵。

4.5.4 判别结果分析

4.5.4.1 特征波段敏感度检测结果

根据 4.5.1 节提到的 T-test 法对 6 组复垦植被检测对进行最佳光谱敏感波段检测，结果如图 4-33～图 4-36 所示，图纵轴表明检测为敏感的检测对所出现的频数，范围为 0～6，为了更明显的得到结果，深色部分为标注出的上文所选出的特征光谱波段范围，根据上文规定选择检验对数量至少为 5 的标准，从图中可以得出：

（1）马氏距离法选择的特征光谱波段：原始光谱 440～463nm（不敏感）、536～578nm（敏感）；一阶导数光谱 699～730nm（不敏感）、733～740nm（不敏感）；倒数的对数光谱 442～483nm（不敏感）、525～578nm（敏感）、1032～1065nm（敏感）；去包络线光谱：396～484nm（敏感）、536～578nm（敏感）、639～687nm（敏感）、911～950nm（不敏感）、1110～1143nm（敏感）。

（2）均值置信区间带法：原始光谱 536～578nm（敏感）；一阶导数光谱 699～707nm（不敏感）；倒数的对数光谱 530～541nm（敏感）、1032～1065nm（敏感）；去包络线光谱：396～496nm（敏感）、536～558nm（敏感）、639～687nm（敏感）、1110～1143nm（敏感）。

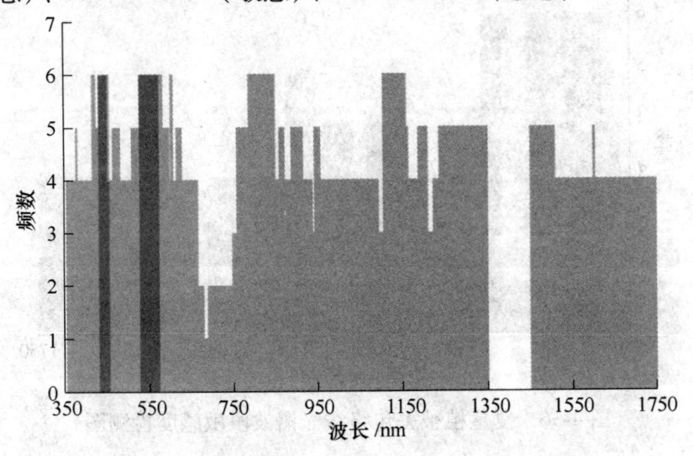

图 4-33 复垦植被原始光谱波段敏感度检测图

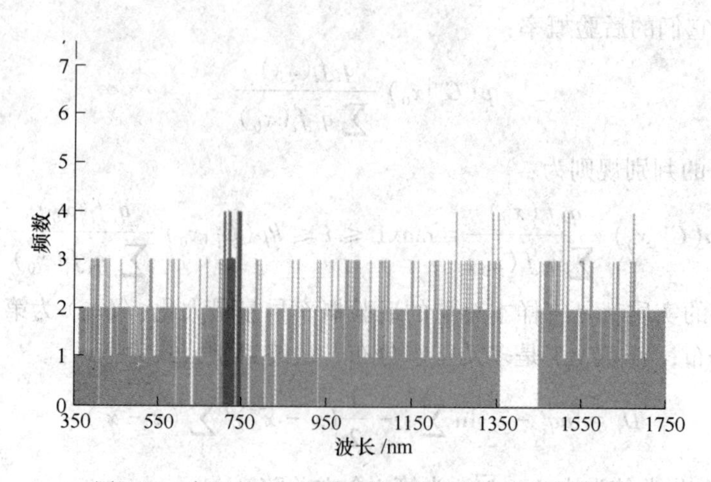

图 4-34 复垦植被一阶导数光谱波段敏感度检测图

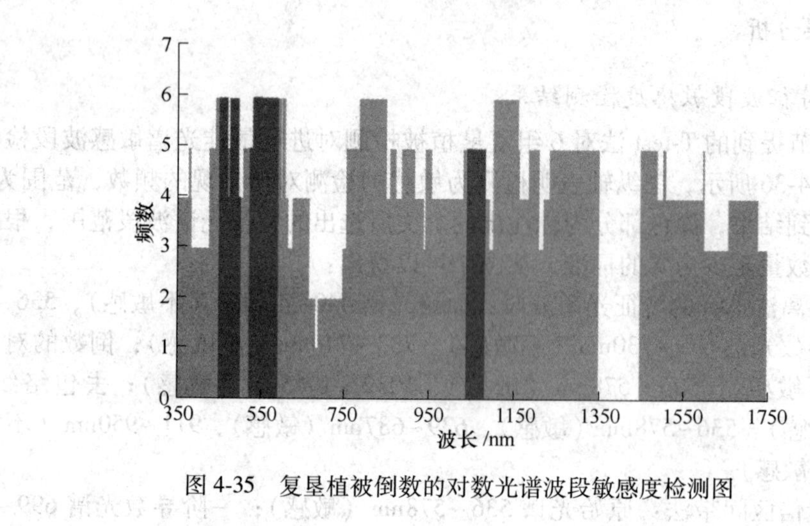

图 4-35 复垦植被倒数的对数光谱波段敏感度检测图

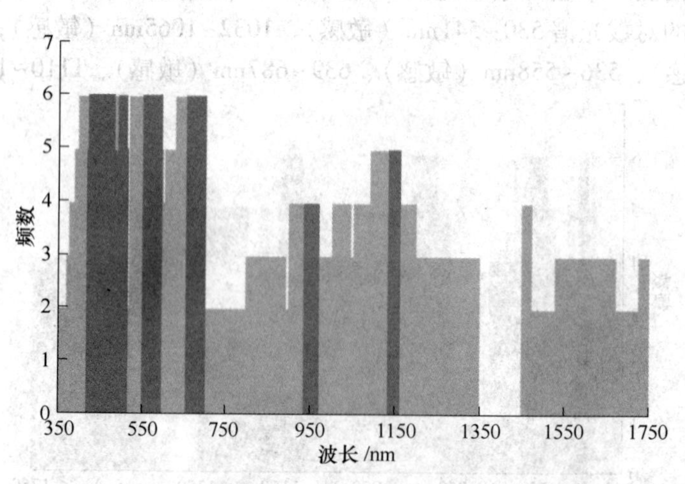

图 4-36 复垦植被去包络线光谱波段敏感度检测图

通过上文分析可知，基于均值置信区间选择的敏感特征波段数量较马氏距离法多，且波段范围更为精确，在此区间范围内，四种复垦植被可被区分，因此，选择基于均值置信区间带法选择出的光谱特征波段作为后续的植被判别分析波段，最终确定的矿区复垦植被最佳光谱特征波段如表4-4所示。

表4-4　复垦植被最佳光谱特征波段统计表

植被光谱类型	最佳植被光谱特征波段/nm
原始光谱（*R*）	536~578
导数光谱（*FDR*）	—
倒数的对数光谱（log（1/*R*））	530~541、1032~1065
去包络线光谱（*CR*）	396~492、536~558、639~687、1110~1143

4.5.4.2　判别精度比较

使用得到的4种矿区典型复垦植被光谱特征波段，分别运用Fisher判别和Bayes判别法进行判别，根据每种不同形式的特征光谱波段求均值得到判别变量，其中，原始光谱、一阶导数、倒数的对数和去包络线光谱分别有2、0、2和4个变量，判别过程使用SPSS软件操作完成。

本研究的判别方法精度验证使用总体分类精度来衡量，总体分类精度由正确分类的样本总和与样本总和的比值得到，基于上述两种判别方法对复垦矿区四种植被进行判别得到的误差矩阵如表4-5和表4-6所示。

表4-5　Fisher判别对四种复垦植被判别结果

光谱变换	植被类型	红叶石楠	马尾松	油桐	竹柳	分类精度
R	红叶石楠	27	2	4	7	0.675
	马尾松	5	32	0	3	0.800
	油桐	5	2	28	5	0.700
	竹柳	6	1	3	30	0.750
	总体分类精度					0.731
log（1/*R*）	红叶石楠	28	1	5	6	0.700
	马尾松	2	27	3	8	0.675
	油桐	1	2	34	3	0.850
	竹柳	2	4	3	31	0.775
	总体分类精度					0.750
CR	红叶石楠	31	5	2	2	0.775
	马尾松	2	33	1	4	0.825
	油桐	1	3	31	5	0.775
	竹柳	1	1	4	34	0.850
	总体分类精度					0.806

表 4-6 Bayes 判别对四种复垦植被判别结果

光谱变换	植被类型	红叶石楠	马尾松	油桐	竹柳	分类精度
	红叶石楠	29	2	5	4	0.725
	马尾松	5	30	2	3	0.750
R	油桐	4	3	29	4	0.725
	竹柳	6	4	2	28	0.700
	总体分类精度					0.725
	红叶石楠	30	0	5	5	0.750
	马尾松	2	29	2	7	0.725
log（1/*R*）	油桐	0	4	30	6	0.750
	竹柳	3	2	3	32	0.800
	总体分类精度					0.756
	红叶石楠	33	4	2	1	0.825
	马尾松	5	31	1	3	0.775
CR	油桐	1	1	34	4	0.850
	竹柳	2	2	4	32	0.800
	总体分类精度					0.813

表 4-5 和表 4-6 中，复垦植被被正确分类到自己的类别数量呈对角线分布。基于 Fisher 判别法分类结果中，总体分类精度从高到低依次排列为去包络线光谱（0.788）>倒数的对数光谱（0.750)>原始光谱（0.731)，可以看到变换后的光谱进行植被判别精度还是有所提升的。

在原始光谱中，分类精度最低的为红叶石楠，精度为 0.675，40 组数据中 27 组数据被正确分类，分类精度最高的为马尾松，精度为 0.800，有 32 组数据被正确分类。

在倒数的对数光谱中，四种复垦植被中除了马尾松其他三种植被分类精度均有所提升，这可能与马尾松原始光谱本身较其他三种更为特殊的走向经过变换后出现差异性不明显有关，其中，油桐变换后光谱分类精度达到了 0.850，正确分类的样本数据有 34 组，较原始光谱提升了 0.15。

在去包络线光谱中，四种复垦植被分类精度较原始光谱均有提升，由于经过去包络线变换，使得四种复垦植被光谱间的差异性继续放大，其中，竹柳和红叶石楠均提升了 0.1 以上，总体分类精度达到了 0.806，四种复垦植被的分类精度分别为 0.775、0.825、0.775 和 0.850。

基于 Bayes 判别法分类结果中，总体分类精度从高到低依次为去包络线光谱（0.813）>倒数的对数光谱（0.756)>原始光谱（0.725)。

在原始光谱中，分类精度最高的为马尾松，精度为 0.750，有 30 组数据被正确分类，四种复垦植被分类精度依次为 0.725、0.750、0.725 和 0.700，与 Fisher 法相比，总体分类精度有所降低，但是就红叶石楠和油桐这两种植被来说，精度有所提升，尤其是红叶石楠，使用 Bayes 判别法对红叶石楠分类相比 Fisher 法精度提升了 0.05。

在倒数的对数光谱中，红叶石楠、油桐和竹柳的分类精度较原始光谱均有所提升，同

Fisher 判别法相同，马尾松的分类精度低于原始光谱，可以看出对于倒数的对数变换后不能有效的区分出其与其他三种植被的差异性，总体分类精度优于 Fisher 判别法。

在去包络线光谱中，四种复垦植被分类精度分别为 0.825、0.775、0.850 和 0.800，其中，油桐的分类精度最高（0.850），有 34 组数据被正确分类，红叶石楠有 33 组数据被正确分类，然后依次是竹柳和马尾松，分别有 32 和 31 组数据被正确分类，整体分类精度较原始光谱均有所提升，去包络线光谱变换很好地将复垦植被光谱间的差异性放大以便区别，同 Fisher 判别法相比，总体分类精度提升了 0.007。

综上，根据上述实验基于 Fisher 判别法和 Bayes 判别法对矿区四种复垦植被进行判别，以比较区别两种方法的优劣性，可以看出，Bayes 判别法对于四种复垦植被的分类精度要优于 Fisher 判别法，但是就原始光谱来看，Bayes 判别法的精度略低于 Fisher 判别法，Bayes 判别法对于经光谱变换后的光谱判别效果较好，两种方法对于本研究实验中矿区复垦植被的判别均有一定的适用性。

5 遥感地形构建与分析

5.1 地形构建方法

数字高程模型（Digital Elevation Model，DEM），它是用一组有序数值阵列形式表示地面高程的一种实体地面模型，是数字地形模型（Digital Terrain Model，DTM）的一个分支。DEM 除了包括地面高程信息外，可以派生地貌特性，包括坡度、坡向、阴影地貌图、地表曲率等；可以计算地形特征参数，包括山峰、山脊、平原、位面、河道和沟谷等；作为通视域分析和三维地形可视化的基础数据。

5.1.1 DEM 建立

DEM 建立的基础数据是地形高程数据，目前地形高程数据可通过地形图数字化、遥感影像数据、野外实测数据和已有数据等方式获取。

地形图数字化是 DEM 的主要数据来源，目前世界上各个国家和地区都拥有不同比例尺的地形图。纸质地形图可通过手工数字化、扫描矢量化、半自动化数字化等方式实现数字化。地形图数据有覆盖范围广、比例尺系列齐全、成本低等优点，但制作复杂，更新周期长，缺乏现势性不能反映局部地形地貌变化。

遥感影像数据包括航空影像和卫星影像数据，是大范围、高精度、高分辨率 DEM 建立的最有价值的数据源。高分辨率遥感影像、合成孔径雷达干涉测量技术、机载激光扫描仪技术的发展促进了高精度高分辨率 DEM 的重建。

野外实地测量数据可通过 GPS、全站仪、经纬仪、激光扫描点云等测绘仪器实地测取地表若干特征点的三维坐标信息，精度较高，但是工作量比较大、周期长、成本高，一般不适合大范围的 DEM 数据采集。

在地形数据基础上，可以通过多种方式实现地形表面的重建。目前主要的地形表达有三类：数学描述、图形表达、图像表达。数学描述是通过采样点建立地形的数学曲面，常用的数学曲面有傅里叶级数、多项式等。图形方式则是把地形采样点联结成各种简单的几何图形网络，并用该图形网络逼近地形表面，常用的几何图形有：正方形格网、三角形网络、等高线等；图像方式主要是指各种影像数据和绘图方式对地形的描述，如航空影像、遥感影像、地貌渲染图、透视图等。表 5-1 对地形数字化表达方式进行了简要的总结。

表 5-1 地形的数字化表达方式

<table>
<tr><td rowspan="4">数字描述</td><td rowspan="2">全局</td><td>傅里叶级数</td></tr>
<tr><td>多项式函数</td></tr>
<tr><td rowspan="2">局部</td><td>规则的分块函数</td></tr>
<tr><td>不规则的分块函数</td></tr>
</table>

续表 5-1

<table>
<tr><td rowspan="4">地形数字化表达</td><td rowspan="2">图形方式</td><td>点</td><td>不规则分布网络（如 TIN）
规则分布网络（栅格）
特征点（山顶、山脊、鞍部、山谷等）</td></tr>
<tr><td>线</td><td>等高线
特征线（山脊线、山谷线等）
剖面线</td></tr>
<tr><td rowspan="2">图像方式</td><td>直接</td><td>航空影像、遥感影像</td></tr>
<tr><td>间接</td><td>透视图
晕渲图</td></tr>
</table>

5.1.2 我国不同比例尺 DEM 的特点

DEM 是我国基础测绘“4D”产品之一，4D 产品是国家空间数据基础设施（NSDI）的主要组成部分。其中包括数字高程模型（DEM）、数字正射影像（DOM）、数字栅格地图（DRG）和数字线划地图（DLG）。我国 DEM 数据比例尺为 1∶1 万、1∶5 万、1∶25 万和 1∶100 万，由国家测绘局组织生产，国家基础地理信息中心负责发布。

（1）1∶1 万 DEM。国家测绘局在 1999 年组织生产了七大江河区域范围的 1∶1 万数字高程模型，格网尺寸为 12.5m×12.5m。具体建设情况可在各省基础地理信息中心网站查询。

（2）1∶5 万 DEM。全国 1∶5 万 DEM 数据格网间距为 25m，取格网中心点的高程值作为该格网单元高程值，单位是 m。平面坐标系以 1980 西安坐标系为大地基准，投影方式为高斯-克吕格投影，以 6°带分带，高程基准采用 1985 国家高程基准。

（3）1∶25 万 DEM。国家基础地理信息中心生产的全国 1∶25 万 DEM 的格网间隔为 100m×100m 和 3″×3″两种。陆地和岛屿上格网值代表地面高程，海洋区域格网值代表水深。用于生成 DEM 的原始数据有等高线、高程点、等深线、水深点和部分河流、大型湖泊水库等。

（4）1∶100 万 DEM。国家基础地理信息中心生产的全国 1∶100 万数字高程模型利用 1 万多幅 1∶5 万和 1∶10 万地形图，经过编辑处理以 1∶50 万图幅为单位库。

5.1.3 DEM 数据产品

（1）SRTM 数据。SRTM 数据主要是由美国航空航天局（NASA）和国防部国家测绘局（NIMA）联合测量的，SRTM 的全称 Shuttle Radar Topography Mission，即航天飞机雷达地形测绘使命。SRTM 的数据是用 16 位的数值表示高程数值的，最大的正高程 9000m，负高程海平面以下 12000m。SRTM 数据每经纬度方格提供一个文件，精度有 1arc-second 和 3 arc-seconds 两种，称作 SRTM1 和 SRTM3，或者称作 30M 和 90M 数据，SRTM1 的文件里面包含 3600×3600 个采样点的高度数据，SRTM3 的文件里面包含 1200×1200 个采样点的高度数据。目前能够免费获取中国境内的 SRTM 文件，是 90m 的数据，每个 90m 的数据点是由 9 个 30m 的数据点算术平均得来的。SRTM 提供 tif 和 hgt 格式的数据供下载。

（2）ASTER GDEM 数据。2009 年 6 月 30 日，美国航空航天局与日本经济产业省（METI）共同推出了最新的地球电子地形数据 ASTER GDEM（先进星载热发射和反射辐射仪全球数字高程模型），该数据是根据美国航空航天局的新一代对地观测卫星 TERRA 的详尽观测结果制作完成的。这一全新地球数字高程模型包含了先进星载热发射和反辐射计（ASTER）搜集的130万个立体图像。ASTER测绘数据覆盖范围为北纬83度到南纬83度之间的所有陆地区域，比以往任何地形图都要广得多，达到了地球陆地表面的99%。ASTERGDEM数据是世界上迄今为止可为用户提供的最完整的全球数字高程数据，它填补了航天飞机测绘数据中的许多空白。NASA目前正在对ASTERGDEM、SRTM两种数据和其他数据进行综合，以产生更为准确和完备的全球地形图。

5.2 微波遥感地形构建

我国地形十分复杂，尤其是南方丘陵山地地区，地形复杂多样，多数地区常年云雨天气，获取DEM的传统技术手段难以适用，目前仍有大范围的高精度DEM空白区。微波具有穿云透雾的特点，且InSAR技术具有不受天气影响，全天候、全天时，高效率获取高精度DEM的优势，使之成为大范围获取DEM的重要方式。

InSAR使用雷达技术获取地面目标后向散射相位的相干性，对同一地区的两幅不同视角的单视复数数据（Single Look Complex，SLC）影像进行干涉处理获取地表的形变信息，再通过雷达卫星的参数和成像几何关系来获取地球表面上某一点的位置和高程上的微小变化。本节学习从同一地区的两幅不同视角的Sentinel-1A雷达影像数据通过干涉处理获取赣南岭北稀土区的DEM，所需数据如表5-2所示。

表5-2 数据说明

数 据	数 据 说 明
Sentinel-1A	SLC级别VV极化IW模式
精密轨道数据	修正轨道信息，有效的消除系统性误差
30m DEM数据	参考DEM去除干涉图中的地形相位

5.2.1 InSAR反演DEM技术流程

InSAR使用雷达技术对过同一地区的两幅SAR图像中获取相位信息，通过干涉处理来获取地表的形变信息，再通过雷达卫星的参数和成像几何关系来获取地球表面上某一点的位置和高程上的微小变化。InSAR具体成像原理如图5-1所示。

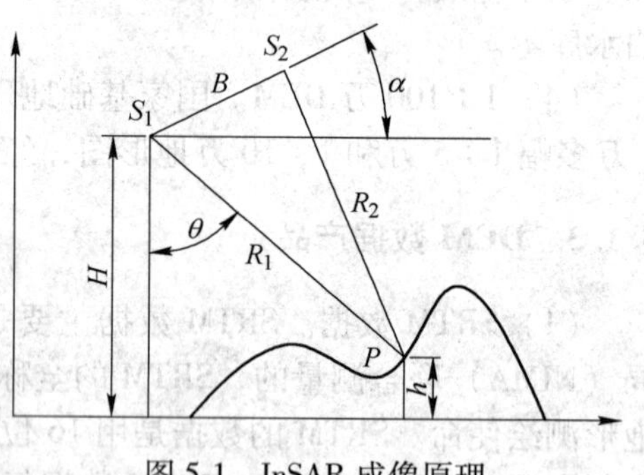

图5-1 InSAR成像原理

两卫星之间的相位差为：

$$\Delta\phi = \phi_1 - \phi_2 = -\frac{4\pi}{\lambda}(R_1 - R_2) \tag{5-1}$$

由余弦定理可知：

$$\sin(\theta - \alpha) = \frac{(R_1 + R_2)(R_1 - R_2)}{2R_1B} + \frac{B}{2R_1} \tag{5-2}$$

由于 $R_1 >> R_2$，$R_1 >> R_1 - R_2$ 所以有：

$$\sin(\theta - \alpha) \approx \frac{R_1 - R_2}{B} = -\frac{\lambda \Delta \phi}{4\pi B} \tag{5-3}$$

由反三角函数可得 θ：

$$\theta = \alpha - \sin^{-1}\left(\frac{\lambda \Delta \phi}{4\pi B}\right) \tag{5-4}$$

则 P 点高程 h 为：

$$h = H - R_1 \cos\theta = H - R_1 \cos\left[\alpha - \sin^{-1}\left(\frac{\lambda \Delta \phi}{4\pi B}\right)\right] \tag{5-5}$$

图中，S_1和 S_2为干涉影像对中主影像和辅影像的传感器位置；P 为地面观测目标；R_1 和R_2 分别为卫星到点 P 的距离；H 为 S_1距地高度；h 为 P 距地高度；B 为两个传感器之间的距离（空间基线）；α 为空间基线 B 与水平面之间的夹角；θ 为卫星视线角度；λ 为雷达波长。

ENVI 软件中自带的插件 SARscape 模块封装有 InSAR 技术反演 DEM 的流程化工作模式，支持使用 Sentinel-1A 卫星数据反演地形 DEM。基于 SARscape 模块反演 DEM 的实验过程如下。

5.2.1.1 系统配置

首先是 SARscape 中数据处理准备工作，即系统设置，包括 ENVI 系统配置和 SARscape5.2 系统设置，一方面可以提高工作效率，另一方面可以得到更为正确的结果。

（1）ENVI 系统配置：主要设置数据处理过程默认的输入输出路径，能提高工作效率。在 ENVI 主菜单中，File->Preference，在 Preferences 面板中选择 Directories 选项，如图 5-2 所示。设置一些 ENVI 默认打开的文件夹，如默认数据目录（Default Input Directory）、临时文件目录（Temporary Directory）、默认输出文件目录（Output Directory）。可以保存在自己数据处理的文件夹中，以防按默认输出但系统盘没有空间。注：SARscape 不支持中文路径，输入、输出、临时文件目录都避免中文字符。

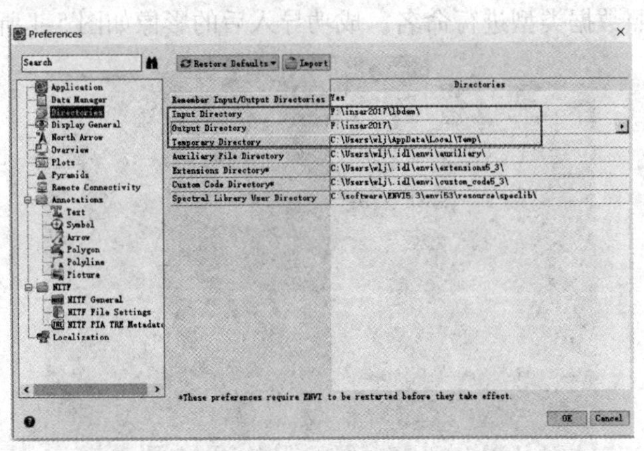

图 5-2　ENVI 系统设置

（2）SARscape 系统设置：在 SARscape IDL Scripting 中的 Preferences 进行设置，SARscape 针对不同的数据源、不同的处理，提供了相应的系统默认参数。SENTINEL TOPSAR——适用于哨兵 TOPSAR（IW）模式的数据做 InSAR 处理的系统参数。如图 5-3 所示。导入一套系统参数之后，一般要设置数据本身的制图分辨率，便于在多视的时候软件自动计算视数。点击 General parameters 选项，在 Cartographic Grid Size 一项，手动填入所要处理数据的制图分辨率。

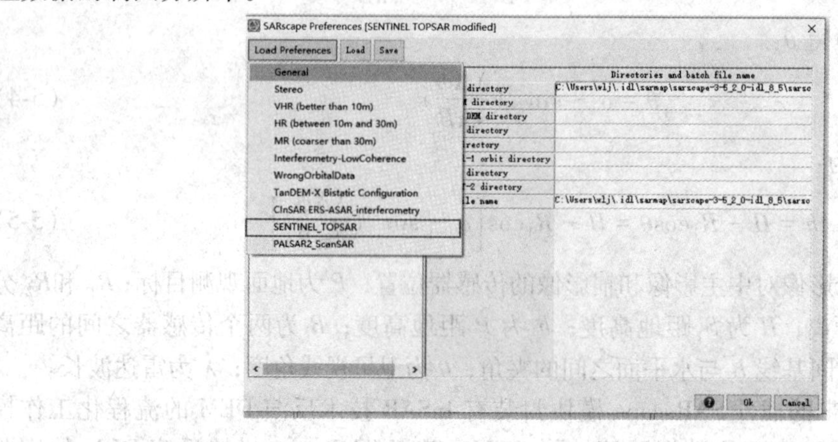

图 5-3 SARscape 系统设置

5.2.1.2 数据导入

本实验所需数据来源于欧空局，网站地址为 https：//scihub. copernicus. eu/，从网站框选出岭北稀土矿区地理位置，按照时间来查找，下载所需研究区数据，数据类型为 SLC 级别，IW 模式的数据。本书选用的是 2018 年 1 月 1 日与 2018 年 1 月 13 日的 SLC 级别、IW 模式的数据。打开数据导入工具/SARscape/Import Data/SAR Spaceborne/SENTINEL 1，在 Input File List 分别输入两景哨兵 1A 数据的元数据文件 manifest. safe。Optional Input Orbit File List，轨道文件，该文件是可选文件，可以用来修正轨道信息，有效地消除系统性误差。轨道文件下载地址为 https：//qc. sentinel1. eo. esa. int/。切换到 Parameters 面板，主要参数就是对输出数据命名设置，推荐选择 Rename the File Using Parameters：True，可以对输出的数据自动按照数据类型进行命名。成功导入后的影像如图 5-4 所示。

图 5-4 原始雷达影像

5.2.1.3 InSAR 反演 DEM 流程

干涉雷达（InSAR）处理是从原始的 SLC 数据对开始的，流程包括：基线估算、干涉图生成、干涉图去平、干涉图自适应滤波和相干生成、相位解缠、轨道重定义、高程/形变转换。

(1) 基线估算。打开基线估算工具/SARscape/Interferometry/Interferometric Tools/Baseline Estimation。在 Input Files 面板中，Input Master File 选择 20180101_vv_slc 输入，Input Slave File 选择 20180113_vv_slc 输入，其他按照默认，点击 Exec 按钮，计算基线。基线估算可用来评价干涉对的质量，基线估算的结果是判断 SAR 干涉测量成像能否进行下去的基础条件。估算结果表明：本书选用的升轨干涉对时间基线为 12d，空间基线为 87.500m，远小于临界基线 6465.112m。基线的结果表明，本书所获取的升轨干涉对质量符合 InSAR 技术要求。

(2) InSAR 工作流。SARscape 提供了一般分步操作方式和流程化操作方式。流程化工具在 SARscape /Interferometry/InSAR DEM Workflow。流程化工具界面如图 5-5 所示。

(3) 数据输入。Input File 面板，Input Master File（Mandatory）项，Input Master File 选择 20180101_vv_slc 输入，Input Slave File 选择 20180113_vv_slc 输入，其他按照默认。DEM/Cartographic System 面板，输入参考高程，这里输入已有的参考 DEM 文件。在 Parameters 面板，有制图分辨率大小的设置，这里设置为 Grid Size：20m。设置好参数后，点击 Next 按钮，弹出一个对话框，是根据制图分辨率以及数据头文件中的信息自动计算出来的视数，点击确定。自动计算的视数如图 5-6 所示。

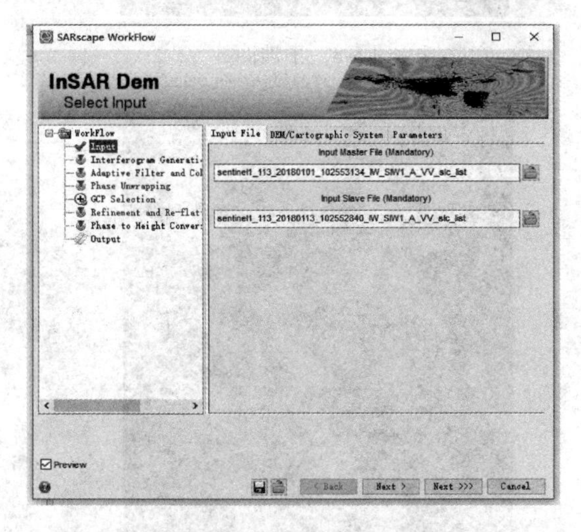

图 5-5 流程化工具界面

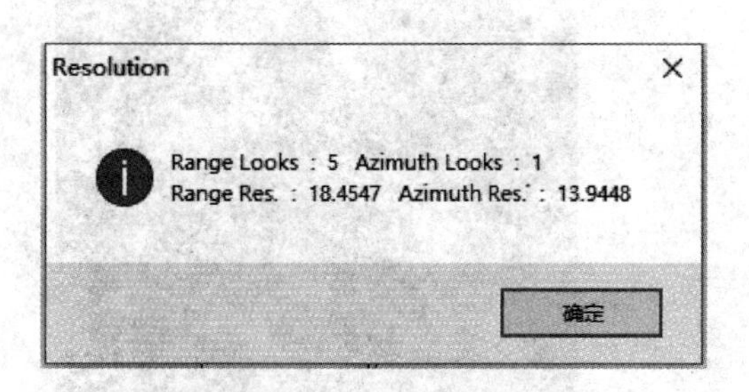

图 5-6 自动计算的视数

(4) 干涉图生成。点击 Next 按钮，进行干涉图生成处理，主辅影像经过配准、多视、相干处理后生成差分干涉图。处理完成后，自动加载了去平后的干涉图、以及主从影像的强度图。干涉图生成参数设置面板如图 5-7 所示。参数按照默认的即可，在全局参数（Global）中生成 TIFF 数据可以设置为 TRUE，可生成 TIFF 格式的中间结果。生成的干涉图如图 5-8 所示。

(5) 滤波和相干性计算。去平地相位后的差分干涉图存在有相位噪声，而滤波的目的就是减少相位噪声。滤波方法有三种：Adaptive 这种方法适用于高分辨率的数据（如 Terra SAR-X 或 COSMO-SkyMed）；Boxcar 使用局部干涉条纹的频率来优化滤波器，该方法尽可能地保留了微小的干涉条纹；Goldstein 这种滤波方法的滤波器是可变的，提高了干涉条纹的清晰度、减少了由空间基线或时间基线引起的失相干的噪声，这种方法是最常用的方法。本实验使用的就是 Goldstein 这种方法。点击 Next 按钮，进行干涉图滤波和相干性生成处理，处理完成之后自动加载滤波后的干涉图_fint 和相干性系数图_cc。相干性系数分布在 0 ~1，值越大明该区域的相干性越高，值越小，相干性越低，表明该区域在两个时相上发生了变化，可在 ENVI 里使用 Cursor Value 查看像元值。生成的结果如图 5-9 和图 5-10 所示。

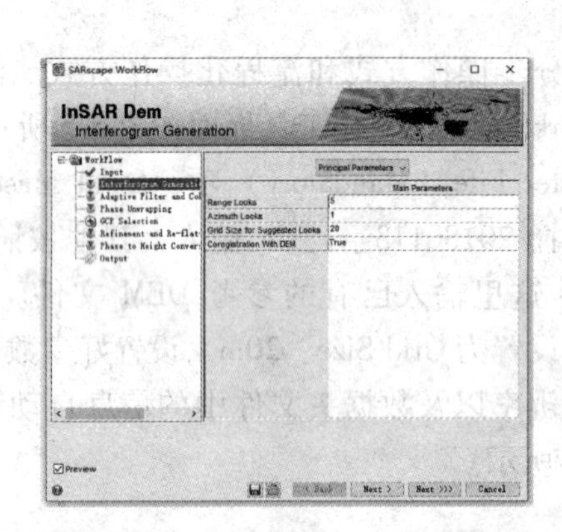

图 5-7 干涉图生成参数设置

图 5-8 干涉图

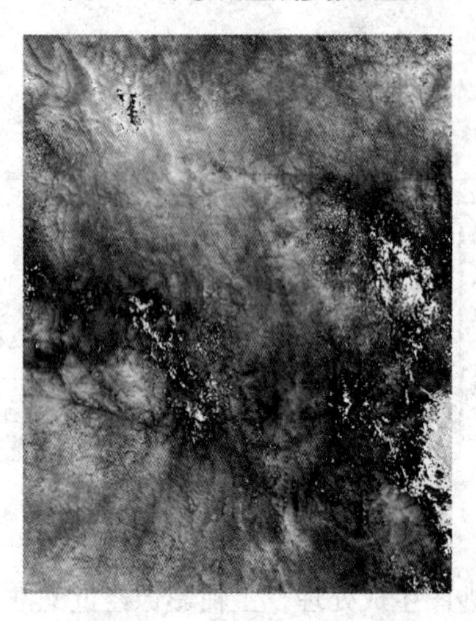

图 5-9 滤波后的干涉图

图 5-10 相干性系数图

（6）相位解缠。相位的变化是以 2π 为周期的，所以只要相位变化超过了 2π，相位就会重新开始和循环。相位解缠是对去平和滤波后的相位进行解缠处理，使之与线性变化的地形信息对应，解决 2π 模糊的问题。本实验中解缠方法选择了最小费用流法（Minimum Cost Flow）。Unwrapping Method Type　Minimum Cost Flow 点击 Next 按钮，进行干涉图滤波和相干性生成处理，处理完成之后，自动加载滤波后的相位解缠结果图_upha，如图 5-11 所示。

（7）控制点选择。输入用于轨道精炼的控制点文件，在 Refinement GCP File（Mandatory）项中，点击按钮，自动打开流程化的控制点选择工具，并自动输入了相应的参考文件，如图 5-12 所示在控制点生成面板上，点击 Next，打开控制点选择工具，鼠标变为选点状态，在图像上适合的地方单击鼠标左键，选择控制点，然后点 finish，如图 5-13 所示。然后点击 Next。控制点的选择应遵循以下要求：

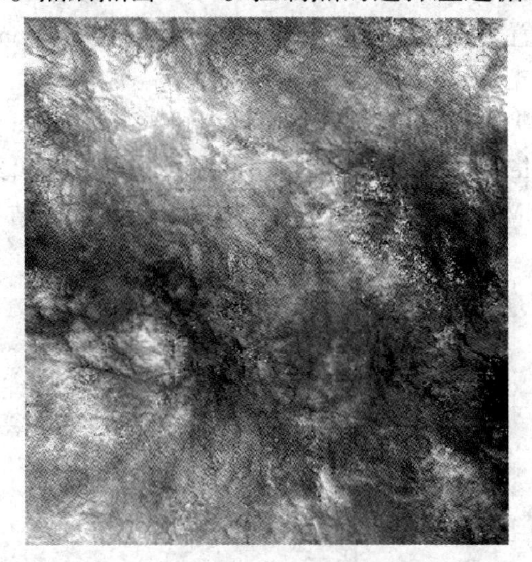

图 5-11　相位解缠结果图

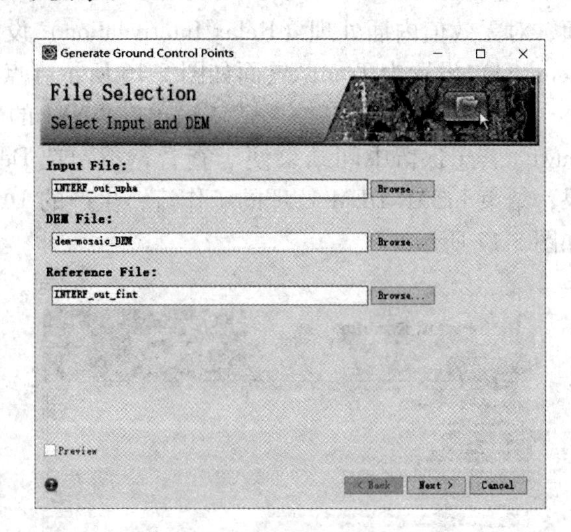

图 5-12　控制点生成面板

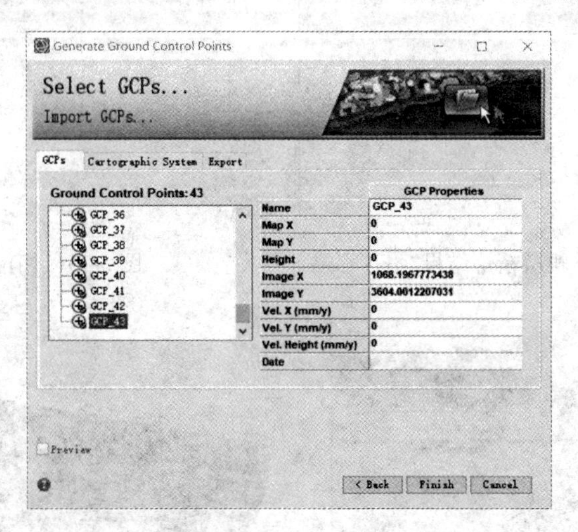

图 5-13　选择控制点

1）优先在去平后的干涉图上（_dint 或_fint）选择控制点，避免有地形相位没有去除的区域和变化的区域；

2）选择相干性高的区域；

3）控制点应分布于整个范围内；

4）避免解缠错误的区域，如相位孤岛等。

（8）轨道精炼和重去平。进行轨道精炼和相位偏移的计算，消除可能的斜坡相位，对卫星轨道和相位偏移进行纠正。这一步对解缠后的相位是否能正确转化为高程或形变值很关键。点击 Next 按钮，进行轨道精炼和重去平处理，处理完成之后，将优化的结果显示在 Refinement Results 的面板，结果如图 5-14 所示。

（9）相位转高程以及地理编码。将经过绝对校准和解缠的相位，结合合成相位，转换为高程数据以及地理编码到制图坐标系统。点击 Next 按钮，进行相位转高程和地理编码处理，面板如图 5-15 所示。地理编码的坐标系是以参考 DEM 的坐标系为准，参数设置界面，对无效值内插处理（Relax Interpolation）设置为 True。去除图像外的无用值（Dummy Removal）设置为 True，界面如图 5-16 所示。点击 Next。

（10）结果输出。结果默认输出在 ENVI 的默认输出路径下，文件名中包含_output_demwf。若想保留中间结果便于查看，不勾选 Delete Temporary Files。点击 Finish，输出结果，结束 InSAR DEM 处理的工作流，生产的 DEM 数据自动进行密度分割配色展示。结果如图 5-17 所示。

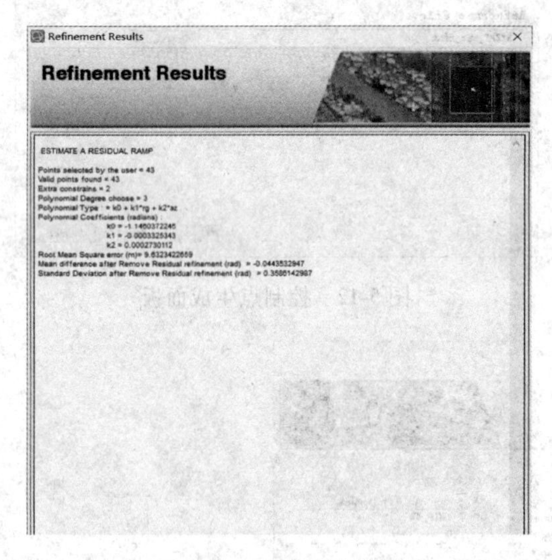

图 5-14　轨道精炼结果

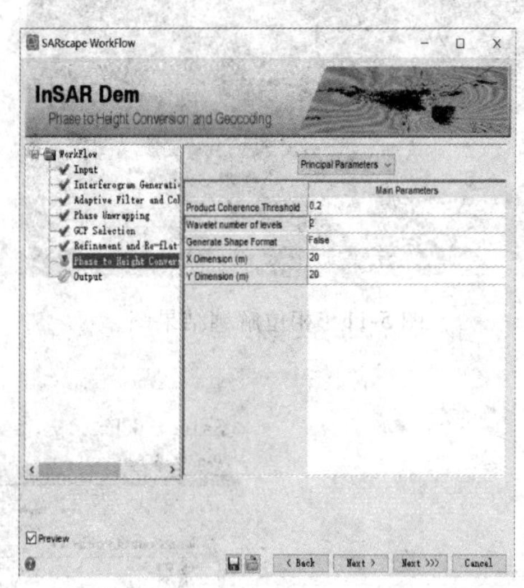

图 5-15　相位转高程面板

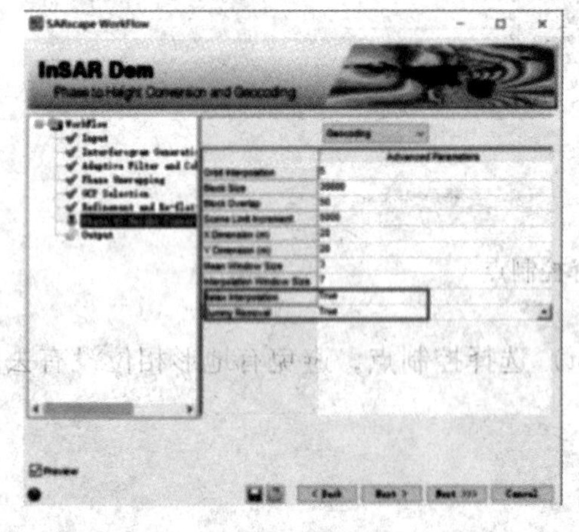

图 5-16　地理编码设置

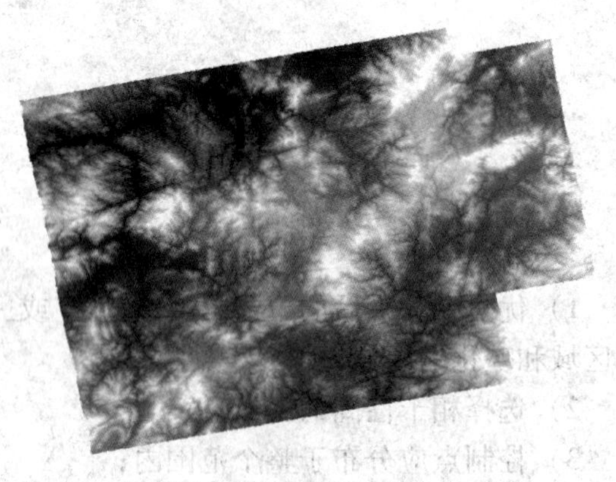

图 5-17　生成的 DEM

5.2.2　三维地形可视化

ENVI 的三维可视化功能可以将 DEM 数据以网格结构（Wire Frame）、规则格网（Ruled Grid）或点的形式显示出来，或者将一幅图像叠加到 DEM 数据上构建简单的三维地形可视化场景。使用鼠标，实时地对三维场景进行旋转、平移或者放大缩小等浏览操作。

下面以 5. 2. 1 小节利用 InSAR 反演的岭北 DEM 和相应地区的 GF-1 号影像为例子，介绍三维场景的生成步骤。

（1）分别将 LB-GF. tif 和 DEM 数据文件 LB-SB. tif 打开。

（2）在 Toolbox 中，选择/Terrain/3D SurfaceView。选择 LB-GF. tiff 图像文件的 RGB 三个波段，之后选择对应的 DEM. tif 文件，然后点击 OK 按钮。如图 5-18 与图 5-19 所示。

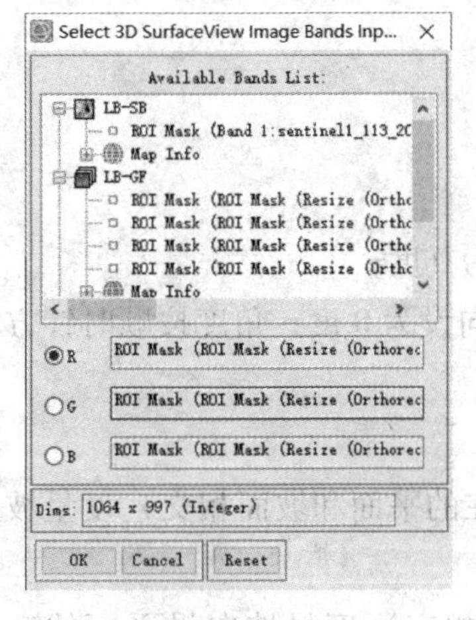

图 5-18 Select 3D SurfaceView Image Bands Input Parameters 对话框

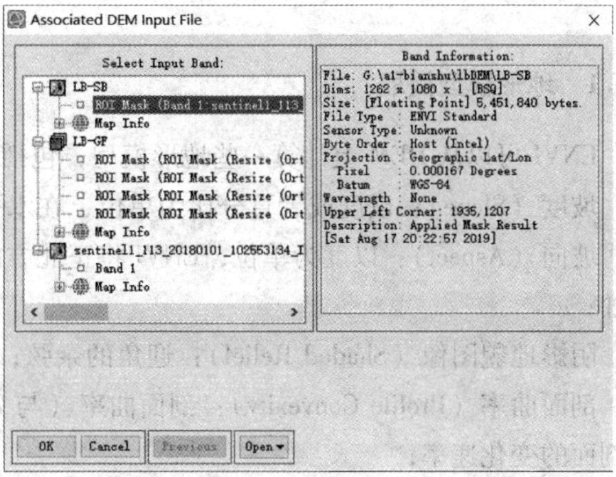

图 5-19 相应 DEM 数据选择

（3）在 3D SurfaceView Input Parameters 对话框中（如图 5-20 所示），设置相应参数，一般按默认选择。

（4）单击 OK 按钮，创建三维场景，效果如图 5-21 所示。

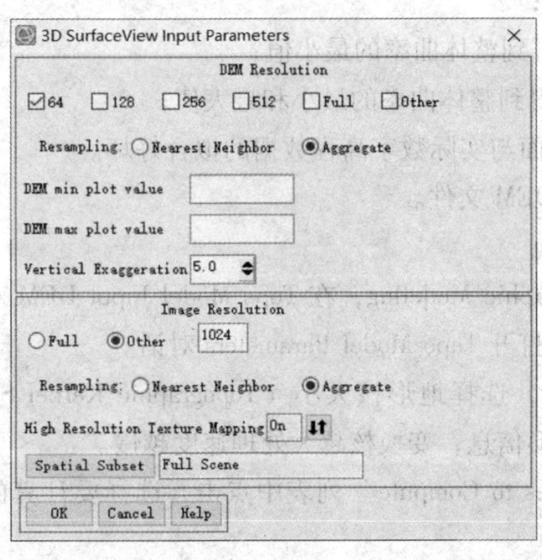

图 5-20 3D SurfaceView Input Parameters 对话框

图 5-21 三维场景效果

（5）通过鼠标的三个键可以交互操作三维场景。

在 3D SurfaceView 窗口中，单击鼠标左键，并沿着水平方向拖动鼠标，这将使得三维曲面绕着Z轴旋转。点击鼠标左键，并沿着垂直方向拖动鼠标，这将使得三维曲面绕着X轴旋转。在3D SurfaceView窗口中，单击鼠标中键，并拖动鼠标，可以在相应的方向平移（漫游）图像。在3D Surface View窗口中，点击鼠标右键，并向右拖动鼠标，可以增加缩放比例系数。点击鼠标右键，并向左拖动鼠标，可以减小缩放比例系数。

5.3 地 形 提 取

5.3.1 地形模型提取

ENVI可以从DEM上计算一些地形模型，包括：

坡度（Slope）：以度或者百分比为单位，在水平面上为0度；

坡向（Aspect）：以度为单位，ENVI将正北方向的坡向设为0度，角度按顺时针方向增加；

阴影地貌图像（Shaded Relief）：迎角的余弦；

剖面曲率（Profile Convexity）：剖面曲率（与Z轴所在的平面和坡面相交）度量坡度沿剖面的变化速率；

水平曲率（Plan Convexity）：水平曲率（与XY平面相交）度量坡向沿平面的变化速率；

纵向曲率（Longitudnal Convexity）：纵向曲率（相交于包含坡度法线和坡向方向平面）度量沿着下降坡面的表面曲率正交性；

横向曲率（Cross Sectional Convexity）：横向曲率（与包含坡度法线和坡向垂线的平面相交）度量垂直下降坡面的表面曲率正交性；

最小曲率（Minimum Curvature）：计算得到整体曲率的最小值；

最大曲率（Maximum Curvature）：计算得到整体曲率的最小和最大值；

均方根误差（RMS Error）：表示二次曲面与实际数字高程数据的拟合好坏。

ENVI地形模型工具作用在图像格式的DEM文件。

（1）启动ENVI，并打开LB-SB.tif文件。

（2）在Toolbox中，启动Terrain/Topographic Modeling，在Topo Model Input DEM对话框中，选择LB-SB.tif文件，然后单击OK，打开Topo Model Parameters对话。

（3）在Topo Model Parameters对话框中，选择地形核大小（Topographic Kernel Size）为3。可以使用不同的变化核提取多尺度地形信息，变换核越大处理速度越慢。

（4）通过在“Select Topographic Measures to Compute”列表中点击，选择要计算的地形模型。

（5）如果选择了“Shaded Relief”，需要输入或计算太阳高度角和方位角。单击Compute Sun Elevation and Azimuth按钮，在Compute Sun Elevation and Azimuth对话框中，输入日期和时间，单击OK按钮，ENVI会自动地计算出太阳高度角和方位角，如图5-22

所示。

（6）选择输出路径及文件名，最终界面如图 5-23 所示，单击 OK 按钮，执行地形模型计算。

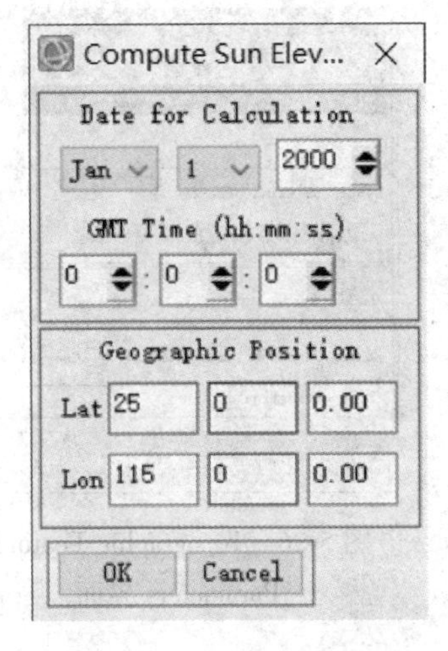

图 5-22　计算太阳高度角

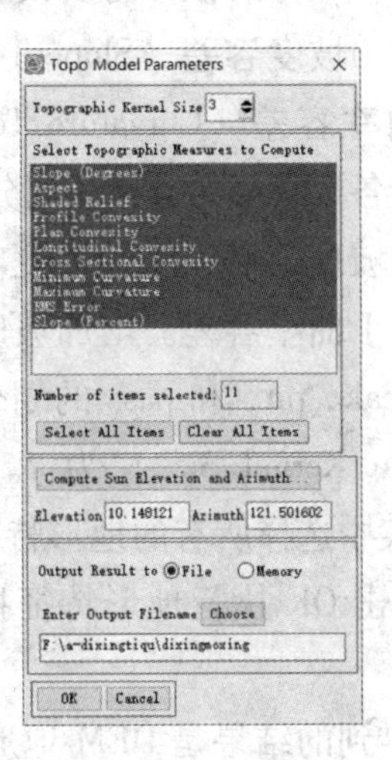

图 5-23　Topo Model Parameters 界面

（7）得到的结果是一个多波段图像文件，每一个地形模型组成一个波段，如图 5-24 所示。其中选择坡度的地形模型成图如图 5-25 所示。

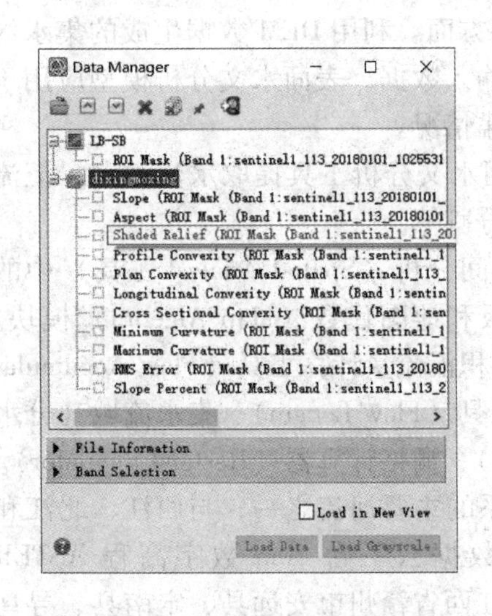

图 5-24　多波段图像文件

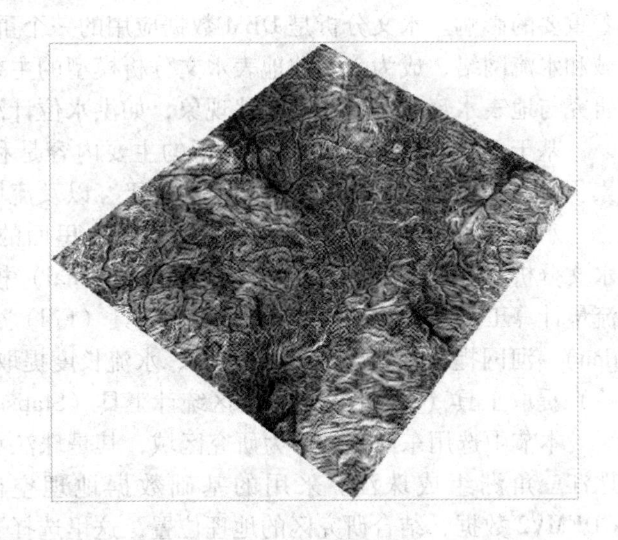

图 5-25　坡度图

5.3.2　地形特征提取

ENVI 能够在从 DEM 中提取地形特征，包括山顶（Peak）、山脊（Ridge）、平原（Pass）、水平面（Plane）、山沟（Channel）和凹谷（Pit）。

（1）在 Toolbox 中，启动/Terrain/Topographic Features，在 Topographic Feature Input DEM 对话框中，选择 LB-SB . tif 文件，点击 OK，打开 Topographic Features Parameters 对话框，需要设置一些参数。一般按照默认即可。坡度容差（Slope Tolerance）为 1，以度为单位；曲率容差（Curvature Tolerance）为 0.1。两个容差决定各个特征的分类，划分为 peak, pit，和 pass 的像元对应坡度值必须小于坡度容差，并且垂直方向曲率必须大于曲率容差。增加坡度容差和减少曲率容差能增加 peak, pit，和 pass 的划分数量。地形核大小（Topographic Kernel Size）为 7。在 Select Feature to Classify 列表中选择所有的地形特征。选择输出路径及文件名，单击 OK 执行地形特征提取。界面如图 5-26 所示。

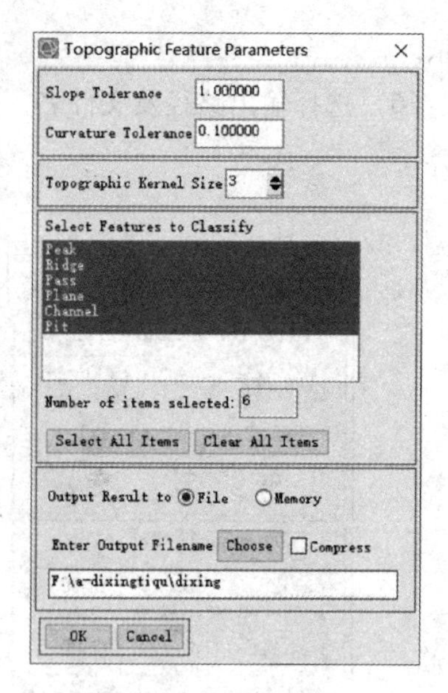

图 5-26 Topographic Features Parameters 界面

（2）得到的结果是 DEM 地形特征提取图。

5.4 东江流域边界的提取

流域边界的提取是流域面积的量算及其他水文参数提取的基础，对水文计算的精度有着重要的影响。水文分析是 DEM 数据应用的一个重要方面。利用 DEM 数据生成的集水区域和水流网络，成为大多数地表水文分析模型的主要输入数据。表面水文分析模型应用于研究与地表水流有关的各种自然现象，如洪水位计泛滥情况。

基于 DEM 数据的地表水文分析的主要内容是利用水文分析工具提取水流方向、汇流累积量、水流长度、河流网络、河网分级、以及流域分割等。

水文分析工具主要用到的是 Arc Toolbox 里面的空间分析（Spatial Analyst 工具）中的水文分析（Hydrology）模板、区域分析（Zonal）模板和地图代数（Map Algebra）模块。流量计算工具（Flow Direction）、填充工具（Fill）、累积汇流量计算工具（Flow Accumulation）、河网提取工具（Stream Link）、水流长度提取工具（Flow Length）、集水流域（分水岭）提取工具（Watershed）、分区统计工具（Statistics）、栅格计算器（Raster Calculator）。

本节中选用东江流域作为研究区域，其是珠江水系的主要河流之一，与西江、北江和珠江三角洲组成珠江。采用的基础数据地理空间数据云平台 30m 数字高程 ASTER GDEMV2 数据，结合研究区的地理位置，这里选择了江西省赣州市安远县、定南县、寻乌县和广东省全省的 ASTER GDEMV2 数据，从而利用水文分析工具提取出东江流域矢量边界，研究区 DEM 如图 5-27 所示。

5.4.1 无洼地 DEM 生成

DEM 被认为是比较光滑的地形表面模拟，但是由于内插的原因及一些特殊地形（如喀斯特地貌）的存在，往往使得 DEM 表面存在着一些凹陷的区域。这些区域在进行水文

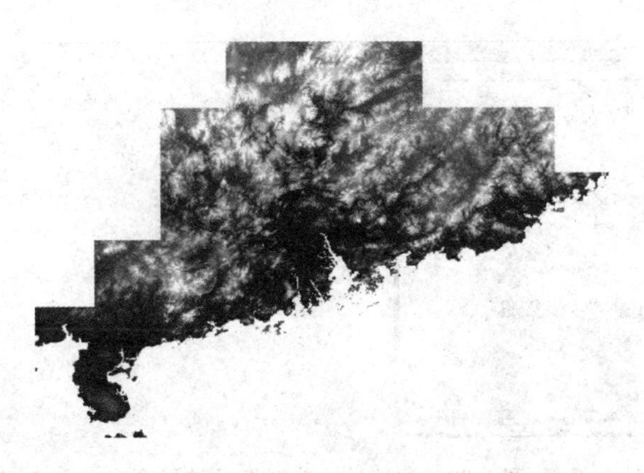

图 5-27　研究区域 ASTER GDEMV2 DEM 实验数据

分析时，由于低高程栅格的存在，容易得到不合理甚至错误的水流方向，因此，在进行水文分析的计算之前，应该首先对原始 DEM 数据进行洼地填充，得到无洼地 DEM。

ArcGIS 软件为我们提供水文相关分析的工具，其中 Fill 工具是用来进行洼地填充的。在应用 Fill 工具对 DEM 数据进行洼地填充分为两种情况：一种是我们可以对所有洼地进行填充得无洼地 DEM；另外一种是我们可以根据实际情况，设置洼地深度的填充阈值来进行填充，得到比较结合实际的 DEM 数据。

（1）打开 Arc Toolbox 工具箱，选择 Spatial Analyst →水文分析→流向，将弹出流向窗口，输入表面栅格数据为 shiyanshuju_DEM. TIF，设置输出路径和名称，勾选强制所有边缘像元向外流动（可选），单击确定就可以创建流向，如图 5-28 所示。

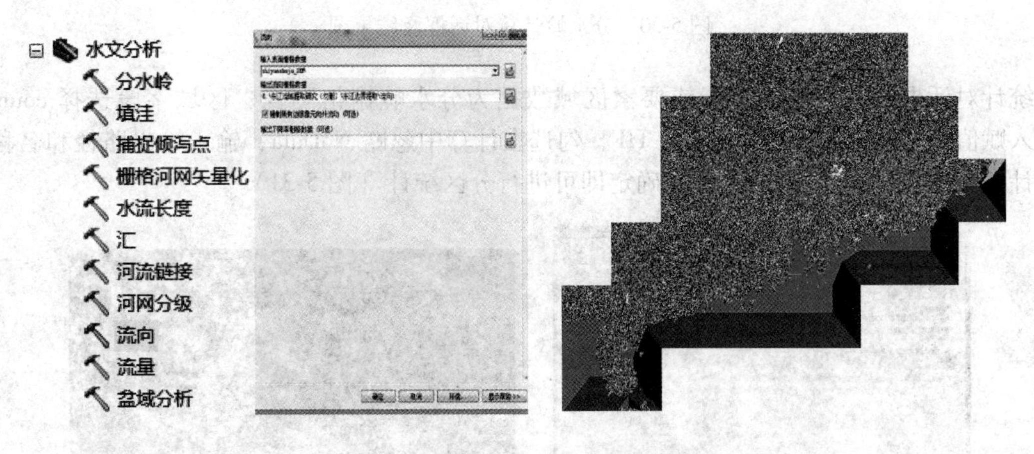

图 5-28　流向计算对话框及结果图

（2）打开 Arc Toolbox 工具箱，选择 Spatial Analyst →水文分析→汇，将弹出汇窗口，输入流向栅格数据，设置输出路径和名称，单击确定即可进行洼地计算，如图 5-29 所示。

（3）打开 Arc Toolbox 工具箱，选择 Spatial Analyst →水文分析→分水岭，设置流向栅格数据为流向 1，输入栅格数据或要素倾泻点数据输入为汇，设置输出路径和名称，单击确定即可以创建分水岭栅格图像（图 5-30）。

（4）打开 Arc Toolbox 工具箱，选择 Spatial Analyst→区域分析→分区统计，将弹出分

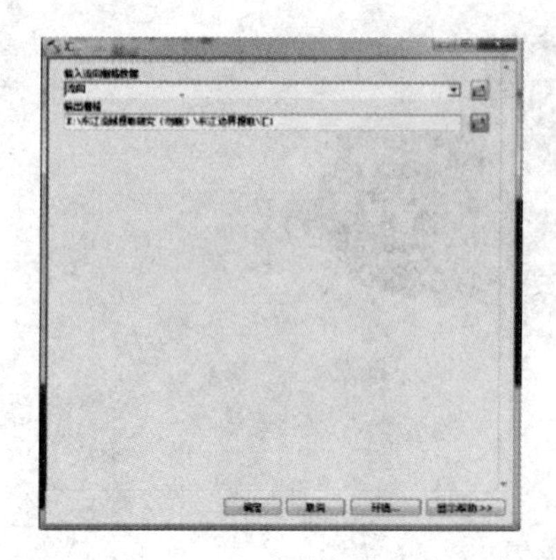

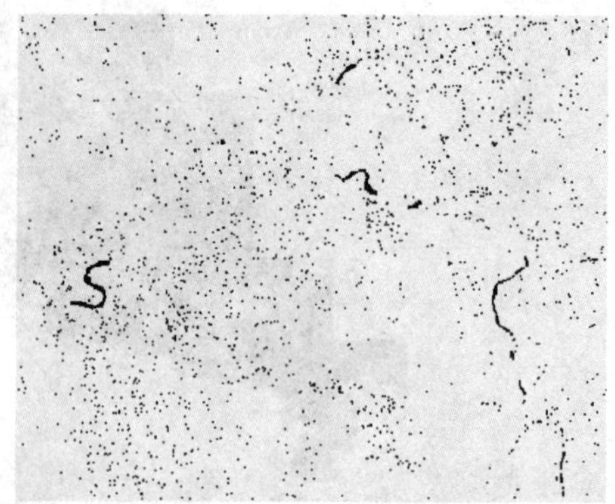

图 5-29 洼地计算对话框及结果图

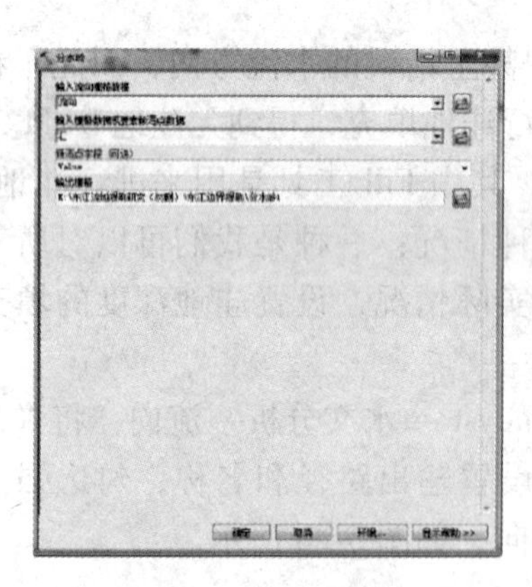

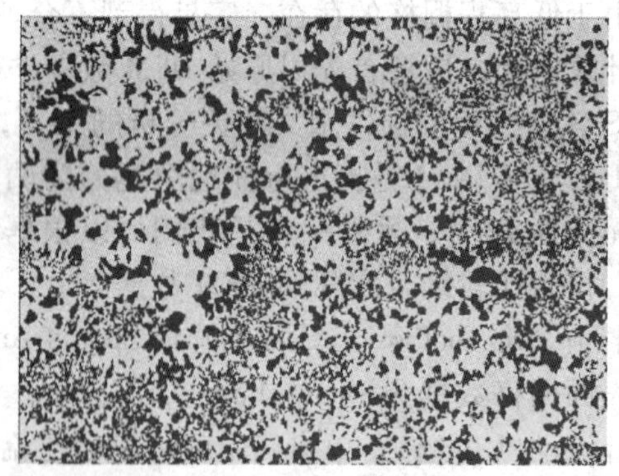

图 5-30 分水岭计算对话框及结果图

区统计对话框，输入栅格数据或要素区域数据为分水岭栅格图像，区域字段选择 count，输入赋值栅格为 shiyanshuju_DEM. TIF，勾选在计算中忽略 NoData，输入输出路径和名称，统计类型选择为 MINIMUM，单击确定即可进行分区统计（图 5-31）。

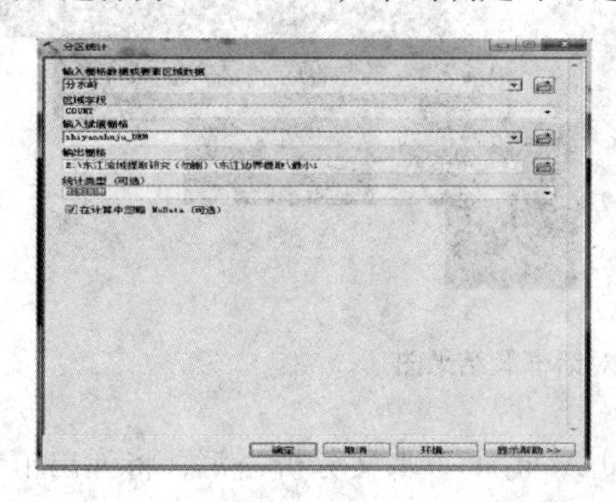

图 5-31 分区统计计算对话框及结果图

（5）打开 Arc Toolbox 工具箱，选择 Spatial Analyst→区域分析→区域填充，将打开区域填充对话框，输入区域栅格数据为分水岭，输入权重栅格数据为 shiyanshuju_DEM. TIF，设置输出路径和名称，单击确定即可以进行区域填充（图 5-32）。

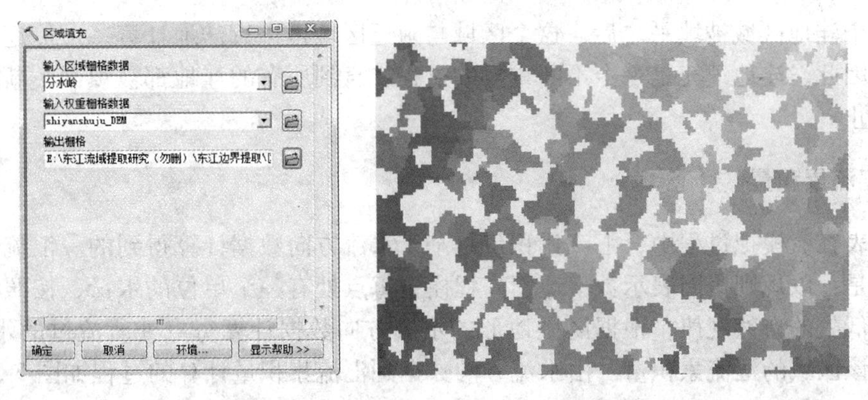

图 5-32　区域填充计算对话框及结果图

（6）打开 Arc Toolbox 工具箱，选择 Spatial Analyst 下的地图代数选择栅格代数计算器。输入表达式为 sink_dep = “区域填充” - “最小”，设置输出路径和名称，单击确定（图 5-33）。

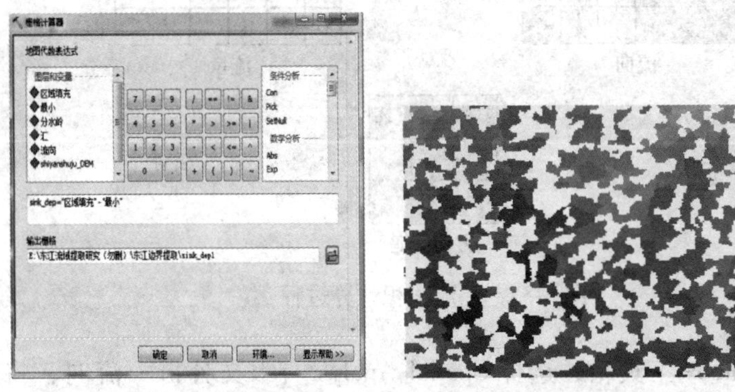

图 5-33　洼地深度计算对话框及结果图

（7）打开 Arc Toolbox 工具箱，选择 Spatial Analyst→水文分析→填洼双击，将弹出填洼对话框，输入表面栅格数据为 shiyanshuju_DEM. TIF，设置输出路径和名称，单击确定即可以进行填洼（图 5-34）。

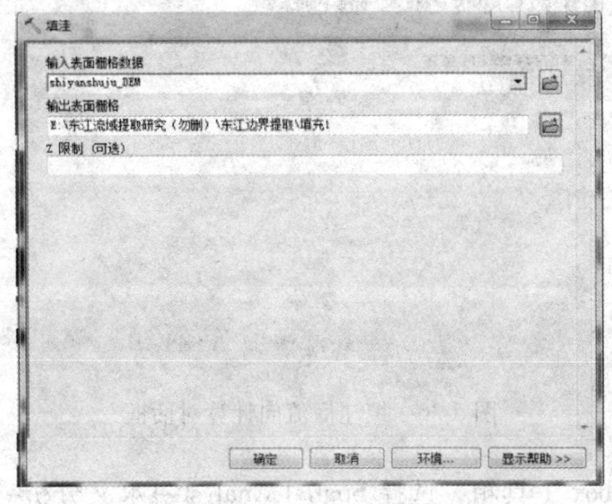

图 5-34　填洼计算对话框

当一个洼地区域被填平之后，这个区域与附近区域再进行洼地计算，可能还会形成新的洼地。因此，洼地填充是一个不断重复的过程，直到所有的洼地都被填平，新的洼地不再产生为止。

5.4.2 汇流累积量

在地表径流模拟过程中，汇流累积量是基于水流方向数据计算得到的。汇流累积量的基本思想是：以规则格网表示数字地面高程模型每点处有一个单位的水量，按照自然水流从高处向低处的自然规律，根据区域地形的水流方向数据计算每点处所流过的水量数值，便得到了该区域的汇流累积量。由水流方向数据到汇流累积量计算的过程如图 5-35 所示。

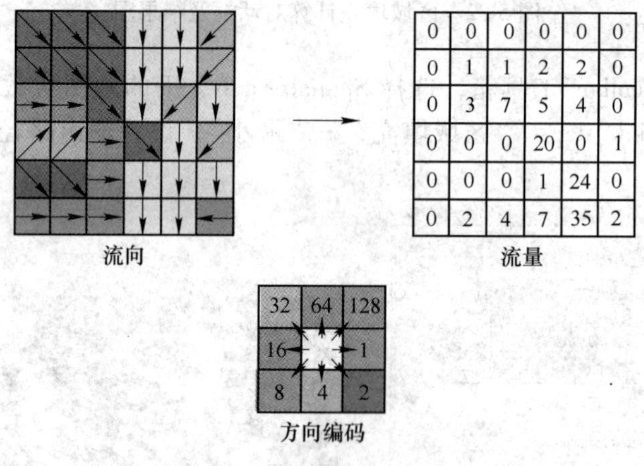

图 5-35 汇流累积计算过程

（1）打开 Arc Toolbox 工具箱，选择 Spatial Analyst→水文分析→流向，将弹出流向窗口，输入表面栅格数据为填充，设置输出路径和名称，勾选强制所有边缘像元向外流动（可选），单击确定（图 5-36）。

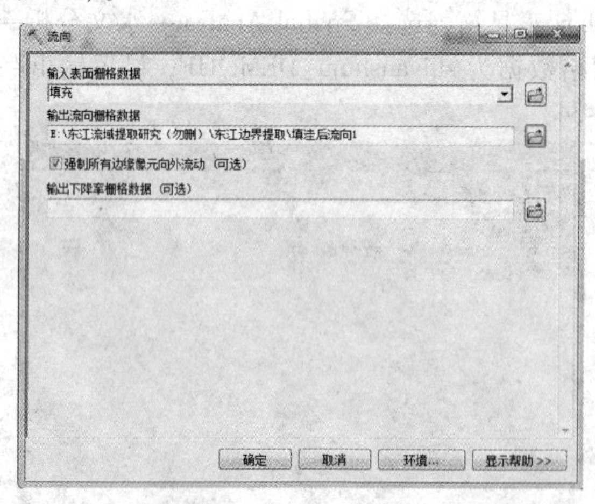

图 5-36 填洼后流向计算对话框

（2）打开 Arc Toolbox 工具箱，选择 Spatial Analyst→水文分析→流量，将弹出流量对话框，输入流向栅格数据为填洼后流向，设置输出路径和名称，单击确定（图 5-37）。

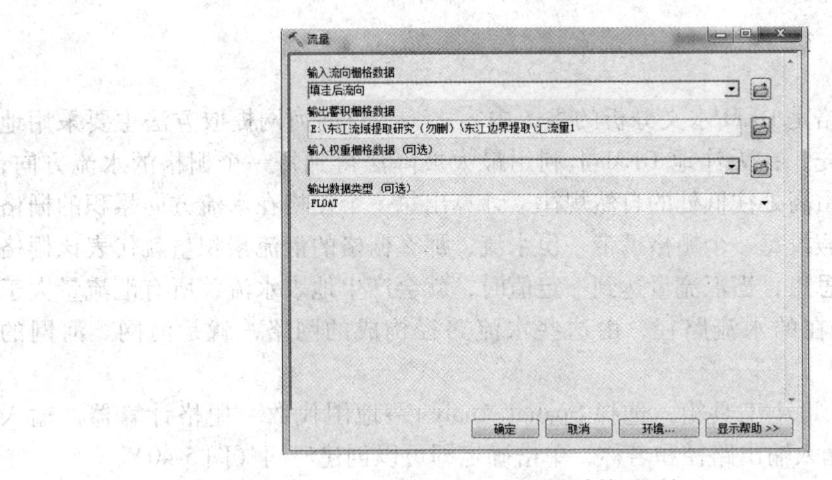

图 5-37 汇流量计算对话框

5.4.3 水流长度

水流长度通常是指在地面上一点沿水流方向到其流向点（或终点）间的最大地面距离在水平面上的投影长度。水流长度直接影响地面径流的速度，从而影响对地面土壤的侵蚀力。目前，在 ArcGIS 中水流长度的提取方式主要有两种：顺流计算和溯流计算。顺流计算是计算地面上每一点水流方向到该点所在流域出水口的最大地面距离的水平投影；溯流计算是计算地面上每一点沿水流方向到其流向起点的最大地面距离的水平投影。ArcGIS 中水流的提取操作如下：

（1）打开 Arc Toolbox 工具箱，选择 Spatial Analyst→水文分析→水流长度，将弹出水流长度窗口，输入流向栅格数据为填洼后流向，设置输出路径和名称，测量方向选择 DOWNSTREAM，单击确定即创建了顺流方向的水流长度，如图 5-38 所示。

（2）打开 Arc Toolbox 工具箱，选择 Spatial Analyst→水文分析→水流长度，将弹出水流长度窗口，输入流向栅格数据为填洼后流向，设置输出路径和名称，测量方向选择 UPSTREAM，单击确定即创建了逆流方向的水流长度，如图 5-39 所示。

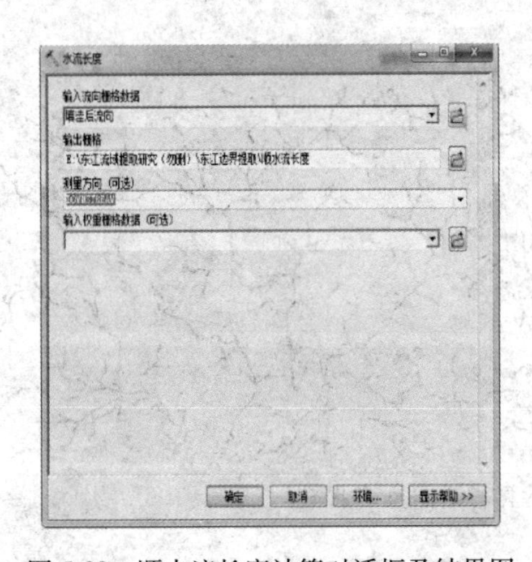

图 5-38 顺水流长度计算对话框及结果图

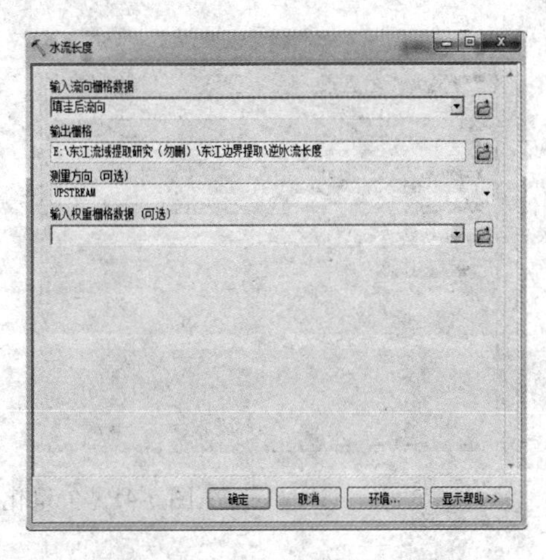

图 5-39 逆水流长度计算对话框

5.4.4 河网提取

提取地表水流网络是 DEM 水文分析的主要内容之一。目前河网提取方法主要采用地表径流漫流模型：首先，在无洼地 DEM 上利用最大坡降法得到每一个栅格的水流方向；然后，依据自然水流由高处往低处的自然规律，计算出每一个栅格在水流方向累积的栅格数，即汇流累积量。假设每一个栅格携带一份水流，那么栅格的汇流累积量就代表该栅格的水流量。基于上述思想，当汇流量达到一定值时，就会产生地表水流，所有汇流量大于临界值的栅格就是潜在的水流路径，由这些水流路径构成的网络，就是河网。河网的生成：

（1）打开 Arc Toolbox 工具箱，选择 Spatial Analyst→地图代数→栅格计算器，输入"汇流量">100000，输入输出路径和名称，单击确定即可以创建河网（图 5-40）。

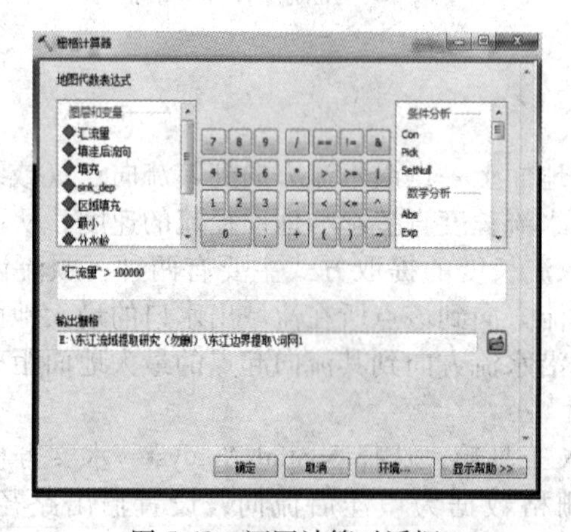

图 5-40 河网计算对话框

（2）打开 Arc Toolbox 工具箱，选择转换工具→栅格转折线双击，将弹出栅格转折线对话框，输入栅格为河网，输入输出路径和名称，单击确定即可对栅格进行矢量化（图 5-41）。

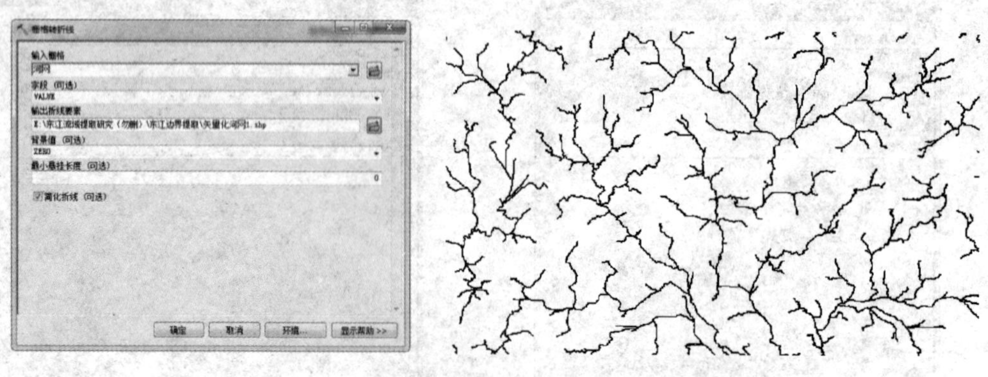

图 5-41 矢量化河网计算对话框及结果图

（3）打开 Arc Toolbox 工具箱，选择 Spatial Analyst→水文分析→河流链接双击，将弹出河流链接对话框，输入河流栅格数据为河网，输入流向栅格数据为填洼后流向，输入输出路径和名称，单击确定即可以创建河网链接（图 5-42）。

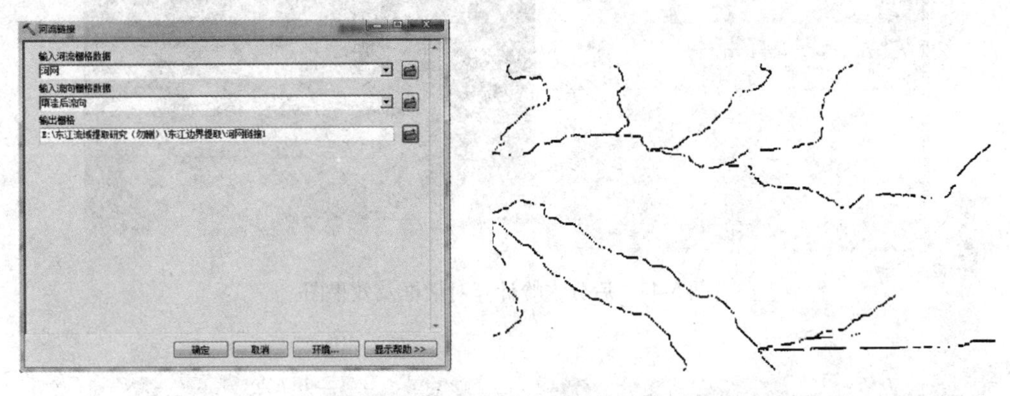

图 5-42 河流链接计算对话框及结果图

5.4.5 流域分割

流域（Watershed）又称集水区域，是指流经其中水流和其他物质从一个公共的出水口排出从而形成的一个集中的排水区域。也可以用流域盆地（Basin）、集水盆地（Catchment）或水流区域（Contributing Area）等来描述流域。Watershed 数据显示了每个流域汇水面积的大小。出水口（或点）即流域内水流的出口，是整个流域的最低处。流域间的分界线即为分水岭。分水线包围的区域称为一条河流或水系的流域，流域分水线所包围的区域面积就是流域面积。

在水文分析中，经常基于更小的流域单元进行分析，因而需要对流域进行分割。流域的分割首先就要确定出水口的位置，它的思想：以记录着潜在但并不准确的小级别流域出水口位置的点数据为基础，搜索该点在一定范围内汇流累积量较高的栅格点，这些栅格点就是小级别的流域的出水点。

如果没有出水点的栅格或矢量数据，可利用已生成的 stream link 数据作为汇水区的出水点。因为 stream link 数据中隐含着每一条河网弧段的连接信息（包括弧段的起始点和终点等），而弧段的终点可以看作是该汇水区域的出水口所在位置。

集水流域生成的思想如下：先确定出水点，即该集水区域的最低点，然后结合水流方向，分析搜索出该出水点上游所有流过该出水口的栅格，一直搜索到流域的边界，即分水岭的位置为止。

（1）打开 Arc Toolbox 工具箱，选择 Spatial Analyst→水文分析→分水岭，将弹出分水岭对话框，输入流向栅格数据为填洼后流向，输入栅格数据或要素倾泻点数据为河网链接，设置输出路径和名称，单击确定即可创建集水流域的生成，如图 5-43 所示。

（2）打开 Arc Toolbox 工具箱，选择转换工具→栅格转面双击，将弹出栅格转面对话框，输入栅格为后分水岭，设置输出路径和名称，字段选择为 COUNT，单击确定即可将栅格转换为面要素，如图 5-44 所示。

（3）右键单击目录窗口下的文件夹连接下的文件在弹出的快捷菜单中选择新建 Shape

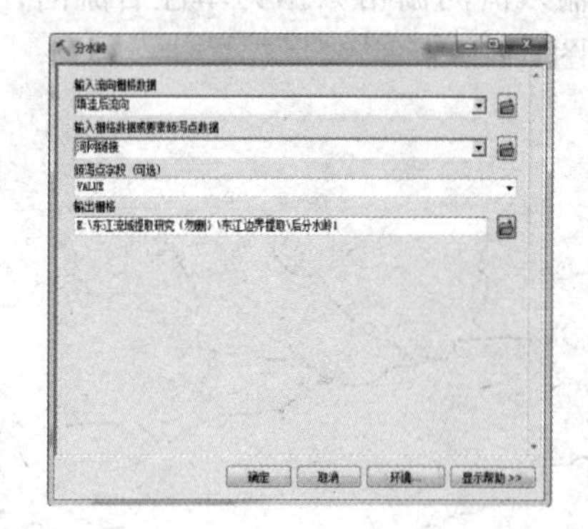

图 5-43　后分水岭计算对话框及效果图

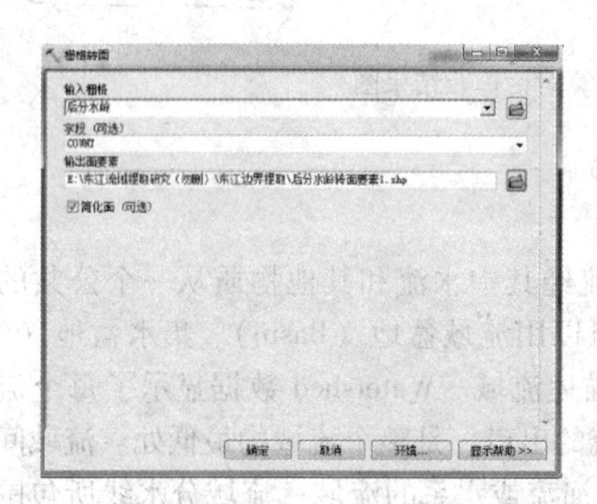

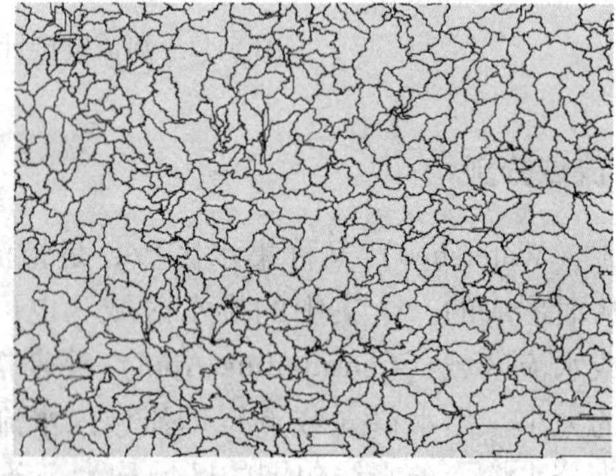

图 5-44　后分水岭转面要素及效果图

file 文件，新建一个点要素，命名为节点。单击编辑器工具条上的开始编辑，在东江汇合的地方找两个点作为节点的数据，单击编辑器上的保存编辑内容和停止编辑即可在图上标出两个节点，如图 5-45 所示。

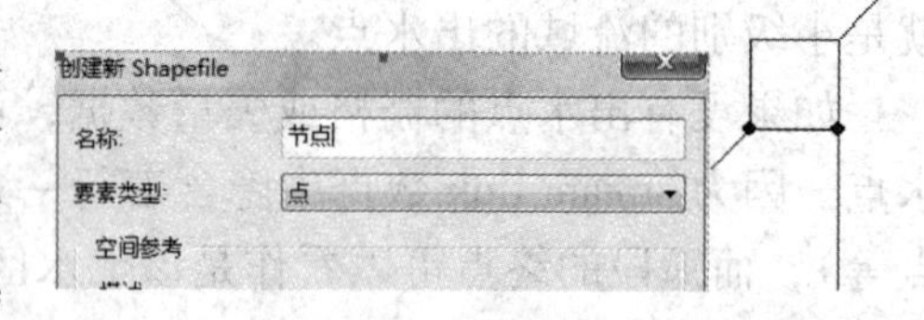

图 5-45　节点创建对话框

（4）打开 Arc Toolbox 工具箱，选择 Spatial Analyst →水文分析→分水岭，将弹出分水岭对话框，输入流向栅格数据为填洼后流向，输入栅格数据或要素倾泄点数据为 New_Shapefile 节点，设置输出路径和名称，单击确定即可完成东江分水岭的生成，如图 5-46 所示。

（5）打开 Arc Toolbox 工具箱，选择转换工具→栅格转面，将弹出栅格转面对话框，输入东江分水岭，设置输出路径和名称，字段选择为 value，单击确定即可将栅格转换为面要素，如图 5-47 所示。

（6）单击主菜单上的选择选项，选择方法为按位置选择，目标图层选择为后分水岭转面，源图层为东江分水岭转面，空间选择方法为质心在源图层要素内。右键单击后分水岭转面图层，（导出集水区域 shp）在弹出的快捷菜单中选中选择选项下的根据所选要素创建图层，并将创建的图层命名为东江集水区域。

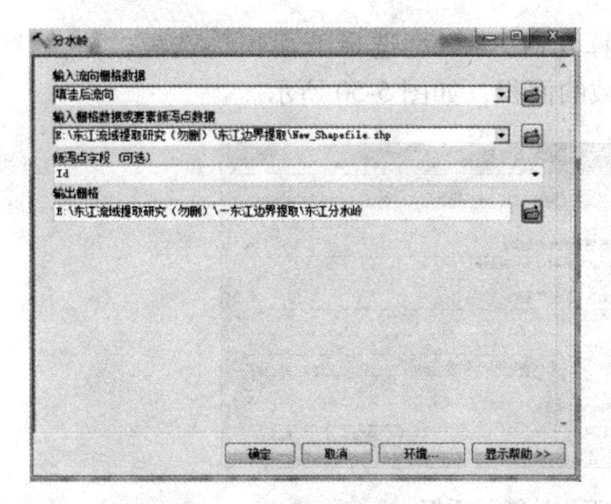

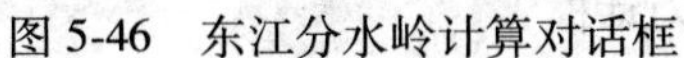

图 5-46　东江分水岭计算对话框

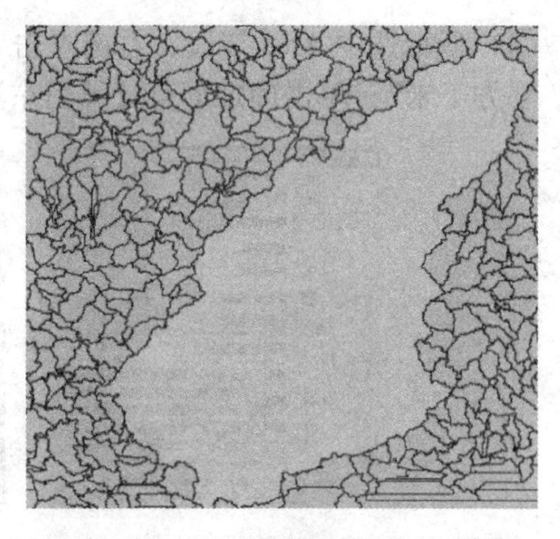

图 5-47　东江栅格转面要素效果图

5.5　东江流域面积提取

由上节中，用 DEM 数据提取出了东江流域的矢量边界。这里采用 WGS_1984_Web_Mercator 投影，将其转化为投影坐标系，并在 ArcGIS 中计算东江流域的面积。

（1）在 Arcmap 中打开东江流域面转栅格文件，将其转化投影，如图 5-48 所示。

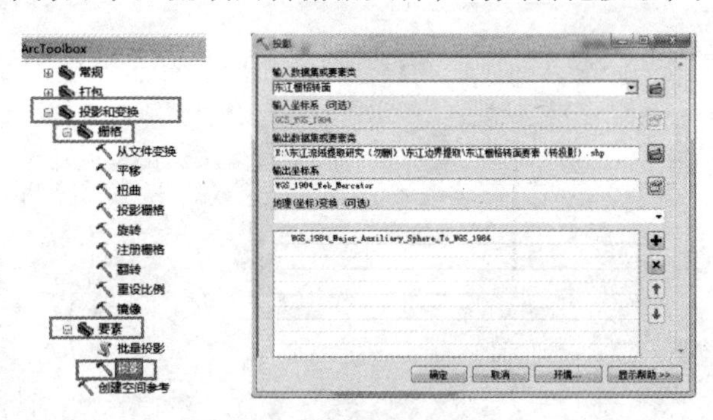

图 5-48　东江流域面转栅格投影对话框

（2）加载经过转换投影的图层，右键→打开属性表，左上角添加字段，并命名 Area，如图 5-49 所示。

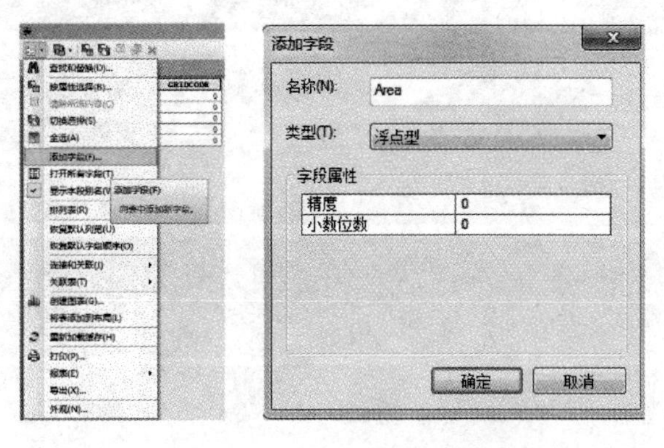

图 5-49　东江流域面积字段添加对话框

（3）鼠标选中 Area 字段，右键点击“计算几何”，属性选择“面积”选项，单位选择“平方千米”，单击确定即可计算出东江流域的面积，如图 5-50 所示。

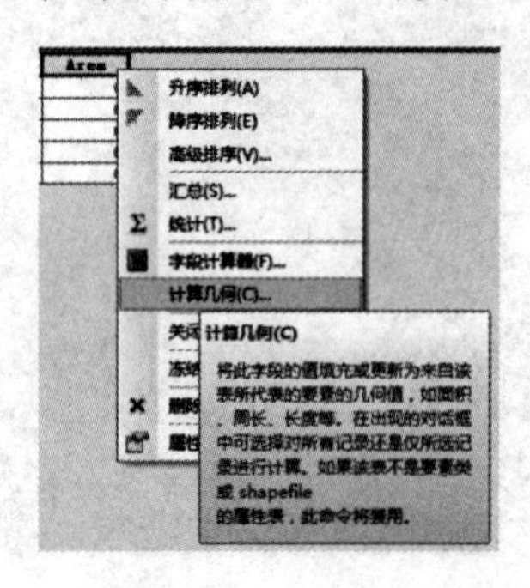

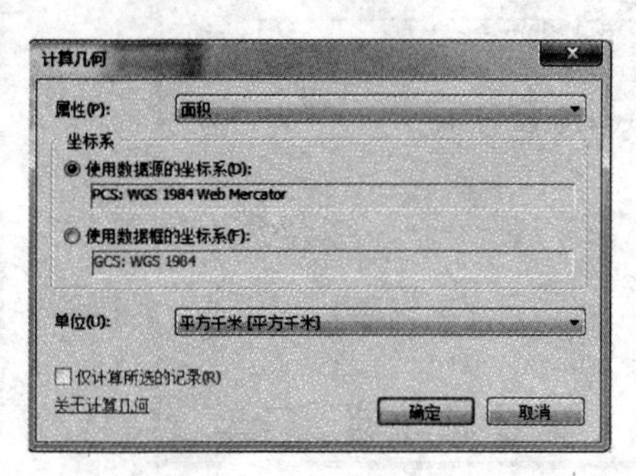

图 5-50　东江流域面积计算对话框

6 波段运算与波谱运算工具

6.1 ENVI Band Math 及运算条件

6.1.1 Band Math 工具

ENVI Band Math 是一个灵活的图像处理工具，其中许多功能是无法在任何其他的图像处理软件中获得的。由于每个用户都有独特的需求，利用此工具，用户自己可以定义处理算法，应用到 ENVI 打开的波段或整个图像中，用户可以根据需要自定义简单或复杂的处理程序。例如，可以对图像进行简单加、减、乘、除运算，或使用 IDL 编写更复杂的处理运算功能。

下面以高光谱影像为例，求影像波段数据之和。在使用 Band Math 工具之前需要打开影像数据。

（1）在 Toolbox 工具箱中，点击 Band Ratio>Band Math 工具，弹出 Band Math 对话框。

（2）在 Enter an expression 输入框中输入表达式 b1+b2+b3，单击 Add to List 按钮，将表达式添加到 Previous Band Math Expression 列表中（图 6-1）。

（3）单击 OK，弹出 Variables to Bands Pairings 对话框，为运算表达式中各个变量选择需要计算的波段（图 6-2）。

注：如果要为一个变量选择多个波段或者影像的所有波段，单击 Map Variable to Input File 按钮。

（4）选择输出路径，点击 OK 执行运算。

在 Band Math 中，其他按钮功能说明为：

Save：将列表中的运算表达式保存为外部文件（.exp）。

Restore：将外部运算表达式文件导入。

Clear：清除列表中的所有运算表达式。

Delete：删除选择的运算表达式。

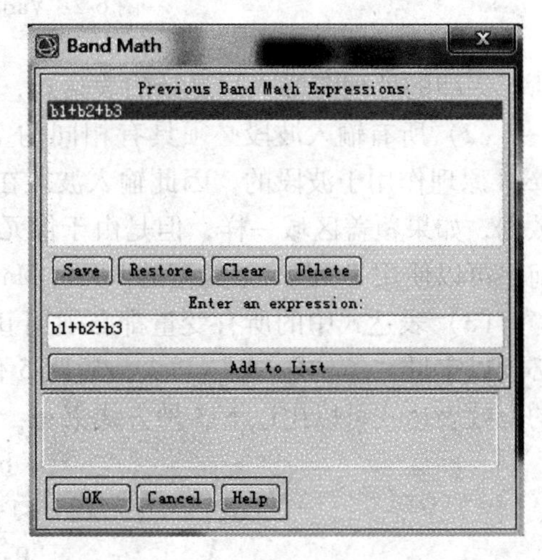

图 6-1 Band Math 对话框

6.1.2 运算条件

使用波段运算需要满足 5 个基本条件：

（1）必须符合 IDL 语言书写波段运算表达式。所定义的处理算法或波段运算表达式必须满足 IDL 语法。不过，书写简单的波段运算表达式无须具备 IDL 的基本知识，但是如果

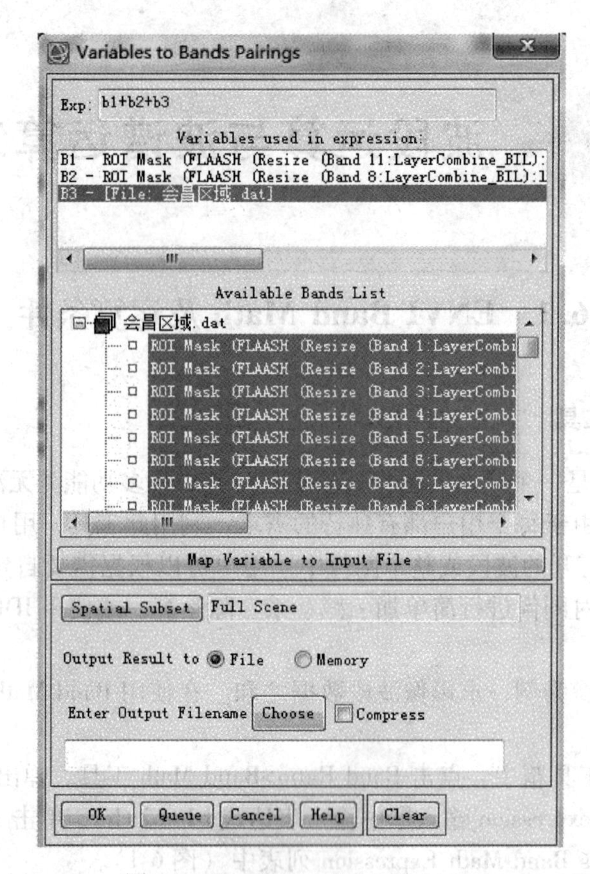

图 6-2 Variables to Bands Pairings

所感兴趣的处理需要书写复杂的表达式，建议学习用于波段运算的 IDL 知识。

（2）所有输入波段必须具有相同的空间大小。由于波段运算表达式是根据 pixel-for-pixel 原理作用于波段的，因此输入波段在行列数和像元大小必须相同。对于有地理坐标的数据，如果覆盖区域一样，但是由于像元大小不一样使得行列数不一致，在进行波段运算前，可以使用 Toolbox 工具箱的 Raster Management>Layer Stacking 功能对图像进行调整。

（3）表达式中的所有变量都必须用 Bn（或 bn）命名。表达式中代表输入波段的变量必须以字母“b”或“B”开头，后跟 5 位以内的数字。例如：对 3 个波段进行求和运算的有效表达式可以用以下 3 种方式书写：

b1+b2+b3

B1+B11+B111

B1+b2+B333

（4）结果波段必须与输入波段的空间大小相同。波段运算表达式所生成的结果必须在行列数方面与输入波段相同。例如，如果输入表达式为 MAX(b1)，将不能生成正确结果，因为表达式输出值为一个数，与输入波段的行列数不一致。

注：MAX 函数功能为求数组最大值。

（5）调用 IDL 编写的自定义函数时。波段运算工具可以调用 IDL 编写的 Function，当函数为源码文件（. pro）时，必须启动 ENVI+IDL 才能调用；如果函数编译为了 sav 文件，可以将 sav 文件放到如下路径，重启 ENVI 即可调用。

ENVI4. x：... \ITT\IDL\IDL80\products\envi48\save_add

ENVI Classic：... \Exelis\ENVI51\classic\save_add

ENVI5. x：... \Exelis\ENVI51\extensions

6.2 波段运算的 IDL 知识

波段运算的强大功能是由 IDL 的功能、速度和灵活性所提供的。下面的知识可以帮助熟练使用波段运算功能并避免一些经常出现的问题。

6.2.1 数据类型

IDL 中的数学运算与简单的使用计算器进行运算是有一定差别的。要重视输入波段的数据类型和表达式中所应用的常数。每种数据类型，尤其是非浮点型的整型数据，都包含一个有限的数据范围。当一个值大于某个数据类型所能容纳的值的范围时，该值就会溢出并从头开始计算。如将 8-bit 字节型数据 250 和 50 求和，结果不是 300，而是 44。

类似的情况经常会在波段运算中遇到，因为遥感图像通常会被存储为 8-bit 字节型或 16-bit 整型。要避免数据溢出，可以使用 IDL 中的一种数据类型转换功能（表 6-1）对输入波段的数据类型进行转换。如在对 8-bit 字节型整型图像波段求和时（结果有大于 255），如果使用 IDL 函数 FIX( ) 将数据类型转换为整型 fix(b1)+b2，就可以得到正确的结果。

在所有数据类型中，浮点型数据可以表示所有的数据值，但是不会在所有计算中都使用浮点型数据。这是因为一个数据所能表现的动态数据范围越大，它占用的磁盘空间也越多。例如字节型数据的一个像元仅占用 1 个字节；整型数据的一个像元占用 2 个字节；浮点型数据的一个像元占用 4 个字节。浮点型结果将比整型结果多占用一倍的磁盘空间。

6.2.2 数据类型的动态变换

一些数字可以使用几种不同的数据类型表达出来，IDL 制定了一些默认规则对这些数据进行解译。因此 IDL 的数据类型是可以进行动态变换的，也就是说 IDL 能够将表达式中的数据类型提升为它在表达式中所遇到的最高数据类型。例如，一个整型数字，即使它在 8-bit 字节型的动态范围，也常被解译为 16-bit 整型数据。如果想为一幅 8-bit 字节型数据图像加 10，并且使用如下的波段运算表达式：b1+10，数据 10 将被解译为 16-bit 整型数据，因此波段运算结果将被提升为 16-bit 整型数据图像（占用 8-bit 字节型图像的两倍磁盘空间）。如果想保持结果为字节型图像，可以使用数据类型计算函数 byte( )：b1+byte(10)，或使用 IDL 中将 16-bit 整型数据转换为 8-bit 字节型数据的缩写：b1+10B。

在数据后紧跟一个字母 B 表示将该数据解译为字节型数据。如果在波段运算表达式中经常使用常数，这些类似的缩写是很有用的。所有数据类型的缩写见表 6-1。

表 6-1 数据类型及说明

数据类型	转换函数	缩写	数据范围	字节/像素
8-bit 字节型（byte）	byte( )	B	0~255	1
16-bit 字节型（integer）	fix( )		-32768~32767	2
16-bit 无符号整型（Unsigned Int）	unit( )	U	0~65535	2
32-bit 长整型（Long Integer）	long( )	L	大约+/-20 亿	4
32-bit 无符号长整型（Unsigned Long）	ulong( )	UL	0-大约 40 亿	4
32-bit 浮点型（Floating Point）	float( )		+/-1e38	4
64-bit 双精度浮点型（Double Precision）	double( )	D	+/-1e308	8
64-bit 整型（64-bit Integer）	long64( )	LL	大约+/-9e18	8
无符号 64-bit 整型（Unsigned 64-bit）	ulong64( )	ULL	0-大约 2e19	8
复数型（Complex）	complex( )		+/-1e38	8
双精度复数型（Double Complex）	dcomplex( )		+/-1e308	16

6.2.3 数组运算符

数组运算符使用方便且功能强大，它们可以对图像中的每一个像元进行单独检验和处理，因而避免了 FOR 循环的使用（不允许在波段运算中使用）。数组运算符包含关系运算符（LT、LE、EQ、NE、GE、GT）、Boolean 运算符（AND、OR、NOT、XOR）和最小值、最大值运算符（< >）。这些特殊的运算符对图像中的每个像元同时进行处理，并将结果返还到与输入图像具有相同维数的图像中。例如：要找出所有负值像元并用值-999 代替它们，可以使用如下的波段运算表达式：

(b1 lt 0) * (- 999) + (b1 ge 0) * b1

关系运算符对真值（关系成立）返回值为 1，对假值（关系不成立）返回值为 0。系统读取表达式（b1 lt 0）部分后将返还一个与 b1 维数相同的数组，其中 b1 值为负的区域返回值为 1；其他部分返回值为 0，因此在乘以替换值-999 时，相当于只对那些满足条件的像元有影响。第二个关系运算符（b1 ge 0）是对第一个的补充——找出那些值非负的像元，乘以它们的初始值，然后再加入替换值后的数组中。类似的使用数组运算符的表达式为波段运算提供了很强的灵活性。表 6-2 中描述了 IDL 数组操作函数。

表 6-2 IDL 数组操作函数和运算符

种类	操作函数
基本运算	加（+）、减（-）、乘（*）、除（/）
三角函数	正弦 sin(x)、余弦 cos(x)、正切 tan(x) 反正弦 asin(x)、反余弦 acos(x)、反正切 atan(x) 双曲正弦 sinh(x)、双曲余弦 cosh(x)、双曲正切 tanh(x)
关系和逻辑运算符	小于（LT）、小于等于（LE）、等于（EQ）、不等于（NE）、大于等于（GE）、大于（GT） AND、OR、NOT、XOR 最小值运算符（<）和最大值运算符（>）
其他数学函数	指数（^）和自然指数（exp(x)） 自然对数 alog(x) 以 10 为底的对数 alog10(x) 整型取整—round(x)、ceil(x) 和 floor(x) 平方根 sqrt(x) 绝对值 abs(x)

6.2.4 运算符操作顺序

在波段运算过程中，是根据数学运算符的优先级对表达式进行处理，而不是根据运算符的出现顺序。使用圆括号可以更改操作顺序，系统最先对嵌套在表达式最内层的部分进行操作。IDL 运算符的优先级顺序如表 6-3 所示。具有相同优先级的运算符根据它们在表达式中出现的顺序进行操作。例如，考虑如下表达式（用常数代替波段）：

5+2 * 2——求得的值为 9，因为乘号运算符的优先级高

(5+2) * 2——求得的值为 14，因为圆括号改变了操作顺序

将优先级的顺序与数据类型的动态变换结合起来时，如果操作不当，也将改变表达式的运算结果。要确保将表达式中的数据提升为适当的数据类型，从而避免数据的溢出或在处理整型除法时出现错误。例如：float(2)+5/3 中所有的常数都为整型，但 float() 函数将结果提升为浮点型数据，由于除号的优先级高于加号，因此先以整型数据进行除法运算，将结果与被提升为浮点型数据的 2 相加得到一个浮点型结果 3.0，而不是所期望的结果 3.6。如果将数据类型转换函数移到除法运算中，即 2+5/float(3) 将得到期望的结果 3.6。

表 6-3 运算符

优先级顺序	运算符	描 述
1	()	用圆括号将表达式分开
2	^	指数
3	*	乘法
	#和##	矩阵相乘
	/	除法
	MOD	求模
4	+	加法
	-	减法
	<	最小值运算符
	>	最大值运算符
	NOT	Boolean negation
5	EQ	等于
	NE	不等于
	LE	小于或等于
	LT	小于
	GE	大于或等于
	GT	大于
6	AND	Boolean AND
	OR	Boolean OR
	XOR	Boolean exclusive OR
7	? :	条件表达式（在波段运算中很少使用）

6.2.5 调用 IDL 函数

如同其他 ENVI 程序一样，波段运算处理也是分块进行的。如果被处理的图像大于在

参数设置中被指定的碎片（Tile）尺寸，图像将被分解为更小的部分，系统对每一部分进行单独处理，然后再重新组合起来。当使用的 IDL 函数同时需要调用所有图像数据时，由于波段运算表达式是对每一部分数据进行单独处理的，这种处理方法将会产生问题。例如，在使用求取数组中的最大值的 IDL 函数 MAX( ) 时：

b1/max(b1)

如果波段运算是分块进行的，则每一个部分除以的值是该部分的最大值，而不是整个波段的最大值。如果运行这个运算式发现波段运算结果中有较宽的水平条带，那很有可能是由于分块处理造成的，因为图像是水平分块的。

其他需要注意的 IDL 函数还包括：MAX、MIN、MEAN、MEDIAN、STDDEV、VARIANCE 和 TOTAL 等。在多数情况下，使用 BYTSCL 函数也比较困难。

6.3 波段运算经典公式

6.3.1 避免整型数据除法

当对整型数据波段进行除法运算时，运算结果不是被向上或向下取整，而是直接被简单地舍去（小数点后面的数据被舍弃）。要避免这种情况发生，通常要将数据类型转换为浮点型：

b1/float(b2)

如果想将除法数据结果保持为整型，最好先将数据转换为浮点型进行除法运算，然后再将结果转换为所需的数据类型。例如：如果输入波段为 8-bit 字节型，想将结果取整并存储为 16-bit 整型数据，使用下面的表达式：

fix(ceil(b1/float(b2)))

6.3.2 避免整型运算溢出

整型数据包含一个动态的数据范围。如果波段运算将生成的数据相当大或相当小，无法以输入波段的数据类型表示出来，要注意提升相应的数据类型。例如：如果示例表达式中的波段 b1 和 b2 为 8-bit 字节型数据，生成结果的最大值可能为（256 * 256）= 65025。由于字节型数据所能表示的最大值为 255，因此结果的数据类型只有被提升为 16-bit 无符号整型才能返回正确的值，否则，大于 255 的值将溢出，并记录一个错误的值。因此使用下面表达式可避免数据范围溢出：

uint(b1) * b2

6.3.3 生成混合图像

波段运算为多幅图像的混合提供了简单的方法。例如：如果 b1 和 b2 为 8-bit 字节型数据，下面的表达式将生成一幅新的 8-bit 字节图像，b2 所占权重为 0.8，b1 所占权重为 0.2。

byte(round((0.2 * b1) + (0.8 * b2)))

6.3.4　使用数组运算符对图像进行选择性更改

波段运算为图像的选择性更改和来自多幅图像的数据结合提供了简单的方法。在下面的示例中，把两幅图像结合起来进行处理，从而从图像中消除云的影响。在图像 b1 中，像元值大于 200 的像元被认为是云，希望用图像 b2 中的相应像元对它们进行替换。

(b1 gt200) * b2 + (b1 le 200) * b1

用类似的运算表达式，可以将一幅图像的黑色背景变成白色背景：

(b1 eq 0) * 255 + (b1 gt 0) * b1

下面的示例是一个较为复杂的表达式。该表达式使用几个标准来生成一幅二进制掩膜图像，用于识别主要为云的像元。该算法可以应用于经过定标的 AVHRR 日间图像中生成云的掩膜图像。在该表达式中，b4（热红外波段）值必须为负，或 b2（反射波段）值必须大于 0.65 并且 b3 和 b4（中红外和热红外波段）的差值必须大于 15 度。由于关系运算符为真值（关系成立）返回 1 值，因此生成的掩膜图像在有云处值为 1，在其他区域值为 0。

(b4 lt 0)or(b2 gt 0.65)and(b3 - b4)gt15

6.3.5　最小值和最大值运算符的使用

最小值和最大值运算符也是数组的基础运算符，但与关系运算符或 Boolean 运算符不同的是：它们不返还真值或假值，而返还实际的最小值和最大值。在下面的例子中，对于图像中的每一个像元，0、b2 或 b3 中的最大值将被加到 b1 中，该表达式确保加到 b1 中的值始终为正。

b1 + (0 > b2 > b3)

在下面的例子中，最小值和最大值运算符的同时运用使 b1 中的值被限制在 0 和 1 之间，最后得到的结果在［0，1］范围内。

0 > b1 < 1

有时候需要计算几年内的数据平均值（如 NDVI），如果某数据的值为 0 则不参加计算，如果 3 个通道都为 0，则赋值为 0，比如某点 b1 = 4；b2 = 6；b3 = 0；那么平均值 ave = (b1 + b2 + b3)/(1 + 1)，则可用以下运算表达式：

(b1 > 0 + b2 > 0 + b3 > 0)/(((b1 ge 0) + (b2 ge 0) + (b3 ge 0)) > 1)

6.3.6　利用波段运算修改 NaN

NaN 为 Not a Number 的缩写，在遥感图像中属于异常值。很多用户有修改 NaN 的需求，比如把 0 值修改为 NaN，或把 NaN 修改为 0 值等。由于波段运算公式较为复杂，现归纳如下。

修改 0 值为 NaN：float(b1) * b1/b1

修改特定值（250）为 NaN：b1 * float(b1 ne 250)/(b1 ne 250)

修改 NaN 为特定值（-999）：finite(b1, /nan) * (- 999)or(~ finite(b1, /nan)) * b1

修改 NaN 为 0 值（先按上面方法修改为-999 或其他图像中不存在的值）：(b1 ne - 999) * b1

6.4 调用 IDL 用户函数

ENVI 提供对 IDL 程序的访问功能，可以使用内置的 IDL 函数或者用户自定义 IDL 函数。这些函数要求它们接受一个或多个图像阵列作为输入，并且输出一个与输入波段具有相同行列的单波段二维数组作为计算结果。如下为一个自定义函数的基本格式：

```
FUNCTION bm_func,b1,[b2,...,bn,parameters and keywords]
processing steps
RETURN,result
END
```

下面以一个简单的例子介绍用 IDL 自定义函数，后在 Band Math 中使用这个函数，自定义函数实现的功能是计算一个比值（b1 + b2）/（b1 - b2），并且检查分母为 0 的情况。

6.4.1 编写函数

用记事本或 IDL 工作台新建文件，编写代码并将源码文件保存为“bm_ratio. pro”。

```
；定义两个变量和一个关键字
FUNCTION bm_ratio,b1,b2,check=check
;计算分母
den=FLOAT(b1)- b2
IF(KEYWORD_SET(check))THEN $
ptr=WHERE(den EQ 0,count)$
ELSE$
;如果设置了 check 关键字,检查分母为 0 情况
count=0
;如果分母为 0,临时则将分母赋值 1.0
IF(count GT 0)THEN den[ptr]= 1.0
;计算比值
result=(FLOAT(b1)+b2)/den
;分母为 0 时,直接将结果返回 0.0
IF(count GT 0)THEN result[ptr]= 0.0
RETURN,result
END
```

6.4.2 编译函数

有三种方式编译这个自定义函数：

（1）将 bm_ratio. pro 文件拷贝到安装路径的 Extensions 或 save_add 目录下，启动 ENVI+IDL 模式，自动将 bm_ratio. pro 编译。

（2）启动 ENVI+IDL 模式，在 IDL 编辑器中打开 bm_ratio. pro 源码文件，点击 IDL 工作台工具栏的编译按钮，然后就可以在 ENVI 中使用 bm_ratio 函数了。

（3）在 IDL 中，通过 save 命令，将 pro 源码文件编译为 sav 文件，然后拷贝到 ENVI 安装路径的 Extensions 或 save_add 文件夹下，启动 ENVI 即可使用（见图 6-3）。

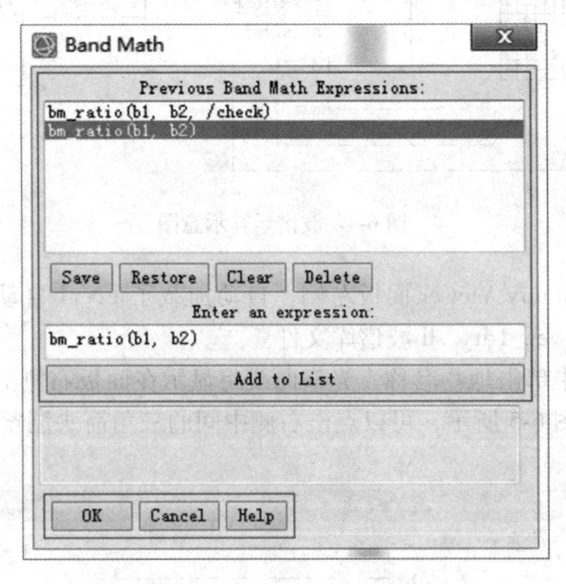

图 6-3　使用 IDL 用户函数

6.4.3　使用函数

（1）打开一个多光谱文件。

（2）在 ToolBox 工具箱中，打开波段运算工具，输入如下表达式：bm_ratio(b1，b2)；不执行检查分母为 0 的情况或 bm_ratio(b1，b2，/check)；执行检查分母为 0 的情况。

（3）其他操作过程与 Band Math 工具一样，为变量选定波段或文件后，执行即可。

6.5　波谱运算

ENVI Spectral Math 是一种灵活的波谱处理工具，可以用数学表达式或 IDL 程序对波谱曲线（以及选择的多波段图像）进行处理。波谱曲线可以来自一幅多波段图像的 Z 剖面、波谱库或 ASCII 文件。

如图 6-4 所示为波谱运算的简单示意图，求三个波谱曲线的和。在表达式 s1+s2+s3 中（波谱运算中的变量是以 s 开头），可以分别给 s1、s2、s3 指定为一条波谱曲线，得到的结果是一条波谱曲线（x 值与 s1、s2、s3 一样，y 值是三者之和）；也可以 s1 是一个多波段图像文件（其实是每个像素点的 Z-剖面），s2 和 s3 分别是两条波谱曲线，得到的结果是一个与输入的多波段图像一样波段数和行列数的图像。

下面以求表达式（s1+s2+s3）/3 为例介绍 Spectral Math 工具的使用，输入数据源为 ENVI 自带的波谱库文件。

（1）选择菜单 Display>Spectral Library Viewer，启动波谱库浏览器。

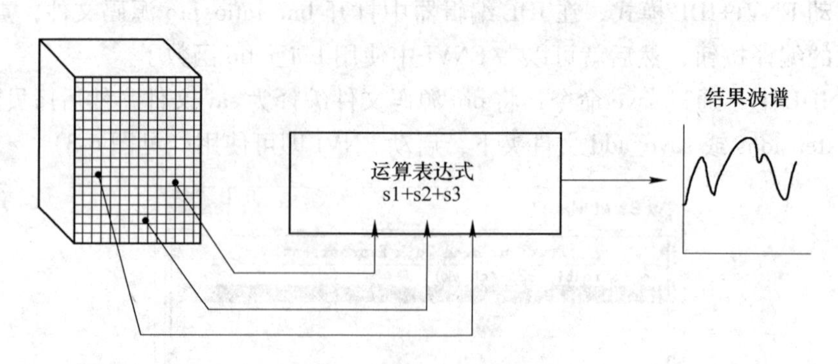

图 6-4　波谱运算示意图

（2）在 Spectral Library Viewer 面板左侧，自动加载了 ENVI 自动波谱库文件。这里选择 veg_lib 文件夹里的 veg_1dry. sli 波谱库文件。

（3）在波谱列表中单击地物名称，光谱曲线将显示在面板右侧的视图中，任意选择三个光谱曲线，结果如图 6-5 所示，可以点击右侧中间的三角箭头浏览已选的波谱列表。

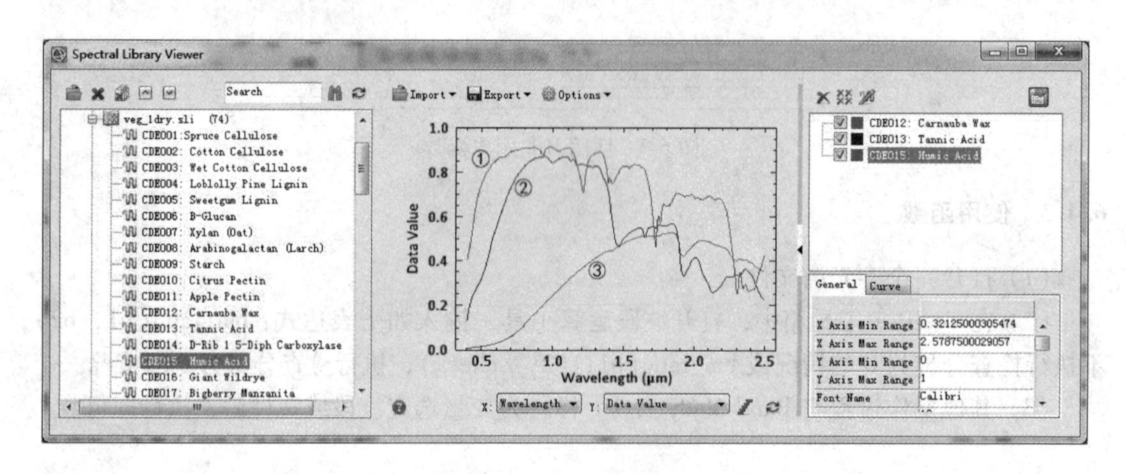

图 6-5　Spectral Library Viewer 面板

（4）启动 Spectral Math 工具，路径为 Toolbox/Spectral/Spectral Math。

（5）在弹出的 Spectral Math 面板中，输入表达式（s1+s2+s3)/3，点击 Add to List 将公式添加到上面的列表中，选中列表中的公式，点击 OK。

注：由于波谱库中的光谱数据类型为浮点型，所以不需要进行数据类型转换。如果输入光谱数据类型为字节型、整型等，需要进行数据类型转换。

（6）在弹出的 Variables to Spectra Pairings 面板中，为 s1、s2、s3 指定波谱曲线。Output Result to 可以选择 Same Window 或 New Window，这里选择 New Window，将结果输出到新窗口中。可通过鼠标左键将 Spectral Library Viewer 面板中选中的三条曲线拖拽到新的窗口中，结果如图 6-6 所示，红绿蓝三条曲线为输入波谱，紫色为输出波谱。

注：波谱运算工具与波段运算一样，可以调用 IDL 编写的用户函数。编写和调用方法与波段运算工具一致，这里不再赘述。

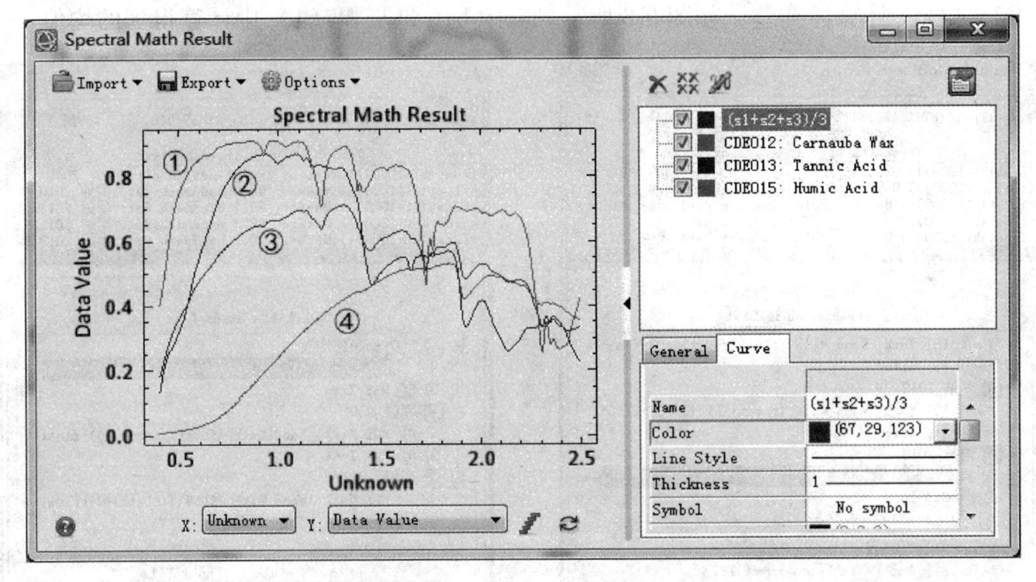

图 6-6 波谱运算结果

6.6 利用 Band Math 计算遥感影像变异系数

6.6.1 Band Math 计算陆地植被年 NPP 值

本节使用的例子是来自美国 NASA EOS/MODIS 的 2001~2013 年 MOD17A3 数据，空间分辨率为 1km。该数据运用生物地球化学模型 BIOME-BGC 估算出全球陆地植被年 *NPP* 值。以南岭山地森林区矢量边界为基础对 2001~2013 年 MOD17A3 数据进行裁剪，提取南岭区域的影像图。

变异系数的公式如下：

$$\mathrm{CV} = \frac{\sigma}{\mathrm{NPP}_{\mathrm{avg}}} \tag{6-1}$$

$$\sigma = \sqrt{\frac{1}{n}\sum_{i=1}^{n}(\mathrm{NPP}_i - \mathrm{NPP}_{\mathrm{avg}})^2} \tag{6-2}$$

$$\mathrm{NPP}_{\mathrm{avg}} = \sum_{i=1}^{n}\mathrm{NPP}_i/13 \tag{6-3}$$

式中，CV 为 NPP 变异系数；σ 为 NPP 标准差；$\mathrm{NPP}_{\mathrm{avg}}$ 为 2001~2013 年 NPP 平均值。

下面为利用 Band Math 计算南岭 MOD17A3 影像变异系数。

（1）启动 Spectral Math 工具，在弹出的 Spectral Math 面板中输入 float((b1 + b2 + b3 + b4 + b5 + b6 + b7 + b8 + b9 + b10 + b11 + b12 + b13)/13)，每个变量对应一个年份，计算 2001~2013 年影像的均值，如图 6-7 所示。

（2）同样点击 Spectral Math 工具，在弹出的面板中输入公式 sqrt(((b1 - b16)^2 + (b2 - b16)^2 + (b3 - b16)^2 + (b4 - b16)^2 + (b5 - b16)^2 + (b6 - b16)^2 + (b7 - b16)^2 + (b8 - b16)^2 + (b9 - b16)^2 + (b10 - b16)^2 + (b11 - b16)^2 + (b12 - b16)^2 + (b13 -

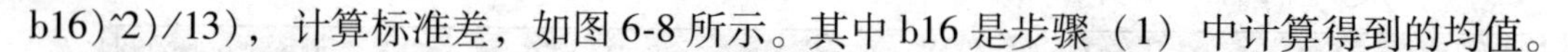

b16)^2)/13)，计算标准差，如图 6-8 所示。其中 b16 是步骤（1）中计算得到的均值。

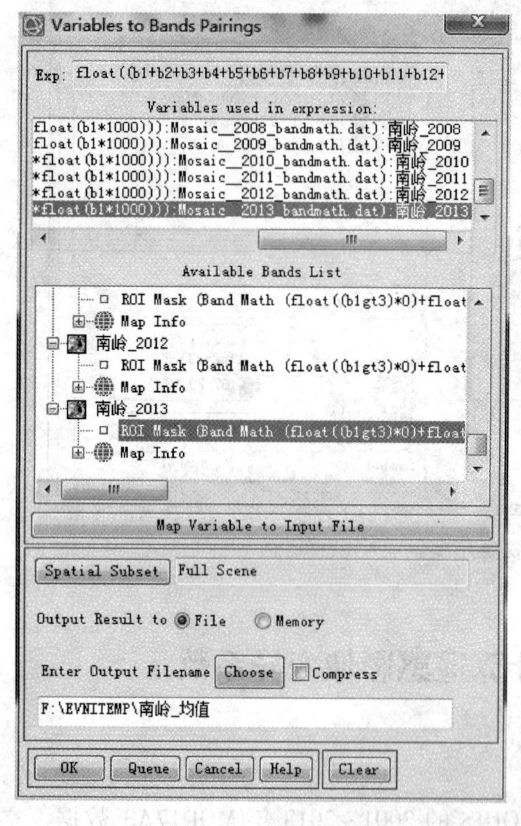

图 6-7 均值计算

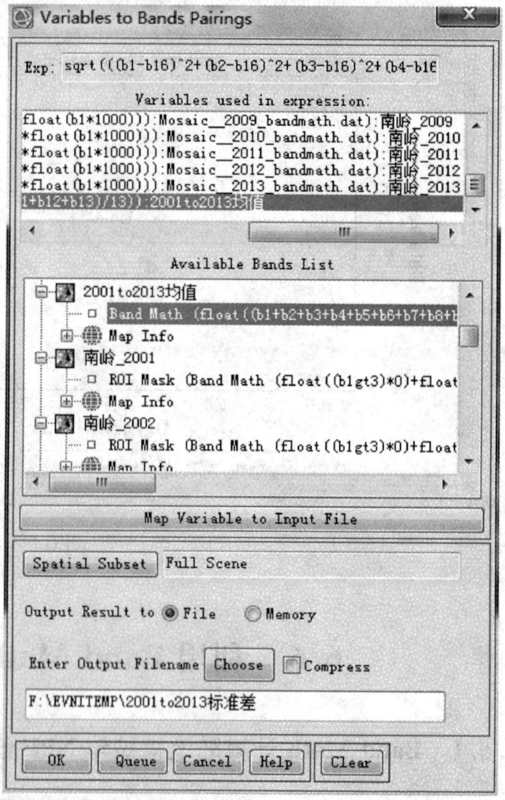

图 6-8 标准差计算

（3）再次点击 Spectral Math 工具，在弹出的 Spectral Math 面板中输入公式 float(b1/b2)，计算变异系数，如图 6-9 所示。其中 b1 是标准差，b2 是均值。

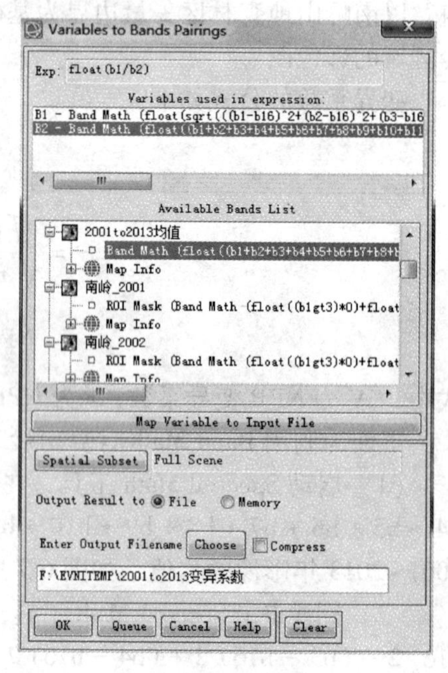

图 6-9 变异系数计算

6.6.2 Band Math 计算 NDVI 的变异系数

变异系数又称标准差系数、变差系数等，为标准差与平均值的比值。变异系数是分析区域差异变化常用的方法，变异系数能反映 NDVI 的稳定性和波动状况，也被用于 NDVI 时空变化情况辅助研究。通过计算试点区近 10 年来 NDVI 年均值的变异系数，可得到 NDVI 时间序列上的稳定性，本例所用年 NDVI 平均值代表 2005～2014 年时间序列中当年 NDVI 值，其计算公式如下：

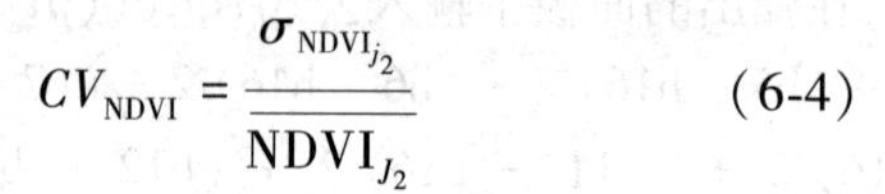

$$CV_{\mathrm{NDVI}} = \frac{\sigma_{\mathrm{NDVI}_{j_2}}}{\mathrm{NDVI}_{J_2}} \tag{6-4}$$

式中，CV_{NDVI} 表示时间序列的 NDVI 变异系数；$\sigma_{NDVI_{J2}}$ 表示 2005~2014 年年 NDVI 平均值的标准差；$\overline{NDVI_{J_2}}$表示试点区 2005~2014 年年 NDVI 平均值的均值；CV_{NDVI} 值越大表示数据分布越离散；NDVI 波动越大；CV_{NDVI}值越小表示；数据越集中；NDVI 波动性越小，稳定性越高。

由于江西赣州地区地势以山地、丘陵为主，暴雨、洪水为主要自然灾害，加上该地区废弃矿山，生态问题严重。本例下载 MODIS 中国合成产品里的 MODND1M 中国 500M NDVI 月合成产品，起始时间为 2005 年 1 月，截止时间为 2014 年 12 月。

使用 Band Math 工具来计算赣南地区 2005~2014 年间 NDVI 的变异系数：

（1）打开 ENVI，对所有影像数据进行辐射校正、大气校正、几何校正等预处理操作，去掉异常数据，确保影像数据的正常使用。

（2）将处理完毕的影像数据打开，首先计算 2004~2015 年影像的 NDVI 均值，启动 Band Math 工具，在 Spectral Math 面板中输入 float((b1 + b2 + b3 + b4 + b5 + b6 + b7 + b8 + b9 + b10)/10)，b1~b10 分别对应 2004~2015 年 NDVI 的值，输入后点击 OK，计算结果则为影像的 NDVI 均值，即为$\overline{NDVI_{J_2}}$。保存为一个单独文件。

（3）再次启动 Band Math 工具，在 Spectral Math 面板中输入公式 sqrt(((b1 - b11)^2 + (b2 - b11)^2 + (b3 - b11)^2 + (b4 - b11)^2 + (b5 - b11)^2 + (b6 - b11)^2 + (b7 - b1)^2 + (b8 - b11)^2 + (b9 - b11)^2 + (b10 - b11)^2)/10)，其中，b1~b10 分别对应 2004~2015 年 NDVI 的值，b11 为上一步骤计算得出的 NDVI 均值。点击 OK，可以计算出 2004~2015 年 NDVI 的标准差，即为 $\sigma_{NDVI_{J_2}}$。保存为一个单独文件。

（4）最后，打开 Spectral Math 工具，在 Spectral Math 面板中输入公式 float(b20/b21)，b20 为 NDVI 均值 $\overline{NDVI_{J_2}}$，b21 为 NDVI 的标准差 $\sigma_{NDVI_{J_2}}$。点击 OK，得出的结果就是 NDVI 的变异系数，即为 CV_{NDVI}。

7 面向对象分类与识别

随着遥感影像分辨率的提高，以及相关学科的发展，在遥感图像信息提取方面，传统的基于像元的影像分析方法显示出诸多弊端，新的方法正是在这样的大环境下催生出来。面向对象的方法正是适应高分辨率遥感影像分析的迫切需求而被提出来，最初遥感影像分析方法主要利用地物的光谱特征，后来地物对应的像素的空间特征慢慢受到关注，且随着遥感影像分辨率的逐步提高，地物在高分辨率的遥感影像中清晰可辨，其组成结构及空间关系能够被表现出来，因此，以对象为基本单元的分析方法逐渐被广泛应用。

7.1 面向对象技术

面向对象分类技术集合临近像元为对象用来识别感兴趣的光谱要素，充分利用高分辨率的全色和多光谱数据的空间、纹理和光谱信息来分割和分类的特点，以高精度的分类结果或者矢量输出。它主要分成两部分过程：对象构建和对象的分类。

影像对象构建主要采用影像分割技术，常用分割方法包括基于多尺度分割、基于灰度分割、基于纹理分割、基于知识的及基于分水岭的等分割算法。多尺度分割算法是较为常用的分割方法，这种方法综合遥感图像的光谱特征和形状特征，计算图像中每个波段的光谱异质性与形状异质性的综合特征值，然后根据各个波段所占的权重，计算图像所有波段的加权值，当分割出对象或基元的光谱和形状综合加权值小于某个指定的阈值时，进行重复迭代运算，直到所有分割对象的综合加权值大于指定阈值即完成图像的多尺度分割操作。

影像对象的分类，目前常用的方法是“监督分类”和“基于规则（知识）分类”。这里的监督分类和我们常说的监督分类是有区别的，它分类时和样本的对比参数更多，不仅仅是光谱信息，还包括空间、纹理等对象属性信息。基于规则（知识）分类也是根据影像对象的属性和阈值来设定规则进行分类的。以下是传统基于光谱、基于专家知识决策树与基于面向对象的影像分类对比（见表 7-1）。

表 7-1　传统基于光谱、基于专家知识决策树与基于面向对象的影像分类对比表

类型	基本原理	影像的最小单元	适用数据源	缺陷
基于光谱的分类方法	地物的光谱信息特征	单个的影像像元	中低分辨率多光谱、高光谱影像	丰富的空间信息利用率几乎为零
基于专家知识决策树	根据光谱特征、空间关系和其他上下文关系归类像元	单个的影像像元	多源数据	知识获取比较复杂
面向对象的分类方法	几何信息、结构信息以及光谱信息	一个个影像对象	中高分辨率多光谱和全色影像	速度比较慢

7.2 ENVI中面向对象方法

7.2.1 ENVI FX 简介

全名叫“面向对象空间特征提取模块—Feature Extraction”，基于影像空间以及影像光谱特征，即面向对象，从高分辨率全色或者多光谱数据中提取信息，该模块可以提取各种特征地物如车辆、建筑、道路、桥、河流、湖泊以及田地等。该模块可以在操作过程中随时预览影像分割效果。对于高分辨率全色数据，这种基于目标的提取方法能更好地提取各种具有特征类型的地物。一个目标物体是一个关于大小、光谱以及纹理（亮度、颜色等）的感兴趣区域。可应用于：

（1）从影像中尤其是大幅影像中查找和提取特征；

（2）添加新的矢量层到地理数据库；

（3）输出用于分析的分类影像；

（4）替代手工数字化过程。具有易于操作（向导操作流程），随时预览效果和修改参数，保存参数易于下次使用和与同事共享，可以将不同数据源加入 ENVI FX 中（DEMs、LiDAR datasets、shapefiles、地面实测数据）以提高精度、交互式计算和评估输出的特征要素、提供注记工具可以标识结果中感兴趣的特征要素和对象等特点。

7.2.2 基于规则的面向对象信息提取

以 0.6m 的 QB 图像为例，介绍面向对象信息提取的流程。该方法的工具为 Toolbox/Feature Extraction/Rule Based Feature Extraction Workflow，实验步骤如下：

第一步：准备工作。

根据数据源和特征提取类型等情况，可以有选择地对数据做一些预处理工作。

（1）空间分辨率的调整。如果您的数据空间分辨率非常高，覆盖范围非常大，而提取的特征地物面积较大（如云、大片林地等）。可以降低分辨率，提供精度和运算速度。可利用 Toolbox/Raster Management/Resize Data 工具实现。

（2）光谱分辨率的调整。如果您处理的是高光谱数据，可以将不用的波段除去。可利用 Toolbox/Raster Management/Layer Stacking 工具实现。

（3）多源数据组合。当有其他辅助数据时候，可以将这些数据和待处理数据组合成新的多波段数据文件，这些辅助数据可以是 DEM，lidar 影像，和 SAR 影像。当计算对象属性时候，会生成这些辅助数据的属性信息，可以提高信息提取精度。可利用 Toolbox/Raster Management/Layer Stacking 工具实现。

（4）空间滤波。如果数据包含一些噪声，可以选择 ENVI 的滤波功能做一些预处理。这里直接在 ENVI 中打开 qb_colorado.dat 图像文件。

第二步：发现对象。

（1）启动 Rule Based FX 工具。在 Toolbox 中，找到 Feature Extraction，选择/Feature Extraction/Rule Based Feature Extraction Workflow，打开工作流的面板，选择待分类的影像 qb_colorado.dat，此外还有三个面板可切换：在 Input Mask 面板可输入掩膜文件，在 Ancillary Data 面板可输入其他多源数据文件，切换到 Custom Bands 面板，有两个自定义波段，包括归一化植被指数或者波段比值、HSI 颜色空间，这些辅助波段可以提高图像分割的精度，如植被信息的提取等自定义的属性，在 Normalized Difference 和 Color Space 属性上打钩，如图 7-1 所示，点击 Next。

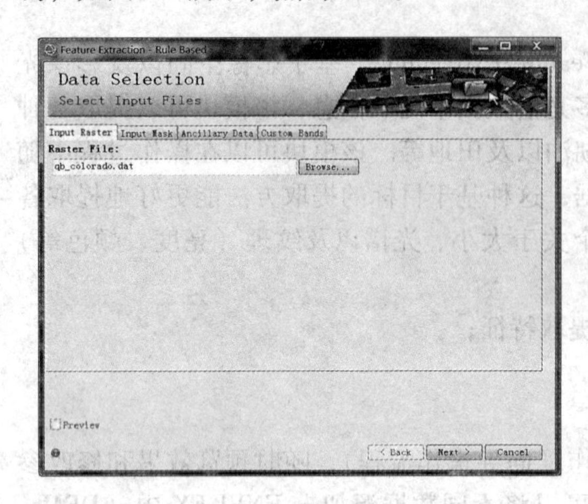

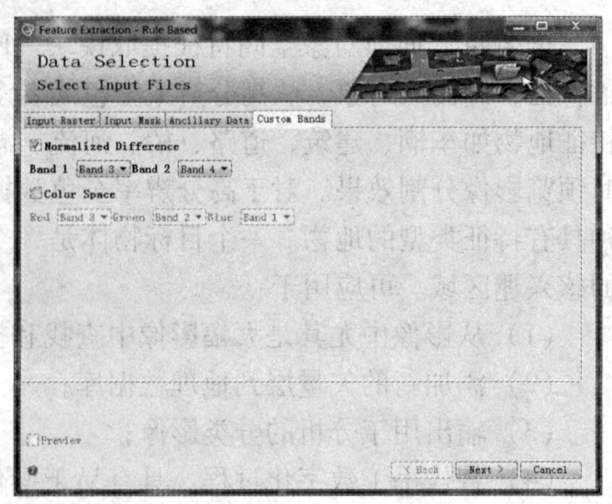

图 7-1　输入数据和属性参数选择

（2）影像分割、合并。FX 根据临近像素亮度、纹理、颜色等对影像进行分割，它使用了一种基于边缘的分割算法，这种算法计算很快，并且只需一个输入参数，就能产生多尺度分割结果。通过不同尺度上边界的差异控制，从而产生从细到粗的多尺度分割。

选择高尺度影像分割将会分出很少的图斑，选择一个低尺度影像分割将会分割出更多的图斑，分割效果的好坏一定程度决定了分类效果的精确度，我们可以通过 preview 预览分割效果，选择一个理想的分割阈值，尽可能好地分割出边缘特征。有两个图像分割算法供选择：Edge：基于边缘检测，需要结合合并算法可以达到最佳效果；Intensity：基于亮度，这种算法非常适合于微小梯度变化（如 DEM）、电磁场图像等，不需要合并算法即可达到较好的效果。

通过右侧 Scale Level 滑块或手动调整阈值，默认值为 50 阈值范围为 0~100，这里设定阈值为 40。影像分割时，由于阈值过低，一些特征会被错分，一个特征也有可能被分成很多部分。我们可以通过合并来解决这些问题。合并算法也有两个供选择：

Full Lambda Schedule，合并存在于大块、纹理性较强的区域，如树林、云等，该方法在结合光谱和空间信息的基础上迭代合并邻近的小斑块；

Fast Lambda：合并具有类似的颜色和边界大小相邻节段。设定一定阈值，预览效果。这里我们设置的阈值为 90，点 Next 进入下一步。

Texture Kernal Size：纹理内核的大小，如果数据区域较大而纹理差异较小，可以把这个参数设置大一点。默认是 3，最大是 19（见图 7-2）。

这时候 FX 生成一个 Region Means 影像自动加载图层列表中，并在窗口中显示，它是分割后的结果，每一块被填充上该块影像的平均光谱值。接着进行下一步操作。目前，已经完成了发现对象的操作过程，接下来是特征的提取。

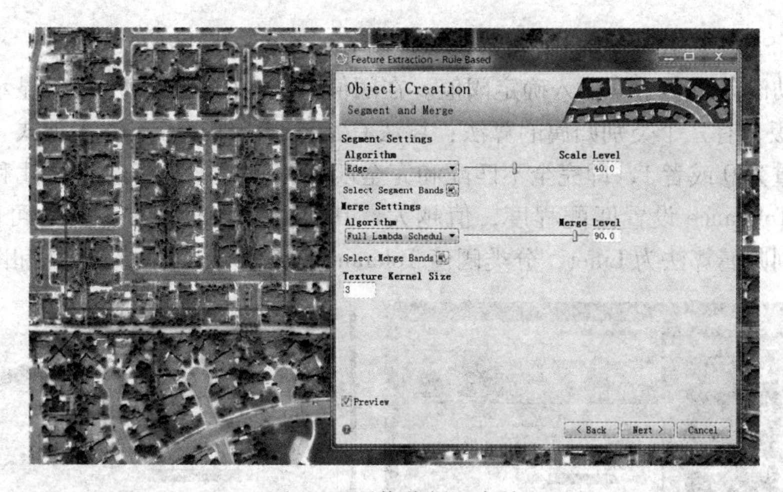

图 7-2 图像分割、合并

第三步：根据规则进行特征提取。

在规则分类界面。每一个分类有若干个规则（Rule）组成，每一个规则有若干个属性表达式来描述。规则与规则之间是与的关系，属性表达式之间是并的关系。

同一类地物可以由不同规则来描述，比如水体，水体可以是人工池塘、湖泊、河流，也可以是自然湖泊、河流等，描述规则不一样，需要多条规则来描述。每条规则又有若干个属性来描述，如下是对水的描述：面积大于 500 像素，延长线小于 0.5，NDVI 小于 0.25。对道路的描述：延长线大于 0.9，紧密度小于 0.3，标准差小于 20。

以提取居住房屋为例来说明规则分类的操作过程。首先分析影像中容易跟居住房屋错分的地物有：道路、森林、草地以及房屋旁边的水泥地。点击 Add class 按钮，新建一个类别，在右侧 Class properties 下修改好类别的相应属性（见图 7-3）。

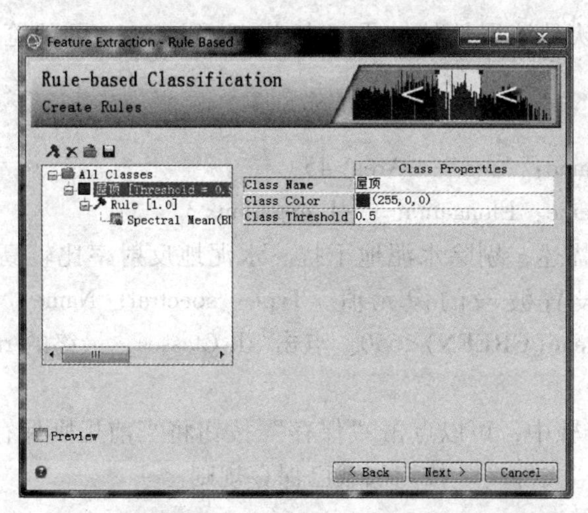

图 7-3 规则分类面板

（1）第一条属性描述，划分植被覆盖和非覆盖区。在默认的属性 Spectral Mean 上单击，激活属性，右边出现属性选择面板，如图所示。选择 Spectral，Band 下面选择 Normalized Difference。在第一步自定义波段中选择的波段是红色和近红外波段，所以在此计算的是 NDVI。把 Show Attribute Image 勾上，可以看到计算的属性图像。

通过拖动滑条或者手动输入确定阈值。在阈值范围内的在预览窗口里显示为红色，在 Advanced 面板，有三个类别归属的算法：算法有二进制、线性和二次多项式。选择二进制方法时，权重为 0 或者 1，即完全不匹配和完全匹配两个选项；当选择线性和二次多项式时，可通过 Tolerance 设置匹配程度，值越大，其他分割块归属这一类的可能性就越大。这里选择类别归属算法为 Liner，分类阈值 Tolerance 为默认的 5，如图 7-4 和图 7-5 所示。

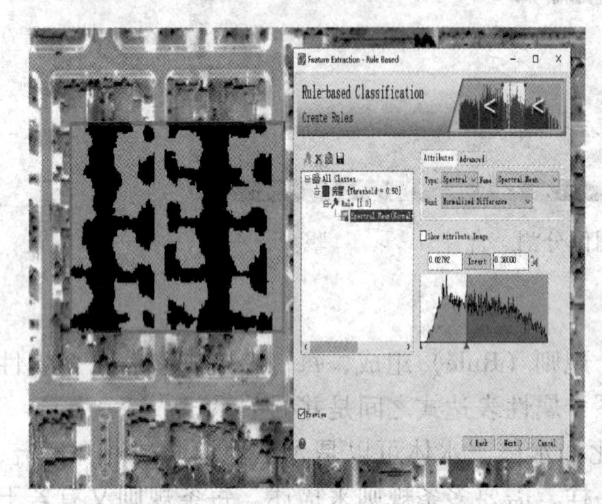

图 7-4　对象属性面板图

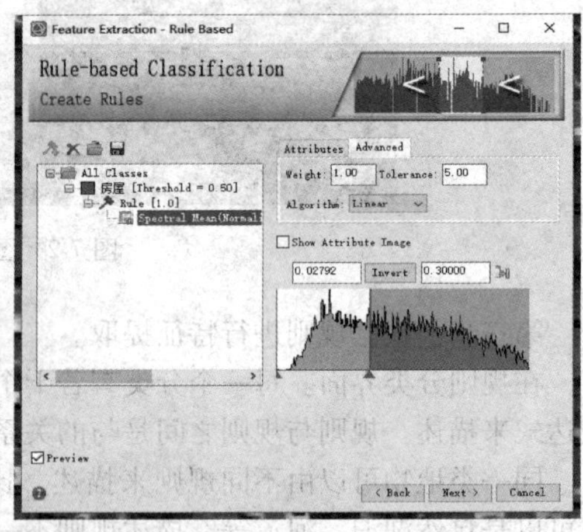

图 7-5　归属类别算法和阈值设置

（2）第二条属性描述，剔除道路干扰。居住房屋和道路的最大区别是房屋是近似矩形，我们可以设置 Rectangular fit 属性。在 Rule 上右键选择 Add Attibute 按钮，新建一个规则，在右侧 Type 中选择 Spatial，在 Name 中选择 Rectangular fit。设置值的范围是 0.5~1，其他参数为默认值。

注：预览窗口默认是该属性的结果，点击 All Classes，可预览几个属性共同作用的结果。

同样的方法设置：

Type：Spatial；Name：Area——Area>45

Type：Spatial；Name：Elongation——Elongation<3

（3）第三条属性描述，剔除水泥地干扰。水泥地反射率比较高，居住房屋反射率较低，所以我们可以设置波段的像元值。Type：spectral；Name：Spectral Mean，Band：GREEN——Spectral Mean(GREEN)<650。点击 All Classes，最终的 rule 规则和预览图如图 7-6 所示。

在 Create Rules 步骤中，可以点击“保存”按钮将当前规则保存至本地文件（.rul）。下次使用时可以点击“文件夹”按钮加载已保存规则。

第四步：输出结果。

特征提取结果输出，可以选择以下结果输出：矢量结果及属性、分类图像及分割后的图像，还有高级输出包括属性图像和置信度图像、辅助数据包括规则图像及统计输出，如图 7-7 所示。

选择矢量文件及属性数据一块输出，规则图像及统计结果输出。点击 Finish 按钮完成

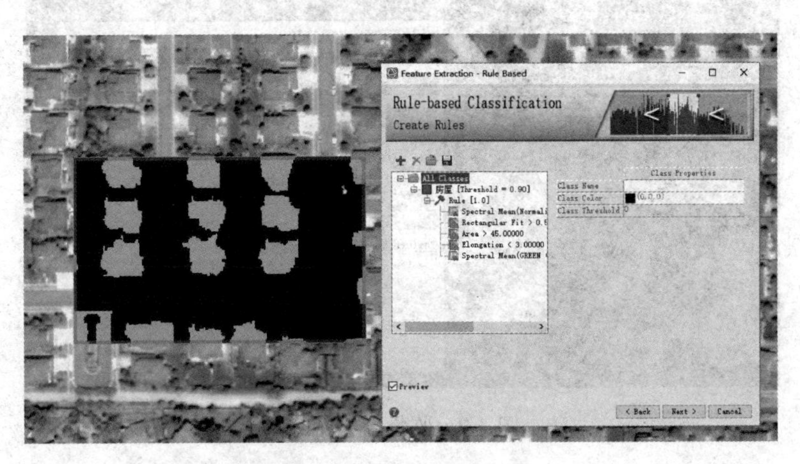

图 7-6 房屋提取规则与结果

输出。可以查看房屋信息提取的结果和矢量属性表（见图 7-8）。

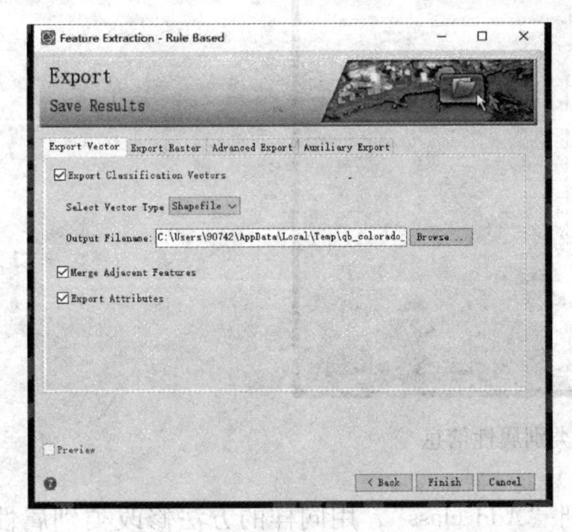

图 7-7 输出结果

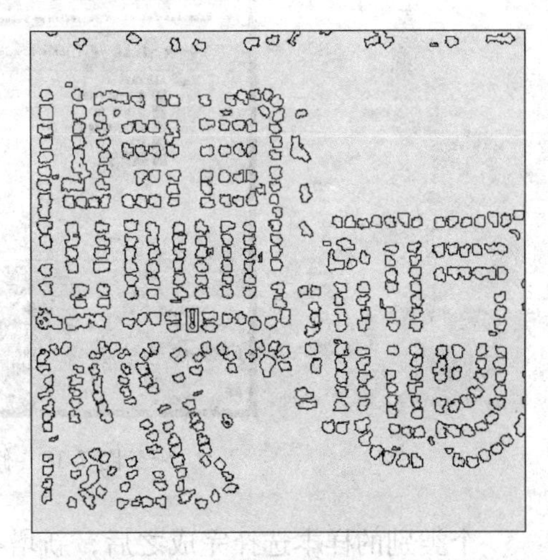

图 7-8 房屋信息提取的矢量结果

7.2.3 基于样本的面向对象的分类

该方法的工具为 Toolbox/Feature Extraction/Example Based Feature Extraction Workflow。在 Toolbox 中找到该工具，双击打开流程化面板，前面两步和第一种方法的前两步完全一致，选择数据和发现对象，在此不一一赘述。我们直接看特征提取这部分：基于样本的图像分类。

经过图像分割和合并之后，进入到监督分类的界面，如图 7-9 所示。

（1）选择样本。对默认的一个类别，在右侧的 Class Properties 中，修改显示颜色、名称等信息（见图 7-10）。

在分割图上选择一些样本，为了方便样本的选择，可以在左侧图层管理中将 Region Means 图层关闭掉，显示原图，选择一定数量的样本，如果错选样本，可以在这个样本上点击左键删除。

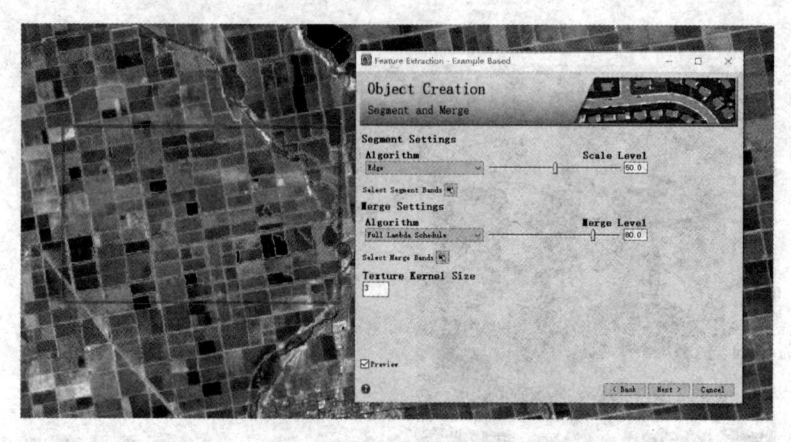

图 7-9 监督分类界面

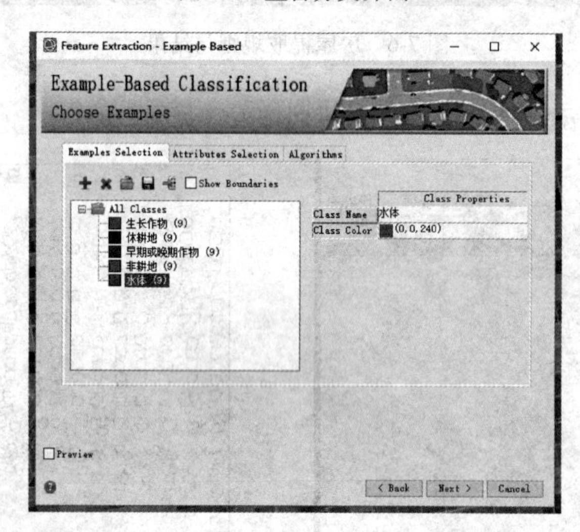

图 7-10 修改类别属性信息

一个类别的样本选择完成之后，新增类别“Add class”，用同样的方法修改类别属性和选择样本。在选择样本的过程中，可以随时预览结果。可以把样本保存为 shp 文件以备下次使用。点击按钮“导入地面真实数据”可以将真实数据的 ShapeFile 矢量文件作为训练样本。

这里我们建立 5 个类别：道路、房屋、草地、林地、水泥地，分别选择一定数量的样本，如图 7-11 所示。

（2）设置样本属性。切换到 Attributes Selection 选项。默认是所有的属性都被选择，这些选择样本的属性将被用于后面的监督分类。可以根据提取的实际地物特性选择一定的属性。这里按照默认全选（见图 7-12）。

（3）选择分类方法。切换到 Algorithm 选项。FX 提供了三种分类方法：K 邻近法（K Nearest Neighbor）、支持向量机（Support Vector Machine，SVM）和主成分分析法（Principal Components Analysis，PCA）。

K 邻近分类方法依据待分类数据与训练区元素在 N 维空间的欧几里得距离来对影像进行分类，N 由分类时目标物属性数目来确定。相对传统的最邻近方法，K 邻近法产生更小

图 7-11 选择样本

的敏感异常和噪声数据集，从而得到更准确地分类结果，它自己会确定像素最可能属于哪一类。在 K 参数里键入一个整数，默认值是 1，K 参数是分类时要考虑的临近元素的数目，是一个经验值，不同的值生成的分类结果差别也会很大。K 参数设置为多少依赖于数据组以及您选择的样本。值大一点能够降低分类噪声，但是可能会产生不正确的分类结果，一般值设到 3~7 之间就比较好。

支持向量机是一种来源统计学习理论的分类方法（见图 7-13）。选择这一项，需要定义一系列参数：

（1）Kernel Type 下拉列表里选项有 Linear，Polynomial，Radial Basis，以及 Sigmoid。

n 如果选择 Polynomial，设置一个核心多项式（Degree of Kernel Polynomial）的次数用于 SVM，最小值是 1，最大值是 6。

n 如果选择 Polynomial or Sigmoid，使用向量机规则需要为 Kernel 指定 the Bias，默认值是 1。

n 如果选择是 Polynomial、Radial Basis、Sigmoid，需要设置 Gamma in Kernel Function 参数。这个值是一个大于零的浮点型数据。默认值是输入图像波段数的倒数。

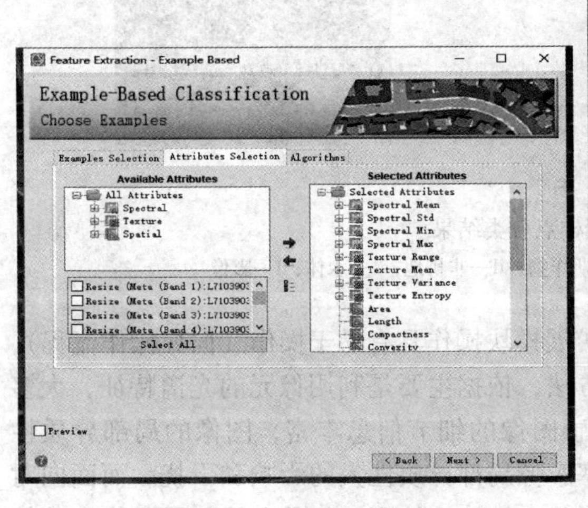

图 7-12 样本属性选择

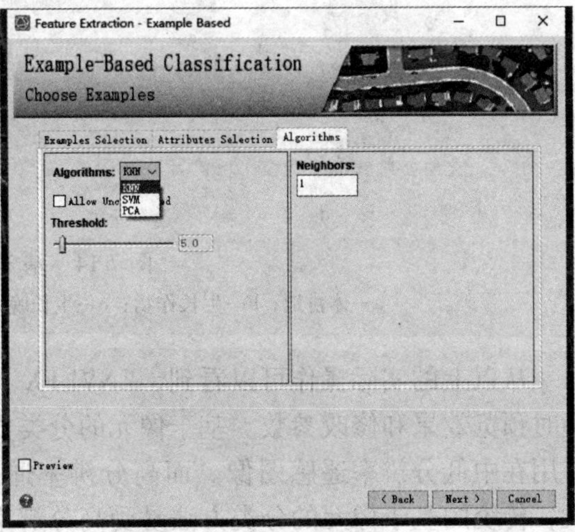

图 7-13 分类方法

（2）为 SVM 规则指定 the Penalty 参数，这个值是一个大于零的浮点型数据。这个参数控制了样本错误与分类刚性延伸之间的平衡，默认值是 100。

Allow Unclassified 是允许有未分类这一个类别，将不满足条件的斑块分到该类，默认是允许有未分类的类别。

Threshold 为分类设置概率域值，如果一个像素计算得到所有的规则概率小于该值，该像素将不被分类，范围是 0~100，默认是 5。

主成分分析是比较在主成分空间的每个分割对象和样本，将得分最高的归为这一类。

这里我们选择 K 邻近法，K 参数设置为 5，点击 Next，输出结果。

最终结果的输出方法和基于规则的一样。

7.2.4 分类结果的矢量输出

该方法的工具为 Toolbox/Feature Extraction/Segment Only Feature Extraction Workflow。

操作方法参考前面的第一和第二步骤，第三步直接选择路径输出分割栅格结果和矢量结果。

输出结果如图 7-14。

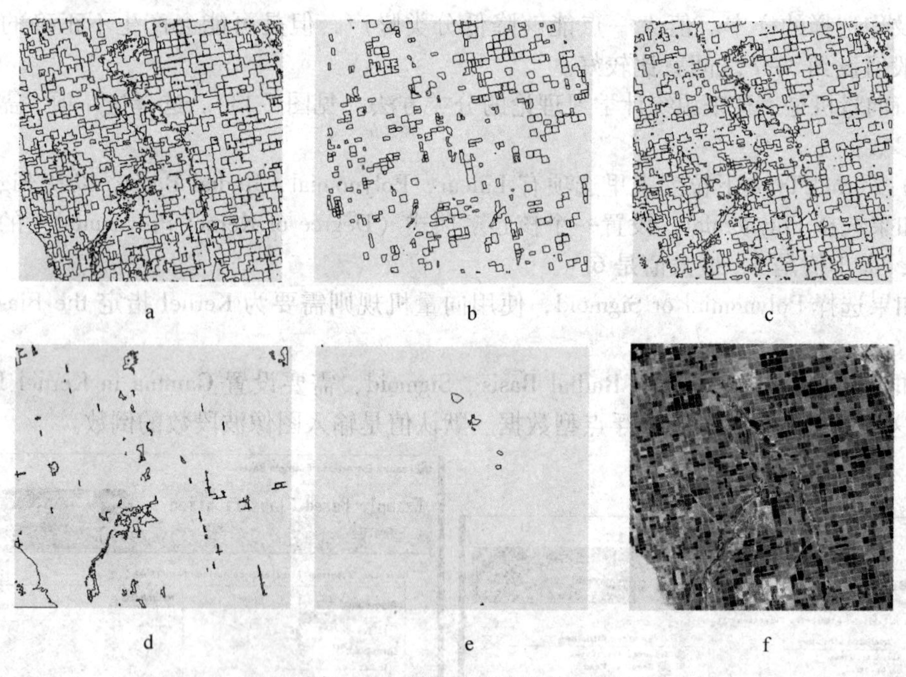

图 7-14 基于样点分类结果

a—休耕地；b—生长作物；c—生长晚期作物；d—非耕地；e—水体；f—影像

从以上的实际操作可以看到，ENVI FX 扩展模块操作具有易于操作（向导操作流程），随时预览效果和修改参数。基于像元的分类方法，依据主要是利用像元的光谱特征，大多应用在中低分辨率遥感图像。而高分辨率遥感图像的细节信息丰富，图像的局部异质性大，传统的基于像元的分类方法易受高分辨率影像局部异质性大的影响和干扰。而面向对象分类方法可以高分辨率图像丰富的光谱、形状、结构、纹理、相关布局以及图像中地物之间的上下文信息，可以结合专家知识进行分类，可以显著提高分类精度，而且使分类后的图像含有丰富的语义信息，便于解译和理解。对高分辨率影像来说，还是一种非常有效的信息提取方法，具有很好的应用前景。

7.3 eCongnition 面向对象方法

面向地理对象的影像分析技术，模仿人们对现实世界中各种事物的认知过程，将一个面状物体 Object 作为认知的基本单位，而这种面状物体在影像中是由一系列的像素组成，这也是它区别于传统的基于像素分类的地方。常用的遥感专业软件 ENVI、ERDAS 和 PCI 等，在进行信息提取时是以一个个像素作为基本单位；随着高分辨率影像的迅速普及和应用，面向地理对象的影像分析技术已经被证明更适用，而且分类精度更高，eCongnition 软件在此背景下应运而生，并且作为第一个专业的面向对象影像分析平台，目前已经成为高分辨率遥感影像信息提取的行业领头羊，类似于地理信息系统软件 ArcGIS 的行业地位。

用一句话来描述高分辨率影像的特点，即能够清晰、准确地表达地物的表面纹理、内部结构、形状面积和空间关系（隶属关系、邻近关系、空间分布规律等）。因此基于 Object，能够充分利用影像的光谱、形状、纹理、上下文和语义信息。易康软件针对面向对象影像分类流程，提供了影像分割、影像特征计算和选择、分类（规则分类和监督分类）和结果输出等功能，并且将整个技术流程以规则集的形式进行管理和执行。

7.3.1 eCongnition 软件

eCognition 是由德国 Definiens Imaging 公司 2009 年推出的智能化影像分析软件，2010 年被美国 Trimble 公司收购。eCognition 是目前所有商用遥感软件中第一个基于目标信息的遥感信息提取软件，它采用决策专家系统支持的模糊分类算法，突破了传统商业遥感软件单纯基于光谱信息进行影像分类的局限性，提出了革命性的分类技术——面向对象的影像分析技术，大大提高了高空间分辨率数据的自动识别精度，有效地满足了科研和工程应用的需求。以单个像素为单位的常规信息提取技术过于着眼于局部而忽略了附近整片图斑的几何结构情况，从而严重制约了信息提取的精度。面向对象的影像分析技术，针对的是影像分割对象而不是传统意义上的像素，充分利用了影像的光谱、形状、纹理、上下文、空间关系等特征。eCogniton 软件的出现，极大推动了针对高空间分辨率遥感影像的面向对象分类方法。

7.3.2 eCongnition 面向对象分类

本节将结合一块小区域的高分辨率影像，介绍如何使用易康进行分类。本书使用的易康版本为 9.2。

7.3.2.1 新建工程

打开易康软件后，会提示两种模式，一种是 Quick Map Mode，称之为快速制图模式，另一种是 Rule Set Mode，称之为规则开发模式。前者主要针对临时使用软件和基于样本影像分析的用户，能够极大地简化工作流程如一些面向对象影像分析基本步骤的限制，但是提供的功能有限，而且不能建立规则集；因此这里选择规则开发模式。

点击 OK 后进入软件的主界面，如图 7-15 所示红色边框里是四种视图类型，这里选中的是第四种 Developer Rulesets；点击 Create New Project，弹出如图 7-15 所示的界面，选择需要处理的遥感影像；选中影像后点击 OK，用户将能看到 Create Project 对话框，在该对话框中 Project Name 使用英文名称命名工程，Map 里能够看到当前打开的影像的坐标系统、空间分辨率、影像大小等信息，Map 下面显示的是影像波段的别名 Image Layer Alias、位置等信息，然后再往下 Thematic Layer Alias 用于插入一些辅助分类的专题数据，例如矢量数据。

选中 Layer1，然后双击就可以弹出 Layer Properties 对话框，用户可以更改波段的名称，例如这里将“Layer1”修改为“Red”，同理将其他三个波段名称也进行修改，如图 7-15 所示。

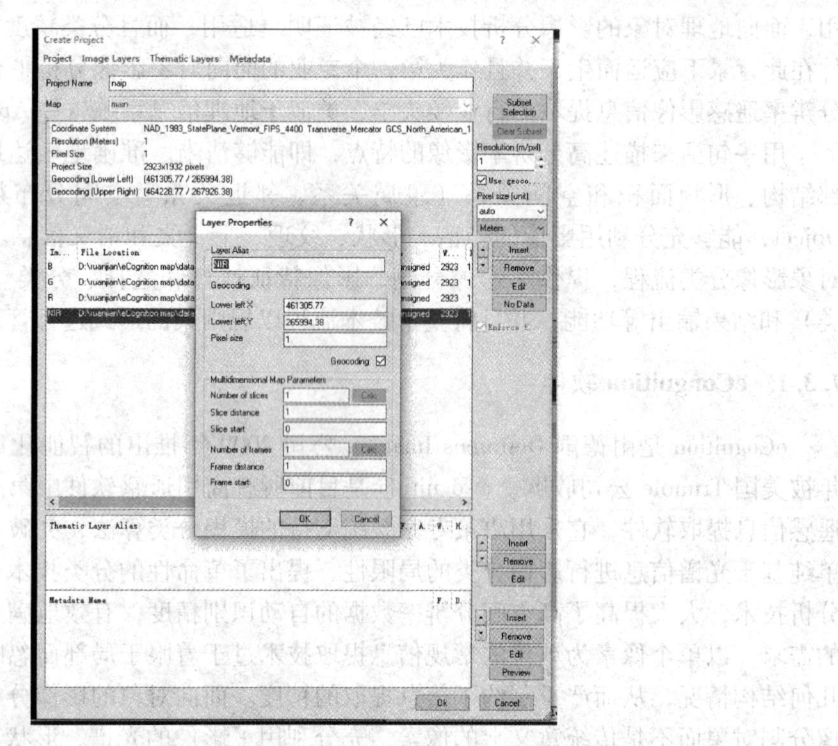

图 7-15 修改波段名称

这里默认将整幅影像导入到易康中，如果想对已经新建立的工程进行一些修改，如再导入其他波段或影像，可以点击 File-Modify Open Object（见图 7-16）。建立好工程后，可以改变影像的显示方式，包括波段组合和影像缩放操作，如图 7-17 所示为易康提供的影像显示的工具栏，红色边框选中的工具为编辑波段组合，该工具前面的四种工具是各种波段组合显示的快捷工具，例如第一个是单波段显示即灰度显示，第二个是按顺序给定三种波段组合显示效果，第三个是前一种波段组合显示效果，第四个是后一种波段组合显示效果。红色边框选中工具后面的图标就不再详述，分别是鼠标选择、鼠标漫游、鼠标缩放、缩小、放大、视图比例和全幅显示。

如图 7-18 所示为影像显示的波段组合编辑对话框，这里用户可以定义影像显示的方式（真彩色、假彩色）和影像初始显示设置（如线性拉伸设置等）。

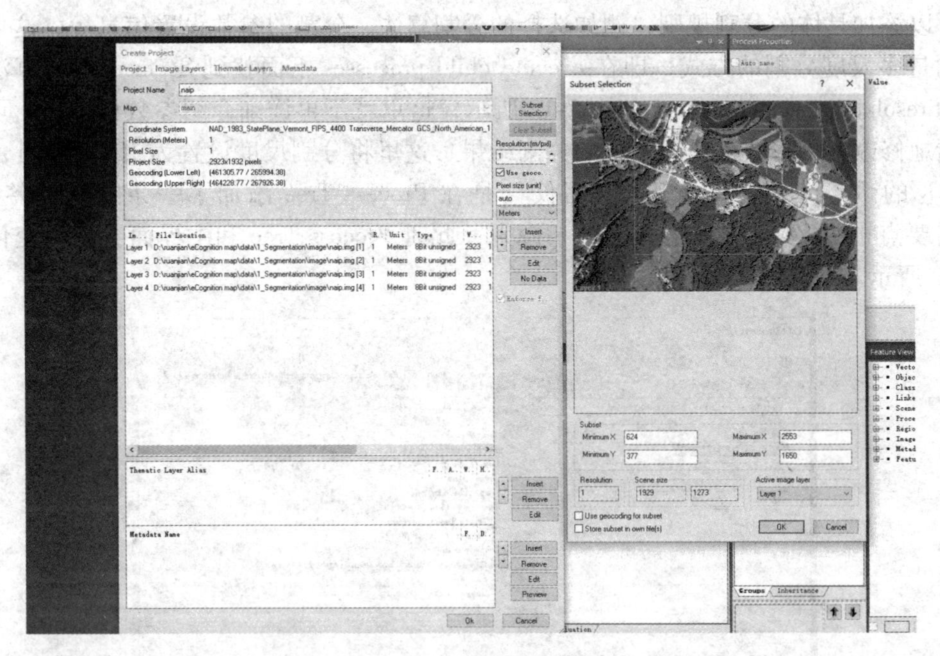

图 7-16 裁剪导入的影像区域

图 7-17 影像显示操作工具栏

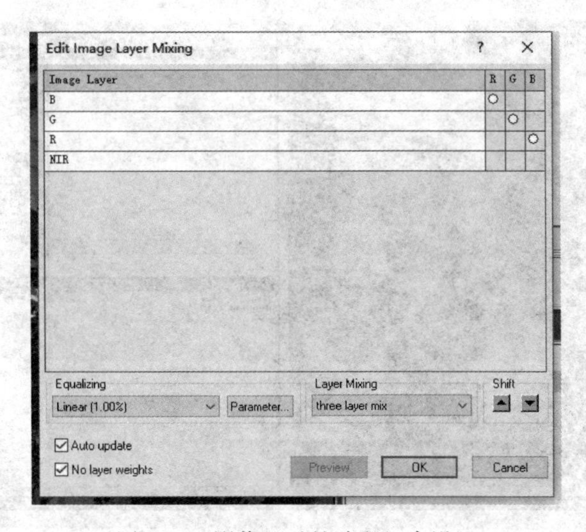

图 7-18 影像显示的波段组合设置

7.3.2.2 影像分割

在主界面右边的 Process Tree 里，右键然后选择 Apeend New，在弹出的 Edit Process 对话框里，点击 OK，在 Process Tree 里出现“Segmentation”这一条规则（当做处理流程的标签）；此时选中 Segmentation，然后右键选择 Insert Child，也会弹出 Edit Process 对话框，

此时可以添加具体的分割规则，例如选择的分割算法、分割的参数设置信息等，这里我们使用的是多尺度分割的方式，即在 execute child processes 下面找到 Segmentation 算法里面的 multiresolution segmentation，如图 7-19 所示，这里就不再详细介绍参数设置了，可以通过不断地修改各种参数来获得不同的分割结果，这里将分割尺度设置为 100。此时，如果点击 OK 的话，将不会执行规则，而仅仅是在 Process Tree 添加了一条规则标签而已，因此需要点击 Execute 来执行分割这条规则，此时 Process Tree 和主界面会发生变化，如图 7-20 所示。

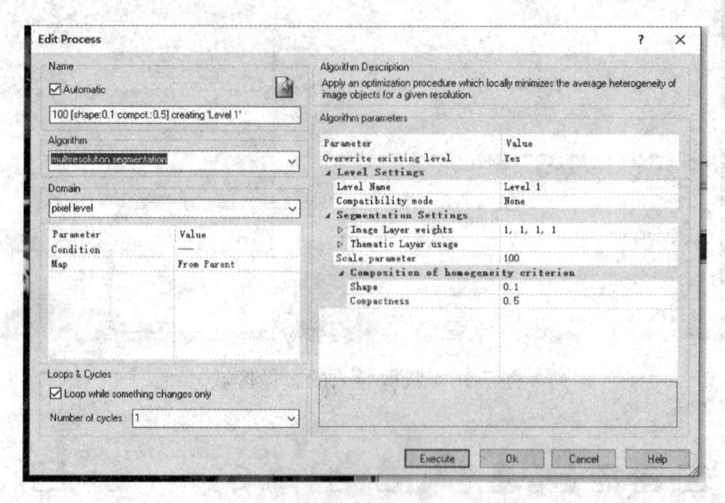

图 7-19　多尺度分割

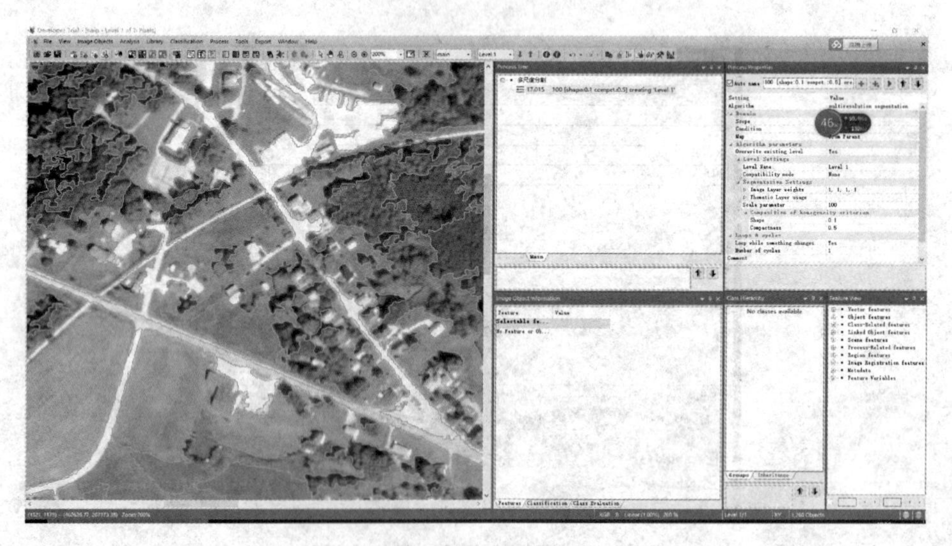

图 7-20　执行分割后的软件界面

此时我们可以利用工具栏上的 Show or Hide Outlines 来控制分割边界是否显示（见图 7-21）。

此时建立的分割层的名称叫“New Level”，如果要删除该分割层则可以点击工具栏上的 Delete Level（见图 7-22）。

此时如果你想改变分割边界显示的颜色，那么点击 View 菜单，选择 Display Mode 下的 Edit Highlight Colors，如图 7-23 所示。

图 7-21 分割边界显示工具

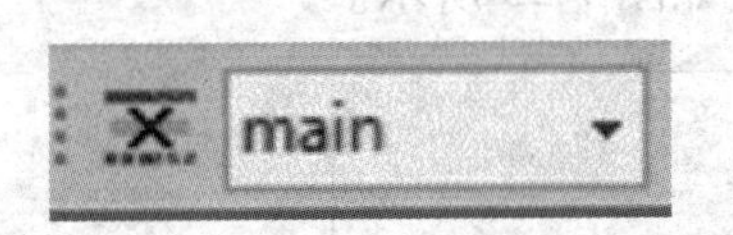

图 7-22 删除分割层对话框

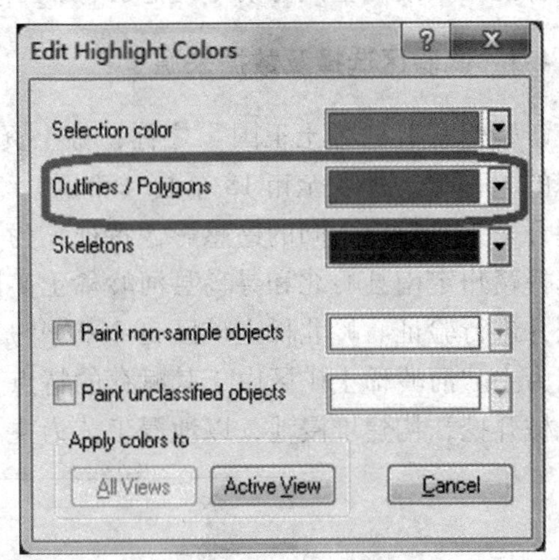

图 7-23 设置分割边界颜色

此时可以利用多个视图来显示分割前后的影像，选择 Window 菜单下的 Split、Split Horizonally、Split Vertically 这三种功能，来设置影像的显示方式，例如这里选择 Split Vertically，显示效果如图 7-24 所示，这种显示方式两个窗口之间是独立的，因此是 Independent View；如果两个窗口之间分割对象是联动显示的，那么是 Side by Side View。

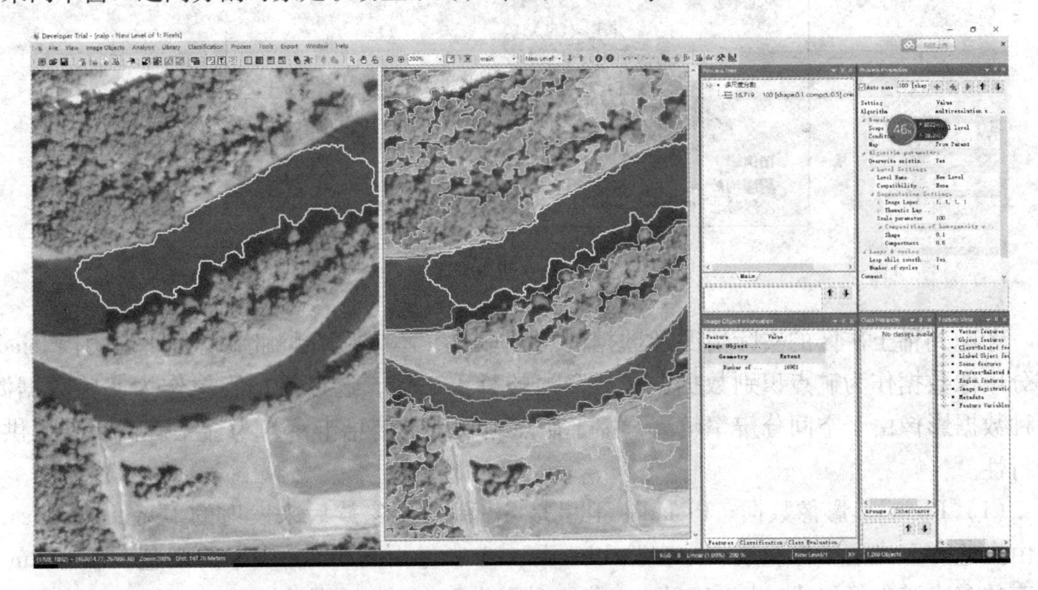

图 7-24 分割结果的多窗口显示

7.4 面向对象的稀土开采识别

南方稀土矿区分布在偏远山区，开采过程中地物光谱、空间等特征明显，与相邻近地物影像特征差异较大，有其独特特征，基于此，本节主要阐述如何运用面向对象的方法对高分辨率影像中的稀土矿开采进行自动分类提取，进而识别出正在开采的稀土矿，构建南方稀土开采的高空间分辨率遥感影像识别技术方法，为稀土非法开采监测提供技术支持。

7.4.1 试验区选择及数据来源

赣州素有“稀土王国”之称，稀土资源分布面积达到6000多平方公里，占全市总面积的15.2%，涉及全市18个县（市区），其中主要以龙南、定南、寻乌等县为主。由于不同开采工艺对应不同的遥感影像特征，为了使得矿点高分遥感识别方法具有通用性，本书选择赣州定南县岭北和寻乌县河岭稀土矿区某矿点作为试验区，构建矿点高分遥感识别方法并进行验证。岭北稀土矿区自2002年后，逐步推广原地浸矿工艺，当前以原地浸矿工艺为主。河岭稀土矿区由于其赋存的特点，山体中稀土矿埋藏较浅，山体平缓，利于大型机械开挖，构建堆浸池，以池浸工艺为主。地理位置如图7-25所示。

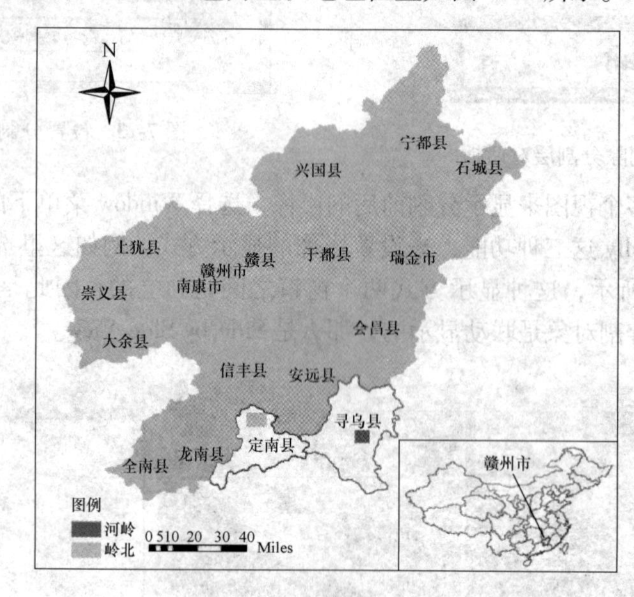

图7-25 研究区域

考虑到稀土矿区的实际情况及数据的可获取性，本实验在岭北矿区选择法国Pleiades高分影像数据作为矿点识别数据源；寻乌河岭稀土矿区，选择航拍影像作为实验数据源。两种数据影像由于空间分辨率较高，稀土矿点地物细节信息丰富，为稀土矿点识别提供了可行性。

（1）Pleiades影像数据。Pleiades卫星是SPOT卫星家族后来发射的卫星。Pleiades影像由全色和多光谱影像组成，本实验Pleiades-1A影像由0.5m分辨率的全色波段和2m分辨率的多光谱影像组成，幅宽20km，获取时间为2013年10月31日。

（2）航拍影像数据。该航拍影像数据于2013年3月获取，影像具有红、绿、蓝三个波段，空间分辨率为0.5m的彩色合成影像。

遥感技术获取的数字图像在运用处理过程中，由于获取过程受到多方面的因素影响，运用原始数据对研究的精度必然会产生影响。为了能够提高研究的精度，获取更多的影像信息，本文先对影像数据进行一系列的预处理。除了基本预处理外，主要包括图像融合、图像裁切及其他的预处理等，增强影像信息提取的精度。

（1）图像融合。由于在 Pleiades 影像的多光谱波段中，稀土矿区的沉淀池及高位池的边界模糊、识别精度较低；为了提高稀土矿点影像识别精度，把 Pleiades 影像的全色影像与多光谱影像进行融合使影像的整体空间分辨率变换为 0.5m，融合后的影像既保留矿区地物的光谱特性，又提高了沉淀池的识别精度，有利于影像中稀土矿点的信息提取。根据 ENVI 中影像融合的方法，如 CN 变换、Brovey 变换、Gram-Schmidt Pan 变换、HSV 变换、PC Spectral 变换，本文根据这些提供的方法进行对比分析，比较融合后的效果，最后选择 HSV 变换对 Pleiades 影像进行融合处理，具体如图 7-26 所示。

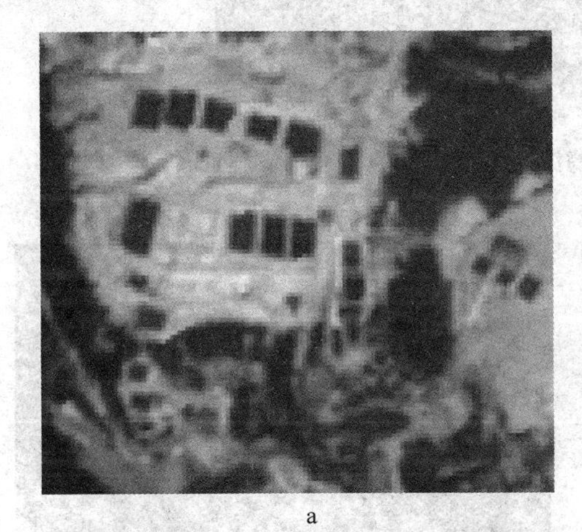
a

b

图 7-26 融合影像对比
a—原始影像；b—HSV 融合后影像

（2）图像裁剪。根据上述预处理，选取具有代表性的一块区域进行实验，对两种影像进行裁剪，裁剪后的影像为研究区域。

（3）其他预处理。根据航拍影像的特性，为提高稀土矿点中沉淀池的分割精度，对地物边缘去噪处理，采用边缘 3D 滤波（edge 3d filter）方法对航拍影像第一主成分波段进行处理，平滑尺度因子（Smoothing scale factor）为 0.8、二维内核大小（2D Kernel Size）为 3，生成新 3D 滤波波段参与影像分割，3D 滤波锐化结果如图 7-27 所示。

对 Pleiades 影像融合后，形成 R、G、B、NIR 四个波段，为了提高植被的色彩真实性，NIR 波段用 G 波段显示（如图 7-28 所示），来增加林地对象与非林地对象的光谱差异，并为后面实验的非林地提取作铺垫。航拍影像预处理后，形成 R、G、B、3D 四个波段，对新生成的 3D 滤波波段同样采用 G 波段显示，新生成的 3D 滤波波段中沉淀池及高位池的边与相邻地物的光谱特征差异增强，且提高边界识别度。

7.4.2 稀土矿区遥感影像解译标志

影像解译标志是直接或间接的反映和表现目标地物信息的遥感影像的各种特征，它是关联现实目标地物与遥感影像对象的桥梁。各种目标地物在影像上的标志各有差异。故通过对遥感影像中各种地物特征进行分析、总结等建立目标地物的影像解译标志，达到对遥

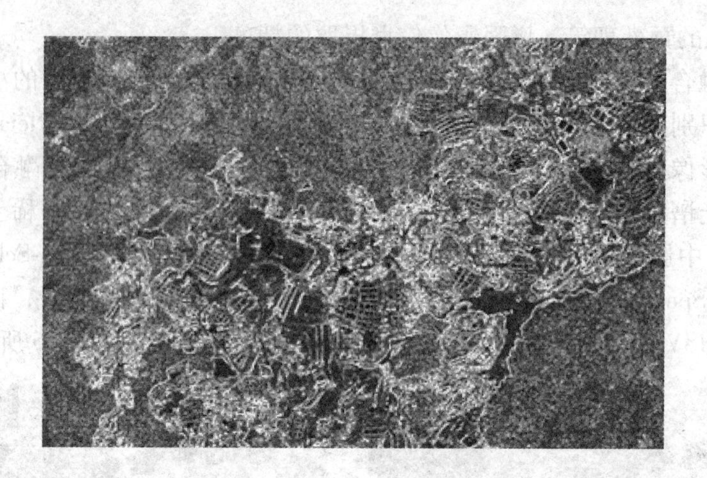

图 7-27　3D 滤波锐化效果图

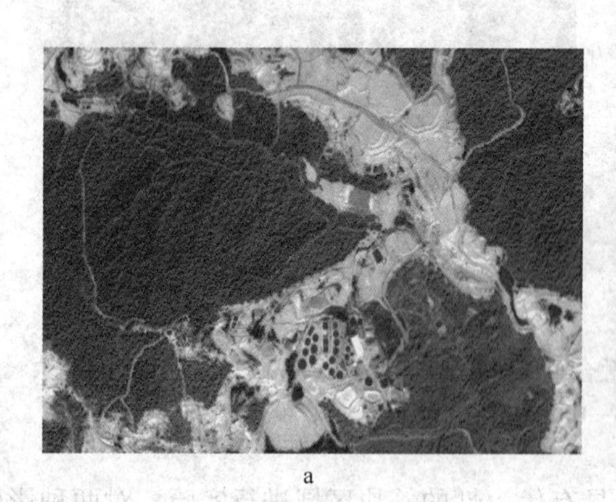

a

b

图 7-28　植被自然色彩加强

a—NIR 未用 G 波段显示；b—NIR 用 G 波段显示

感影像上对象判断的目的。

离子稀土开采都是把矿体运用解析液进行分离，开采的过程中沉淀池都含有液体。所以无论是池浸工艺，还是堆浸工艺，离子稀土开采整个过程都和水关系密切，由于池浸工艺几乎被淘汰，故这里不做考虑。对于原地浸矿工艺，在地表会有数量不等的高位池和沉淀池。高位池有圆形、方形等较为规则形状，一般位于山顶，周围伴有注液井。沉淀池多为圆形，极少数为方形，大小较为一致，且集中分布。对于正在开采的矿点，由于池中有浸矿液体，在不同传感器波段组合下，会呈现特别的颜色，可以作为正在开采中的原地浸矿影像特征。对于堆浸工艺，一般会选择一个相对平坦的大块空地作为堆浸场，堆浸场被分成许多较为规整排列的长方形格子，正在开采中的格子由于有浸矿液体，而且，在矿区边缘同样会有形状规整的沉淀池，沉淀池含有沉淀剂，在不同传感器上波段合成后也会呈现特别的颜色，是稀土矿堆浸开采工艺的影像识别标志。

通过实地勘察岭北和河岭稀土矿区，得到航拍影像和 Pleiades 高分影像的矿区标志性地物特征分别如图 7-29 和图 7-30 所示。

图 7-29　稀土矿区标志性地物航拍影像图

a—航拍影像矿点示意图；b—航拍影像上废弃的堆浸场；
c—航拍影像上使用的堆浸场；d—航拍影像上使用的沉淀池

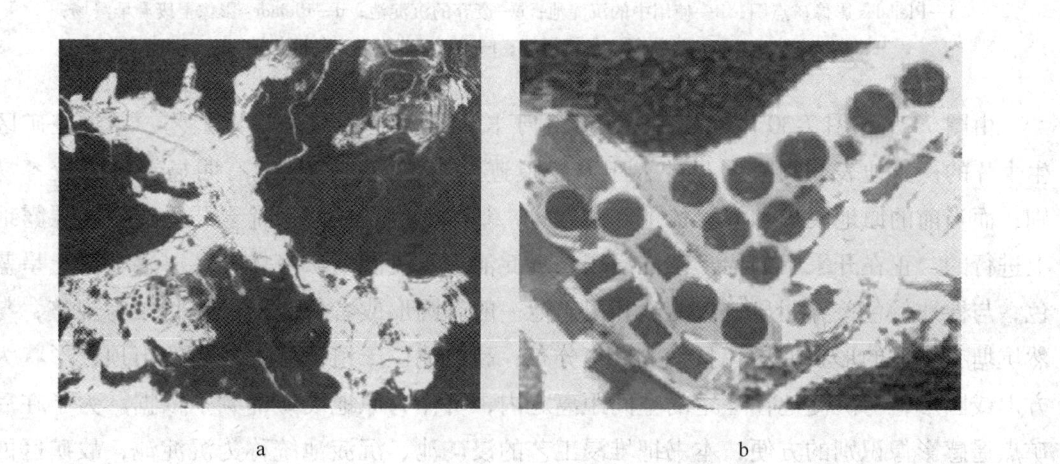

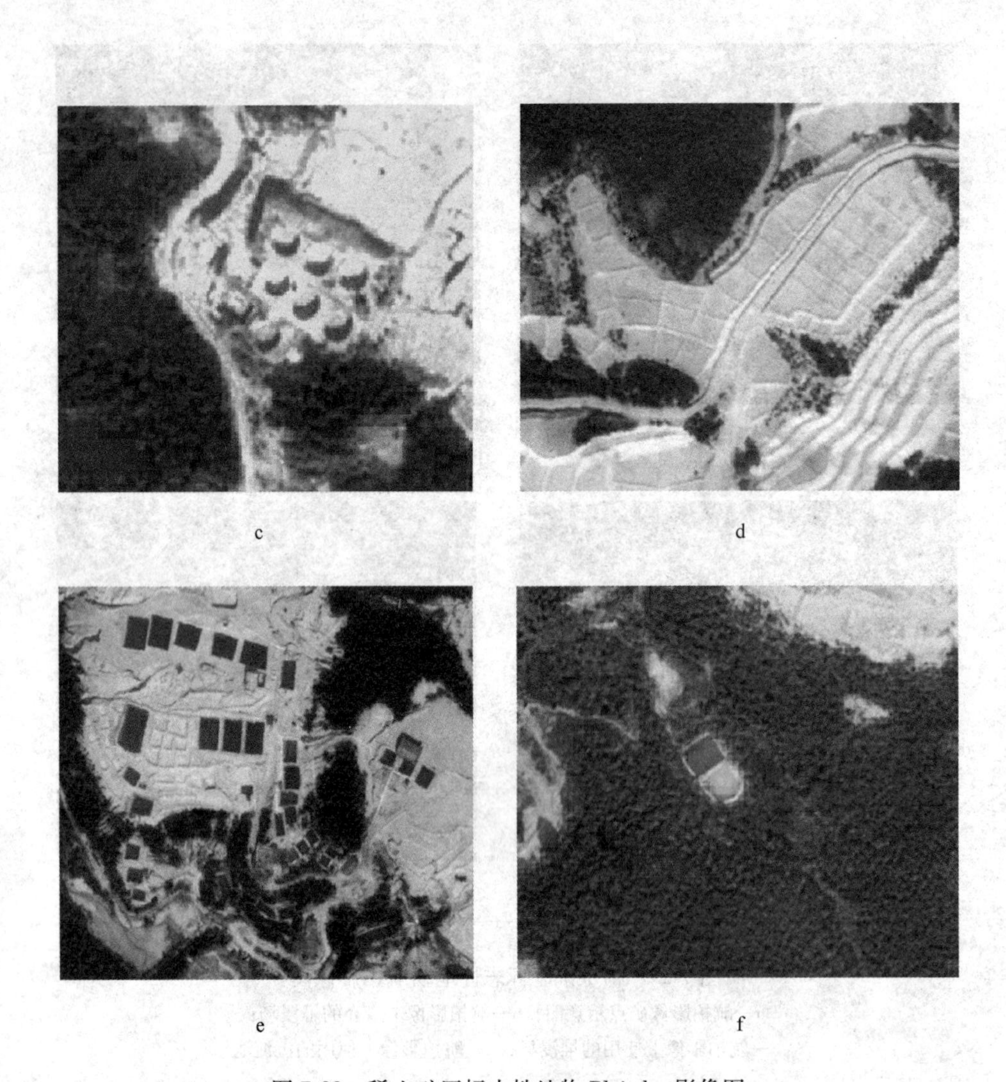

c d

e f

图 7-30 稀土矿区标志性地物 Pleiades 影像图

a—Pleiades 影像矿点图；b—使用中的沉淀池；c—废弃的沉淀池；d—Pleiades 影像上废弃堆浸场；
e—Pleiades 影像上的堆浸场；f—Pleiades 影像上的高位池

由图 7-29 和图 7-30 可知，稀土矿区由于长期以来的池浸、堆浸工艺，导致在矿区产生大片的裸露地表，具有明显的人工开挖痕迹，与普通自然裸地有明显差异，较容易识别；而当前的原地浸矿和堆浸稀土开采方式，基本上也是在原来稀土开采产生的裸露地表上进行的，正在开采中的稀土矿堆浸场、沉淀池由于注满浸矿液体，在遥感影像上呈蓝黑色，与裸地颜色差异明显；沉淀池和浸矿池一般有圆形或者长方形，形状较为规整，与自然坑塘有明显的形状差异，且一般聚集分布；高位池位于植被覆盖较高的山顶，形状为长方形或圆形，与沉淀池在一定的空间距离之内，可作为原地浸矿的判别依据。为了在后面矿点遥感影像识别的方便，本书把堆浸工艺的浸矿池、沉淀池统称为沉淀池，故矿区的影像解译标志有沉淀池、高位池。具体表示如表 7-2 所示。

表 7-2 稀土矿区影像解译标志

目标地物	对于影像特征	颜色	形状及位置
沉淀池（浸矿池）		紫色、紫黑色	分布密集、形状规整，一般为圆形、长方形
		蓝色、蓝黑色	
高位池		蓝色、蓝黑色	位于注液井区山顶部，成圆形或长方形

7.4.3 影像的多尺度分割方法

在遥感学中，尺度运用空间、光谱、时间尺度来对影像表达，如影像中不同的地物都有不同的尺度来表达。在高分辨率遥感影像中，稀土矿区各种地物的信息差异表现得越来越明显，林地、裸地、沉淀池等目标地物的光谱信息、面积、形状等信息都不同，如果用一种分割尺度是不能够精确地对地物进行分类提取，若使用一种尺度，肯定会有地物信息的丢失，分割不准。矿区各种地物分类的精度取决于影像分割的效果，也是面向对象的信息提取的前提。故在矿区影像对象分类过程中运用多种尺度对林地、沉淀池等进行分割，对于不同矿区地物运用对应的分割尺度。

（1）区域异质性标准。区域异质性 f 是由光谱异质性和形状异质性的权重和表示，其计算公式为：

$$f = w_{color} \times h_{color} + w_{shape} \times h_{shape} \tag{7-1}$$

$$w_{color} + w_{shape} = 1 \tag{7-2}$$

式中，f 为区域异质性值；h_{color} 为对象光谱异质性；h_{shape} 为对象形状异质性；w_{color} 为光谱异质性权重；w_{shape} 为形状异质性权重，两个权重的取值范围 0~1 之间。

（2）对象光谱异质性（光谱因子）标准。光谱因子是描述对象内各像元之间的光谱差异性，其计算公式为：

$$h_{color} = \sum_{k}^{N} w_k \times \sigma_k \tag{7-3}$$

式中，w_k 为第 k 波段光谱的权重；σ_k 为第 k 波段光谱值的标准差；N 为波段数。

（3）对象形状异质性（形状因子）标准。形状因子是表示对象形状的差异性，由紧致度和光滑度加权和来表示。

$$h_{shape} = w_{com} \times h_{compact} + w_{smooth} \times h_{smooth} \tag{7-4}$$

$$w_{com} + w_{smooth} = 1 \tag{7-5}$$

$$h_{compact} = l/\sqrt{n} \tag{7-6}$$

$$h_{smooth} = l/b \tag{7-7}$$

式中，w_{com} 为紧致度的权重；$h_{compact}$ 为紧致度；w_{smooth} 为光滑度权重，h_{smooth} 为光滑度。

式（7-6）和式（7-7）中，l 为对象轮廓边界的长度，n 为对象的面积，b 为对象最小外包矩形的周长。

（4）合并区域异质性准则。若两个对象进行合并，得到的合并对象的区域异质性计算公式如下：

$$h_{color}^{a} = \sum_{k}^{N} w_{k}[n^{a} \times \sigma_{k}^{a} - (n_{a1} \times \sigma_{k}^{a1} + n_{a2} \times \sigma_{k}^{a2})] \tag{7-8}$$

$$h'_{shape} = w_{com} \times h_{compact}^{a} + w_{smooth} \times h_{smooth}^{a} \tag{7-9}$$

$$h_{compact}^{a} = n^{a} \frac{l}{l^{a}} \sqrt{n^{a}} - (n_{a1} l_{a1} / \sqrt{n_{a1}} + n_{a2} l_{a2} / \sqrt{n_{a2}}) \tag{7-10}$$

$$h_{smooth}^{a} = n^{a} l^{a} / b^{a} - \left(\frac{n_{a1} l_{a1}}{b_{a1}} + \frac{n_{a2} l_{a2}}{b_{a2}} \right) \tag{7-11}$$

式中，$a1$、$a2$ 表示合并前的两个对象；a 表示为合并后的对象，其余与上面公式代表含义一样。

权重参数表示影像在分割时，各个异质性所占有的权重比例，在一般的情况下，当影像对象的光谱颜色差有较大的明显差异时，光谱异质性所占有的权重比较大，但是对于目标地物形状比较规则的情况下，为了对影像分割后保持对象形状的完整性，形状比重也会提高。在对形状异质性表示时，紧致度与平滑度的权重值设置根据具体的目标地物的形状来设置。如果地物形状饱满（比如矿区中的沉淀池），则紧致度权重可设置较大；若地物的边界光滑（比如道路），则光滑度参数较大。

影像分割后的分割质量不仅与分割的尺度选择、均质性因子有关，而且与影像各波段在影像分割时所占的比重有关。不同的目标地物在不同的影像图层中所表现的信息含量是不同的，如针对边界比较明显的地物，如某图层的识别度较其他图层更明显，那么在分割时，则针对这种地物分割时，该波段比重就可以设置得更高些，其分割后的结果会更好；而对于某地的信息提取贡献较少的图层赋予权重更低或为零。

根据影像各波段之间存在一定的相关性，通过计算影像各波段统计协方差矩阵（7-13）和相关性统计矩阵（7-15）进行判断。波段之间相关性越大，表示贡献度相似，那么权重值设置相同；波段统计协方差越大，表示贡献度越大，那么权重值设置越大。依据该规则，将波段权重根据贡献大小分为三类，分别赋值为 3、2、1，锐化波段由光谱波段的主成分波段衍生而来，权重取中间值 2。依据现实情况总体考虑，选取最优的波段权重组合对影像分割。如本文采用 Pleiades 影像进行稀土矿识别，第 4 波段（NIR）对沉淀池的识别贡献最大，该波段权重设置最高。

设 $f(i, j)$ 和 $g(i, j)$ 是大小为 $M \times N$，四个波段的两幅影像，则它们之间的协方差计算公式为：

$$S_{fg}^{2} = S_{gf}^{2} = \frac{1}{MN} \sum_{i=0}^{M-1} \sum_{j=0}^{N-1} [f(i, j) - \bar{f}][g(i, j) - \bar{g}] \tag{7-12}$$

协方差矩阵为 Σ，A 为波段数，其计算公式如下：

$$\sum = \begin{bmatrix} S_{11}^2 & S_{12}^2 & \cdots & S_{1A}^2 \\ S_{21}^2 & S_{22}^2 & \cdots & S_{2A}^2 \\ \vdots & \vdots & & \vdots \\ S_{A1}^2 & S_{A2}^2 & \cdots & S_{AA}^2 \end{bmatrix} \tag{7-13}$$

相关性为 r_{fg}，其计算公式如下：

$$r_{\mathrm{fg}} = \frac{s_{\mathrm{fg}}^2}{s_{\mathrm{ff}} s_{\mathrm{gg}}} \tag{7-14}$$

相关性统计矩阵为 $\boldsymbol{R}$，N 为波段数，其计算公式如下：

$$\boldsymbol{R} = \begin{bmatrix} 1 & r_{12} & \cdots & r_{1A} \\ r_{21} & 1 & \cdots & r_{2A} \\ \vdots & \vdots & & \vdots \\ r_{A1} & r_{A2} & \cdots & 1 \end{bmatrix} \tag{7-15}$$

最优分割尺度的确定是影像分割后目标地物的空间分布结构是否能够很好地反映的基础，最优分割尺度的选择也是当今面向对象分割的研究热点。许多专家学者通过一系列的实验，基于不同的准则提出了一些分割方法。如于欢等根据矢量距离指数选择法提出一种确定地物的最佳分割尺度；黄慧萍等根据尺度大小与目标尺寸之间的关系，以对象最大面积法确定地物的最优分割尺度；Wookcock 与 Strahler 提出了一种局部方差方法；汪云甲等提出的与领域绝对均值差分法（RMAS），取得较好的效果，但没有考虑影像各波段在分割时的影响。

（1）最大面积法。该方法的原理是：在面向对象的影像分割过程时，以递增的方式设置不同的分割尺度阈值进行分割，相对应会得到不同尺度下影像对象的最大面积值；然后，以 X 轴代表尺度阈值、Y 代表对象最大面积值，建立对象的最大面积随分割尺度的增加而变化的曲线图；通过目视观察哪种地物或哪几种地物的最大面积对应下影像分割效果最好，最后得出各种地物的最优分割尺度所对应的 X 值。最大面积法得出的曲线图是一个呈现阶梯状形态的关系图，也就是说该方法得出的最优尺度值不是一个断点值，而是一个区间值。

（2）均值方差法。在影像地物信息提取时，不同尺度分割的影像对象中包含的各种属性信息是不同的。其中影像对象的均值方差随尺度阈值变化最有规律，影像分割层中对象的均值方差会随纯对象数与相邻对象的光谱差异变大而增大。当尺度阈值对应着均值方差达到最大时，该尺度为目标地物最佳分割尺度。其计算公式如下：

$$c_{\mathrm{kt}} = \frac{1}{n}\sum_{i=1}^{n} c_{\mathrm{kti}} \tag{7-16}$$

$$\bar{c}_{\mathrm{k}} = \frac{1}{m}\sum_{t=1}^{m} c_{\mathrm{kt}} \tag{7-17}$$

式中，c_{kt} 为某一对象的亮度均值；c_{kti} 为第 k 波段上对象内第 t 个像元的光谱亮度值；n 为对象的像元个数；$\bar{c}_{\mathrm{k}}$ 为单个影像在 k 波段的分割对象像元光谱亮度均值；m 为影像中分割对象的总个数。

$$S^2 = \frac{1}{m}\sum_{t=1}^{m}(c_{kt} - \bar{c}_k)^2 \tag{7-18}$$

式中，S^2 为方差；c_{kt} 为单个对象在第 k 波段的亮度均值；$\bar{c}_k$ 为影像中所有对象在第 k 波段的亮度均值；m 为影像中对象个数的总和。

（3）综合加权均值方差和最大面积法。最大面积法较适用于同中地物的面积较为均匀，对于面积相差较大的对象分割效果较差；而均值方差法计算出来的最优尺度没有利用影像各波段权重的不同的特点，而且尺度为一个单值。朱红春根据它们的不足提出把影像各波段在多尺度分割中所占有的影响加入评定因子，并建立分割结果与分割过程的关系，提出综合。该方法的原理是，在面向对象的影像多尺度分割过程中，首先根据影像目标地物的特征，设置分割因子，获取影像波段权重组合；然后以尺度从小到大，取一定步长，分割影像，计算影像各单个波段的均值方差；并依据波段权重设置的阈值组合计算出不同尺度下对象的加权均值方差值，绘制出对应曲线图，根据曲线峰值对应的尺度位置，初步确定出各地物分割时对应的最佳尺度值。同时，计算各个尺度下影像对象的最大面积与分割尺度的关系，绘制曲线图。然后，对两种曲线图进行叠加，选择最优尺度。其中，该方法考虑到各个波段权重不同，根据上述方法计算的各个波段权重，采用式（7-19）获得该分割尺度下的加权均值方差。

$$S^2 = \sum_{k=1}^{N}\omega_k S_k^2 \tag{7-19}$$

式中，N 为影像波段总数目，表示影像第 k 波段权重。

目前针对稀土矿区地物影像分割方法的研究较少，部分学者进行研究，如袁秀华运用面向对象的与邻域绝对均值差分方差比方法对稀土矿区进行地物影像分割，但该方法没有运用影像的不同波段对分割效果差异的不同。稀土矿区分布在山区里，结合三种稀土开采的方式，对稀土矿区的识别提取关键在于沉淀池的提取，同理，在影像分割中，沉淀池的分割效果差异是稀土矿的识别精度的关键。因沉淀池具有独特的形状特征、光谱特征等，本书根据现有的几类影像分割方法对稀土矿区影像地物进行分割实验研究，并进行对比分析，选择最适合稀土矿区的沉淀池的分割方法。

7.4.4 稀土矿点识别方法构建

面向对象方法是一种智能化的高分辨率遥感影像对象分类识别的方法，对于影像上的稀土矿点分类识别，利用面向对象的方法进行分割，分类提取。根据稀土矿区的独特地物（沉淀池）具有规则的形状、边界、开采中的沉淀池中的水体特征及空间位置关系等特征，构建稀土矿点影像识别方法路线，具体如图 7-31 所示。

总体思路为利用面向对象的方法进行多尺度分割，然后依据矿点地物特征，构建不同尺度下的矿区目标地物分类规则，进行分类提取，提取出稀土开采中的独有地物沉淀池与高位池，从而识别出正在开采中的稀土矿点。为了获得较好的分割效果，首先对待识别的卫星和航拍影像进行预处理。对卫星影像进行融合以增强稀土矿区地物的识别精度。同时对航拍影像采用主成分分析方法获取第 1 主成分并采用边缘 3D 滤波方法进行边缘锐化处理，获得锐化后的新的波段与原有波段一起参与影像分割；然后，依据稀土矿区地物特点，构建不同特征地物的最佳分割尺度和相对应尺度的地物分类规则。根据非林地最佳分

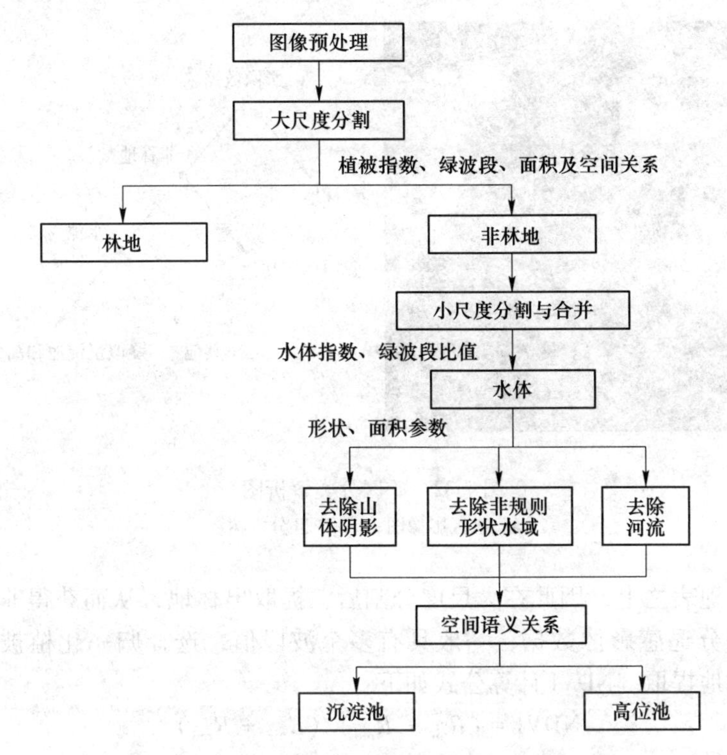

图 7-31 矿点开采高分遥感影像识别技术路线图

割尺度对影像进行分割，提取非林地图层。分类规则的构建除了考虑地物的光谱波段信息外，还充分利用其不同地物类型的形状、面积特征，同时，考虑到航拍影像只有红、绿、蓝三波段，加入绿波段比值参数作为航拍影像 NDVI 植被指数的替代，参与分类规则的构建；对小尺度分割影像根据分割对象光谱值差异，对光谱差异较小对象进行合并，以方便面积参数参与计算。然后在分类得到的裸地类中再进一步进行小尺度影像分割，利用水体指数和绿波段比值分别对卫星和航拍影像中提取裸地中的水体。然后根据稀土矿点沉淀池和高位池一般为圆形和方形，形状较为规则、面积大小较为一致的特征，从小尺度分割的水体上去除山体阴影、河流和其他非规则形状及面积与沉淀池差异较大的水体，获得疑似矿点沉淀池和高位池；最后，根据沉淀池位于稀土开采裸露地表之上，同时空间集聚分布，高位池在沉淀池一定范围之内的地物空间分布特征，构建沉淀池和高位池的空间语义关系，识别出沉淀池与高位池，从而获得正在开采的矿点位置分布及规模，实现对矿点开采状况的监测。

遥感影像是复杂现实世界的虚拟表达方式，根据离子稀土矿点开采工艺模式，正在开采中的堆浸与原地浸矿一般都有注入液体的采矿必备设施，如沉淀池及原地浸矿的注液池，根据水体光谱特性及沉淀池、注液池形状、面积和空间分布特征，构建分类规则，进行稀土开采矿点沉淀池和注液池的识别，进而识别出正在开采的稀土矿点及规模，具体影像中矿区地物的分类解析过程图，如图 7-32 所示。

矿区各类地物具体分类规则如下：

（1）非林地分类提取规则。由于稀土矿区主要位于丘陵山区，林地非常多，而稀土矿

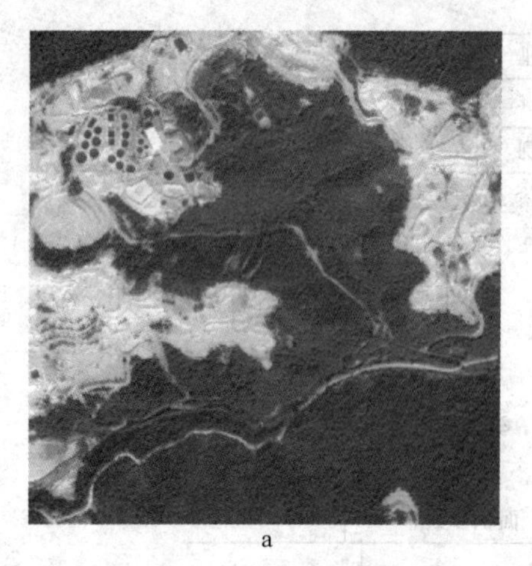

a

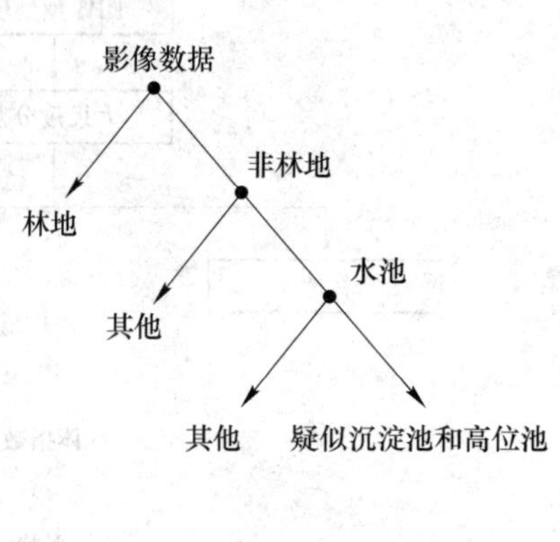

b

图 7-32　矿区分类解析图

a—矿区影像图；b—矿区分类树

点一般位于裸露地表之上，因此在大尺度分割后，提取出林地，从而获得非林地的边界范围。对于卫星高分遥感影像数据，一般具有多个波段值，选择归一化植被指数（NDVI）进行林地和非林地提取。NDVI 计算公式如下：

$$NDVI = (R_{nir} - R_{red})/(R_{nir} + R_{red}) \tag{7-20}$$

式中，R_{nir} 为近红外波段；R_{red} 为红波段，分别对应 Pleiades 影像的第 4、3 波段。

由于航拍遥感影像只有红、绿、蓝三波段，所以对林地提取不能直接使用 NDVI，考虑到绿波段对植被敏感，采用对绿波段设定阈值方法（Green_Value）提取林地，但有较少部分水体会误提取为林地，尽管数量较小，如果是沉淀池被误提取，会直接导致矿点漏判。所以采用此方法提取林地时，对于被非林地所包围的面积较小林地对象，通过给定面积阈值及空间位置包含关系，使其划分为非林地。

为更合理选取阈值，采用隶属度函数的模糊分类方法，对 NDVI、绿波段阈值、面积等参数通过给定阈值范围，进行地物提取，最终得到非林地区域。

（2）水体分类提取规则。在大尺度分割分类后得到的非林地区域，由于稀土矿区开采过程中，沉淀池及高位池中都含有液体，而且形状、大小比较规则，故对得到的非林地区域进行小尺度分割，得到与沉淀池大小相似的影像对象。然后对得到的影像对象分割层采用水体指数（NDWI）和绿波段比值（Green_Ratio）提取水体对象，具体计算如式（7-21）和式（7-22）所示。

$$NDWI = (R_{green} - R_{nir})/(R_{green} + R_{nir}) \tag{7-21}$$

$$Green\_Ratio = R/(R + B + G) \tag{7-22}$$

式（7-21）主要针对卫星高分辨率遥感影像，由于近红外波段水体反射率非常低，而在绿波段相对较高，采用 NDWI 具有较好的水体提取效果，其中 R_{green} 为绿波段的光谱值，R_{nir} 为近红外波段的光谱值；式（7-22）主要针对航拍高分遥感影像，由于影像只含有 3 个波段无法运用 NDWI 进行水体提取，故根据矿区地物对绿波段比值的变化规律，采用绿波段比值指数提取水体，其中 R、G、B 分别代表航拍影像红绿蓝三个波段。

（3）疑似沉淀池及高位池分类规则。通过采用 NDWI 和 Green_Ratio 提取出的水体对象层中，会将部分山体阴影、河流、湖泊、水库、池塘等一起提取出来。由于沉淀池及高位池为独立集中分布，沉淀池旁边一般均为裸地，与水体光谱值差异较大。而河流、湖泊、水库等大的水体在小尺度分割下，会分成许多小的对象，对象间光谱差异较小，根据光谱相近程度设置最大光谱差异值（Maximum Spectral Difference，MASD）进行合并，使光谱差异较小且相邻的河流、湖泊等影像对象组成较大区域的对象，然后根据面积大小及形状规则使河流、湖泊、水库及大面积的自然水体去除；另外，由于离子稀土矿区主要位于丘陵山区，山体阴影大量存在且光谱值和水体较为接近，但通过上述的MASD合并，山体阴影面积一般较大，且边界极不规则，可以通过面积大小及形状因子进行去除；考虑到稀土矿区中沉淀池及高位池形状多为圆形或者长方形，形状较为规则，选择形状因子进行排除其他干扰地物，运用椭圆拟合度（Elliptic Fit）与矩形拟合度（Rectangular Fit）排除形状不规则的水体对象，根据实际沉淀池的长宽比（Length/Width）排除光滑度较大的水体对象，通过分类，得出与沉淀池和高位池的形状、大小相似的疑似沉淀池及高位池。

7.4.5 南方稀土矿点识别提取

以赣州市定南县岭北稀土矿的 Pleiades 卫星影像为例，对影像进行融合后得到分辨率为 0.5m 的融合影像，然后根据本文提出的稀土矿区高分卫星遥感影像识别的方法对 Pleiades 影像进行稀土开采矿点识别。

（1）波段权重的设置。针对 Pleiades 影像中稀土矿区地物在不同波段的表达不同，在分割前对采用影像波段权重计算方法，计算出 Pleiades 影像各波段统计协方差矩阵及相关性矩阵，从相关系数来看，Band4 与 Band1、Band2 及 Band3 相关性相对较小，而 Band1 与 Band2 具有最大的相关性。综合权衡，对 Pleiades 的 1~4 波段权重取值分别为 1、1、2、3。

（2）最优分割尺度的设置。根据得到的影像各波段权重的组合，对影像进行以 15 为尺度起点，240 为尺度终点，5 为步长，并设置影像的形状因子权重和光谱因子权重，进行多尺度分割。由于影像主要是对沉淀池进行分割识别提取，影像中沉淀池的光谱与周边对象差异明显，而且形状规则，按照区域异质性设置准则，故在其权重的设置时，以光谱因子为主，取值为 0.6，形状异质性为 0.4，精致度为 0.8。最后得到的分割尺度分别与对象的加权均值方差和最大面积的变化规律图如图 7-33 所示。

由图 7-33 可以看出，从尺度 45 开始，不同尺度下的最大面积曲线构成一系列明显的阶梯状平台，每个平台步长范围理论上对应矿区某种特定地物的分割尺度域；而由加权均值方差曲线可以看出，其峰值对应的分割尺度值分别为 45、65、95、120、145、185，而与之对应的最大面积曲线阶梯状尺度范围为 45~50、55~65、85~120、135~165、170~195，结合矿区地物特征，确定在 135~165 尺度范围适合分割林地及非林地，55~65 尺度范围适合分割矿区沉淀池及高位池，通过微调，最终确定 63、142 为沉淀池及林地的最佳分割尺度。具体分割效果如图 7-34 所示。

由图 7-34 可以看出，图 a 中，采用 142 的大尺度分割林地，分割对象尽管由许多对象组成，但是没有与其他地物混合也没有太破碎，能够较好地描述林地的边界形状；图 b、图 c 中，采用 63 的小尺度分割，能够非常完整的分割出方形和圆形的沉淀池形状，充分说明最优尺度的选择是合理的。

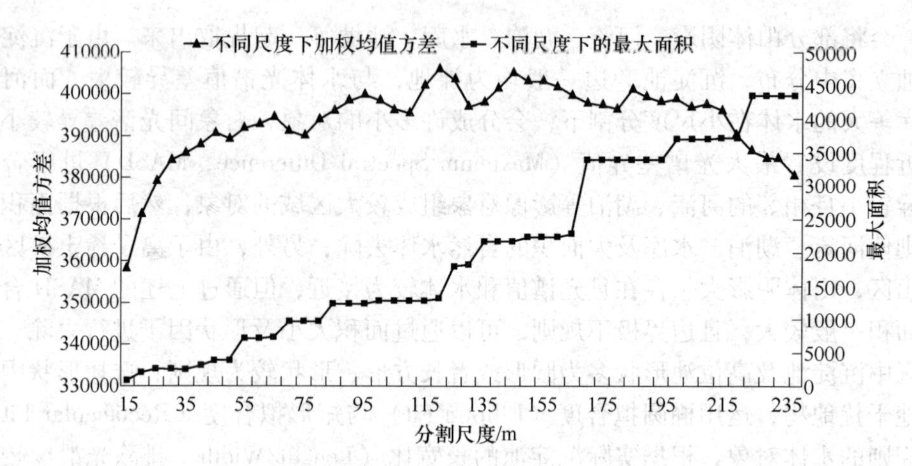

图 7-33 不同分割尺度下加权均值方差和最大面积折线图

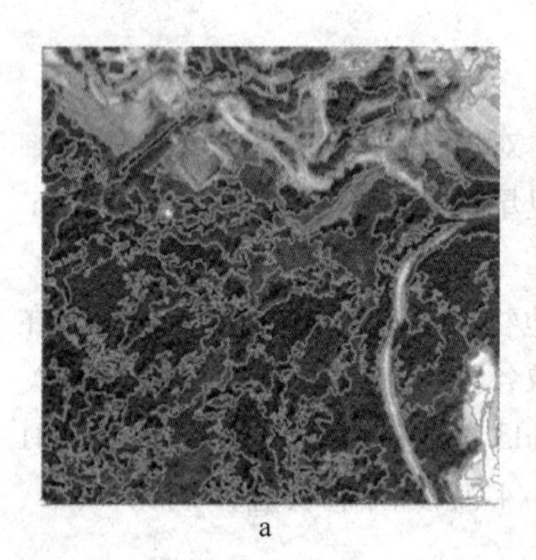

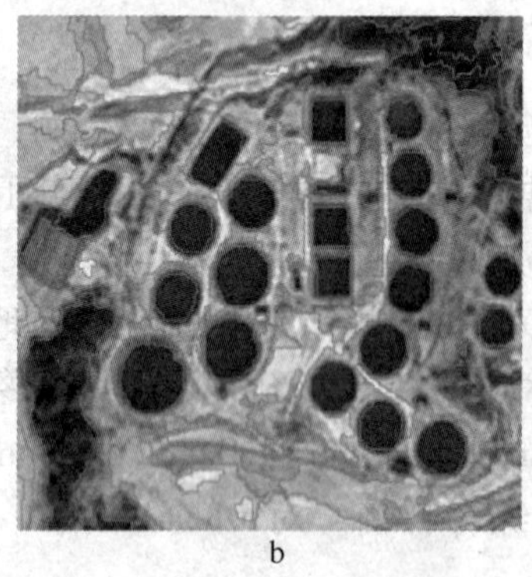

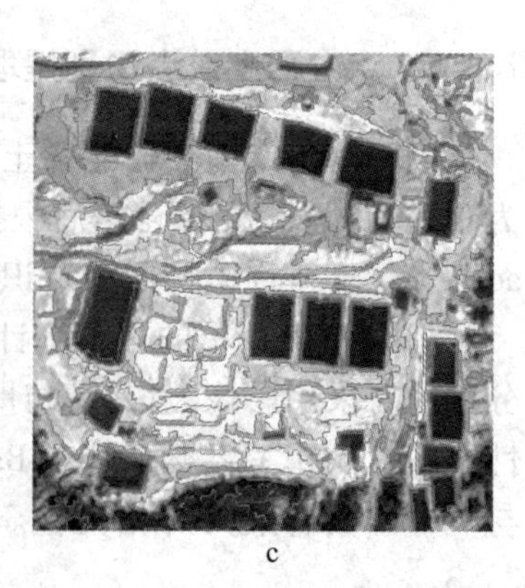

a b c

图 7-34 Pleiades 影像分割效果图

a—林地、非林地分割；b—圆形沉淀池分割；c—方形沉淀池分割

（1）Pleiades 影像非林地的提取。确定稀土矿区各种地物的最优尺度后，以最佳尺度为 142、形状异质性值为 0. 2、紧致度异质性值为 0. 6，对 Pleiades 影像进行分割，根据上述非林地分类规则，以归一化植被指数（NDVI）为分类特征，选择模糊小于的隶属度值范围为 0. 345~0. 352，对非林地进行提取。由于沉淀池的植被指数值与林地相近，会导致误分，沉淀池不在非林地图层中，故对非林地对象包含合并其内对象，最后得出非林地分类层，如图 7-35 所示。

（2）水体分类提取。对 Pleiades 影像中非林地提取后，然后对非林地进一步进行尺度为 43 的小尺度分割，根据水体分类规则，以水体指数（NDWI）为分类特征，采取模糊大于的模糊函数值为负 0. 12 到负 0. 10 进行非林地中的水体提取，如图 7-36 所示。

（3）疑似沉淀池及高位池提取。根据疑似沉淀池及高位池提取规则中，以 MASD 值等于 10 对分割结果进行合并，考虑到此尺度范围下沉淀池及高位池具有较为规则形状，形状异质性值调整为 0. 4、紧致度异质性值调整为 0. 8，以椭圆拟合度（Elliptic Fit）为分类特征，模糊函数为大于的函数值为 0. 75 到 0. 78，以矩形拟合度（Rectangular Fit）为分类特征，采用模糊函数为大于的函数值为 0. 8 到 0. 82，以面积（Area）为分类特征，采用全范围函数并取值为 70~100，以长宽比（Length/Width）指数为分类特征，进行分类得到形状似圆或矩形的水体。如图 7-37 所示。

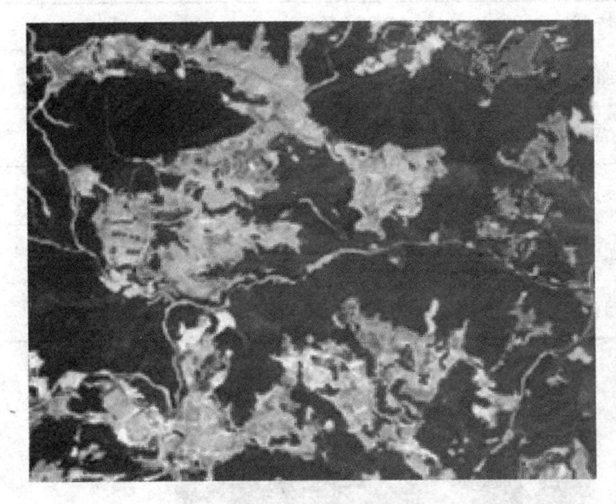

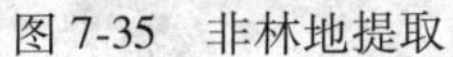

图 7-35 非林地提取

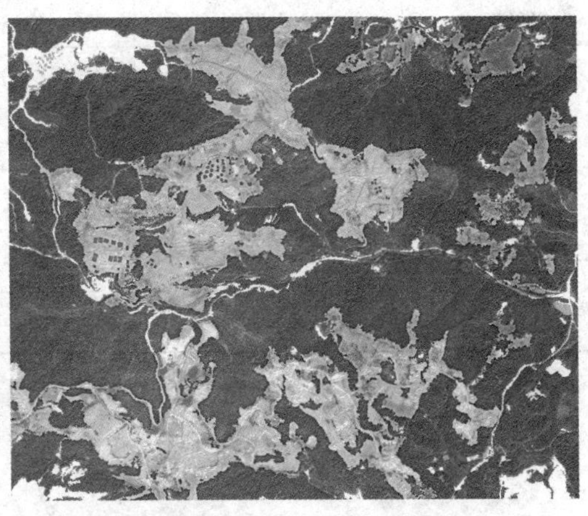

图 7-36 水体提取

图 7-37 规则水体提取结果部分图

（4）基于空间关系提取沉淀池及高位池。根据稀土矿区沉淀池及高位池的空间关系对所得到的疑似沉淀池及高位池进行再分类，核密度距离衰减阈值为 50m，设置缓冲距离 200m，获得沉淀池；在 300~500m 范围内，获得高位池。具体 Pleiades 影像上矿区地物提取规则参数如表 7-3 所示，沉淀池及高位池提取效果如图 7-38 所示。

表 7-3 Pleiades 影像上矿区地物提取规则参数

影像层次	地物类别	分类特征	模糊函数	函数值
Level_142	林地	NDVI	大于	[0.345, 0.352]
	非林地	NDVI	小于	[0.345, 0.352]
Level_63	水体	MASD	等于	10
		NDWI	大于	[-0.12, -0.10]
	一定大小、形状规则水池	Elliptic Fit	大于	[0.75, 0.78]
		Rectangular Fit	大于	[0.8, 0.82]

续表 7-3

影像层次	地物类别	分类特征	模糊函数	函数值
Level_63	一定大小、形状规则水池	Area	全范围	[70, 1100]
		Length/Width	小于	[0.23, 0.25]
	沉淀池	衰减阈值	等于	25
		缓冲距离	等于	50
	高位池	缓冲距离	区间	[300, 500]

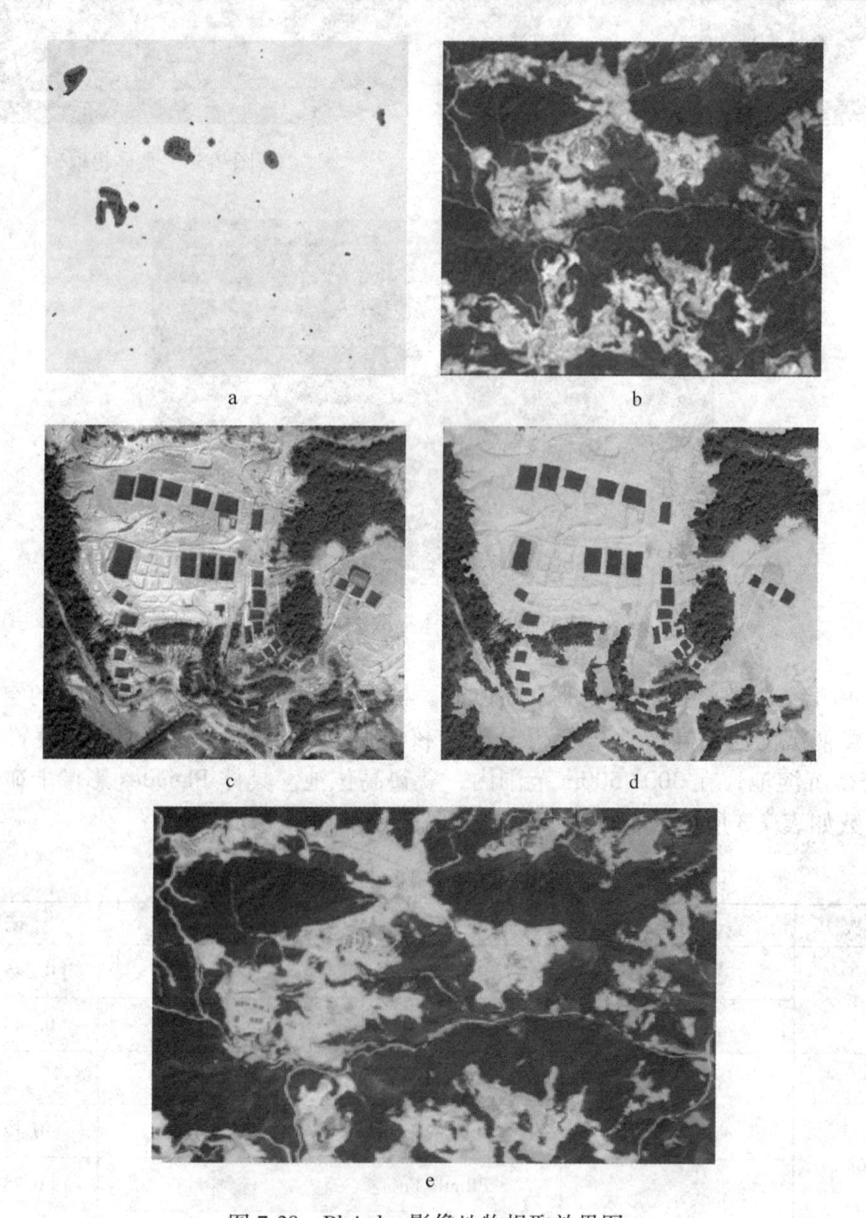

图 7-38 Pleiades 影像地物提取效果图

a—核密度计算；b—核密度结果；c—原始影像；d—沉淀池、高位池提取局部图；e—沉淀池、高位池提取全图

在图 7-37 中，通过形状及面积规则获得了形状较为规则的水体，但是一些形状较为规则的水塘会分到里面；在图 7-38a、b 中，根据沉淀池在空间上集聚分布的特征，采用核密度分析方法，获得了集聚区域，从而识别出沉淀池；从图 7-38c 与 d 中可以看出，能够很好地提取沉淀池，在图 7-38e 中，利用高位池与沉淀池的位置关系，提取高位池。

通过上述方法，提取出稀土矿区的高位池和沉淀池，从而识别出稀土开采状态。为了对识别结果准确性进行检验，分别对两幅矿区影像，采用目视解译的方法统计出稀土矿区正在开采沉淀池数以及高位池数目，然后和提取结果进行对比分析，结果如表 7-4 所示。

表 7-4　影像识别结果评价

矿区	地物类别	目视解译	影像识别结果			识别结果评价		
			识别数目	误分	漏分	准确度/%	误分率/%	漏分率/%
岭北矿区	沉淀池	103	101	4	6	94.17	3.88	5.83
	高位池	5	3	0	0	60.00	0	0

本节根据提出的稀土开采矿点识别的方法以 Pleiades 和航拍两种影像对应的两个地区进行稀土矿点识别与验证，并对 Pleiades 和航拍影像稀土矿点两次识别精度的结果进行评价与分析，Pleiades 和航拍影像中稀土矿区中沉淀池识别精度都达到90%以上，Pleiades 和航拍影像中的稀土矿点都能全部识别出来。实验证明，该识别方法对稀土矿点的识别有效，并且精度较高。

7.5　面向对象稀土高分影像识别尺度选择

随着遥感技术的发展，越来越多的专家学者结合高分影像开展矿山开采监测识别。然而，高分影像空间分辨率高，数据量大，对大场景的稀土矿区开采识别有较大困难，难以大面积应用。针对高分影像大场景应用，可以通过研究尺度效应，选取合适分辨率。一些学者通过改变影像分辨率，对比地物分类识别效果，探究影响监测识别最佳尺度。

本实验针对高分影像大场景下稀土开采监测问题，采用两步走方法，降低分辨率到不同尺度，探究矿区沉淀池识别的尺度效应，再结合沉淀池分布的空间规则，改变整体影像分辨率，探究矿点识别的尺度效应。最终通过矿区沉淀池和影像中矿点识别精度对比，合理选择适当的影像空间分辨率，为大尺度矿点和矿区识别数据选择提供依据。

7.5.1　研究区域及数据来源

研究区域选取定南县岭北稀土矿区，该矿区位于江西省定南县北约 20km，矿区经纬度为东经 114°58′04″~115°10′56″，北纬 24°51′2″~25°02′56″，面积约 200km^2，研究区域地理位置如图 7-39 所示。

该矿区已历经 20 多年开采活动，长期池浸/堆浸开采，近些年才普遍推行原地浸矿开采方式。浸矿溶液长时间浸泡山体，破坏土壤结构，通过侧渗和毛细管作用破坏地表植被，使植被难以恢复，植被复垦工作不易开展。池浸/堆浸稀土开采产生的大量堆积的尾砂使得稀土矿区及周边土壤沙化，形成大面积沙化地表。此外，稀土矿点大多位于偏远山区，山高林密、矿区分散、矿点众多导致稀土矿区监管难度大。

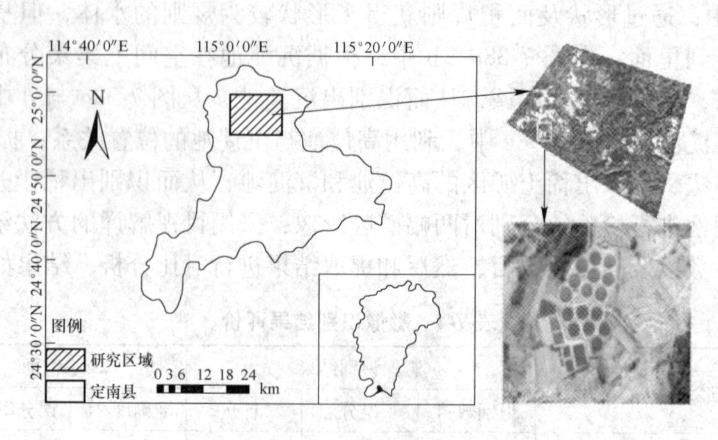

图 7-39 研究区域

7.5.2 稀土矿区沉淀池识别过程

为了提高研究精度，获取更精确的研究信息，对比分析了多种影像融合算法效果，鉴于 Gram-Schmidt 算法具有信息融入度好和较高的光谱保真度特点，本实验选取 Gram-Schmit Pan 算法生成融合影像。实验首先利用三次卷积插值方法，经过重采样生成多分辨率数据，影像分辨率分别为 0.5m、1m、1.5m、2m、2.5m、3m；再通过融合影像纹理特征和光谱信息生成多源融合数据。

利用面向对象方法信息提取稀土矿区沉淀池信息，在此过程中，通过加权均值和最大面积结合选取各分辨率尺度下沉淀池对应的最优分割尺度，使用 Cart 决策树分类方法对研究区域分类获取水体分布，根据沉淀池空间形状特征构建分类规则进行模糊分类，获取研究区正在使用中的沉淀池分布。最终对比分析各个分辨率下沉淀池分类结果，作为矿区尺度效应研究指标。

（1）通过数据融合技术，生成分辨率 0.5m 到 3.5m，步长为 0.5m 的多幅 7 波段矿点融合影像，波段如表 7-5 所示。

表 7-5 融合影像波段参考表

数　据	波段信息	图　层
Pleiades-1A	蓝	Layer1
	绿	Layer2
	红	Layer3
	近红外	Layer4
纹理特征	第 1 主成分	Layer5
	第 2 主成分	Layer6
	第 3 主成分	Layer7

（2）分析融合数据的协方差矩阵和相关性矩阵后，选取 B，G，R，NIR，PC1，PC2，PC3 波段分别对应的权重为 1，1，2，3，1，1，1。在分割尺度为 10 到 100 之间，对各个

分辨率的融合影像进行最优分割尺度实验，选取分割对象的加权均值方差和最大面积生成曲线统计图，如图 7-40 所示。

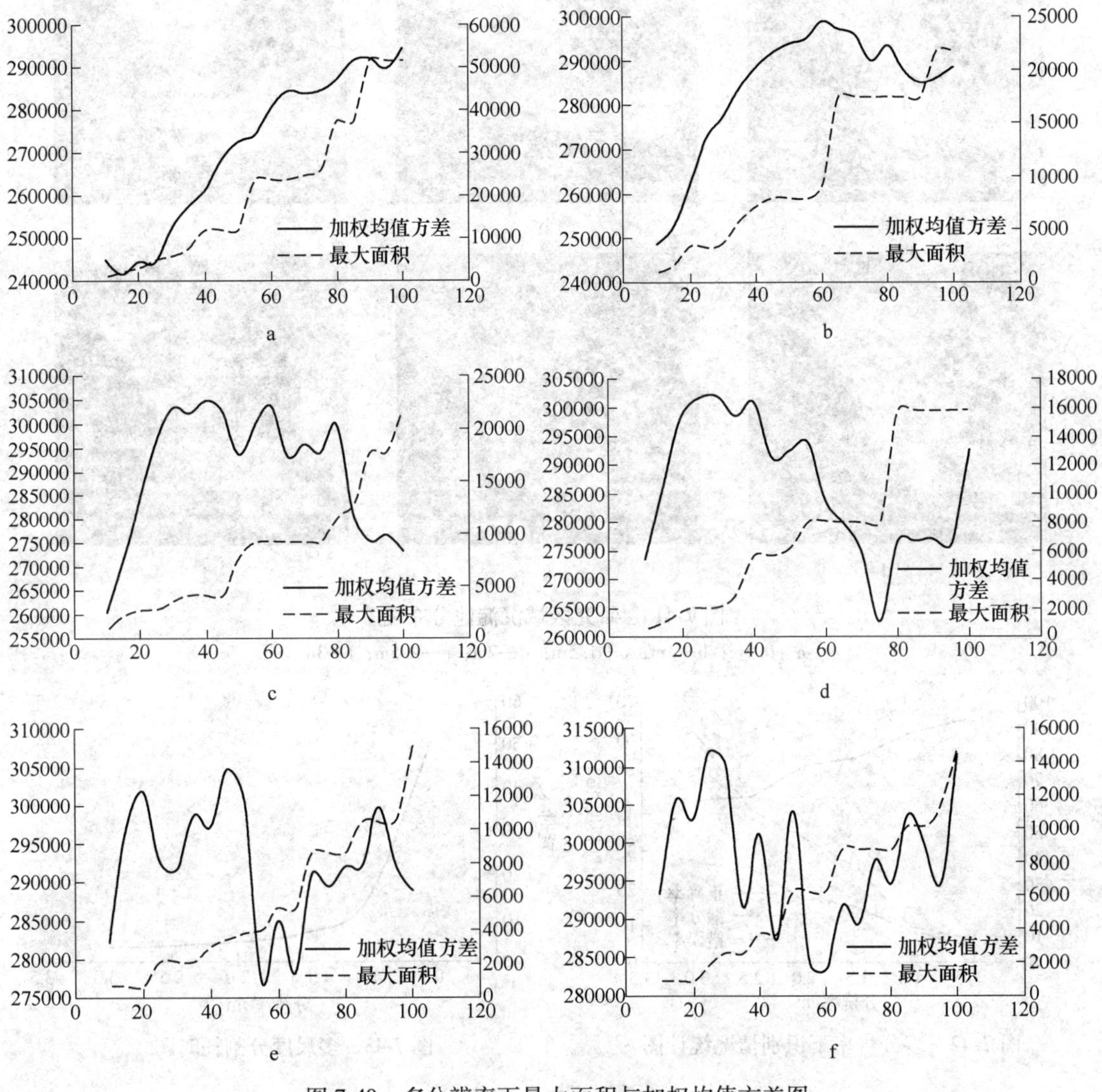

图 7-40 多分辨率下最大面积与加权均值方差图

a—0.5m；b—1m；c—1.5m；d—2m；e—2.5m；f—3m

（3）利用选取的 4 类样本，使用面向对象的 Cart 决策树分类法对研究区域进行分类。构建沉淀池分类规则，利用模糊分类获得使用中沉淀池分布。最后调整分类规则中各个规则限制条件，得到各分辨率下沉淀池的识别结果，如图 7-41 所示。

（4）分类结果精度验证：分类出沉淀池个数作为漏分个数，分类后错误分类沉淀池个数作为错分个数。统计情况主要包括，正确率（正确个数/实际个数），错分率（错分个数/分类个数），漏分率（漏分个数/实际个数）。统计各个分辨率下矿区沉淀池识别精度，将识别统计结果绘制成图，获得多分辨率下识别情况统计图，反应识别精度变化情况，如图 7-42 所示。统计多分辨率下多尺度分割耗时，绘制成图，如图 7-43 所示。

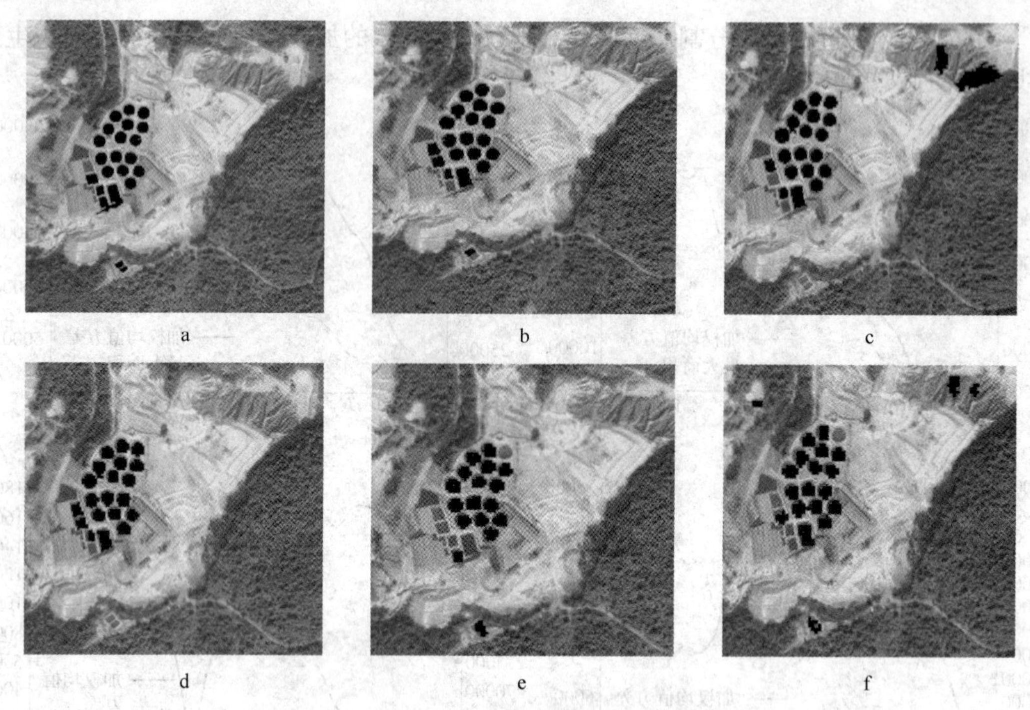

图 7-41 研究区域沉淀池分布图

a—0.5m；b—1m；c—1.5m；d—2m；e—2.5m；f—3m

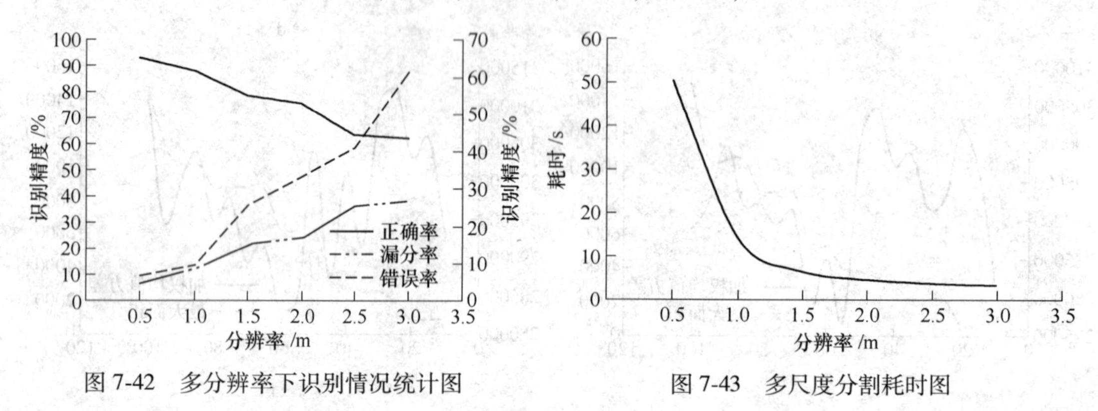

图 7-42 多分辨率下识别情况统计图

图 7-43 多尺度分割耗时图

7.5.3 稀土矿点识别精度分析

在大场景下通过沉淀池多密集分布的空间特征，采用核密度分析方法获取各个分辨率下稀土矿点识别情况，以矿点识别精度作为指标，研究矿点尺度效应。应用 1m、1.5m、2m、2.5m、3m、3.5m 分辨率作为遥感影像大范围稀土矿点识别分辨率。使用核密度分析生成像元为 30，核密度搜索半径为 300。其中核密度分析公式如式（7-23）和式（7-24）所示。

$$P(x) = \frac{1}{nh}\sum_{i=1}^{n}\left[\frac{d(x,\ x_i)}{h}\right] \tag{7-23}$$

式中，h 为距离阈值；n 为距离尺度 h 内沉淀池数量；$d(x,\ x_i)$ 为 P 点到距离尺度 h 范围内第 i 个水池的欧式距离。

$$K(t)=\frac{1}{\sqrt{2\pi}}e^{-\frac{1}{2}t^2} \tag{7-24}$$

式中，$K(t)$ 为高斯函数的核密度函数。分析结果如图 7-44 所示。

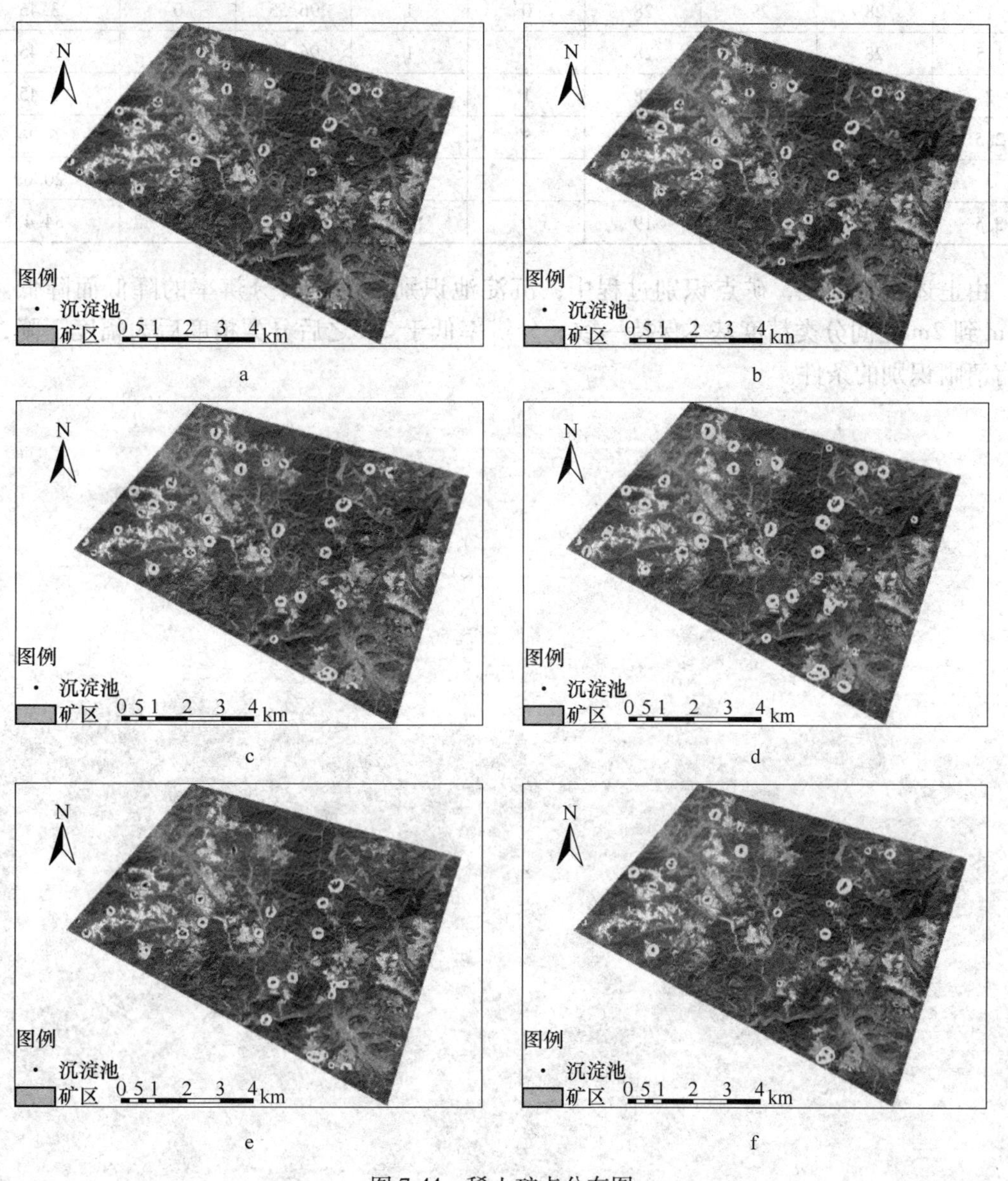

图 7-44 稀土矿点分布图

a—1m；b—1.5m；c—2m；d—2.5m；e—3m；f—3.5m

结合遥感影像，通过目视解译后找出影像内稀土矿点 29 个。在 1m、1.5m、2m、2.5m、3m、3.5m 分辨率下识别矿区个数分别为：28、28、29、32、25、20。比较矿区识别精度，计算识别正确率（正确个数/实际个数），漏分率（漏分个数/实际个数），错分率（错误个数/分类个数）。分析多分辨率下矿点识别情况，生成矿点识别统计表，如表 7-6 所示。

表 7-6 多尺度下沉淀池识别情况统计表

分辨率/m	分类个数	实际个数	正确个数	错分个数	漏分个数	正确率/%	错分率/%	漏分率/%
1	28	29	28	0	1	96.55	0	3.45
1.5	28	29	28	0	1	96.55	0	3.45
2	29	29	28	1	1	96.55	3.45	3.45
2.5	32	29	27	5	2	93.10	15.62	6.90
3	25	29	23	2	6	79.31	8.00	20.69
3.5	20	29	19	0	10	65.51	0	34.48

由上述实验可见，矿点识别过程中，沉淀池识别精度随着分辨率的降低而降低。在1.5m到2m之间分类精度基本保持一致，分辨率低于2m之后分类精度后大幅度下降，不具有清晰识别的条件。

8 植被覆盖度反演方法

8.1 植被覆盖度及遥感提取方法

作为描述植被覆盖特征的重要指标之一，植被覆盖度的一般定义为植被（包括叶、茎、枝干）在地面上垂直投影面积占统计总面积的百分比，是刻画地表植被覆盖的一个重要参数，也是指示生态环境变化的重要指标之一。植被覆盖度测量方法分为地面实测和遥感监测两种。由于遥感技术具有监测范围广，获取信息快、更新时间短等优势，已成为当前植被覆盖度监测的主要技术方法。基于遥感的植被覆盖度提取方法主要有统计模型法，植被指数法、像元分解模型法、森林郁闭度制图模型法（FCD 模型）和基于数据挖掘技术的估算方法。

经验模型法主要利用的是植被的光谱信息。通过建立地表实测的植被覆盖度与遥感信息之间的估算模型，然后将该模型推广到整个研究区域，计算植被覆盖度。该方法中估算模型的建立多使用回归分析的方法，包括线性回归模型和非线性模型两种；植被指数法是通过选取与植被覆盖度有良好关系的植被指数，构建其与植被覆盖度之间的转换关系，从而进行植被覆盖度估算。植被指数法中采用的植被指数是由对植被敏感的可见光近红外两个波段构成的归一化植被指数（NDVI）；像元分解模型法认为图像中的一个像元实际上是由一到多个组分构成，每个组分对遥感传感器所观测的信息都有贡献，因此可建立像元分解模型，并以此模型估算植被覆盖度。像元分解模型按原理不同可细分为线性模型、概率模型、几何光学模型、随机几何模型和模糊分析模型 5 种，其中又以线性模型应用最为常见，而线性模型中又以像元二分模型最为常见；森林郁闭度制图模型法是国际热带木材组织在总结众多学者研究的基础上发展而成的一种新制图方法，通过 FCD 值大小划分植被覆盖度等级；基于数据挖掘技术的植被覆盖度估算方法中应用较为广泛的是决策树分类法和人工神经网络法。下面就各种方法的优缺点做简单介绍（见表 8-1）。

表 8-1　植被覆盖度提取方法的优缺点及适用范围

估算方法	优　缺　点	适用范围
经验模型法	对实测数据依赖性高，精度高	小区域精确研究
植被指数法	对实测数据依赖性较小，精度较低	大范围粗略估计
像元分解模型法	不依赖于实测数据，精度随影像分辨率不同而不同	可广泛应用
FCD 模型法	能够表明植被的生长现象，计算繁琐，精度较高	应用较少
决策树分类法	需大量样本数据，有阈值要求，超过则推广性较差	可广泛应用
神经网络法	能容忍数据的噪声，但需要大量的样本数据，有阈值要求，超过则推广性较差	可广泛应用

8.2　像元二分法

像元二分法把混合像元的光谱信息（如反射率）看作是植被和裸土光谱信息的线性组合，其比重与他们各自所占的面积有关，由此，构建植被覆盖度计算公式如式（8-1）所示。

$$V_f=(R-R_{soil})/(R_{veg}-R_{soil}) \tag{8-1}$$

式中，R_{veg}为纯植被覆盖的反射率；R_{soil}为纯裸土的反射率；R为含有植被和土壤的地表反射率。将植被覆盖度看作是纯植被和纯土壤植被指数（NDVI）的线性组合，式（8-1）可表示为式（8-2）。

$$V_f=(N_{NDVI}-N_{NDVI_{soil}})/(N_{NDVI_{veg}}-N_{NDVI_{soil}}) \tag{8-2}$$

其中$N_{NDVI_{soil}}$为裸土或无植被覆盖区域的NDVI值，$N_{NDVI_{veg}}$代表完全植被覆盖的NDVI值。具体操作通过实例“东江源植被覆盖度提取方法比较”进行介绍。

8.3　森林郁闭度制图模型

森林郁闭度制图模型（Forest Canopy Density Mapping Model，FCD Model）是由国际热带木材组织（International Tropical Timber Organization，ITTO）提出的，基于的是森林的生物-物理特性，以Landsat遥感影像为数据源，构建4个指数，植被指数（Vegetation Index，VI，一般采用归一化植被指数NDVI）、裸土指数（Bare Soil Index，BI）、阴影指数（Shadow Index，SI）及热量指数（Temperature Index，TI）。由于Landsat遥感影像的热红外波段较低，且该指数很少使用到，一般研究中不进行讨论，因此这次对TI也不考虑。各个指数的计算公式如下：

$$\mathrm{VI}=(b5-b4)/(b5+b4) \tag{8-3}$$

$$\mathrm{BI}=\frac{b6+b4-b5-b2}{b6+b4+b5+b2} \tag{8-4}$$

$$\mathrm{SI}=[(256-b2)(256-b3)(256-b4)]^{\frac{1}{3}} \tag{8-5}$$

式中，$b2\sim b6$分别表示OLI影像的蓝波段、绿波段、红波段、近红波段、短波红外波段亮度值。依据各指数的相关性特征，构建复合植被指数VBSI，即

$$\mathrm{VBSI}=(\mathrm{VI}+s\mathrm{BI})\mathrm{SI} \tag{8-6}$$

式中，s为修正系数，根据离子型稀土矿区的实际情况，经试验选取$s=-0.1$。在离子型稀土矿区植被覆盖度提取实验中将FCD模型中得到的VBSI值代替NDVI值代入像元二分法提取植被覆盖度。具体操作通过实例“东江源植被覆盖度提取方法比较”进行介绍。

8.4　光谱像元分解模型

由于光谱像元分解模型中常用的是线性光谱像元分解模型（Linear Spectral Mixture Model，LSMM），因此我们仅对LSMM的原理和操作进行介绍。LSMM假设太阳入射辐射

只与一种地物表面发生作用，物体之间没有相互作用，传感器所获得的像元光谱反射率，可以通过构成该像元的各物质端元反射率与它们在像元中所占比例的加权和来描述，表达式及约束条件如式（8-7）~式（8-9）所示。

$$R_{ia} = \sum_{k=1}^{n} f_{ki} C_{ka} + \varepsilon_{ia} \tag{8-7}$$

$$\sum_{k=1}^{n} f_{ki} = 1 \tag{8-8}$$

$$0 \leqslant f_{ki} \leqslant 1 \tag{8-9}$$

式中，R_{ia}为第 a 波段上第 i 像元的光谱反射率；C_{ka}为第 a 波段上第 k 端元的光谱反射率；f_{ki}为第 i 像元的第 k 端元组分的丰度值；n 为像元包含的基本组分数目；ε_{ia} 为第 a 波段上第 i 像元的剩余残差，反映了线性光谱像元分解模型计算结果与实际覆盖值的差异。式（8-7）为 LSMM 模型的基本形式，式（8-8）及式（8-9）为约束方程。仅满足式（8-7）为无约束 LSMM，满足式（8-8）或式（8-9）2 个条件为半约束 LSMM；3 个条件均满足为全约束 LSMM。

LSMM 模型通过误差 ε_i 来对模型优劣进行评价，评价公式如式（8-10）所示。

$$\varepsilon_i = \sqrt{\left(\sum_{a=1}^{m} \varepsilon_{ia}^2\right) / m} \tag{8-10}$$

各影像像元中基本组分的比例可以通过最小二乘法计算得到，其基本思想是求误差 ε_{ia}，使 ε_i 最小。通过有无限定条件见式（8-8）、式（8-9）可获得不同的组分比例。下面结合具体实例对线性光谱像元分解模型估算植被覆盖度的过程进行介绍。

8.5 东江源植被覆盖度提取方法比较

为对整个实验流程有个大致了解，特作出实验的流程图，效果如图 8-1 所示。

第一步数据预处理。

（1）启动 ENVI，选择 File→Open As→Optical Sensors→Landsat →GeoTIFF with Metadata，打开 Landsat 8 OLI 数据 LC81210432016351 LGN00_MTL. txt。

（2）在 Toolbox 工具箱中选择 Radiometric Correction→Radiometric Calibration，选择可见光近红外波段的 Landsat 8 的数据，点击 OK 按钮，打开 Radiometric Calibration 对话框（图 8-2）。

（3）在 Radiometric Calibration 对话框（图 8-3）中，单击 Apply FLAASH Settings 按钮，辐射定标的相关参数即设置完成。

（4）选择输出路径及文件名，点击 OK 按钮，执行定标过程。

（5）在 Toolbox 工具箱中选择 Radiometric Correction→Atmospheric Correction Model→FLAASH Atmospheric Correction，双击，将弹出 FLAASH Atmospheric Correction Model Input Parameters 对话框。

（6）在 FLAASH Atmospheric Correction Model Input Parameters 对话框中，Input Radiance Image 选择为辐射定标后的数据，将弹出 Radiance Scale Factors 对话框（图 8-4），选择 Use single scale factor for all bands 选项，Single scale factor 输入 1.000000，单击 OK 按钮。

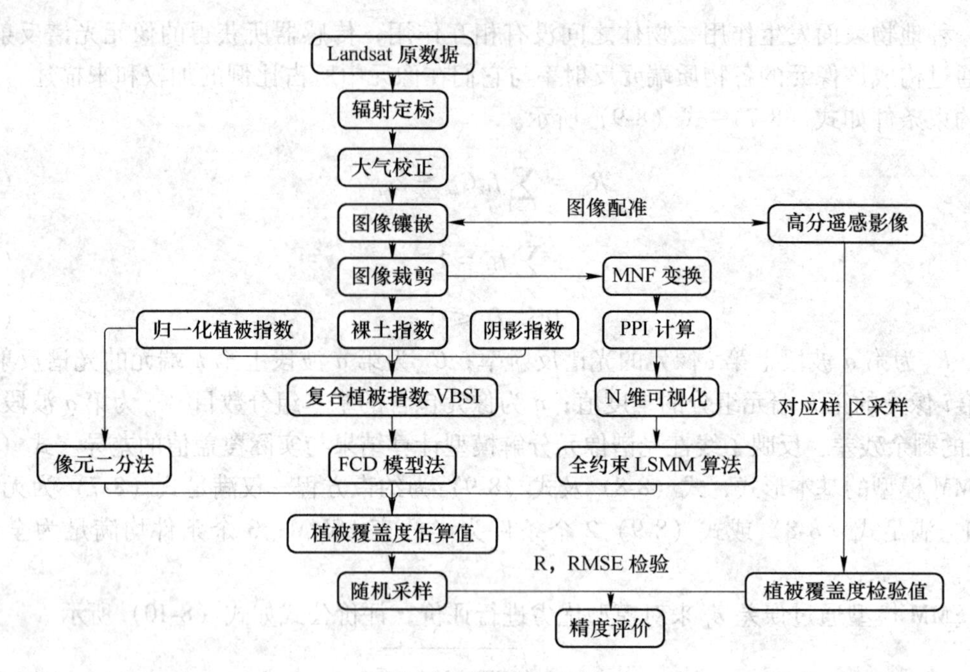

图 8-1 技术流程图

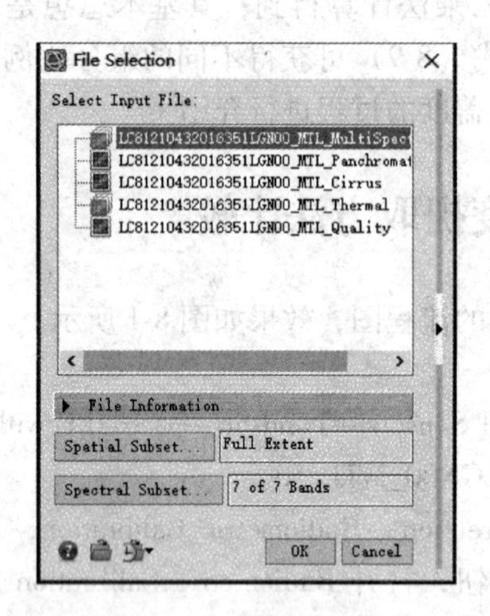

图 8-2 文件选择对话框

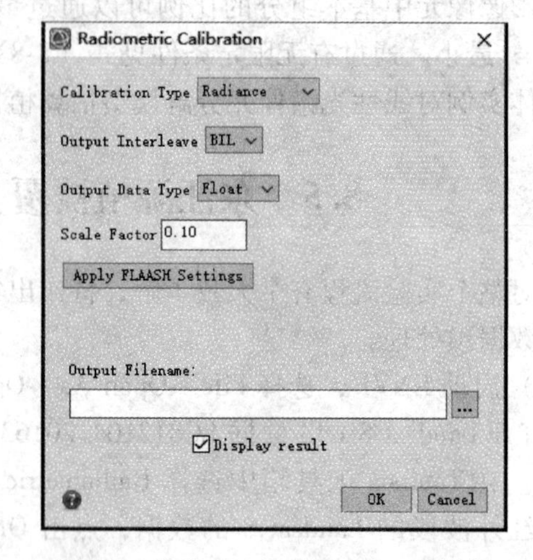

图 8-3 Radiometric Calibration 对话框

（7）单击 Output Reflectance File 按钮，选择输出文件名和路径。单击 Output Directory for FLAASH Files 按钮，设置大气校正其他输出结果存储路径，如水汽反演结果，云分类结果，日志等。

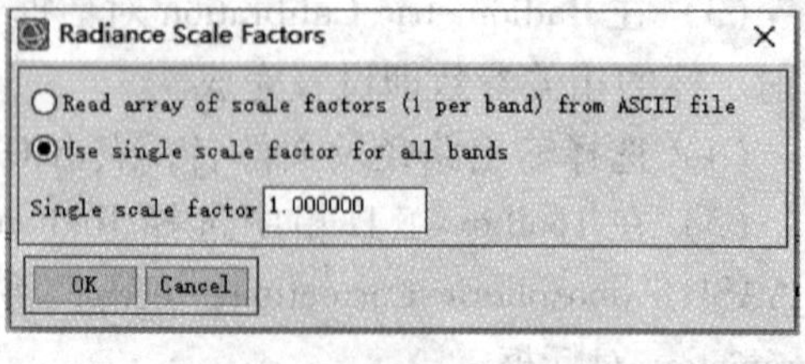

Radiance Scale Factors
Read array of scale factors (1 per band) from ASCII file
Use single scale factor for all bands
Single scale factor 1.000000
OK Cancel

图 8-4 Radiance Scale Factors 对话框

（8）传感器与目标信息。

Lat：24.55286；Lon：115.46458（从元数据文件中获取）。

Sensor Type ：Landsat-8 OLI。

Ground Elevation：0.453（从相应区域的 DEM 获取平均值）。

Flight Date：2016-12-16 Flight Time：02：45：48（从元数据文件中获取）。

（9）大气模型（Atmospheric Model）：Mid-Latitude Summer。

气溶胶模型（Aerosol Model）：Rural。

气溶胶反演（Aerosol Retrieval）：2-Band(K-T)。

初始能见度（Initial Visibility）：35。

（10）多光谱设置（Multispectral Settings）。由于波谱响应函数默认指向 D：\Program Files\Exelis\ENVI51\classic\filt_func\landsat8_oli. sli，ENVI 软件的安装目录，根据个人 ENVI 软件的安装目录来填写。该波谱响应函数包含了卷云波段和全色波段，且卷云波段位于全色 7 个波段的中间位置，如果利用该波谱响应函数，则会导致用错波段，SWIR1 波段大气校正后的结果全为 0。因此，需要重新制作与大气校正输入的多光谱数据的 7 波段对应的波谱响应函数。

1）启动 ENVI Classic 软件，选择 Window→Start New Plot Window。

2）在 ENVI Plot Window 窗口中，选择 File→Input Data→Spectral Library。

3）在 Spectral Library Input File 对话框的最下方选择 Open→New File，打开 landsat8_oli. sli 波段响应函数文件，点击 OK 按钮，将弹出 Input Spectral Library 对话框。

4）在 Input Spectral Library 对话框中（图 8-5），Available Spectra 选项中选择可见光近红外波段的七个波段，Wavelength Units 选择 Micrometers，Y Data Multiplier 输入 1.000000，单击 OK 按钮。

5）在 ENVI Plot Window 窗口（图 8-6）中，选择 File→Save Plot As→Spectral Library。

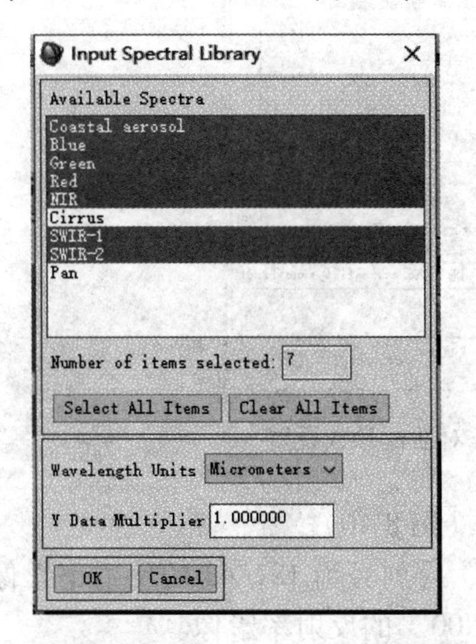

图 8-5 Input Spectral Library 对话框参数设置

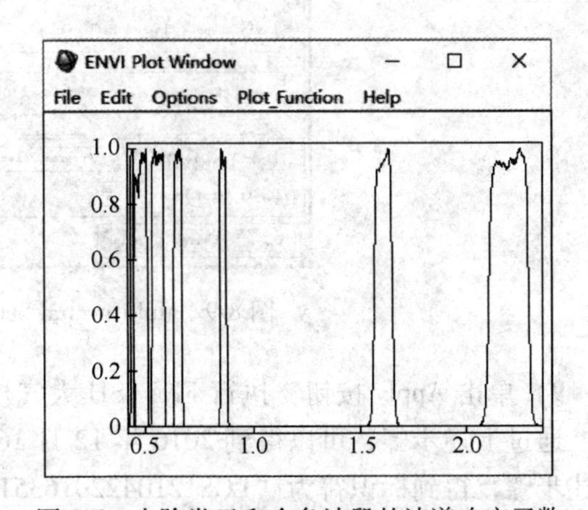

图 8-6 去除卷云和全色波段的波谱响应函数

6）在弹出的 Output Plots to Spectral Library 对话框（图 8-7）中，单击 Select All Items 按钮，选中全部波段，单击 OK 按钮。

7）在 Output Spectral Library 对话框（图 8-8）中，参数均选默认，输入输出路径和文件名，单击 OK 按钮。

8）单击 Multispectral Settings 按钮，在弹出的 Multispectral Settings 对话框（图 8-9）

中，选择 Defaults 下拉框：Over-Land Retrieval Standard（600：2100），Filter Function File 选择重新制作的波谱响应函数，单击 OK 按钮。

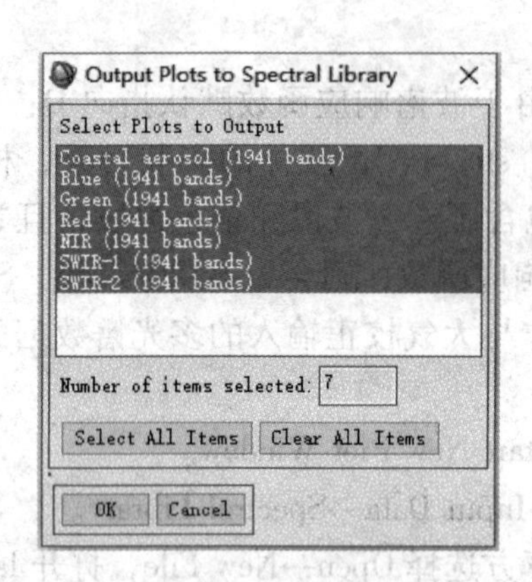

图 8-7 Output Plots to Spectral Library 对话框

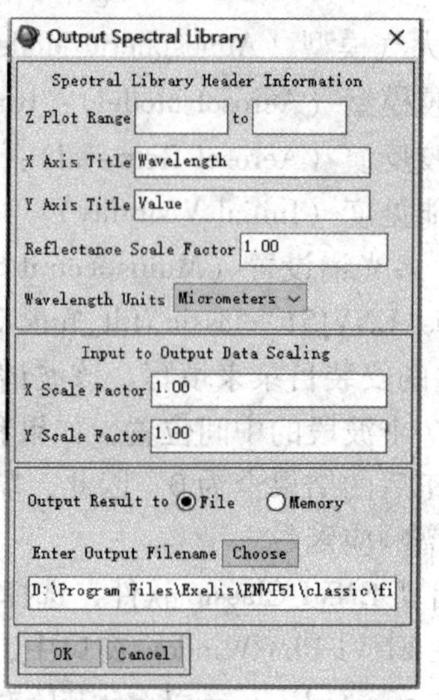

图 8-8 Output Spectral Library 对话框

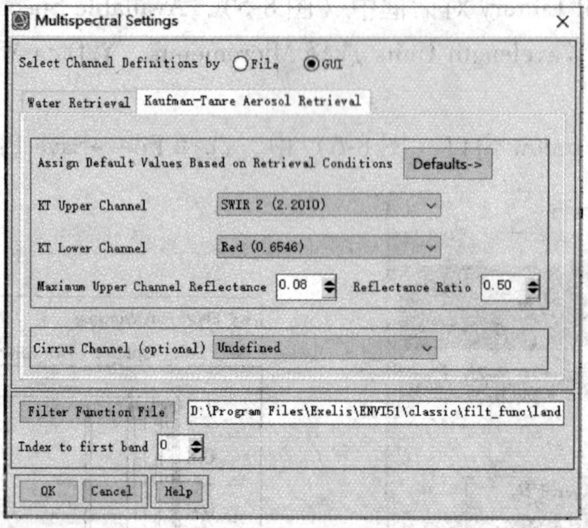

图 8-9 Multispectral Settings 对话框参数设置

9）单击 Apply 按钮，执行 FLAASH 大气校正（图 8-10）。

通过上述步骤，可以得到 2016 年 12 月 16 日，行列号为 121/43 的反射率影像，重复上述步骤，得到标识符为“LC81210422016351LGN00”的反射率影像。

大气校正前后植被光谱曲线比较（图 8-11）。

10）在 Toolbox 工具箱中选择 Mosaicking→Seamless Mosaic，打开流程化镶嵌工具。

11）点击 Seamless Mosaic 对话框上的➕按钮，将弹出 File Selection 对话框，选择需要镶嵌的影像（图 8-12），点击 OK 按钮。

12）将需要镶嵌影像的 Data Ignore Value（图 8-13）均设置为 0，同时勾选 Seamless Mosaic 对话框上的 Show Preview 选项。

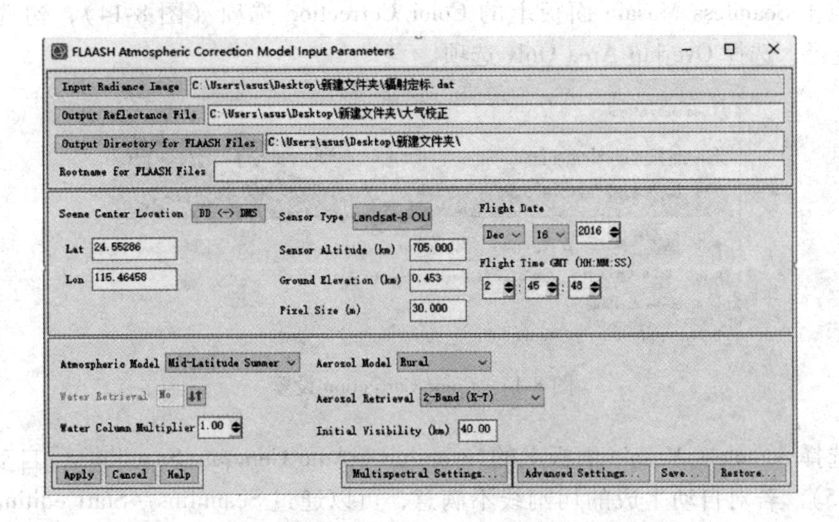

图 8-10 FLAASH 大气校正参数设置

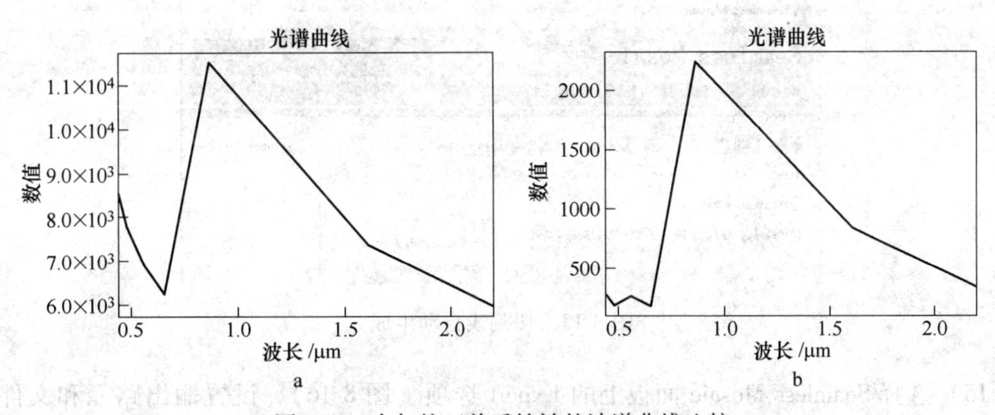

图 8-11 大气校正前后植被的波谱曲线比较

a—校正前；b—校正后

图 8-12 镶嵌的影像

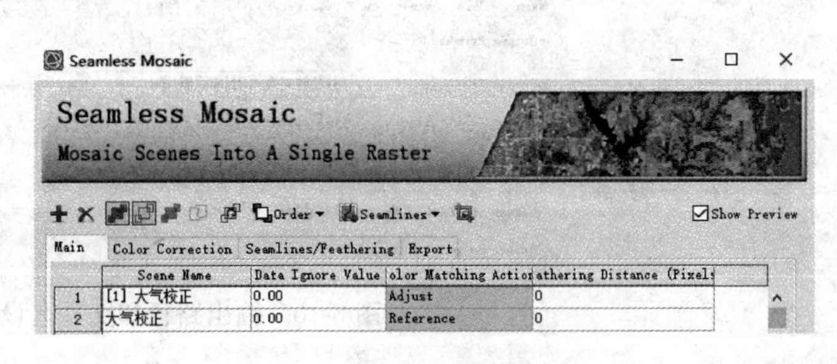

图 8-13 Data Ignore Value 设置

13）点击 Seamless Mosaic 面板上的 Color Correction 选项（图 8-14），勾选 Histogram Matching 选择，选择 Overlap Area Only 选项。

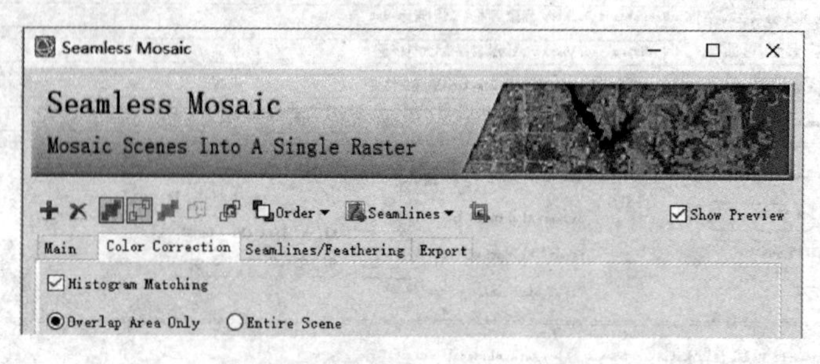

图 8-14　Color Correction 设置

14）选择 Seamless Mosaic 面板上的 Seamilins→Auto Generate Seamlines，自动生成切割线（图 8-15）。若对自动生成的切割线不满意，可以通过 Seamilins→Start editing seamlines 对生成的切割线进行调整。

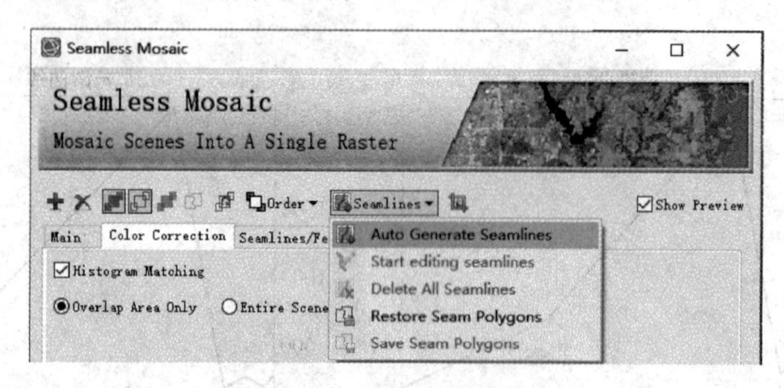

图 8-15　切割线自动生成

15）选择 Seamless Mosaic 面板上的 Export 选项（图 8-16），设置输出路径和文件名，还有输出背景值，其他参数默认，单击 Finish 按钮。

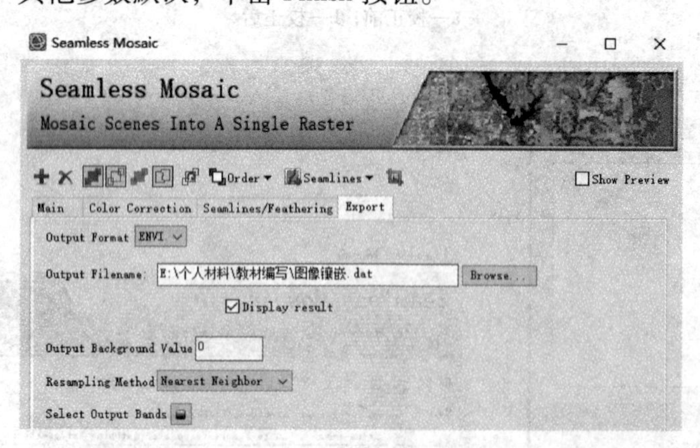

图 8-16　输出路径和文件名设置

16）选择 File→Open，打开研究区域的矢量边界文件。

17）在 Toolbox 工具箱中，选择 Regions of Interest→Subset Data from ROIs。

18）在 Select Input File to Subset via ROI 对话框中，选择图像镶嵌后的文件作为需要裁剪的遥感影像，单击 OK 按钮。

19）在 Spatial Subset via ROI Parameters 对话框中，Select Input ROIs 选项选择研究区域的矢量边界（图 8-17），Mask pixel out of ROIs 选项选择 Yes，Mask background value 设置为 0，选择输出路径和名称，单击 OK 按钮。

基于上述的处理流程，即可得到研究区域的多光谱反射率影像。

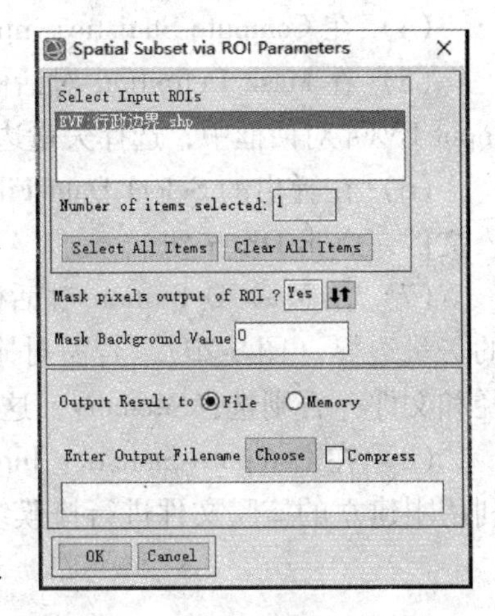

图 8-17 Spatial Subset via ROI Parameters 对话框

8.5.1 像元二分法

NDVI 计算和 $NDVI_{soil}$、$NDVI_{veg}$ 获取：

（1）在 Toolbox 工具箱中，选择 Band Ratio→Band Math，在 Enter an expression 文本框中输入 float(b1 - b2)/(b1 + b2)(图 8-18)，点击 Add to list 按钮，编写的公式将添加 Previous Band Math Expression 文本框中，点击 OK 按钮，需要说明的是，大气校正后的反射率值为实际反射率值扩大 10000 倍的数值，为整型数据，若计算前不进行数据类型转换，将产生错误的结果，因此在进行除法运算前线进行数据转换，即在 b1-b2 之前加上 float，将数据由整型转化为浮点型。

（2）在 Variables to Bands Pairings 对话框中（图 8-19），B1 选择遥感影像的近红外波段，b2 选择遥感影像的红光波段，这里分别选择第 5，4 波段，选择输出路径和文件名，点击 OK 按钮。

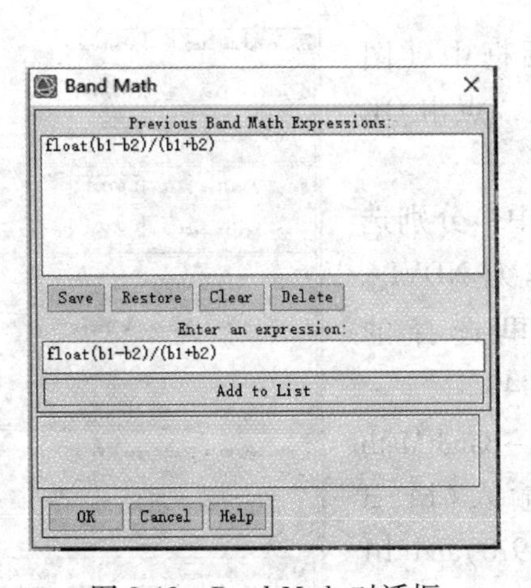

图 8-18 Band Math 对话框

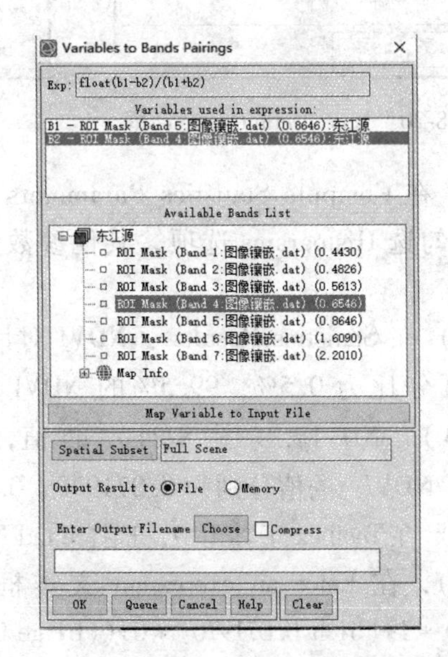

图 8-19 Variables to Band Pairings 对话框

（3）在 Toolbox 工具箱中，选择 Statistics→Compute Statistics，在 Compute Statistics Input File 对话框中，选择 NDVI 影像作为统计分析的输入文件，由于研究区域为不规则多

边形，NDVI 影像中除包含 NDVI 信息外，还包括背景信息，但背景信息是不需要的统计分析，因此需根据裁剪所用的矢量边界建立掩膜文件。

（4）在 Compute Statistics Input File 对话框中，点击 Mask Options→Build Mask。

（5）在 Mask Definition 对话框中，选择 Options→Import EVFs，在弹出的 Mask Definition Input EVFs 对话框中，选择矢量边界文件作为建立掩膜的文件，点击 OK 按钮。

（6）在弹出的 Select Data File Associated with EVFs 对话框中，选择 NDVI 影像作为输入文件，点击 OK 按钮。

（7）在 Mask Definition 对话框的 Selected Attributes for Mask 将显示用于建立掩膜文件的矢量边界（图 8-20），若需对掩膜文件进行保存，Output Result to 选择 File，输入输出路径和文件，否则选择 Memory，这里选择 Memory，点击 OK 按钮，掩膜文件即创建成功。

（8）在 Compute Statistics Input File 对话框中（图 8-21），NDVI 影像作为输入文件，利用刚建立的掩膜文件进行掩膜统计，点击 OK 按钮。

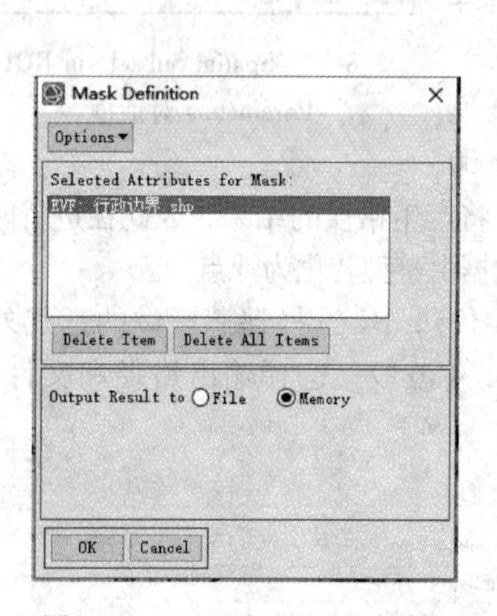

图 8-20 Mask Definition 对话框

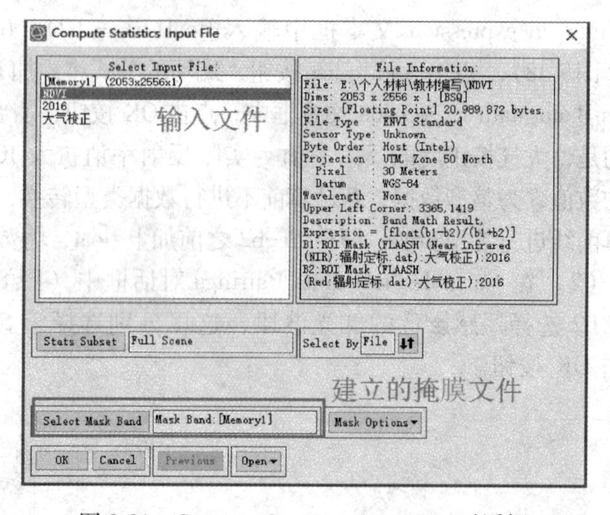

图 8-21 Compute Statistics Input File 对话框

（9）在 Compute Statistics Parameters 对话框中（图 8-22），勾选 Histograms 选项，其他参数默认，点击 OK 按钮。

（10）在 Statistics Results：NDVI 对话框中，分别选择累计百分比为 0.5%，99.5% 的 NDVI 值作为 $NDVI_{soil}$（图 8-23）、$NDVI_{veg}$（图 8-24）的值，这里选择的 $NDVI_{soil}$、$NDVI_{veg}$ 的值分别为 0.071970、0.868949。

（11）在 Toolbox 工具箱中，选择 Band Ratio→Band Math（图 8-25），在 Enter an expression 文本框中输入 (b1 gt 0.868949) * 1+(b1 lt 0.071970) * 0+((b1 ge 0.071970)and(b1 le 0.868949)) * ((b1-0.071970)/(0.868949-0.071970))，点击 Add to list 按钮，编写的公式将添加 Previous Band Math Expression 文本框中，点击 OK 按钮，需要说明的是由于

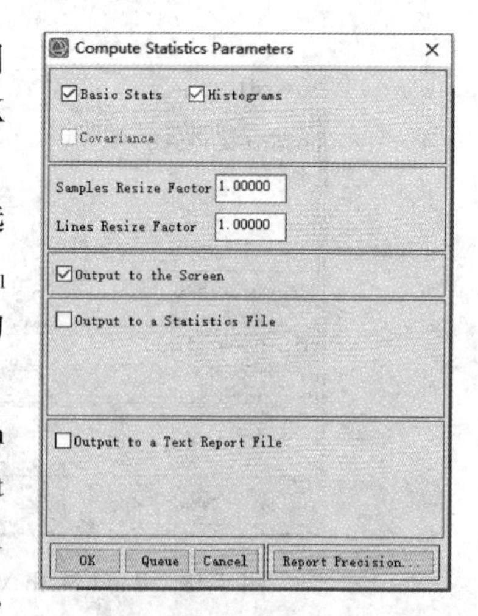

图 8-22 Compute Statistics Parameters 对话框

Select Stat▾

0.019994	1364	20935	0.0204	0.3137
0.037319	2107	23042	0.0316	0.3453
0.054645	3819	26861	0.0572	0.4026
0.071970	6096	32957	0.0914	0.4939
0.089296	7450	40407	0.1116	0.6056
0.106622	8102	48509	0.1214	0.7270
0.123947	8790	57299	0.1317	0.8587
0.141273	10053	67352	0.1507	1.0094

图 8-23　$NDVI_{soil}$取值

Select Stat▾

0.747670	425952	3494836	6.3835	52.3751
0.764995	483605	3978441	7.2475	59.6226
0.782321	535127	4513568	8.0196	67.6422
0.799646	578494	5092062	8.6695	76.3117
0.816972	591601	5683663	8.8660	85.1777
0.834298	528601	6212264	7.9218	93.0996
0.851623	331964	6544228	4.9749	98.0745
0.868949	104515	6648743	1.5663	99.6408

图 8-24　$NDVI_{veg}$取值

选择的并非 NDVI 影像的最大值和最小值为 $NDVI_{soil}$、$NDVI_{veg}$的值，所以存在部分像元的像元值高于 $NDVI_{veg}$或低于 $NDVI_{soil}$，为避免出现不符合实际的结果，所以对像元值高于 $NDVI_{veg}$的像元直接赋值 1，低于 $NDVI_{soil}$的值直接赋值为 0。

（12）在 Variables to Bands Pairings 对话框中（图 8-26），b1 选择 NDVI 影像，设置输出路径和文件名，点击 OK 按钮。

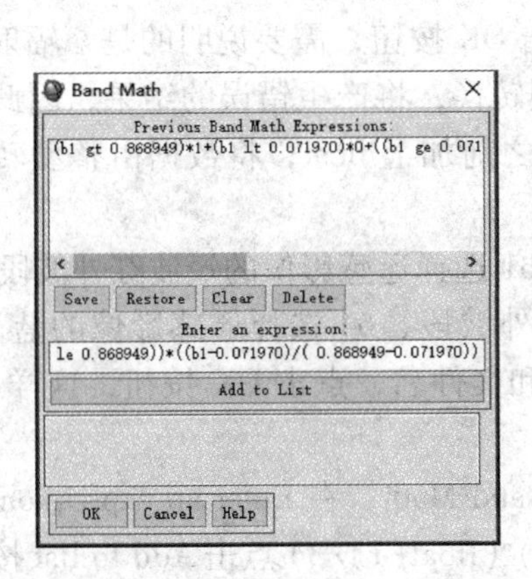

图 8-25　Band Math 对话框

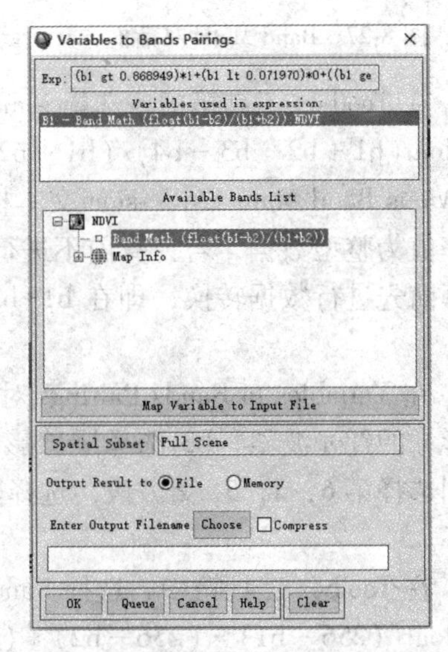

图 8-26　Variables to Bands Pairings 对话框

8.5.2　森林郁闭度制图模型

（1）在 Toolbox 工具箱中，选择 Band Ratio→Band Math（图 8-27），在 Enter an expression 文本框中输入 float(b1 - b2)/(b1 + b2)，点击 Add to list 按钮，编写的公式将添加 Previous Band Math Expression 文本框中，点击 OK 按钮，需要说明的是，辐射定标后的反射率值为整型数据，若计算前不进行数据类型转换，将产生错误的结果，因此在进行除法运算前先进行数据转换，即在 b1-b2 之前加上 float，将数据由整型转化为浮点型。

（2）在 Variables to Bands Pairings 对话框中（图 8-28），B1 选择遥感影像的近红外波段，B2 选择遥感影像的红光波段，这里分别选择第 5，4 波段，选择输出路径和文件名，点击 OK 按钮，这样 VI 即计算出来了。

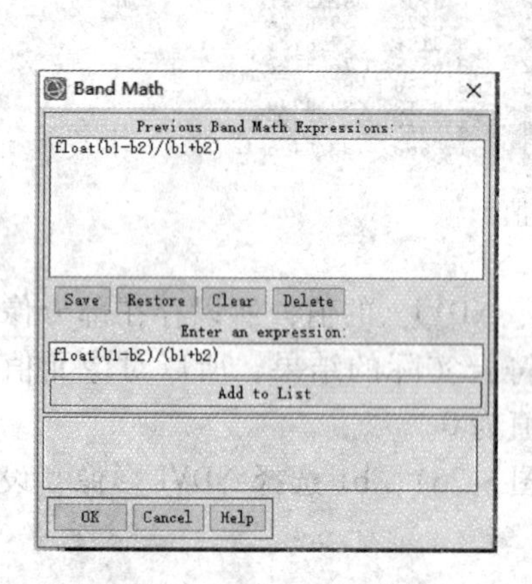

图 8-27　Band Math 对话框

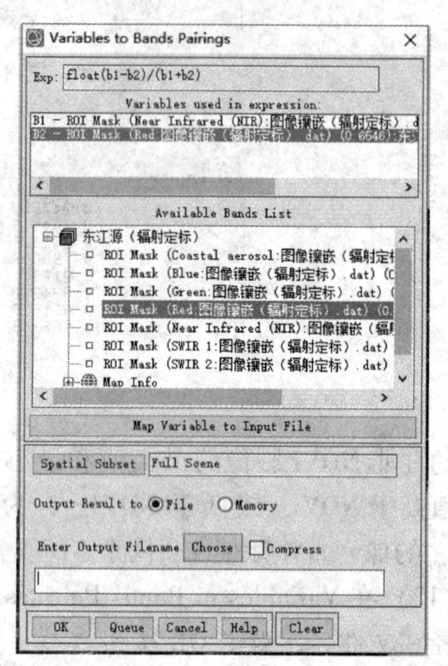

图 8-28　Variables to Bands Pairings 对话框

（3）在 Toolbox 工具箱中，选择 Band Ratio→Band Math，在 Enter an expression 文本框中输入 float(b1 + b2 - b3 - b4)/(b1 + b2 + b3 + b4)，点击 Add to list 按钮，编写的公式将添加 Previous Band Math Expression 文本框中，点击 OK 按钮，需要说明的是，辐射定标后的反射率值为整型数据，若计算前不进行数据类型转换，将产生错误的结果，因此在进行除法运算前先进行数据转换，即在 b1+b2-b3-b4 之前加上 float，将数据由整型转化为浮点型。

（4）在 Variables to Bands Pairings 对话框中，b1 选择遥感影像的短波红外波段，b2 选择遥感影像的红光波段，b3 选择遥感影像的近红外波段、b4 选择遥感影像的蓝光波段，这里分别选择第 6，4，5，2 波段，选择输出路径和文件名，点击 OK 按钮，这样 BI 即计算出来了。

（5）在 Toolbox 工具箱中，选择 Band Ratio→Band Math，在 Enter an expression 文本框中输入 float((256 - b1) * (256 - b2) * (256 - b3))^(float(1)/3) 点击 Add to list 按钮，编写的公式将添加 Previous Band Math Expression 文本框中，点击 OK 按钮，需要说明的是，辐射定标后的反射率值为整型数据，若计算前不进行数据类型转换，将产生错误的结果，因此在进行除法运算前先进行数据转换，即在 (256 - b1) * (256 - b2) * (256 - b3) 和 1 之前加上 float，将数据由整型转化为浮点型。

（6）在 Variables to Band Pairings 对话框中，b1 选择遥感影像的蓝波段，b2 选择遥感影像的绿波段，b3 选择遥感影像的红波段、这里分别选择第 2，3，4 波段，选择输出路径和文件名，点击 OK 按钮，这样 SI 即计算出来了。

（7）在 Toolbox 工具箱中，选择 Band Ratio→Band Math，在 Enter an expression 文本框中输入（b1 + 0.1 * b2）* b3 点击 Add to list 按钮，编写的公式将添加 Previous Band Math Expression 文本框中，点击 OK 按钮。

（8）在 Variables to Bands Pairings 对话框中，b1 选择植被指数影像，b2 选择裸土指数影像，b3 选择阴影指数影像、这里分别选择，选择输出路径和文件名，点击 OK 按钮，这样 VBSI 即计算出来了。

和像元二分法一样，获取 $VBSI_{veg}$、$VBSI_{soil}$的值，计算植被覆盖度值。

（9）在 Toolbox 工具箱中，选择 Statistics→Compute Statistics，在 Compute Statistics Input File 对话框中，选择 VBSI 影像作为统计分析的输入文件，由于研究区域为不规则多边形，VBSI 影像中除包含 VBSI 信息外，还包括背景信息，但背景信息是不需要的统计分析，因此需根据裁剪所用的矢量边界建立掩膜文件。

（10）在 Compute Statistics Input File 对话框中，点击 Mask Options→Build Mask。

（11）在 Mask Definition 对话框中，选择 Options→Import EVFs，在弹出的 Mask Definition Input EVFs 对话框中，选择矢量边界文件作为建立掩膜的文件，点击 OK 按钮。

（12）在弹出的 Select Data File Associated with EVFs 对话框中，选择 VBSI 影像作为输入文件，点击 OK 按钮。

（13）在 Mask Definition 对话框的 Selected Attributes for Mask 将显示用于建立掩膜文件的矢量边界（图 8-29），若需对掩膜文件进行保存，Output Result to 选择 File，输入输出路径和文件，否则选择 Memory，这里选择 Memory，点击 OK 按钮，掩膜文件即创建成功。

（14）在 Compute Statistics Input File 对话框中（图 8-30），VBSI 影像作为输入文件，利用刚建立的掩膜文件进行掩膜统计，点击 OK 按钮。

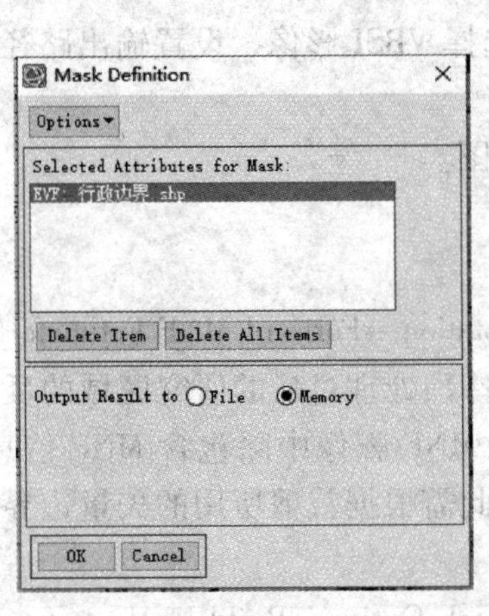

图 8-29 Mask Definition 对话框

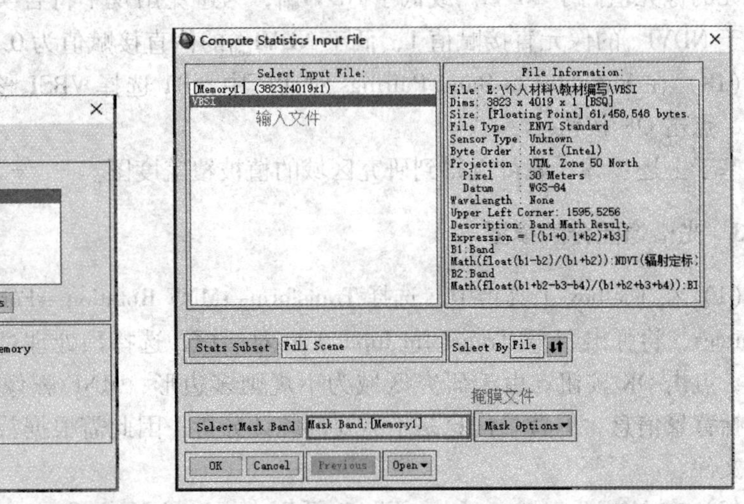

图 8-30 Compute Statistics Input File 对话框

（15）在 Compute Statistics Parameters 对话框中，勾选 Histograms 选项，其他参数默认，点击 OK 按钮。

（16）在 Statistics Results：VBSI 对话框中，分别选择累计百分比为 0.5%，99.5% 的 VBSI 值作为 $VBSI_{soil}$（图 8-31）、$VBSI_{veg}$（图 8-32）的值，这里选择的 $VBSI_{soil}$、$VBSI_{veg}$ 的

值分别为-42. 090503、146. 179848。

Select Stat▾

-49.387804	964	26333	0.0144	0.3946
-47.928344	1064	27397	0.0159	0.4106
-46.468884	1304	28701	0.0195	0.4301
-45.009424	1475	30176	0.0221	0.4522
-43.549964	1637	31813	0.0245	0.4768
-42.090503	1904	33717	0.0285	0.5053
-40.631043	2299	36016	0.0345	0.5398
-39.171583	2764	38780	0.0414	0.5812

图 8-31　$VBSI_{soil}$取值

Select Stat▾

130.125787	75740	6158982	1.1351	92.3010
131.585247	70885	6229867	1.0623	93.3634
133.044707	65903	6295770	0.9876	94.3510
134.504167	61040	6356810	0.9148	95.2658
135.963628	55577	6412387	0.8329	96.0987
137.423088	49989	6462376	0.7492	96.8478
138.882548	43941	6506317	0.6585	97.5064
140.342008	38180	6544497	0.5722	98.0785
141.801468	32153	6576650	0.4819	98.5604
143.260928	26738	6603388	0.4007	98.9611
144.720388	20829	6624217	0.3122	99.2732
146.179848	15907	6640124	0.2384	99.5116

图 8-32　$VBSI_{veg}$取值

（17）在 Toolbox 工具箱中，选择 Band Ratio→Band Math，在 Enter an expression 文本框中输入（b1 gt 146. 179848）* 1 +（b1 lt - 42. 090503）* 0 +（（b1 ge - 42. 090503）and（b1 le 146. 179848））*（（b1 + 42. 090503）/（146. 179848 + 42. 090503）），点击 Add to list 按钮，编写的公式将添加 Previous Band Math Expression 文本框中，点击 OK 按钮，需要说明的是由于选择的并非 NDVI 影像的最大值和最小值为 $NDVI_{soil}$、$NDVI_{veg}$的值，所以存在部分像元的像元值高于 $NDVI_{veg}$或低于 $NDVI_{soil}$，为避免出现不符合实际的结果，所以对像元值高于 $NDVI_{veg}$的像元直接赋值 1，低于 $NDVI_{soil}$的值直接赋值为 0。

（18）在 Variables to Band Pairings 对话框中，B1 选择 VBSI 影像，设置输出路径和文件名，点击 OK 按钮。

基于上述步骤，就可以得到研究区域的植被覆盖度图。

8.5.3　光谱像元分解模型

（1）在 Toolbox 工具箱中，选择 Transform→MNF Rotation→Forward MNF Estimate Noice Statisitces，将弹出 MNF Transform Input File 对话框，选择预处理过后的研究区域的反射率影像，点击 OK 按钮。由于研究区域为不规则多边形，MNF 影像中除包含 MNF 信息外，还包括背景信息，但背景信息是不需要的统计分析，因此需根据裁剪所用的矢量边界建立掩膜文件。

（2）在 MNF Transform Input File 对话框中，选择 Mask Option→Build Mask。

（3）在 Mask Definition 对话框中，选择 Options→Import EVFs，在弹出的 Mask Definition Input EVFs 对话框中，选择矢量边界文件作为建立掩膜的文件，点击 OK 按钮。

（4）在弹出的 Select Data File Associated with EVFs 对话框中，选择预处理后的影像作为输入文件，点击 OK 按钮。

（5）在 Mask Definition 对话框（图 8-33）的 Selected Attributes for Mask 将显示用于建

立掩膜文件的矢量边界，若需对掩膜文件进行保存，Output Result to 选择 File，输入输出路径和文件，否则选择 Memory，这里选择 Memory，点击 OK 按钮，掩膜文件即创建成功。

（6）在 MNF Transform Input File 对话框中（图 8-34），预处理后的影像作为输入文件，利用刚建立的掩膜文件进行掩膜统计，点击 OK 按钮。

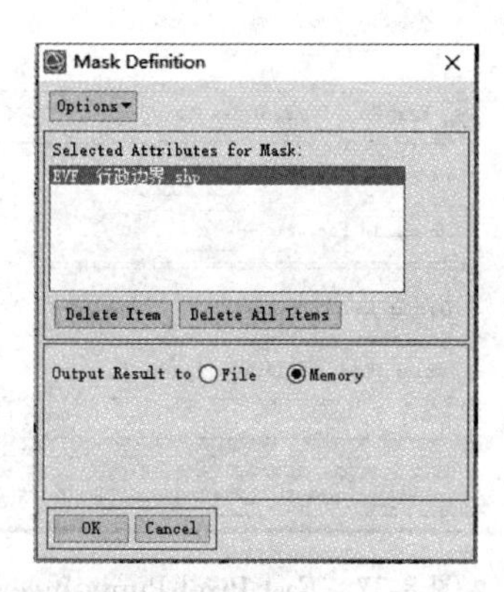

图 8-33　Mask Definition 对话框

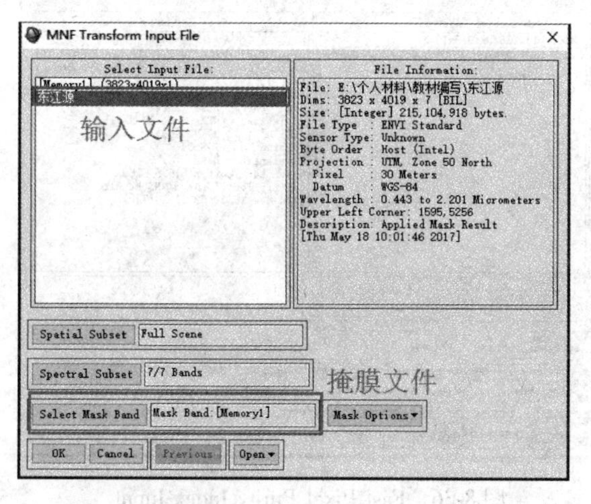

图 8-34　MNF Transform Input File 对话框

（7）在 Forward MNF Transform Parameters 对话框中（图 8-35），Output Noise Statics Filename[.sta] 和 Output MNF State Filename[.sta] 两个为可选项，这里不进行输出，输出 MNF 变换的文件名和输出路径，点击 OK 按钮，即可执行 MNF 操作。

（8）在 Toolbox 工具箱中，选择 Spectral→Pixel Purity Index→Pixel Purity Index（PPI）［FAST］New Output Band，将弹出 Fast Pixel Purity Index Input Data File 对话框中，选择 MNF 影像作为输入文件。由于研究区域为不规则多边形，MNF 影像中除包含 MNF 信息外，还包括背景信息，但背景信息是不需要的统计分析，因此需根据裁剪所用的矢量边界建立掩膜文件。

（9）在 Fast Pixel Purity Index Input Data File 对话框中，选择 Mask Option→Build Mask。

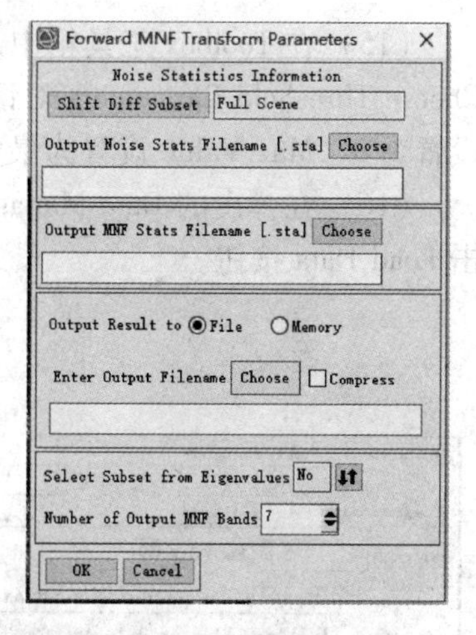

图 8-35　Forward MNF Transform Parameters 对话框

（10）在 Mask Definition 对话框中，选择 Options→Import EVFs，在弹出的 Mask Definition Input EVFs 对话框中，选择矢量边界文件作为建立掩膜的文件，点击 OK 按钮。

（11）在弹出的 Select Data File Associated with EVFs 对话框中，选择 MNF 影像作为输入文件，点击 OK 按钮。

（12）在 Mask Definition 对话框的 Selected Attributes for Mask 将显示用于建立掩膜文件的矢量边界，若需对掩膜文件进行保存，Output Result to 选择 File，输入输出路径和文件，否则选择 Memory，这里选择 Memory，点击 OK 按钮，掩膜文件即创建成功。

（13）在 Fast Pixel Purity Index Input Data File 对话框中（图 8-36），MNF 影像作为输

入文件，利用刚建立的掩膜文件进行掩膜统计，点击 OK 按钮。

（14）在 Fast Pixel Purity Index Parameters 对话框中（图 8-37），输入 Number of Iterations 为 8000，Threshold Factors 为 3，输入输出路径和文件名，点击 OK 按钮。

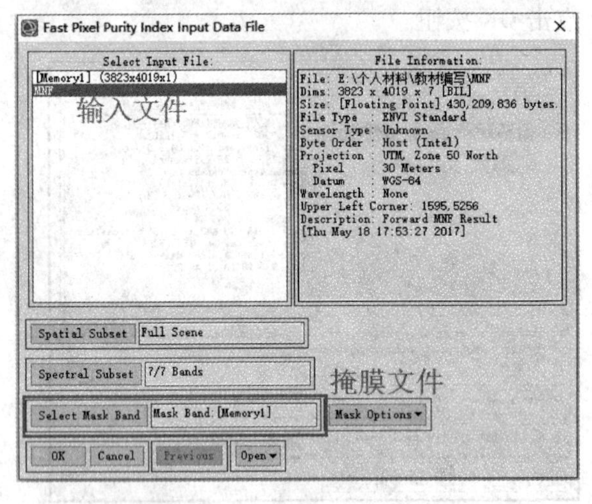

图 8-36　Fast Pixel Purity Index Input Data File 对话框

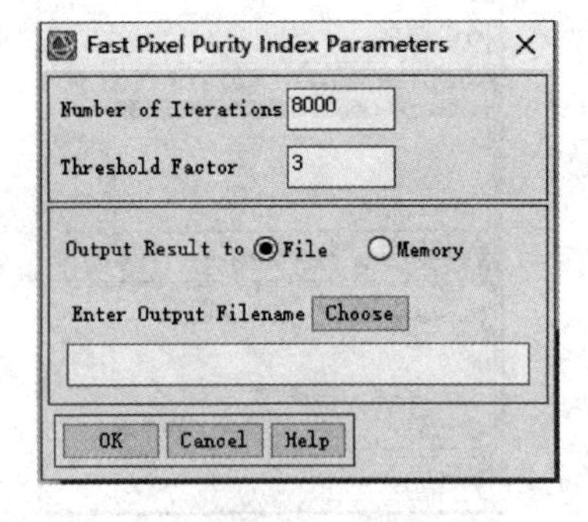

图 8-37　Fast Pixel Purity Index Parameters 对话框

（15）在 Toolbox 工具箱中，选择 Regions of Interest→Band Threshold to ROI，在弹出的 Choose Threshold Parameters 对话框中（图 8-38），Threshold Band 选择 PPI 影像，Min Value 设置为 3，Max Value 设置为最大值，点击 OK 按钮。

（16）在弹出的 Data Manager 对话框中（图 8-39），选择 New ROIs 作为加载影像，点击 Load Data 按钮。

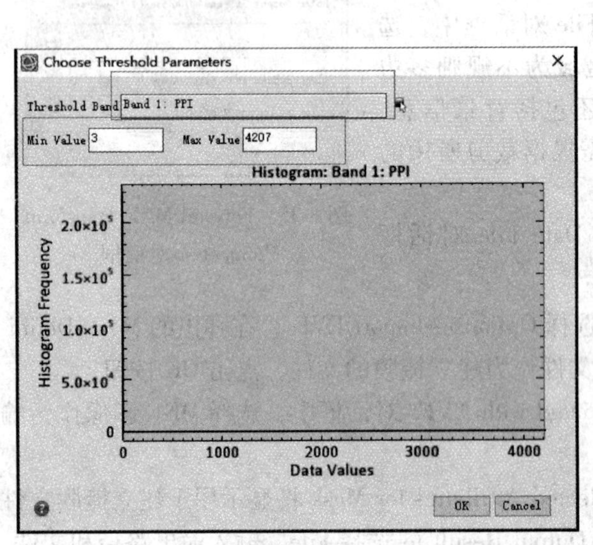

图 8-38　Choose Threshold Parameters 对话框

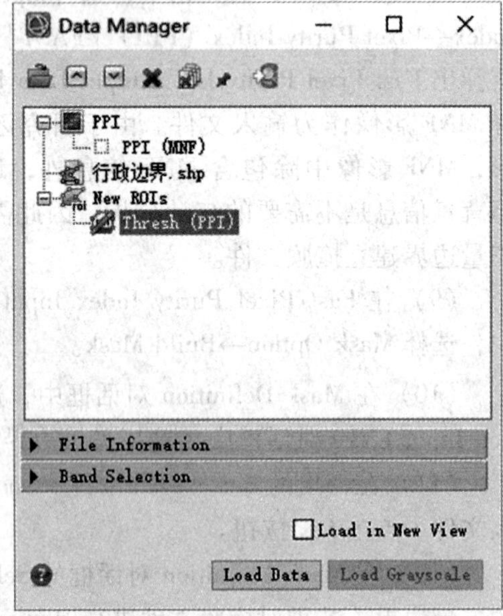

图 8-39　Data Manager 对话框

（17）为使 N 维可视化得到的地物光谱曲线的反射率取值为［0，1］，需要对预处理过程的影像进行 Band Math，使得反射率取值由［0，10000］变成［0，1］，在 Toolbox 工具箱中，选择 Band Ratio→Band Math，在 Enter an expression 文本框中输入 float(b1)/10000，点击 Add to list 按钮，编写的公式将添加 Previous Band Math Expression 文本框中，点击 OK 按钮。

（18）在 Variables to Band Pairings 对话框中，点击 Map Variable to Input File 按钮，在弹出的 Band Math Input File 窗口中（图 8-40），选择预处理后的影像作为属性影像，点击 OK 按钮。

（19）这样，B1 就可以选择预处理后的整个影像文件，Variables to Bands Pairings 对话框设置如图 8-41 所示，输入输出路径和文件名，点击 OK 按钮。

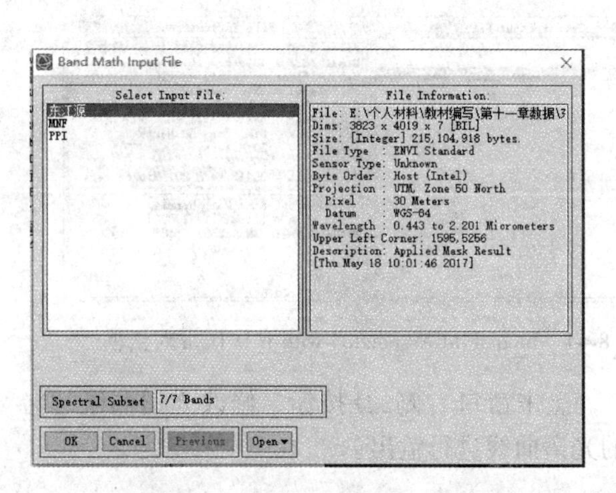

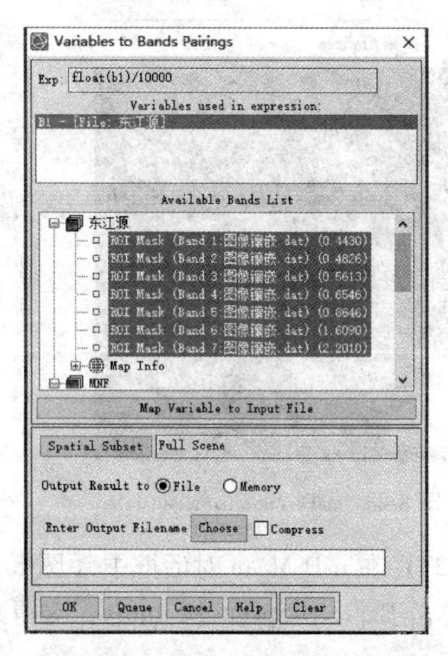

图 8-40　Band Math Input File 窗口　　　图 8-41　Variables to Bands Pairings 对话框设置

（20）在 Toolbox 工具箱中，选择 Spectral→n-D Visualizer→n-D Visualizer New Data，在弹出的 n-D Visualizer Input File 对话框中（图 8-42），选择 MNF 变换后的影像作为输入文件，点击 OK 按钮。

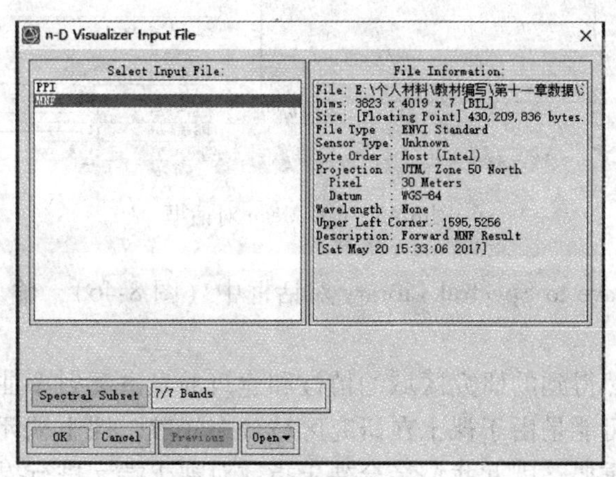

图 8-42　n-D Visualizer Input File 对话框

（21）在 n-D Controls 对话框中，n-D Selected Bands 选择 1，2，3 波段，设置 Speed 为 10，在 n-D Visualizer 窗口中（图 8-43），右键单击选择 New Class，将聚集在一起的散点圈在一起，单击 n-D Controls 对话框上的 Start 按钮，对 n-D Visualizer 窗口中的散点进行旋转，当发现原来距离在一起的散点有部分散开时，点击 Stop 按钮，选择 n-D Controls 对话框上的 Class→Items 1：20→White，将散开的点删除，直到不论怎么旋转，圈定的点不在散开。重复上述工作，进行其他类别的确定。最终效果如下。

（22）单击 n-D Controls 对话框上的 Option→Mean All，在弹出的 Input File Associated with n-D Data 对话框中（图 8-44），选择反射率取值为［0，1］的影像作为输入影像，点击 OK 按钮。

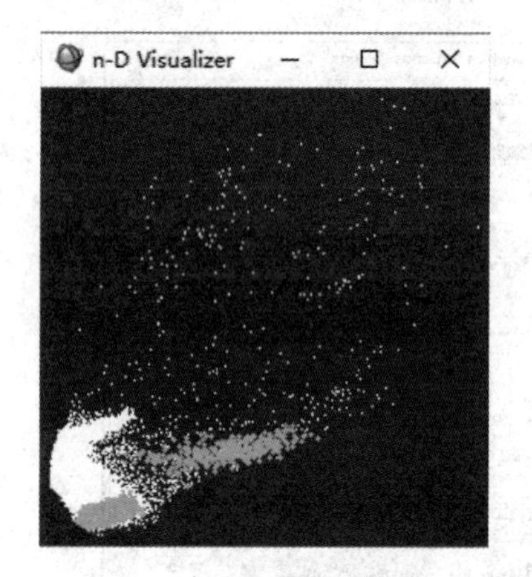

图 8-43　n-D Visualizer 窗口

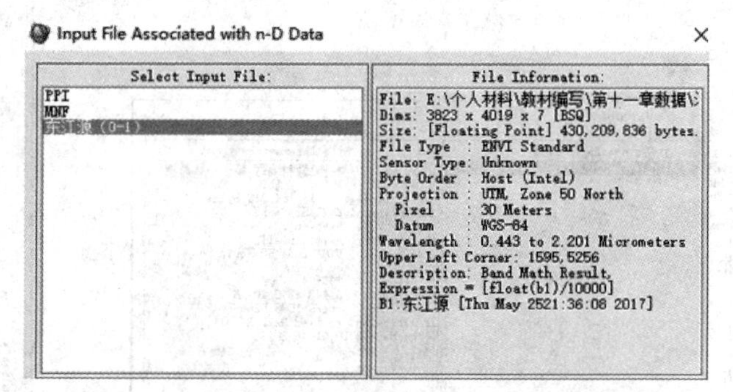

图 8-44　Input File Associated with n-D Data 对话框

（23）在 n-D Mean 对话框中（图 8-45），点击窗口右侧的▸按钮，修改光谱曲线的名字，单击 Exprot→Spectral Library，对得到的光谱曲线进行输出。

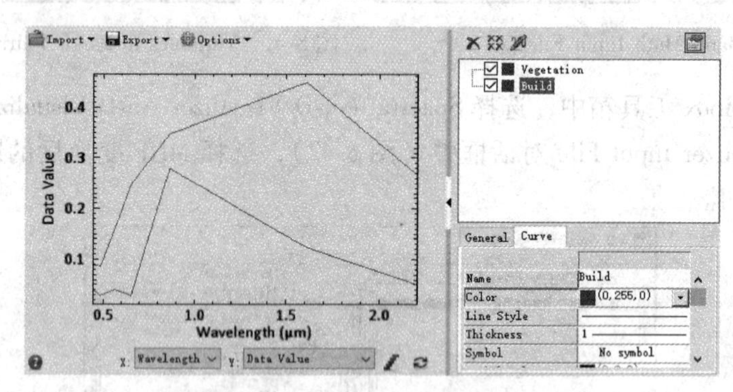

图 8-45　n-D Mean 对话框

（24）在弹出的 Save to Spectral Library 对话框中（图 8-46），输入输出路径和文件名，点击 OK 按钮。

经过上述步骤虽然得到的研究区域的植被和建筑的光谱反射率曲线，但裸土的光谱反射率曲线还未得到，可能是由于裸土在研究区域分布较散，裸土端元作为像元的重要组成部分，准确提取尤为重要，因此我们结合裸土指数对裸土端元进行提取。

（25）在 Toolbox 工具箱中，选择 Band Ratio→Band Math，在 Enter an expression 文本框中输入 float(b1 - b2)/(b1 + b2)，点击 Add to list 按钮，编写的公式将添加 Previous Band Math Expression 文本框中，点击 OK 按钮，需要说明的是，大气校正后的反射率值为实际反射率值扩大 10000 倍的数值，为整型数据，若计算前不进行数据类型转换，将产生错误的结果，因此在进行除法运算前先进行数据转换，即在 b1-b2 之前加上 float，将数据由整型转化为浮点型。

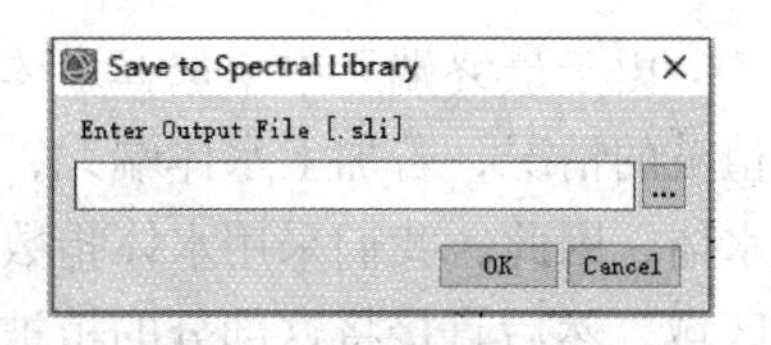

图 8-46　Save to Spectral Library 对话框

（26）在 Variables to Bands Pairings 对话框中，B1 选择遥感影像的红外波段，B2 选择遥感影像的近红光波段，这里分别选择第 6，5 波段，选择输出路径和文件名，点击 OK 按钮。

（27）在 Layer Manager 窗口中，选择裸土指数影像，右键单击选择 Raster Color Slices，通过该种方式将裸土指数影像中值大于 0 的区域选择出来，并将这部分区域导出为 Shapefile 格式。

（28）由于裸土指数大于 0 的区域，可能包含其他非裸土信息，因此结合高分影像对非裸土区域进行剔除。

重复步骤（8）~（16），步骤（20）~（24），建立掩膜的文件由原来的行政边界替换为裸土所在的那部分区域。通过上述步骤，最终得到植被、建筑和裸土的光谱曲线，效果如图 8-47 所示。

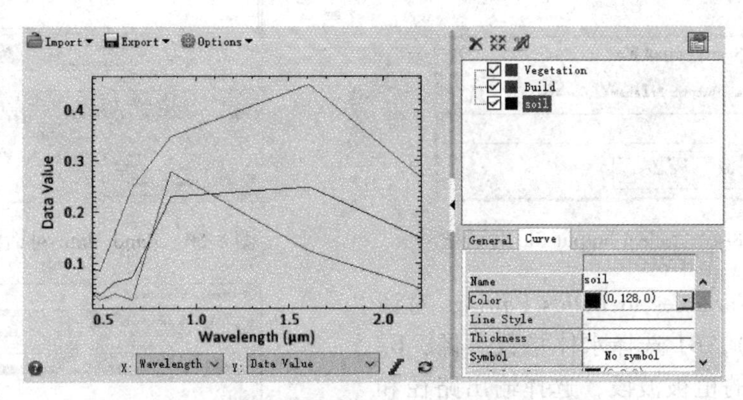

图 8-47　最终地物的光谱曲线

（29）在 Toolbox 工具箱中，选择 Extension→FCLS Spectral Umixing，该插件来源于 ENVI-IDL 中国官方微博，下载地址为：http：//vdisk. weibo. com/s/zrSeGYf9hpYcY，详细细节见该博客。

（30）在 Selected Input File 对话框中，选择反射率取值为［0，1］的影像作为输入影像，点击 OK 按钮。

（31）在 Endmember Collection 对话框中（图 8-48），选择 Import→from Spectral Library file，将最终得到的地物光谱反射率曲线导入进来，单击 Apply 按钮。

（32）在 Select output file 对话框中（图 8-49），输入输出路径和文件名。

由于最终端元中未选择水体端元，存在水体被误分为植被的情况，若加上水体端元，可能阴影区的植被归并为水体，因此，我们采用水体指数的方法，首先选择出水体区域，然后直接将这部分的植被覆盖度归为零。

（33）在 Toolbox 工具箱中，选择 Band Ratio→Band Math，在 Enter an expression 文本框中输入(b1-b2)/(b1+b2)，点击 Add to list 按钮，编写的公式将添加 Previous Band Math Expression 文本框中，点击 OK 按钮。

（34）在 Variables to Band Pairings 对话框中，b1 选择反射率取值为 0~1 遥感影像的绿光波段，b2 选择遥感影像的近红外波段，这里分别选择第 3，5 波段，选择输出路径和文件名，点击 OK 按钮。

（35）在 Toolbox 工具箱中，选择 Band Ratio→Band Math（图 8-50），在 Enter an expression 文本框中输入(b1ge 0) * b2 * 0+(b1 lt 0) * b2，点击 Add to list 按钮，编写的公式将添加 Previous Band Math Expression 文本框中，点击 OK 按钮。

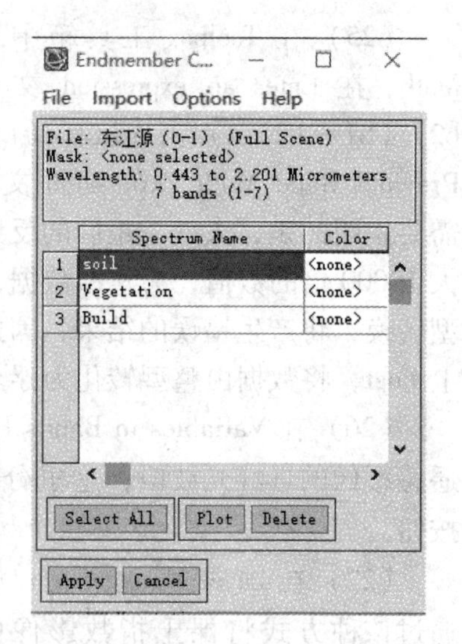

图 8-48　Endmember Collection 对话框

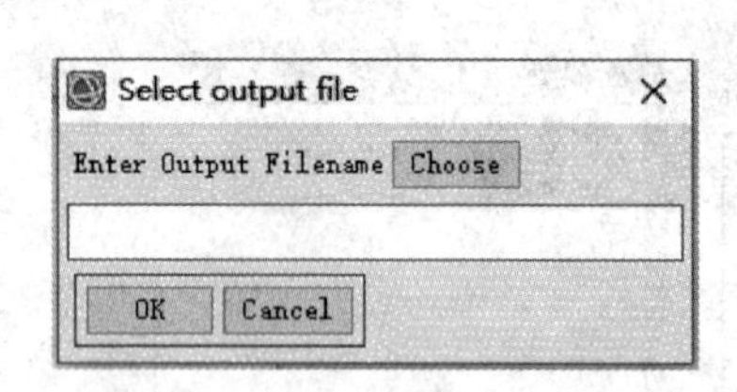

图 8-49　Select output file 对话框

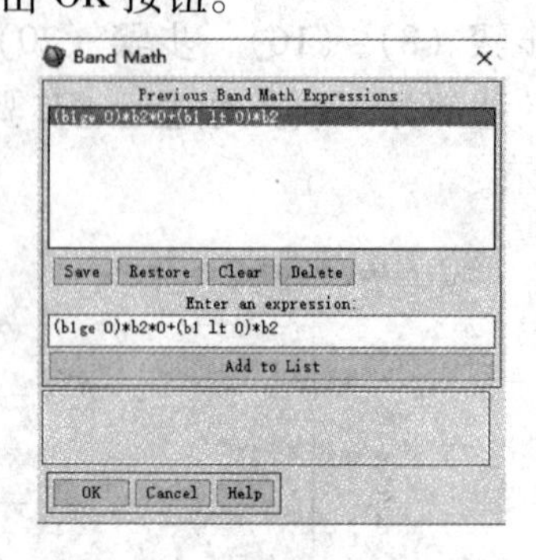

图 8-50　Band Math 对话框

（36）在 Variables to Bands Pairings 对话框中（图 8-51），B1 选择水体指数影像，B2 选择丰度图中的植被波段，选择输出路径和文件名，点击 OK 按钮。

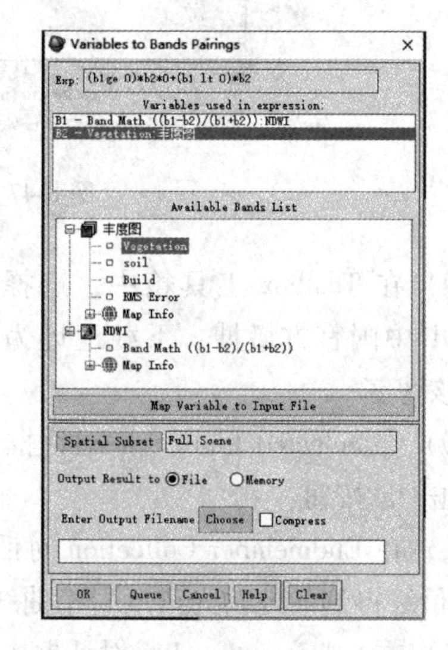

图 8-51　Variables to Bands Pairings 对话框

8.5.4　不同方法的植被覆盖度比较

通过像元二分法、森林郁闭度制图模型和光谱像元分解模型对 2016 年的植被覆盖度进行估算，其结果如下：

分别在像元二分法、森林郁闭度、光谱像元分解模型和高分辨率遥感影像上随机选取 30 个样点，为减少地理配准带来的误差，采样窗口设置为 3 * 3。所采集的样本数据如

表 8-2 所示。

表 8-2　三种方法的植被估算值和高分验证数据

FCD 模型法		像元二分法		光谱像元分解模型		高分辨率遥感影像	
0. 2947	0. 3709	0. 4265	0. 5299	0. 6940	0. 7959	0. 6995	0. 8008
0. 5242	0. 1845	0. 7182	0. 2613	0. 7703	0. 4526	0. 7141	0. 4709
0. 5042	0. 4949	0. 6166	0. 5792	0. 7639	0. 7910	0. 6975	0. 8310
0. 4612	0. 5158	0. 5985	0. 6472	0. 6894	0. 8250	0. 7098	0. 8077
0. 1966	0. 4926	0. 3011	0. 5783	0. 4854	0. 8346	0. 5211	0. 7976
0. 2239	0. 3763	0. 3334	0. 4754	0. 6300	0. 6307	0. 7013	0. 6376
0. 0858	0. 4927	0. 1745	0. 5838	0. 4162	0. 8134	0. 5050	0. 8014
0. 6377	0. 4560	0. 8225	0. 4623	0. 8843	0. 8097	0. 9278	0. 8301
0. 3497	0. 3257	0. 4878	0. 5118	0. 6448	0. 7599	0. 5671	0. 8085
0. 4837	0. 3423	0. 5347	0. 4176	0. 6061	0. 7765	0. 6447	0. 7699
0. 1987	0. 1507	0. 3601	0. 2584	0. 7484	0. 5927	0. 7253	0. 6341
0. 7882	0. 6839	0. 9265	0. 7938	0. 9470	0. 8925	0. 9710	0. 9083
0. 2544	0. 4378	0. 4129	0. 5916	0. 6779	0. 7487	0. 7241	0. 7797
0. 4945	0. 3964	0. 6548	0. 6045	0. 8574	0. 8163	0. 7895	0. 8619
0. 2919	0. 5702	0. 3789	0. 7732	0. 6185	0. 8634	0. 6047	0. 9025

采用相关系数（*R*）和均方根误差（*RMSE*）来定量分析反映 3 种方法的优劣（见图 8-52）。相关系数 *R* 如式（8-11）所示，它反映了估算值与检验值之间的相关程度，其绝对值越大，相关程度越高；*RMSE* 反映了采样样本的总体精度，如式（8-12）所示，其值越小精度越高。

$$R = \frac{\sum_{I=1}^{N}(X_i - \overline{X})(Y_i - \overline{Y})}{\sqrt{\sum_{i=1}^{N}(X_i - \overline{X})^2}\sqrt{\sum_{i=1}^{N}(Y_i - \overline{Y})^2}} \tag{8-11}$$

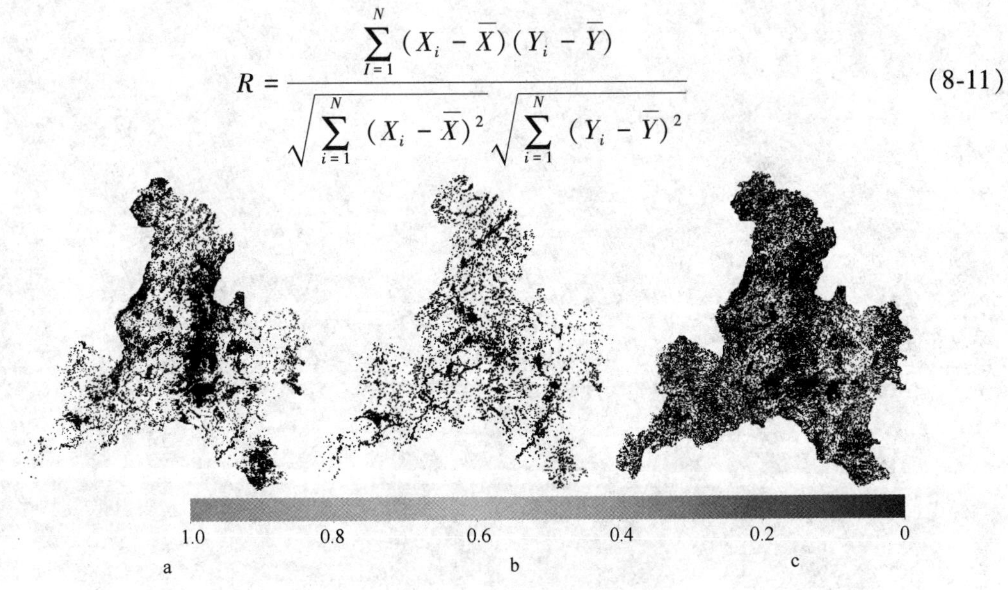

图 8-52　三种方法的植被覆盖度专题图

a—像元二分法；b—森林郁闭度制图模型；c—光谱像元分解模型

$$RMSE = \sqrt{\sum_{i=1}^{N} (X_i - Y_i)^2 / N} \tag{8-12}$$

式中，X_i 为四种方法计算的植被覆盖度估算值；$\overline{X}$ 为估算值的均值；Y_i 表示检验样本值；$\overline{Y}$ 为检验值的均值；N 为样本数。根据上述两个公式，计算三种的相关系数，结果如表 8-3 所示。

表 8-3　三种方法的相关系数和均方根误差

方　法	相关系数 R	均方根误差 $RMSE$
像元二分法	0. 809	0. 236
森林郁闭度制图模型	0. 777	0. 351
光谱像元分解模型	0. 949	0. 042

通过表 8-3，无论从相关系数还是均方根误差，光谱像元分级模型的精度都是三种方法中最高的。

9 遥感景观格局分析

9.1 景观格局与生态过程

景观格局是景观生态学研究的核心内容之一。景观格局主要是指大小和形状不一的景观斑块在空间上的排列和组合，包括景观单元的类型、数目和空间分布与配置，是景观异质性的表现，同时也是各种生态过程在不同尺度上作用的结果。

生态过程是生态系统中维持生命的物质循环和能量转换过程。生态过程包括生物过程和非生物过程，生物过程包括：种群动态、种子或生物体的传播、捕食者、猎物相互作用，群落演替、干扰传播等；非生物过程包括水循环、物质循环、能量流动、干扰等。

景观格局与生态过程之间是相互作用，相互影响的，忽略任何一方，都不能达到对景观特性的全面理解和准确把握。

9.2 遥感与景观格局

景观格局的研究对象一般为几平方公里至几百平方公里的中尺度异质性地表区域。对于这种范围较大的宏观生态研究单元，涉及的自然和人为过程复杂，景观组分数量多，时空格局变化过程复杂，故在研究中需要采集和处理的数据量非常庞大，仅仅依靠传统的生态学调查方法难以完成。而且传统数据采集方法存在覆盖不全、定量化程度不高、管理困难、尺度不匹配等缺陷，无法直接用于景观格局的相关研究。

遥感影像资料具有覆盖范围广、更新速度快等特点，在景观格局和景观动态过程研究中起到了重要的作用。通过比较不同时段的遥感景观分类图，可以研究景观格局的空间动态变化，这已成为景观生态学中比较有效的实用工具。

自 20 世纪 80 年代初以来，遥感迅速成为景观生态学研究的重要技术手段，极大地促进了定量景观研究的发展和景观结构、格局及动态分析的不断深入，进而为各种景观模型的建立与发展提供了坚实资料基础。随着遥感平台和传感器技术的发展，遥感已经能为景观生态学研究提供分辨率越来越高的数字影像。从而，不同时空尺度的遥感数据使景观动态变化研究成为可能。

遥感技术在景观格局研究中的应用主要是对景观类型的划分。在遥感分类过程中，景观类型的解译与分类的详细程度主要取决于研究的目的及遥感影像所具有的分辨率。如 Landsat 多光谱影像可以将景观划分为一些较粗的类型，如城镇居民地景观、农业景观、草地景观、林地景观、荒漠景观、苔原景观、湿地景观、水体以及永久性冰面覆盖等；而具有较大比例尺的航空相片及较高分辨率的卫星影像可以进一步将景观细化为居民区与工业区、农田与果园、人工草地与天然草地、阔叶林与针叶林、沙滩与裸岩、河流与湖泊等类型。因此，利用遥感技术比较不同时段遥感影像分类图，是研究景观空间格局、动态变化的重要手段。

景观格局的遥感研究还需要根据研究目的，结合地面调查数据和历史资料，对遥感数据进行分析处理，然后把经过分析处理的数据进行结构简化，将其转换成用于具体过程的基础数据或图件，最后以面向用户的原则将其引入景观格局模型，进行景观格局规律的探讨。

9.3 景观指数及计算方法

景观指数指能够高度浓缩景观类型，反映其内部组成和空间配置特征的定量指标，可以用来揭示研究区域景观格局变化的内部规律和机制。景观指数有斑块、景观类型、景观整体三个层次。

9.3.1 斑块层次

(1) 斑块面积 (Class Area, CA)，指景观斑块大小的构成特征，既反映景观的动态变化趋势，也表明景观的稳定性特征。其计算公式如下：

$$CA = \sum_{j=1}^{n_i} a_{ij} \tag{9-1}$$

式中，a_{ij} 为斑块 ij 的面积；n_i 为景观类型 i 的所有斑块的数目；CA 为同一景观类型的所有斑块面积之和。

生态意义：CA 度量的是景观组分，也是计算其他指标的基础。其值的大小制约着以此类型斑块作为聚居地的物种的丰度、数量、食物链及其次生物种的繁殖等。一般来说，一个斑块中能量和矿物养分的总量与其面积成正比。

(2) 平均斑块面积 (Average Patch Area, AREA-MN)，是景观类型数量和面积的综合测度，计算公式如下：

$$AREA\text{-}MN = \frac{\sum_{j=1}^{n} a_{ij}}{n_i} \tag{9-2}$$

式中，AREA-MN 为某一斑块类型的总面积除以该类型的斑块数目；a_{ij} 为斑块 ij 的面积；n_i 为景观类型 i 的所有斑块的数目。平均斑块面积可以表征景观类型的破碎度，一般与总面积或斑块数目、最大斑块指数联合使用，解释景观的破碎度、优势度和均匀度。

生态意义：AREA-MN 代表一种平均状况，在景观结构分析中反映两方面的意义：一方面，其值的分布区间对图像或地图的范围以及景观中最小斑块粒径的选取有制约作用；另一方面，它可以表征景观的破碎化程度。

9.3.2 景观类型层次

(1) 景观百分比 (Percent of Landscape, PLAND) (单位:%)。一个景观类型占整个景观类型的面积比例，在相对意义上给出了每个景观类型对整个景观的贡献率。计算公式如下：

$$\text{PLAND} = P_i = \sum_{i=1}^{n} a_{ij} * \frac{100}{A} \tag{9-3}$$

式中，P_i 为景观类型 i 所占面积的比例；a_{ij}为斑块 ij 的面积，m^2；n 为景观中所有斑块的数目；A 为景观总面积。

生态意义：计算斑块在景观中占多大比例，可以了解某种景观类型的丰度。

（2）斑块个数（Number of Patches，NP），等于景观中某一斑块类型的斑块总个数，计算公式如下：

$$\text{NP} = n_i \tag{9-4}$$

式中，n_i 为某一景观类型中所有相关斑块的数目。斑块数量是用来度量某一景观类型范围内景观分离度和破碎度的指标。

生态意义：NP 反映景观的空间格局，经常被用来描述整个景观的异质性，其值的大小与景观的破碎度有很好的正相关，一般 NP 越大，破碎化程度越高。NP 对许多生态过程都有影响，如可以决定景观中各种物种及其物种的空间分布特征，改变物种间相互作用和协同共生的稳定性。

（3）景观斑块密度（Patch Density，PD）（单位：个/平方公里）。

景观斑块密度指景观中包括全部异质景观要素斑块的单位面积斑块数。它们可以用来反映景观被分割的破碎程度，反映景观空间结构的复杂性，在一定程度上反映人为对景观的干扰程度。计算公式如下：

$$\text{PD} = \frac{n_i}{A} * 10000 * 100 \tag{9-5}$$

式中，PD 为第 i 类景观要素的斑块密度；n_i 为景观类型 i 中所有相关斑块的数目；A 为研究范围内景观总面积。

生态意义：斑块密度可以反映景观的破碎程度，可能影响一系列的生态过程，并可能影像物种间的交流的稳定性。

（4）最大斑块数（Largest Patch Index，LPI）（单位：%）。

它指整个景观被大斑块占据的程度，是优势度的一个简单测度。计算公式如下：

$$\text{LPI} = \frac{\max(a_{ij})}{A} * 100 \tag{9-6}$$

式中，a_{ij} 为斑块 ij 的面积，A 为景观总面积。当每种景观类型中都只有一个斑块时，最大斑块指数取最大值 100%；当每种景观类型的最大斑块面积越小，它的值越趋近 0。该指数反映了最大斑块对整个类型或者景观的影响程度。取值范围 $0 \leqslant \text{LPI} \leqslant 100$.

（5）面积加权的平均形状指数（Area-Weight Mean Shape Index，AWMSI），是基于斑块周长面积比，描述斑块类型复杂程度的指标，计算公式如下：

$$\text{AWMSI} = \sum_{j=1}^{n} \left[\left(\frac{0.25 P_{ij}}{\sqrt{a_{ij}}} \right) \left(\frac{a_{ij}}{\sum_{j=1}^{n} a_{ij}} \right) \right] \tag{9-7}$$

式中，P_{ij} 为斑块 ij 的周长；a_{ij} 为斑块 ij 的面积；n 为景观中所有斑块的数目。AWMSI 的计算原理是基于斑块的周长面积比的，并且面积大的斑块比面积小的斑块权重大，当其值为 1 时，形状时最简单的方形，随着数值的增大，形状也变得复杂而不规则。

生态意义：该指标衡量景观空间格局的复杂性，还能指示人类活动对景观的影响。

（6）面积周长分维数（Perimeter-area Fractal Dimension，PAFRAC）。

主要揭示由斑块组成的景观的形状和面积大小之间的相互关系，它反映了在一定的观测尺度上景观类型形状的复杂程度和稳定性。计算公式如下：

$$PAFRAC = \frac{2}{\frac{\left[n_i \sum_{j=1}^{n} (\ln p_{ij} - \ln a_{ij})\right] - \left[\sum_{j=1}^{n} \ln p_{ij}\right] * \left[\sum_{j=1}^{n} \ln a_{ij}\right]}{\left[n_i \sum_{j=1}^{n} \ln p_{ij}^2\right] - \left[\sum_{j=1}^{n} \ln p_{ij}^2\right]}} \tag{9-8}$$

式中，PAFRAC 为周长-面积分维数；p_{ij}为斑块 ij 的周长；a_{ij}为斑块 ij 的面积；n_i 为景观类型 i 中所有相关斑块的数目；PAFRAC 值越大，表明斑块形状越复杂，PAFRAC 值的理论范围为 1.0~2.0。1.0 代表形状最简单的欧几里得正方形或圆形斑块，2.0 表示等面积下周边最复杂的斑块。

PAFRAC 越趋近于 1，则斑块的几何形状越趋向简单，表明受干扰的程度越大，这是因为，人类干扰所形成的斑块一般几何形状较为规则，因而易于出现相似的斑块形状。但在山区分维数的高低并不能完全反映出人类活动对景观的干扰程度，因为决定斑块分维数的，除了人为因素外，还有自然条件，如地形、地貌、土壤、气候、水分及整个景观的生物区系。

生态意义：分维数是反映景观格局整体特征的重要指标，它能在一定程度上反映出人类活动对景观格局的影响，分维数高，景观的几何特征复杂。

（7）斑块面积变异系数（AREA_CV）（单位：无）。

斑块面积变异系数是描述同种类型的斑块其内部面积的差异大小的景观格局指标。计算公式如下：

$$AREA\_CV = \frac{SD}{MN} * 100 \tag{9-9}$$

式中，SD 为斑块面积的标准差；MN 为斑块面积的平均值。

（8）斑块聚合度（AI）（单位:%）。

斑块聚合度是反映斑块聚合程度的景观格局指标，聚合度越高，其值越大。公式如下：

$$AI = \frac{e_{ij}}{\max\_e_{ij}} \tag{9-10}$$

$$\begin{cases} 当 m = 0 时，\max\_e_{ij} = 2n(n-1) \\ 当 m < n 时，\max\_e_{ij} = 2n(n-1) + 2m - 1 \\ 当 m \geqslant 0 时，\max\_e_{ij} = 2n(n-1) + 2m - 2 \end{cases}$$

式中，$m = A_i^2 - n^2$；e_{ij} 为斑块类型 i 与 j 的公共边缘数；$\max\_e_{ij}$ 为斑块类型的最大可能公共边缘数；n 为栅格边长，A_i 为斑块类型 i 的面积，m^2。

9.3.3 景观层次

（1）香农多样性指数（Shannon's Diversity Index，SHDI）。

该指数的大小反映景观类型的多少和各景观类型所占比例的变化。根据信息熵理论，当景观由单一类型构成时，景观是均质的，不存在多样性，其指数为 0；当景观由两种以上的类型构成，且各景观类型所占的比例相等时，景观的多样性指数最高；当各景观类型所占的比例差异增大时，类型多样性指数下降。选取 Shannon-Weaver 公式计算，即

$$SHDI = -\sum_{i=1}^{m}(p_i \ln p_i) \tag{9-11}$$

式中，SHDI 为 Shannon 多样性指数；p_i 为景观类型 i 所占面积的比例，取小数形式；m 为景观中斑块类型总数。随着 SHDI 值的增大，景观结构组成的复杂性也趋于增加。

生态意义：SHDI 是一种基于信息理论的测量指数，在生态学中应用很广泛。该指标能反映景观异质性，特别是对景观中各板块类型作均衡分布较为敏感，即强调稀有斑块类型的贡献，这也是与其他多样性指数不同之处。在比较和分析不同景观或同一景观不同时期的多样性和异质性变化时，SHDI 也是一个敏感指标。

（2）破碎化指数（FN）。

破碎化指数（FN）是描述景观格局破碎度的直接计量指标，其计算公式如下：

$$FN = \frac{N_p - 1}{N_c} \tag{9-12}$$

式中，N_p 为景观斑块总数；N_c 为研究区域的总面积与单个像元面积的比值。

生态意义：反映景观的破碎程度。

（3）蔓延度指数（CONTAG）。

$$CONTAG = \left[1 + \frac{\sum_{i=1}^{m}\sum_{k=1}^{m}\left[p_i\left(\frac{g_{ik}}{\sum_{k=1}^{m} g_{ik}}\right)\right]\left[\ln p_i\left(\frac{g_{ik}}{\sum_{k=1}^{m} g_{ik}}\right)\right]}{2\ln m}\right] * 100 \tag{9-13}$$

式中，p_i 为斑块类型 i 所占的面积百分比；g_{ik} 为类型 i 和 j 毗邻的数目；m 为景观中斑块类型总数目。

生态意义：CONTAG 指标描述的是景观里不同斑块类型的团聚程度或延展趋势。由于该指标包含空间信息，是描述景观格局的最重要的指数之一。一般来说，高蔓延度值说明景观中的某种优势斑块类型形成了良好的连接性；反之则表明景观是具有多种要素的密集格局，景观的破碎化程度较高。而且研究发现蔓延度和优势度这两个指标的最大值出现在同一个景观样区。该指标在景观生态学和生态学中运用十分广泛。

（4）香农均匀度指数（Shanno’s Evenness index，SHEI），是描述景观中不同生态系统的分配均匀度，其计算公式如下：

$$SHEI = \frac{-\sum_{i=1}^{m}(p_i \times \ln p_i)}{\ln m} \tag{9-14}$$

式中，$0 \leqslant SHEI \leqslant 1$；用来测定景观结构中一种或几种景观类型支配景观的程度。SHEI 值小时，表示景观是由多个比例大致相等的类别组成，SHEI 值大时，表示景观只受一个或几个类型支配。

生态意义：SHEI 和 SHDI 指数一样也是比较不同景观或同一景观不同时期多样性变化

的一个有力手段。而且，SHEI 与优势度指标（Dominances）之间可以相互转换。

9.4 Fragstats 软件

景观结构分析软件 FRAGSTATS 是由美国俄勒冈州立大学森林科学系开发的一个景观指标计算软件，它有两种版本，矢量版本运行在 ARC/INFO 环境中，接受 ARC/INFO 格式的矢量图层；栅格版本可以接受 ARC/INFO、IDRISI、ERDAS 等多种格式的格网数据。

9.4.1 软件安装

（1）首先确定机器上安装了 ArcGIS 桌面软件（这里以 ArcGIS10. x 为例），双击 Fragstats.exe 打开软件。

（2）打开软件后（图 9-1），看你的是“Arc Grid disable”还是“Arc Grid enable”，如果是后者，可以直接使用，如果是前者，就要设置环境变量（这里环境变量已经设置好了）。

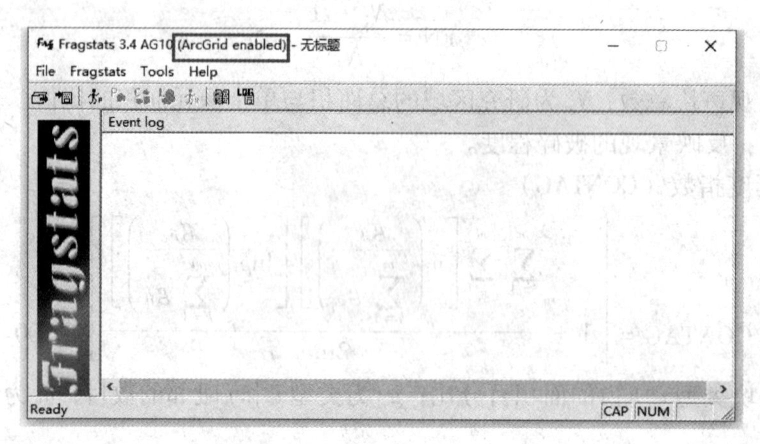

图 9-1 Fragstats 软件界面

（3）环境变量设置：我的电脑→属性→高级设置→环境变量，在系统变量中找到 path（若没有 path 变量则新建一个），单击“编辑”，添加“D：\ Program Files(x86) \ ArcGIS \ Desktop10. 1 \ bin”作为变量值，其中加粗显示的部分为 ArcGIS 安装目录。

9.4.2 软件界面介绍

整个软件主要包括四个下拉列表，分别是：File、Fragstars、Tools、Help。其中 File 包括新建、打开、保存、另存为、打开历史文件、退出等功能（图 9-2）。

Fragstats 为软件的主要功能区（图 9-3），主要包括 Set Run Parameters、Select Patch Metrics、Select Class Metrics、Select Land Metrics、Clear All Menus、Execute 等功能。

其中 Set Run Parameters 用于设置输入数据的相关参数（图 9-4），包括输入数据的类型、输入数据的路径和文件名、输出数据的路径和文件名、输入文件的类型、格网属性设置、分析的类型、是否创建斑块 ID 及创建 ID 的方式、类别属性文件输入、斑块临近法采

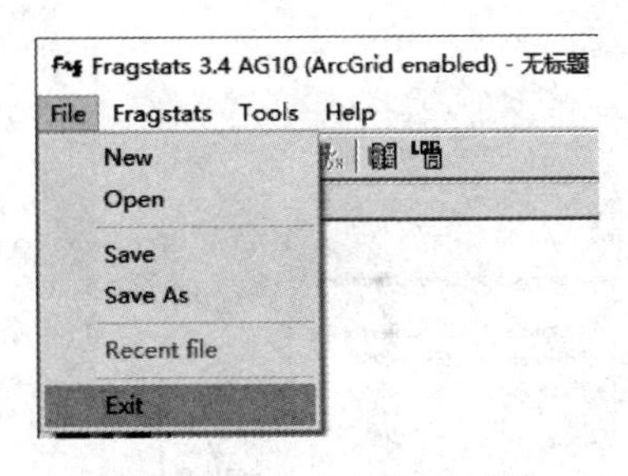

图 9-2 File 菜单主要功能

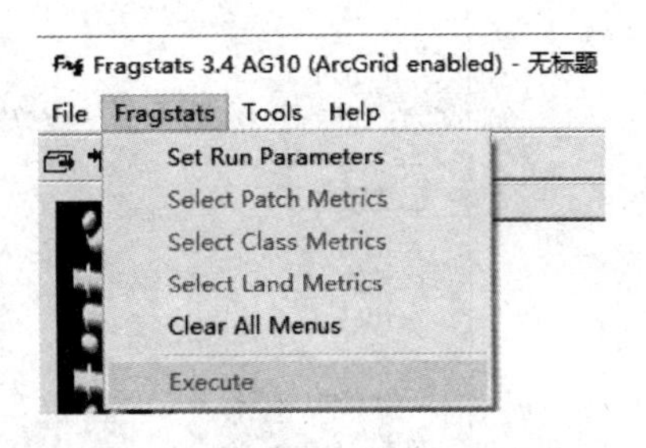

图 9-3 Fragstats 菜单主要功能

用的窗口大小、输出统计包含的类型。其中输入文件路径和文件名中最好不要出现中文字符，输出路径和文件可以不进行设置；输入文件类型包括 Landscape 和 Batch File 两种，一般使用 Landscape 类型；格网属性设置功能区包括像元大小、背景值、行数和列数。分析类型包括标准和移动窗口两种，一般采用标准模式；类别属性文件主要用于对类别进行命名和更好的区分，不使用属性文件则各种类别使用 1、2、3、…等阿拉伯数字进行区分；是否创建唯一 ID、包括不输出 ID 影像、输出 ID 影像和输入 ID 影像，一般选择不输出 ID 影像；斑块相邻法则包括 4 位法则和 8 位法则，一般选择 8 位法则。输出统计包括斑块、类别、景观水平三个、只有勾选对应的水平，才能进行相关水平的景观格局指数计算。

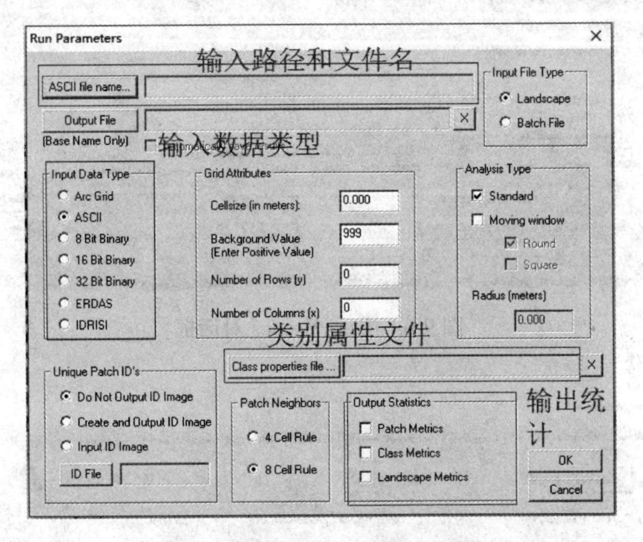

图 9-4 Run Parameters 对话框

Select Patch Metrics 主要用于选择需要计算的斑块指数（图 9-5），主要包括 Area/Perimeter、Shape、Core Area、Isolation/Proximity、Contrast 五个选项，具体有哪些参数这里就不再详细展开，有兴趣的可以查找相关资料进行学习。

Select Class Metrics 用于计算类别水平的景观格局指数（图 9-6），包括 Area/Density/Edge、Shape、Core Area、Isolation/Proximity、Contrast、Contagion/Interspersion、Connectivity 七个选项，具体有哪些参数这里就不再详细展开。

Select Land Metrics 用于计算景观水平的景观格局指数（图 9-7），包括 Area/Density/Edge、Shape、Core Area、Isolation/Proximity、Contrast、Contagion/Interspersion、Connectivity 七个选项，具体有哪些参数这里就不再详细展开。

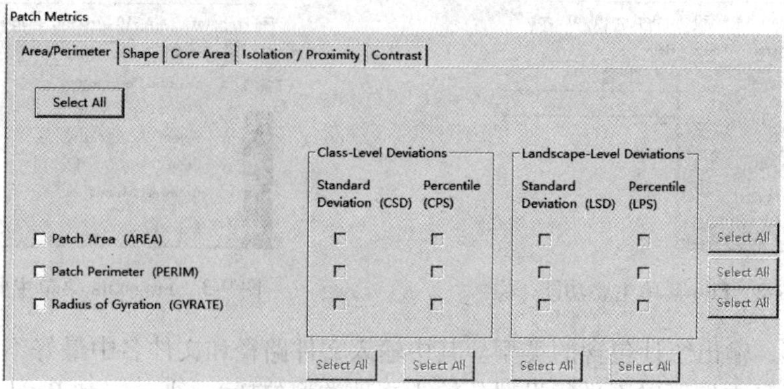

Patch Metrics

Area/Perimeter | Shape | Core Area | Isolation / Proximity | Contrast

Select All

Class-Level Deviations: Standard Deviation (CSD), Percentile (CPS)

Landscape-Level Deviations: Standard Deviation (LSD), Percentile (LPS)

Patch Area (AREA)

Patch Perimeter (PERIM)

Radius of Gyration (GYRATE)

Select All Select All Select All Select All Select All Select All Select All

图 9-5 Patch Metrics 对话框

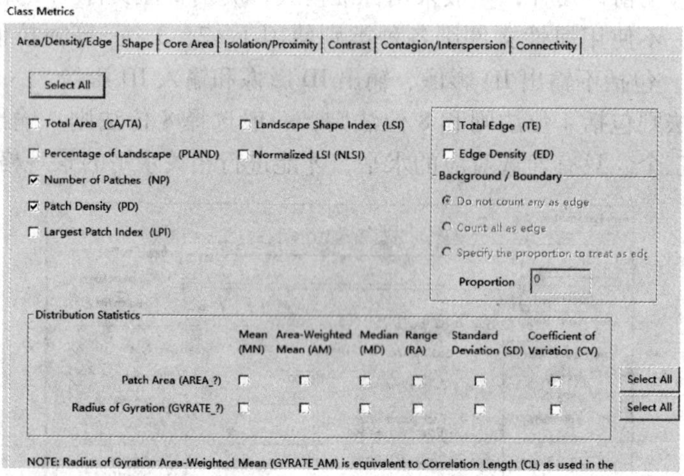

Class Metrics

Area/Density/Edge | Shape | Core Area | Isolation/Proximity | Contrast | Contagion/Interspersion | Connectivity

Select All

Total Area (CA/TA)

Percentage of Landscape (PLAND)

Number of Patches (NP)

Patch Density (PD)

Largest Patch Index (LPI)

Landscape Shape Index (LSI)

Normalized LSI (NLSI)

Total Edge (TE)

Edge Density (ED)

Background / Boundary

Do not count any as edge

Count all as edge

Specify the proportion to treat as edg

Proportion 0

Distribution Statistics

Mean (MN) | Area-Weighted Mean (AM) | Median (MD) | Range (RA) | Standard Deviation (SD) | Coefficient of Variation (CV)

Patch Area (AREA_?) Select All

Radius of Gyration (GYRATE_?) Select All

NOTE: Radius of Gyration Area-Weighted Mean (GYRATE_AM) is equivalent to Correlation Length (CL) as used in the

图 9-6 Class Metrics 对话框

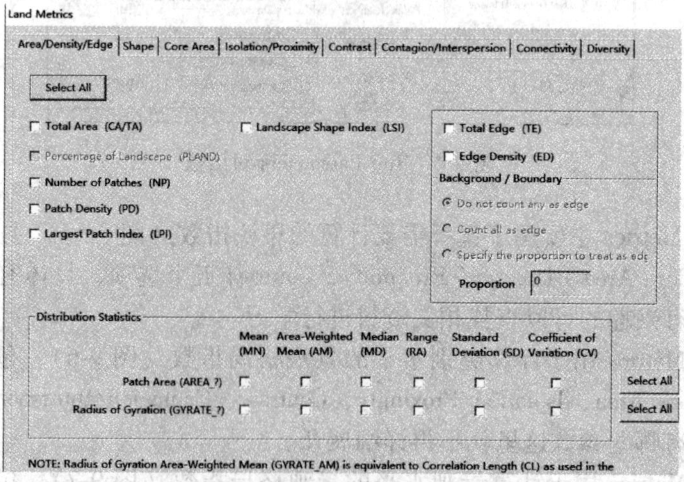

Land Metrics

Area/Density/Edge | Shape | Core Area | Isolation/Proximity | Contrast | Contagion/Interspersion | Connectivity | Diversity

Select All

Total Area (CA/TA)

Percentage of Landscape (PLAND)

Number of Patches (NP)

Patch Density (PD)

Largest Patch Index (LPI)

Landscape Shape Index (LSI)

Total Edge (TE)

Edge Density (ED)

Background / Boundary

Do not count any as edge

Count all as edge

Specify the proportion to treat as edg

Proportion 0

Distribution Statistics

Mean (MN) | Area-Weighted Mean (AM) | Median (MD) | Range (RA) | Standard Deviation (SD) | Coefficient of Variation (CV)

Patch Area (AREA_?) Select All

Radius of Gyration (GYRATE_?) Select All

NOTE: Radius of Gyration Area-Weighted Mean (GYRATE_AM) is equivalent to Correlation Length (CL) as used in the

图 9-7 Land Metrics 对话框

Clear All Menus 用于清除运行参数、斑块、类别和景观指标对话框。

Execute 用于执行选择的斑块、类和景观水平的各个指标，得到各个水平的指标。

工具栏提供了一些辅助功能，包括批量文件的编辑、类属性文件的编辑、浏览结果、清除记录和保存记录等。

批量文件的编辑用于新建和编辑处理（图 9-8）。

类属型主要用于编辑每一个类的属性，即指定类作为背景（图 9-9）。

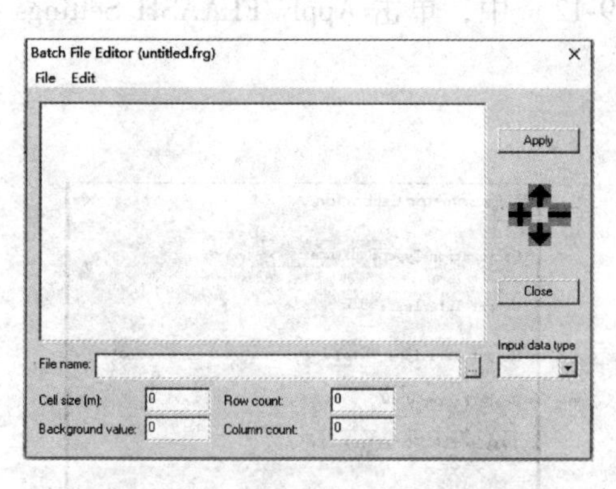

图 9-8 Batch File Editor 对话框

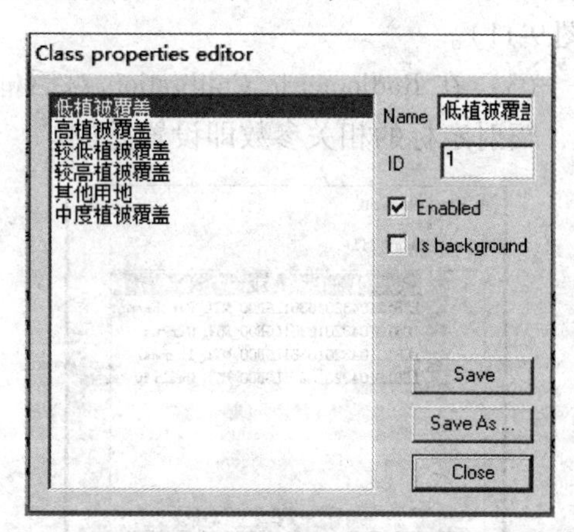

图 9-9 Class properties editor 对话框

浏览结果用于浏览和保存分析的结果；清除记录用于清除所有文本记录窗口；保存记录用于将记录保存为 ASCII 文件，格式为 . log，并指定保存的路径和文件名；帮助菜单包括软件的帮助和软件版本介绍，主要是为使用者更好的理解 Fragstars 软件。

9.5 稀土矿区植被景观格局分析

为对整个实验流程有个大致了解，特作出实验流程图，具体如图 9-10 所示。

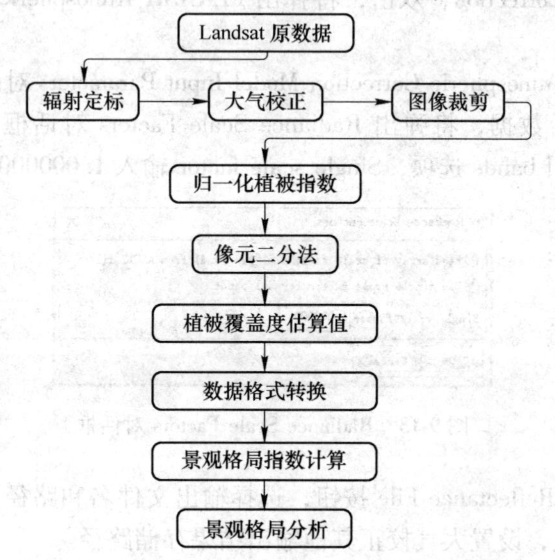

图 9-10 稀土矿区植被景观格局分析技术流程图

9.5.1 数据预处理

（1）启动ENVI，选择File→Open As→Optical Sensors→Landsat →GeoTIFF with Metadata，打开 Landsat 8 OLI 数据 LC81210432016351 LGN00_MTL. txt。

（2）在 Toolbox 工具箱中选择 Radiometric Correction→Radiometric Calibration，选择可见光近红外波段的 Landsat 8 的数据，点击 OK 按钮，打开 Radiometric Calibration 对话框（图 9-11）。

（3）在 Radiometric Calibration 对话框（图 9-12）中，单击 Apply FLAASH Settings 按钮，辐射定标的相关参数即设置完成。

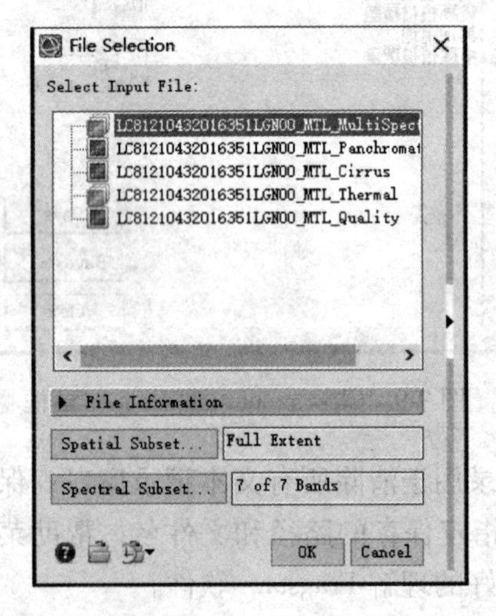

图 9-11 文件选择对话框

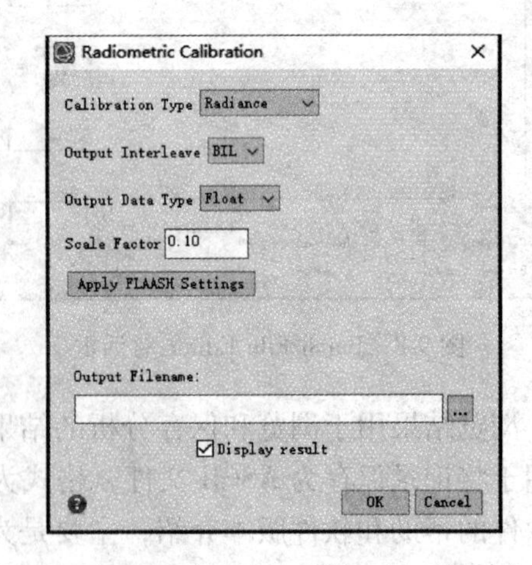

图 9-12 Radiometric Calibration 对话框

（4）选择输出路径及文件名，点击 OK 按钮，执行定标过程。

（5）在 Toolbox 工具箱中选择 Radiometric Correction→Atmospheric Correction Model→FLAASH Atmospheric Correction，双击，将弹出 FLAASH Atmospheric Correction Model Input Parameters 对话框。

（6）在 FLAASH Atmospheric Correction Model Input Parameters 对话框中，Input Radiance Image 选择辐射定标后数据，将弹出 Radiance Scale Factors 对话框（图 9-13），选择 Use single scale factor for all bands 选项，Single scale factor 输入 1.000000，单击 OK 按钮。

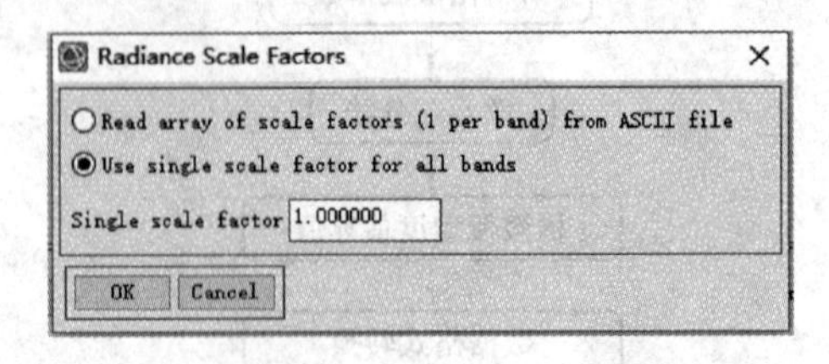

图 9-13 Radiance Scale Factors 对话框

（7）单击 Output Reflectance File 按钮，选择输出文件名和路径。单击 Output Directory for FLAASH Files 按钮，设置大气校正其他输出结果存储路径。

（8）传感器与目标信息。

Lat：24. 55286；Lon：115. 46458（从元数据文件中获取）；Sensor Type ：Landsat-8 OLI。

Ground Elevation ：0. 453（从相应区域的 DEM 获取平均值），Flight Date：2016-12-16；Flight Time：02：45：48（从元数据文件中获取）。

（9）大气模型（Atmospheric Model）：Mid-Latitude Summer；气溶胶模型（Aerosol Model）：Rural；气溶胶反演（Aerosol Retrieval）：2-Band（K-T）；初始能见度（Initial Visibility）：35。

（10）多光谱设置（Multispectral Settings）。由于波谱响应函数默认指向 D：\ Program Files \ Exelis \ ENVI51 \ classic \ filt_func \ landsat8_oli. sli，ENVI 软件的安装目录，根据个人 ENVI 软件的安装目录来填写。该波谱响应函数包含了卷云波段和全色波段，且卷云波段位于全色 7 个波段的中间位置，如果利用该波谱响应函数，则会导致用错波段，SWIR1 波段大气校正后的结果全为 0。因此，需要重新制作与输入的多光谱数据的 7 波段对应的波谱响应函数。

1）启动 ENVI Classic 软件，选择 Window→Start New Plot Window。

2）在 ENVI Plot Window 窗口中，选择 File→Input Data→Spectral Library。

3）在 Spectral Library Input File 对话框的最下方选择 Open→New File，打开 landsat8_oli. sli 波段响应函数文件，点击 OK 按钮，将弹出 Input Spectral Library 对话框。

4）在 Input Spectral Library 对话框中（图 9-14），Available Spectra 选项中选择可见光近红外波段的七个波段，Wavelength Units 选择 Micrometers，Y Data Multiplier 输入 1. 000000，单击 OK 按钮。

5）在 ENVI Plot Window 窗口（图 9-15）中，选择 File→Save Plot As→Spectral Library。

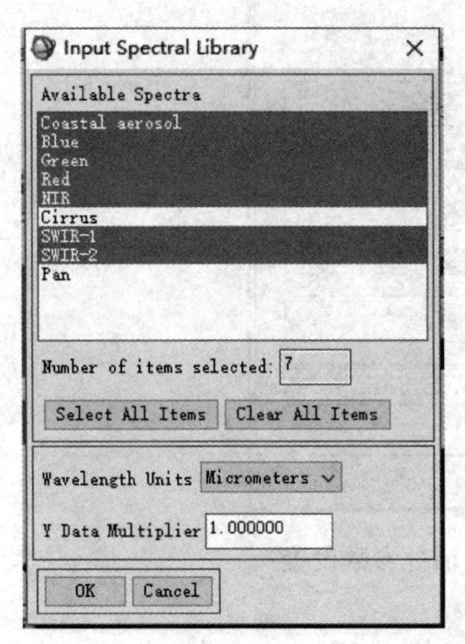

图 9-14 Input Spectral Library 对话框参数设置

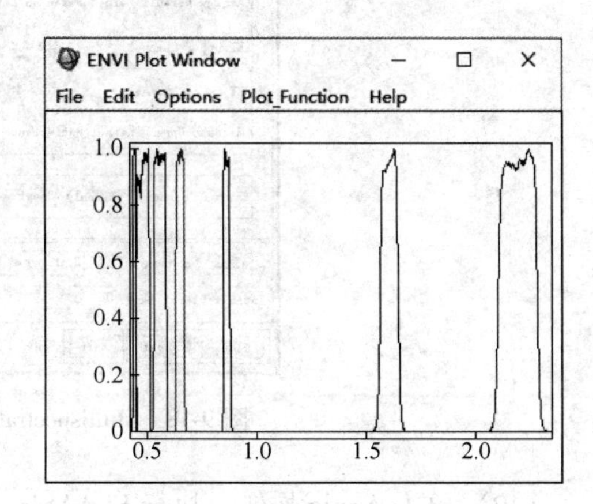

图 9-15 去除卷云和全色波段的波谱响应函数

6）在弹出的 Output Plots to Spectral Library 对话框（图 9-16）中，单击 Select All Items 按钮，选中全部波段，单击 OK 按钮。

7）在 Output Spectral Library 对话框（图 9-17）中，参数均选默认，输入输出路径和文件名，单击 OK 按钮。

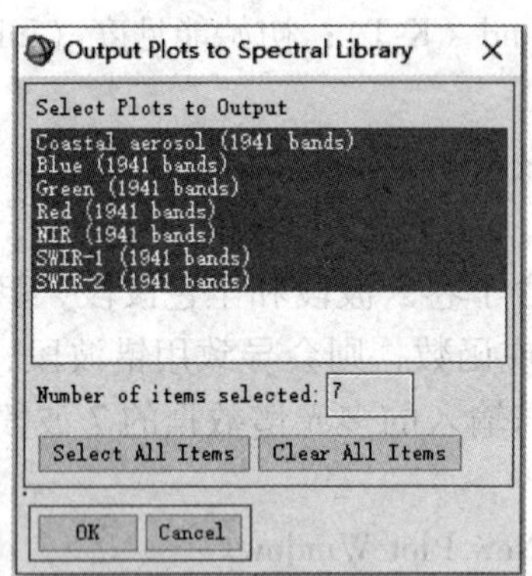
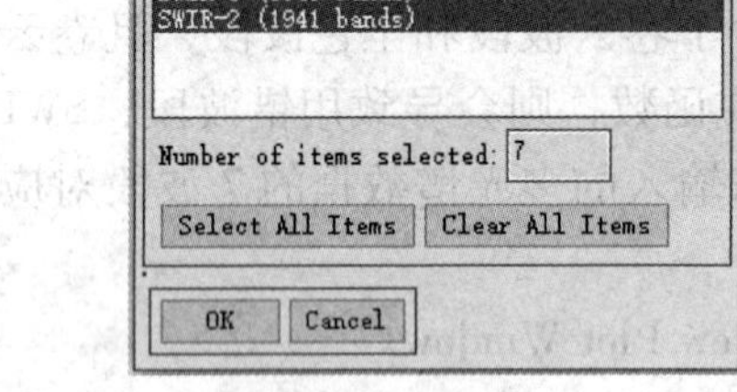

图 9-16 Output Plots to Spectral Library 对话框

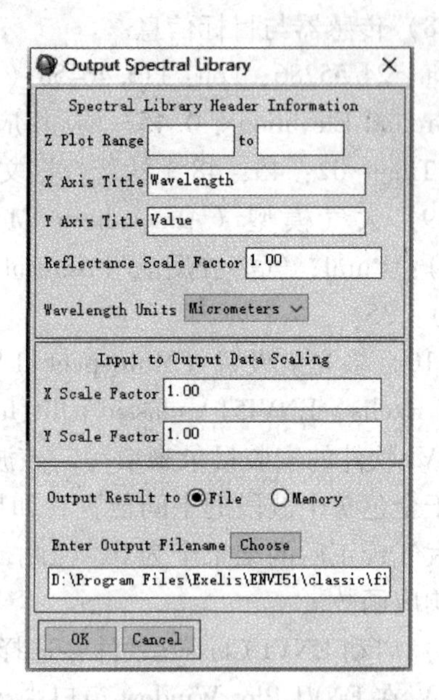

图 9-17 Output Spectral Library 对话框

（11）单击 Multispectral Settings 按钮，在弹出的 Multispectral Settings 对话框（图 9-18）中，选择 Defaults 下拉框：Over-Land Retrieval Standard（600：2100），Filter Function File 选择重新制作的波谱响应函数，单击 OK 按钮。

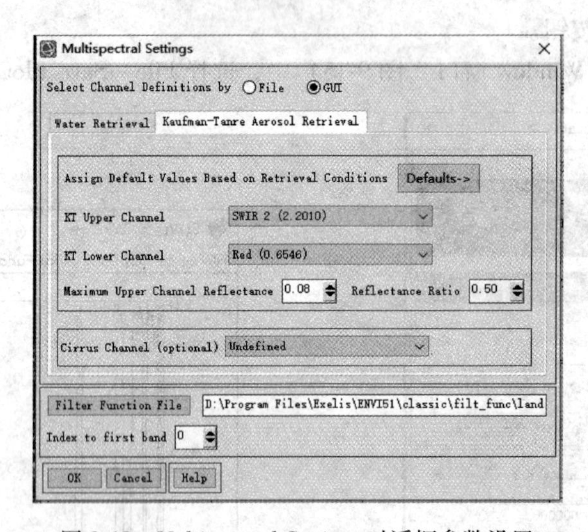

图 9-18 Multispectral Settings 对话框参数设置

（12）单击 Apply 按钮，执行 FLAASH 大气校正（图 9-19）。

（13）选择 File→Open，打开研究区域的矢量边界文件。

（14）在 Toolbox 工具箱中，选择 Regions of Interest→Subset Data from ROIs。

（15）在 Select Input File to Subset via ROI 对话框中，选择图像镶嵌后的文件作为需要裁剪的遥感影像，单击 OK 按钮。

（16）在 Spatial Subset via ROI Parameters 对话框中（图 9-20），Select Input ROIs 选

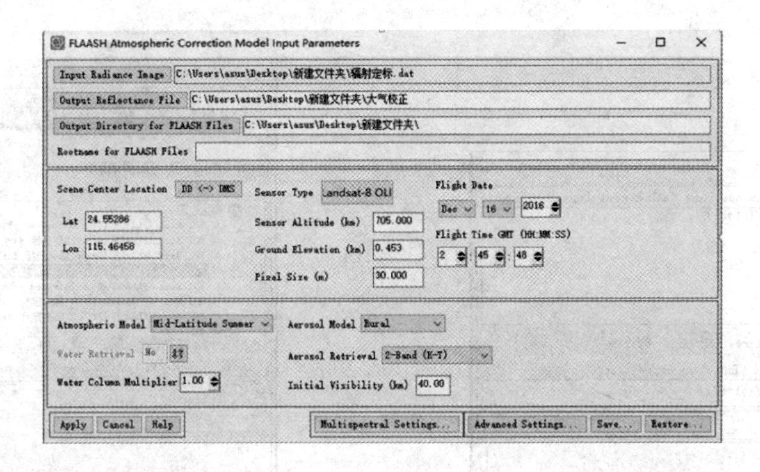

图 9-19　FLAASH 大气校正参数设置

项选择研究区域的矢量边界，Mask pixel out of ROIs 选项选择 Yes，Mask background value 设置为 0，选择输出路径和名称，单击 OK 按钮。即可得到研究区域的多光谱反射率影像。

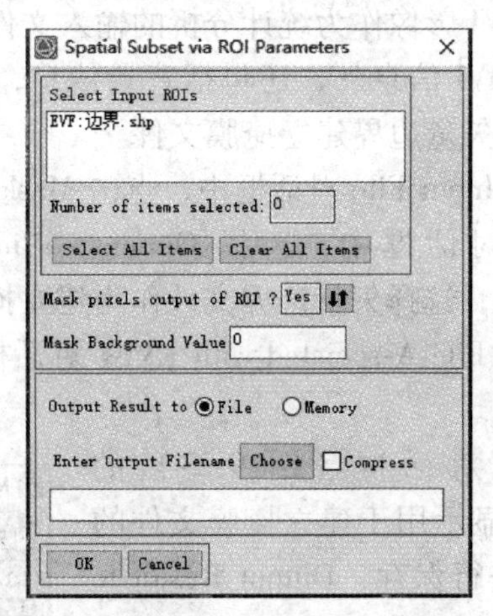

图 9-20　Spatial Subset via ROI Parameters 对话框

9.5.2　植被覆盖度计算

（1）在 Toolbox 工具箱中，选择 Band Ratio→Band Math（图 9-21），在 Enter an expression 文本框中输入 float（b1-b2）/（b1+b2），点击 Add to list 按钮，编写的公式将添加 Previous Band Math Expression 文本框中，点击 OK 按钮，需要说明的是，大气校正后的反射率值为实际反射率值扩大 10000 倍的数值，为整型数据，因此在进行除法运算前进行数据转换，即在 b1-b2 之前加上 float，将数据由整型转化为浮点型。

（2）在 Variables to Bands Pairings 对话框中（图 9-22），b1 选择遥感影像的近红外波段，b2 选择遥感影像的红光波段，这里分别选择第 5，4 波段，选择输出路径和文件名，点击 OK 按钮。

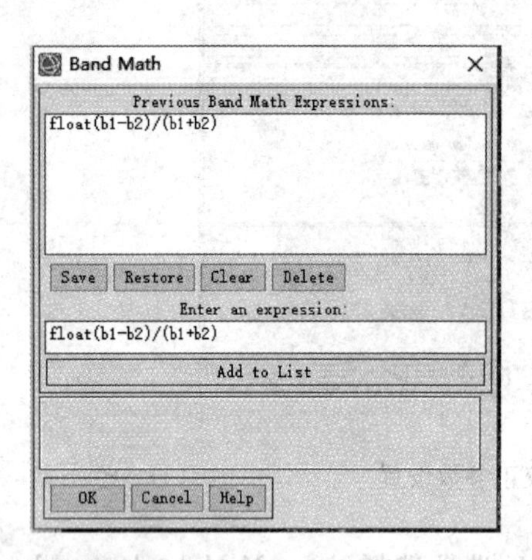

图 9-21 Band Math 对话框

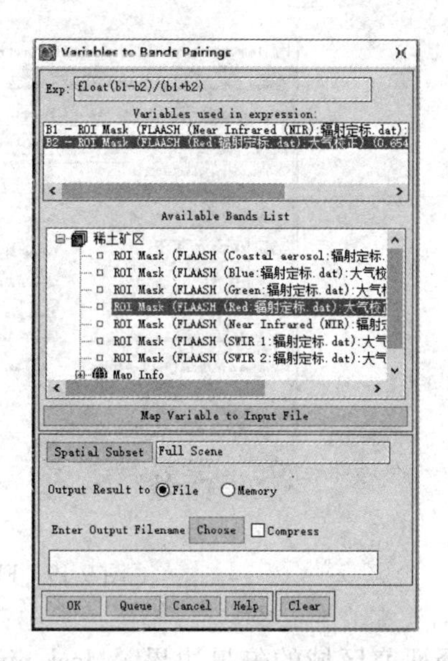

图 9-22 Variables to Bands Pairings 对话框

（3）在 Toolbox 工具箱中，选择 Statistics→Compute Statistics，在 Compute Statistics Input File 对话框中，选择 NDVI 影像作为统计分析的输入文件，由于研究区域为不规则多边形，NDVI 影像中除包含 NDVI 信息外，还包括背景信息，但背景信息是不需要的统计分析，因此需根据裁剪所用的矢量边界建立掩膜文件。

（4）在 Compute Statistics Input File 对话框中，点击 Mask Options→Build Mask。

（5）在 Mask Definition 对话框中，选择 Options→Import EVFs，在弹出的 Mask Definition Input EVFs 对话框中，选择矢量边界文件作为建立掩膜的文件，点击 OK 按钮。

（6）在弹出的 Select Data File Associated with EVFs 对话框中，选择 NDVI 影像作为输入文件，点击 OK 按钮。

（7）在 Mask Definition 对话框（图 9-23）的 Selected Attributes for Mask 将显示用于建立掩膜文件的矢量边界，若需对掩膜文件进行保存，Output Result to 选择 File，输入输出路径和文件，否则选择 Memory，这里选择 Memory，点击 OK 按钮，掩膜文件即创建成功。

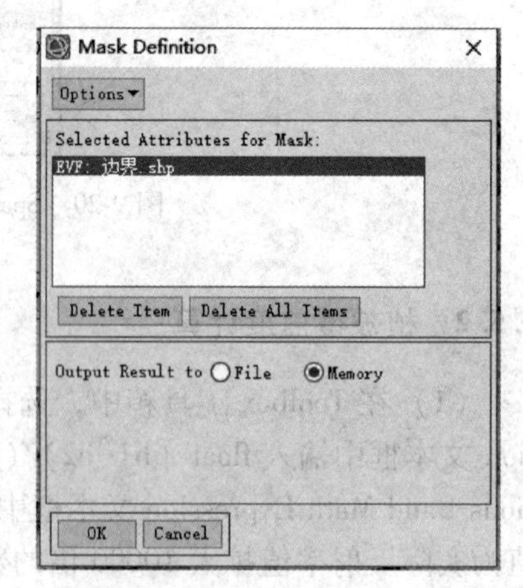

图 9-23 Mask Definition 对话框

（8）在 Compute Statistics Input File 对话框中（图 9-24），NDVI 影像作为输入文件，利用刚建立的掩膜文件进行掩膜统计，点击 OK 按钮。

（9）在 Compute Statistics Parameters 对话框中（图 9-25），勾选 Histograms 选项，其他参数默认，点击 OK 按钮。

（10）在 Statistics Results：NDVI 对话框中，分别选择累计百分比为 0.5%，99.5%的 NDVI 值作为 $NDVI_{soil}$（图 9-26）、$NDVI_{veg}$（图 9-27）的值，这里选择的 $NDVI_{soil}$、$NDVI_{veg}$ 的值分别为 0.148467、0.874572。

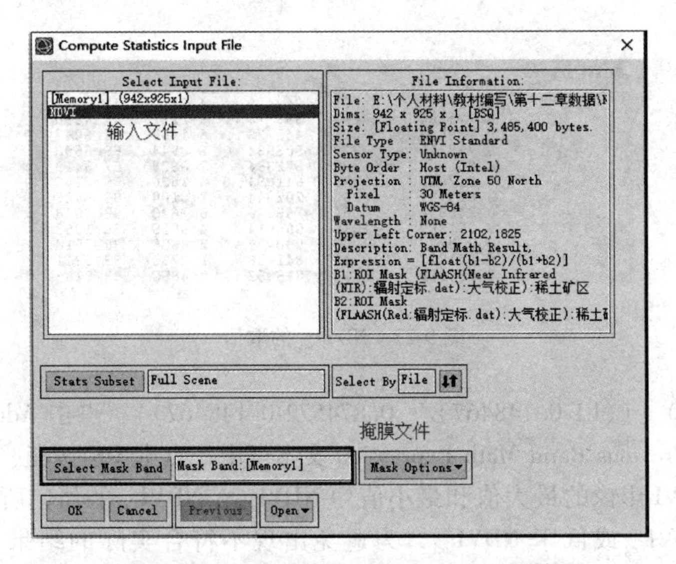

图 9-24 Compute Statistics Input File 对话框

图 9-25 Compute Statistics Parameters 对话框

Select Stat

0.046358	158	1215	0.0186	0.1434
0.057704	262	1477	0.0309	0.1743
0.069049	293	1770	0.0346	0.2089
0.080394	315	2085	0.0372	0.2460
0.091740	337	2422	0.0398	0.2858
0.103085	343	2765	0.0405	0.3263
0.114431	380	3145	0.0448	0.3711
0.125776	403	3548	0.0476	0.4187
0.137121	451	3999	0.0532	0.4719
0.148467	476	4475	0.0562	0.5281

图 9-26 $NDVI_{soil}$的取值

（11）在 Toolbox 工具箱中，选择 Band Ratio→Band Math（图 9-28），在 Enter an expression 文本框中输入(b1 gt 0.874572) ∗ 1+(b1 lt 0.148467) ∗ 0+((b1 ge 0.148467) and

Select Stat

0.761118	36959	349409	4.3614	41.2328
0.772464	44287	393696	5.2262	46.4590
0.783809	52079	445775	6.1457	52.6047
0.795155	59779	505554	7.0544	59.6590
0.806500	66800	572354	7.8829	67.5419
0.817845	69340	641694	8.1826	75.7245
0.829191	66250	707944	7.8180	83.5425
0.840536	57304	765248	6.7623	90.3048
0.851882	41366	806614	4.8815	95.1863
0.863227	24283	830897	2.8656	98.0518
0.874572	10841	841738	1.2793	99.3311
0.885918	4114	845852	0.4855	99.8166

图 9-27 $NDVI_{veg}$的取值

(b1 le 0.874572)) * ((b1-0.148467)/(0.874572-0.148467)), 点击 Add to list 按钮，编写的公式将添加 Previous Band Math Expression 文本框中，点击 OK 按钮，需要说明的是由于选择的并非 NDVI 影像的最大值和最小值为 $NDVI_{soil}$、$NDVI_{veg}$的值，所以存在部分像元的像元值高于 $NDVI_{veg}$或低于 $NDVI_{soil}$，为避免出现不符合实际的结果，对像元值高于 $NDVI_{veg}$的像元直接赋值 1，低于 $NDVI_{soil}$的值直接赋值为 0。

（12）在 Variables to Bands Pairings 对话框中（图 9-29），b1 选择 NDVI 影像，设置输出路径和文件名，点击 OK 按钮。

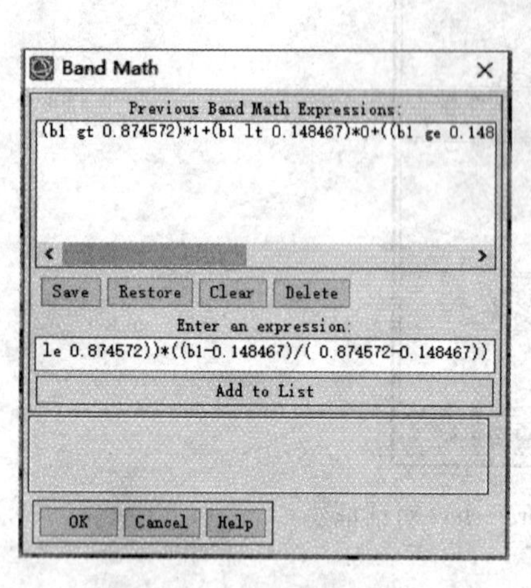

图 9-28 Bands Math 对话框

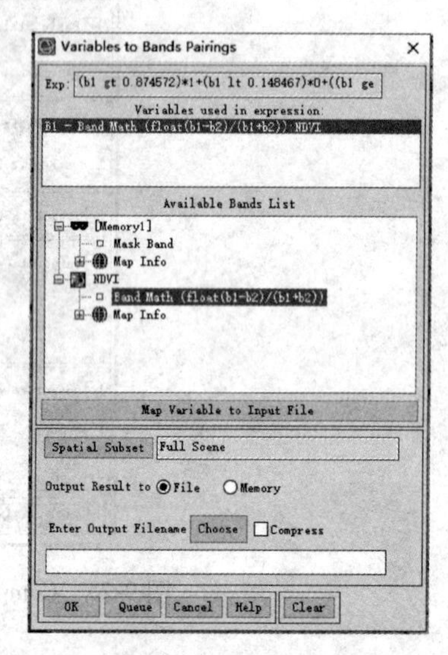

图 9-29 Variables to Bands Pairings 对话框

（13）在 ENVI 软件中的 Layer Manager 窗口，选择计算后的植被覆盖度文件，这里文件名为像元二分法，右键单击选择 Raster Color Slices。

（14）在弹出的 File Selection 对话框中（图 9-30），选择像元二分法为输入文件，点击 OK 按钮。

（15）在 Edit Raster Color Slice 对话框中（图 9-31），可以通过对话框中按钮将所有的分级进行删除，然后通过按钮添加所要的分级；也可以先对分级的范围进行调整，得到所需要的分级后，先选中多余的分级，然后通过按钮删除多余的分级。效果如图 9-31 所示。

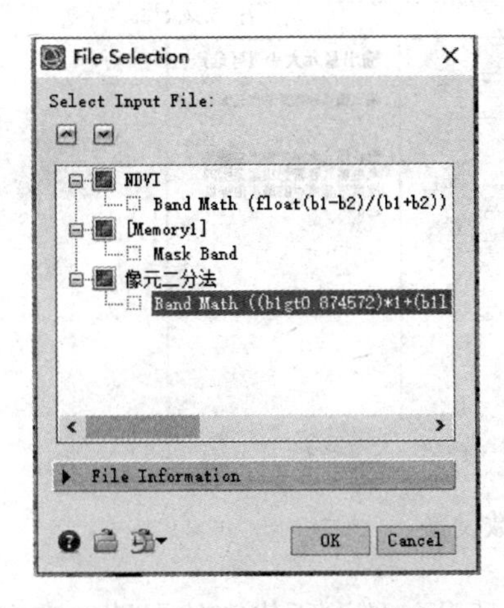

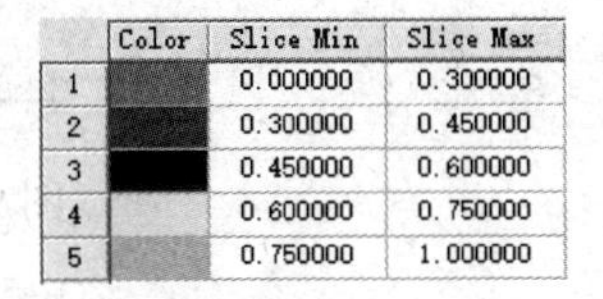

	Color	Slice Min	Slice Max
1		0.000000	0.300000
2		0.300000	0.450000
3		0.450000	0.600000
4		0.600000	0.750000
5		0.750000	1.000000

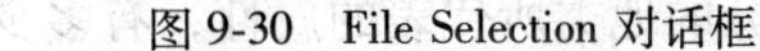

图 9-30　File Selection 对话框　　图 9-31　Edit Raster Color Slice 对话框

（16）选择 Edit Color Slice 对话框中的按钮，保存分级文件（图 9-32）。

（17）点击 Edit Color Slice 对话框上的 OK 按钮，即可完成分级。

（18）在 Layer Manager 窗口中，选中分级后的文件，这里文件名为 Slices，右键单击，选择 Export Color Slice→Shapefile。

（19）在弹出的 Export Color Slices to Shapefile 对话框中输入输出路径和文件名，点击 OK 按钮（图 9-33）。

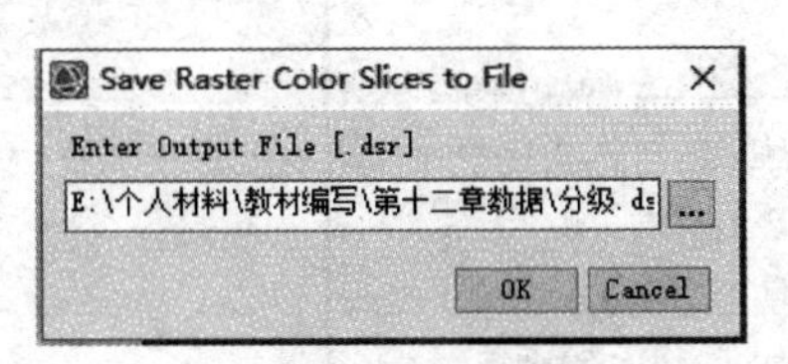

图 9-32　输出路径和文件名

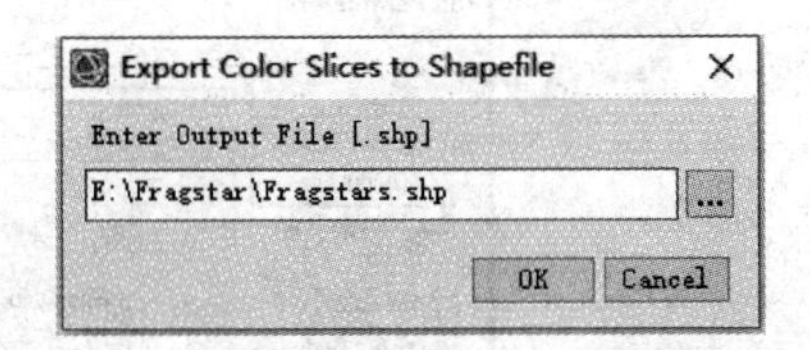

图 9-33　Export Color Slices to Shapefile 对话框

9.5.3　景观格局分析

（1）打开 ArcMap 软件，选择目录窗口下的文件夹连接，右键选择连接到文件夹，选择文件所在的文件夹。

（2）点击 ArcMap 功能面板上的按钮，添加所需要的数据。

（3）在 ArcToolbox 工具箱中，选择转换工具→转为栅格→要素转栅格。

（4）在要素转栅格对话框中（图 9-34），选择输入要素为 Fragstars，字段选择为 CLASS_NAME，像元大小设置为 30，设置输出路径和文件名，点击确定。

（5）运行 Fragstars 景观格局分析软件，需要新建一个属性文件，方便类别间的识别，属性文件的格式如下：

1）新建一个 txt 文档，内容如下：

ClassID，ClassName，Status，isBackground

1，低植被覆盖，t，f；2，较低植被覆盖，t，f；3，中度植被覆盖，t，f；4，较高植被覆盖，t，f；5，高植被覆盖，t，f；6，其他，f，t。

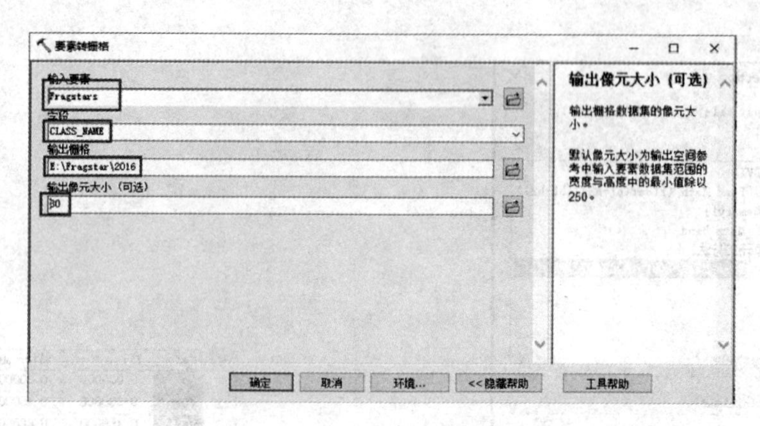

图 9-34　要素转栅格参数设置

注意：每个之间用空格键和逗号隔开。1~5 是你所分的地类所代表的属性，有多少个地类就列多少行。6 是文件最后所必需的一列。最后保存为 *. fdc 格式。

2）双击 Fragstats.exe 打开软件，选择 Fragstats→Set Run Parameters。

3）在弹出的 Run Parameters 对话框中（图 9-35），Input Data Type 选择为 Arc Grid，Grid name 选择 Grid 格式文件，Class properties file 选择创建的属性文件，Output Statistics 中勾选 Patch Metrics、Class Metrics、Landscape Metrics，其他参数默认，点击 OK 按钮。

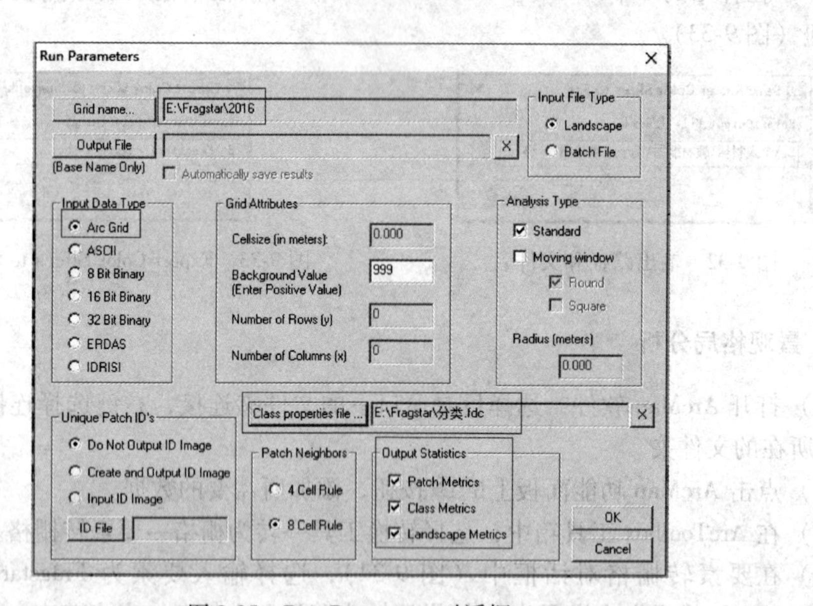

图 9-35　Run Parameters 对话框

4）本次实验选择类别水平下的斑块密度、最大斑块数、面积周长维数、斑块面积变异系数、斑块聚合度（图 9-36~图 9-38）和景观水平的斑块数目、斑块凝结度、香浓多样性指数和破碎化指数来进行景观格局分析（图 9-39~图 9-41）。因此分别在类别水平和景观水平选择对应的指标，选择完对应指标后，点击 OK 按钮。

5）选择 Fragstats→Execute，执行 Fragstats，执行完毕后会有信息提示（图 9-42）。

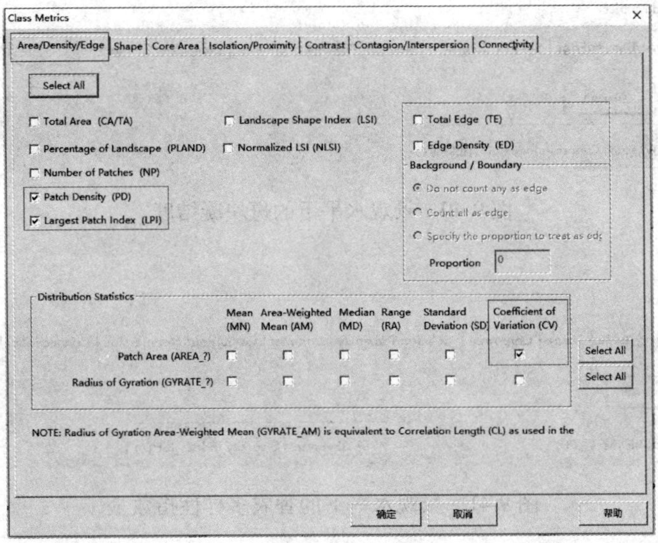

图 9-36 类别水平下的斑块密度、最大板块数、斑块面积系数

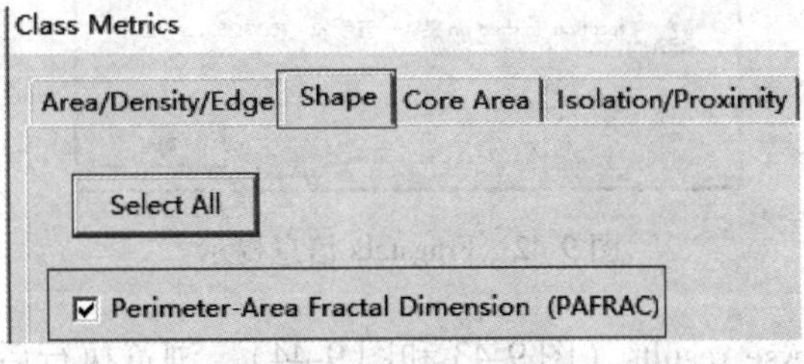

图 9-37 类别水平下的面积周长分形维数

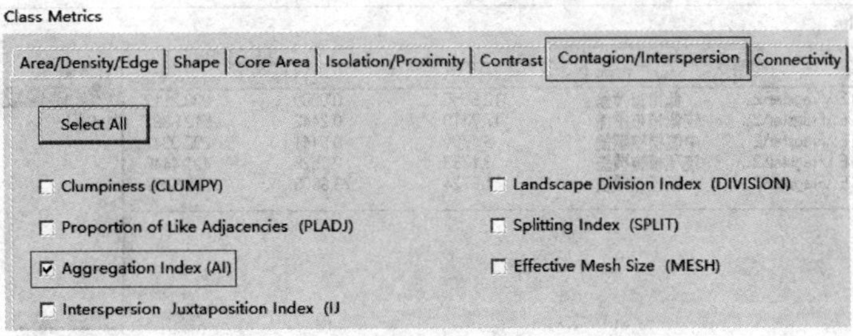

图 9-38 类别水平下的斑块聚合度

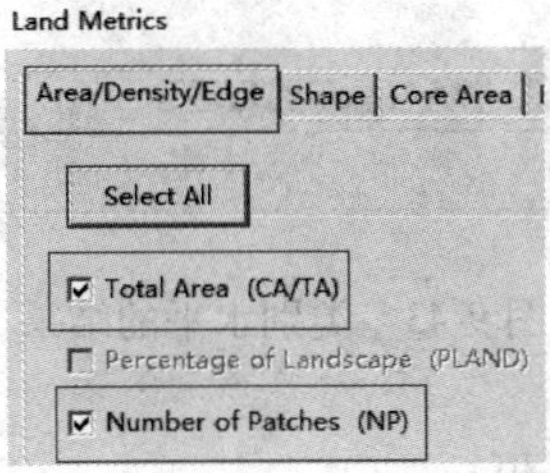

图 9-39 景观水平下的总面积和斑块数目

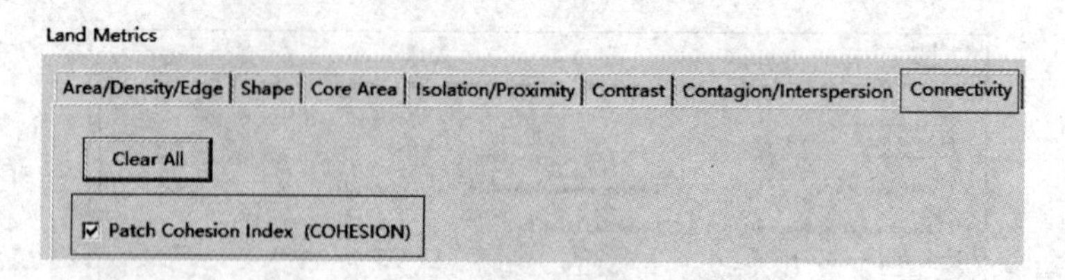

图 9-40　景观水平下的斑块凝结度

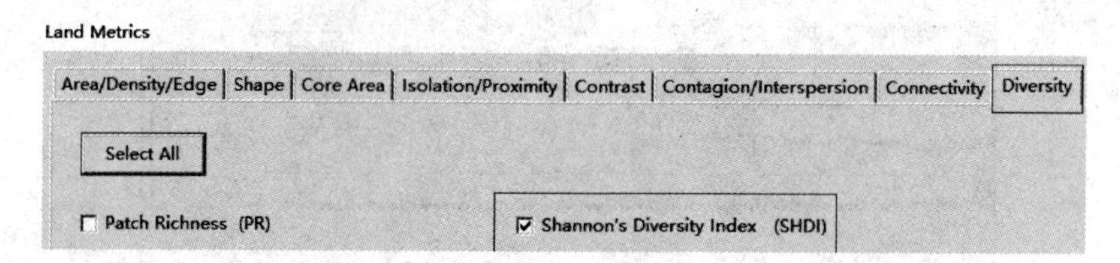

图 9-41　景观水平下的香农多样性指数

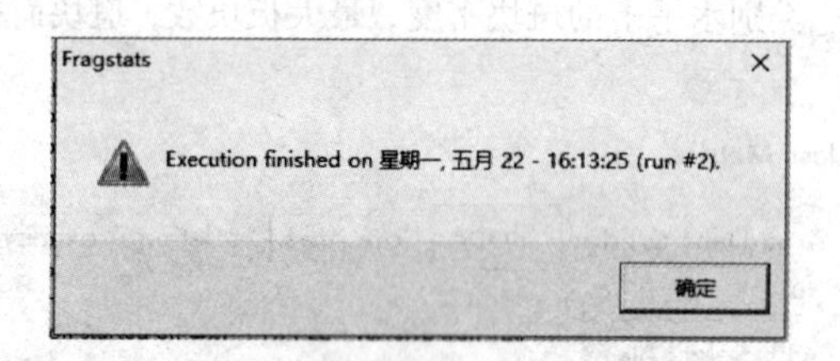

图 9-42　Fragstats 信息提示

6）选择 Tools→Browse results（图 9-43 和图 9-44），浏览执行后的结果并点击 Save run as 按钮对结果进行保存。

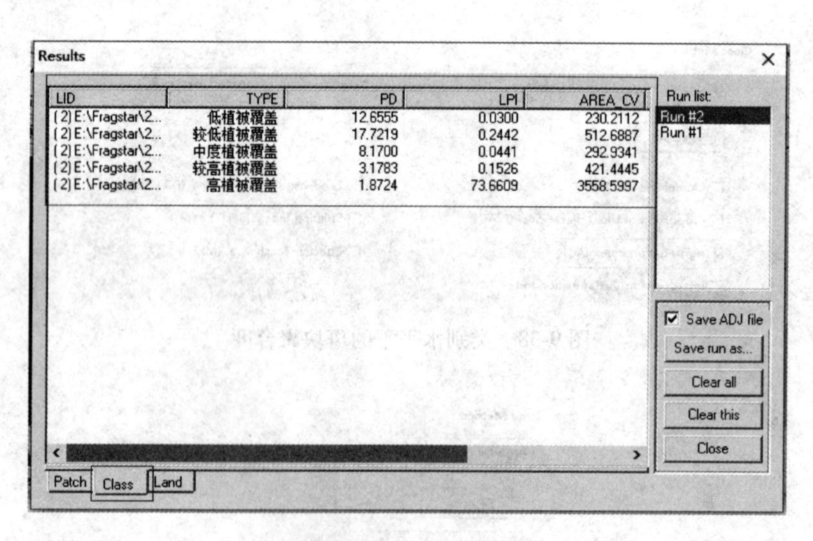

图 9-43　类别水平的结果

（6）最后得到结果如表 9-1 所示。

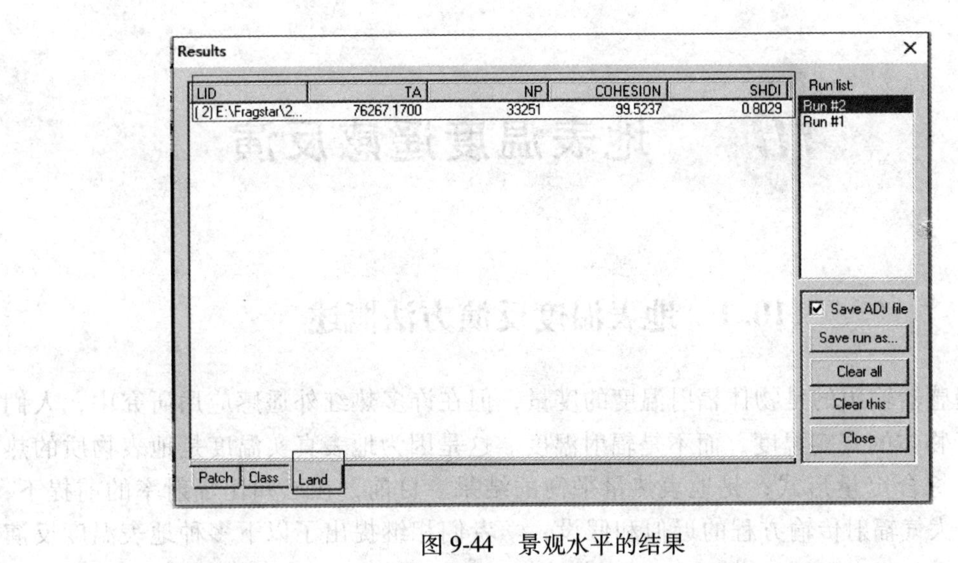

图 9-44 景观水平的结果

表 9-1 类别水平下的景观格局指数

等级	PD	LPI	AREA_CV	PAFRAC	AI
低植被覆盖	12. 6555	0. 0300	230. 2112	1. 5972	38. 1034
较低植被覆盖	17. 7219	0. 2442	512. 6887	1. 5987	43. 7501
中度植被覆盖	8. 1700	0. 0441	292. 9341	1. 5798	40. 8235
较高植被覆盖	3. 1783	0. 1526	421. 4445	1. 4202	64. 4298

景观水平下的景观格局指数，见表 9-2。

表 9-2 景观水平下的景观格局指数

年份	NP	COHESION	SHDI	FN
1990	33251	99. 5237	0. 8029	0. 0392

10 地表温度遥感反演

10.1 地表温度反演方法概述

从热遥感器输出的是物体辐射温度的度量，但在许多热红外遥感应用研究中，人们的兴趣在于物体的真实温度，而不是辐射温度。这是因为地表真实温度是地表物质的热红外辐射的综合定量形式，是地表热量平衡的结果。目前，在已知比辐射率的前提下，利用各种对大气辐射传输方程的近似和假设，学者们相继提出了以下多种地表温度反演算法。

（1）单通道法。选用卫星遥感的热红外单波段数据，借助于无线电探空或卫星遥感提供的大气垂直廓线数据，结合大气辐射传输方程计算大气辐射和大气透射率等参数，以修正大气对比辐射率的影响，从而得到地表温度。单通道法反演的地表温度的精度取决于辐射模型、地表比辐射率、大气廓线的精度。

（2）多通道法。多通道法（又称分裂窗法、劈窗法，Split Window Algorithm）利用10~13μm的大气窗口内，两个相邻通道（一般取波长在11μm附近和12μm附近）对大气吸收作用的不同（尤其对大气中水汽吸收作用的差异），通过两个通道测量值（亮度温度）的各种线性组合来提出大气的影响，反演地表温度。多通道法应用广泛，反演地表温度的精度可为1~2℃，取决于大气和比辐射率的校正误差。

（3）单通道多角度法。此法依据在于同一物体从不同角度观测时所经过的大气路径不同，产生的大气吸收也不同，大气的作用可以通过单通道在不同角度观察下所获得的亮温的线性组合来消除。研究表明，利用ERS-1上的ATSR辐射计所获得的数据（θ为0°、55°），通过双角度法来反演海洋表面温度精度可达0.3℃或者更好（A. M. Zavody，1995年）。由于不同角度的地面分辨率不同，以及陆地表面状况很不均匀且地物类型复杂，因而很少用于陆地温度反演研究。

（4）多通道多角度法。此法是多通道法和多角度法的结合，依据在于无论是多通道还是多角度分窗法，地表真实温度是一致的。利用不同通道、不同角度对大气效应的不同反应来消除大气的影响，反演地表温度。

（5）日夜多通道法。此法又可称为双温多通道法。所谓双温指应用昼、夜两个不同时相的数据，多通道指应用3.5~4.5μm的中红外波段数据，以及多个热红外数据。由于分裂窗法中10~13μm两个相邻通道辐射特征的差别较小，数据相关性高，影响反演精度，于是考虑引入中红外波段数据和昼、夜数据，既可增加波段数据之间以及昼、夜数据之间的差异，又增加了信息源。双温多通道法假设昼、夜两次观测时目标的比辐射率不变，而温度不同。

10.2　辐射传输方程

为方便阅读，表 10-1 列举了常见的几个名词解释。

表 10-1　热红外遥感中常见名词

名　词	说　明
辐射出射度	单位时间内从单位面积上辐射的辐射能量称为辐射出射度，单位一般为 W/m^2
辐射亮度（Radiance）	辐射源在某一方向上单位投影表面、单位立体角内的辐射通量，单位一般为 $W/(m^2 \cdot \mu m \cdot sr)$
比辐射率（Emissivity）	也称为发射率，物体的辐射出射度与同温度黑体辐射出射度的比值。如果物体指的是地表，称为地表比辐射率
大气透射率	通过大气（或某气层）后的辐射强度与入射前辐射强度之比
亮度温度（Brightness Temperature）	当一个物体的辐射亮度与某一黑体的辐射亮度相等时，该黑体的物理温度就被称为该物体的亮度温度（简称“亮温”），所以亮度温度具有温度的量纲，但不具有温度的物理含义，它是一个物体辐射亮度的代表名词

10.2.1　辐射传输方程（也称大气校正法，Radiative Transfer Equation，RTE）

基本原理：首先估计大气对地表热辐射的影响，然后把这部分大气影像从卫星传感器所观测到的热辐射总量中减去，从而得到地表热辐射强度，再把这一热辐射强度转化为相应的地表温度。

具体实现：卫星传感器接收到的热红外辐射亮度值 L_λ 由三部分组成：大气向上辐射亮度 $L^{atm\uparrow}$；地面的真实辐射亮度经过大气层之后到达卫星传感器的能量；大气向下辐射到达地面后反射的能量 $L^{atm\downarrow}$。卫星传感器接收到的热红外辐射亮度值 L_λ 的表达式可写为（辐射传输方程）：

$$L_\lambda = [\varepsilon B(T_S) + (1-\varepsilon) L^{atm\downarrow}]\tau + L^{atm\uparrow} \tag{10-1}$$

式中，ε 为地表比辐射率；T_S 为地表真实温度，K；$B(T_S)$ 为黑体热辐射亮度；τ 为大气在热红外波段的透过率。则温度为 T 的黑体在热红外波段的辐射亮度 $B(T_S)$ 为：

$$B(T_S) = [L_\lambda - L^{atm\uparrow} - \tau(1-\varepsilon) L^{atm\downarrow}]/\tau\varepsilon \tag{10-2}$$

T_S 可以应用 Plank 函数获取：

$$T_S = K_2/\ln[K_1/B(T_S) + 1] \tag{10-3}$$

对于 TM 数据，$K_1 = 607.76W/(m^2 \cdot sr \cdot \mu m)$，$K_2 = 1260.56K$；对于 ETM+数据，$K_1 = 666.09W/(m^2 \cdot sr \cdot \mu m)$，$K_2 = 1282.71K$；对于 TIRS Band10 数据，$K_1 = 774.89W/(m^2 \cdot sr \cdot \mu m)$，$K_2 = 1321.08K$。

由上可知，辐射传输方程需要两个参数：大气剖面参数和地表比辐射率。在 NASA 提供的网站（http：//atmcorr. gsfc. nasa. gov/）上，输入成影时间以及中心经纬度可以获取大气剖面参数，适用于只有一个热红外波段的数据，如 Landsat TM/ETM+/TIRS 数据。

10.2.2　地表比辐射率

比较常用的一种方法是先对遥感图像进行分类，将地表分为不同的覆盖类型，再根据实测或者经验值的地物比辐射率给各个地物覆盖类型赋予不同的值，从而生成地表比辐射率图像。目前，已有一些比辐射率数据库，如 MODIS UCSB 比辐射率库等。

另外，还可利用归一化植被指数（NDVI）计算地表比辐射率，这是由于 NDVI 的对数与地表比辐射率存在线性相关性，利用 NDVI 的阈值对地表进行分类，然后给各个地表覆盖类型赋予不同的值。

10.2.3 反演流程

本实例基于辐射传输方程，利用 Landsat8 TIRS 反演地表温度，主要内容是使用 Band Math 工具计算公式（10-2）和公式（10-3），处理流程如图 10-1 所示。

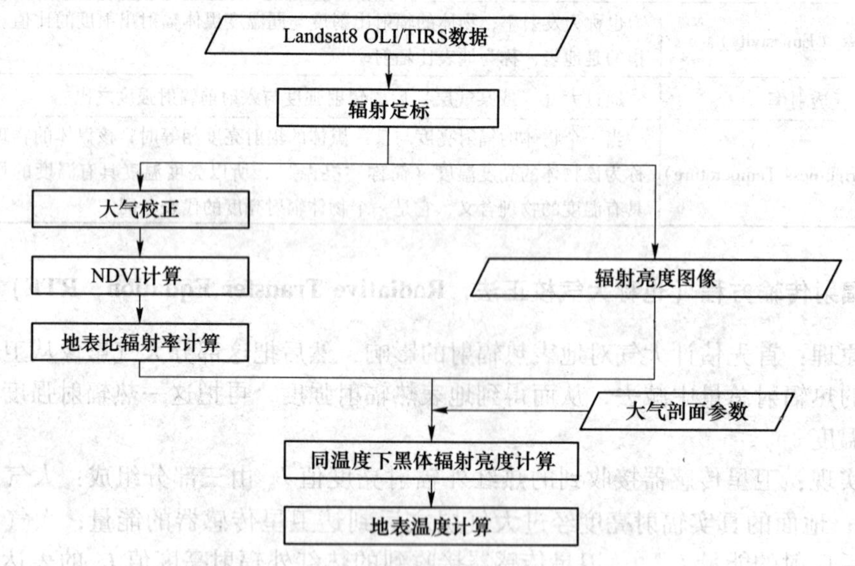

图 10-1 基于大气校正法的 TIRS 反演流程图

10.3 单窗算法

10.3.1 单窗算法（Mono-window Algorithm）

单窗算法是覃志豪（2001）根据地表热辐射传导方程，推导出的一种利用热红外波段数据反演地表温度的算法（Qin Z H，2001），该算法由于能够将大气和地表影响直接包括在演算公式内，计算方便，具有较高精度，得到广泛应用。该算法的计算公式如下：

$$T_S = \{a(1-C-D) + [b(1-C-D) + C + D]T_R - DT_a\}/C \tag{10-4}$$

式中，T_S 为地表真实温度，K；a（无量纲）和 b（无量纲）为在该算法中定义的温度参数与温度之间的线性回归系数（龚绍琦，2015），在 268.15~318.15K 温度变化范围内时，计算得出 $a=-62.360$，$b=0.4395$；C 和 D 为中间变量（无量纲）；$C=\varepsilon\tau$，$D=(1-\tau)[1+(1-\varepsilon)\tau]$，其中，$\varepsilon$ 为地表比辐射率；τ 为大气透过率；T_R 为卫星高度上热红外波段所探测到的像元亮度温度，K；T_a 为大气平均作用温度，K。

由上可知，单窗算法需要 3 个参数：大气平均作用温度、大气透过率和地表比辐射率。

10.3.2 参数计算

（1）大气平均作用温度 T_a：该参数与地面附近（一般为 2m 处）气温 T_0(K) 存在如下线性关系：

热带平均大气（北纬 15°，年平均）

$$T_a = 17.9769 + 0.91715T_0$$

中纬度夏季平均大气（北纬 45°，7 月）

$$T_a = 16.0110 + 0.92621T_0$$

中纬度冬季平均大气（北纬 45°，1 月）

$$T_a = 19.2704 + 0.91118T_0$$

（2）大气透过率 τ：该参数可由大气水分含量 w(g/cm^2) 进行估算。

$$w = 0.0981 \times \left(6.1078 \times 10^{\frac{7.5(T_0 - 273.15)}{T_0}}\right) \times \mathrm{RH} + 0.1697 \tag{10-5}$$

式中，RH 为相对湿度，气温（T_0）和相对湿度（RH）从当地气象站获取数据资料。

当大气水分含量在 0.4~3.0g/cm^2 区间时，大气透过率 τ 估算方程如表 10-2 所示。

表 10-2 大气透射率估算方程

大气剖面	水分含量 w/g·cm^{-2}	大气透射率估算方程	R^2
高气温	0.4~1.6	$\tau = 0.974290 - 0.08007w$	0.99611
	1.6~3.0	$\tau = 1.031412 - 0.11536w$	0.99827
低气温	0.4~1.6	$\tau = 0.982007 - 0.09611w$	0.99463
	1.6~3.0	$\tau = 1.053710 - 0.14142w$	0.99899

（3）地表比辐射率 ε：TIRS 的 Band10 热红外波段与 TM/ETM+ Band6 热红外波段具有近似的波谱范围，本例采用 TM/ETM+ Band6 热红外波段相同的地表比辐射率计算方法。使用 Sobrino 提出的 NDVI 阈值法计算地表比辐射率：

$$\varepsilon = 0.004P_v + 0.986 \tag{10-6}$$

式中，P_v 是植被覆盖度，可通过以下公式计算：

$$P_v = (\mathrm{NDVI} - \mathrm{NDVI}_{soil})/(\mathrm{NDVI}_{veg} - \mathrm{NDVI}_{soil}) \tag{10-7}$$

式中，NDVI 为归一化植被指数；NDVI_{soil} 为完全被裸土或无植被覆盖区域的 NDVI 值；NDVI_{veg} 为完全被植被覆盖的像元的 NDVI 值，即纯净植被像元的 NDVI 值。取经验值 NDVI_{veg} = 0.70 和 NDVI_{soil} =0.05，即当整个像元的 NDVI 值大于 0.70 时，P_v 取值为 1；当 NDVI 值小于 0.50 时，P_v 取值为 0。

10.3.3 反演流程

本实例基于单窗算法，利用 Landsat8 TIRS 反演地表温度，主要内容是使用 Band Math

工具计算公式（10-4），处理流程如图 10-2 所示。

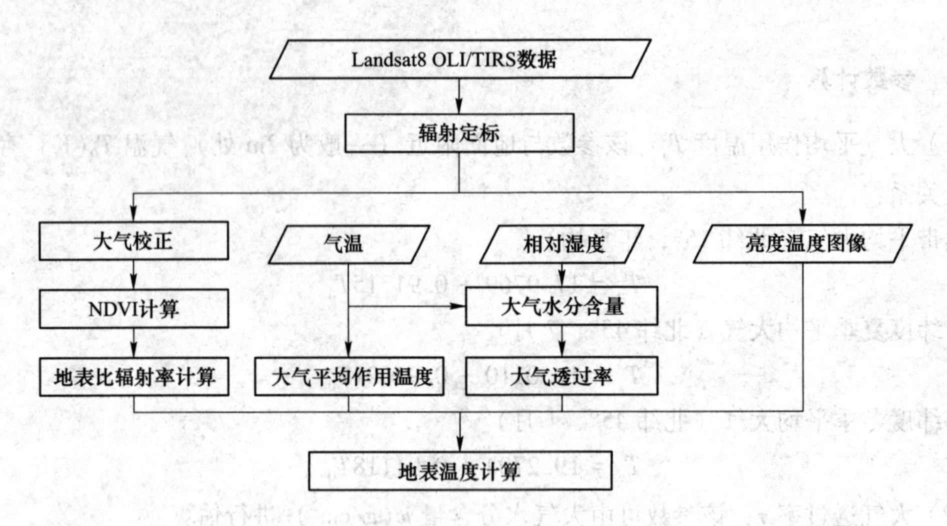

图 10-2 基于单窗算法的 TIRS 反演流程图

10.4 Artis 算法

10.4.1 Artis 算法

该算法通过地表比辐射率对辐射亮度温度进行校正，从而反演出地表温度（D. A. Artis，1982）。由于方法对参数要求不高，因此该方法计算简单。该算法的计算公式如下：

$$T_S = \frac{T_R}{1 + \frac{\lambda T_R}{\rho}\ln\varepsilon} \tag{10-8}$$

式中，T_S为地表真实温度，K；T_R 为卫星高度上 TIRS 所探测到的像元亮度温度，K；λ 为热红外波段的中心波长，μm；$\rho = \frac{hc}{\delta} = 1.439 \times 10^{-2}\text{m}\cdot\text{K}$；$\delta = 1.38 \times 10^{-23}\text{J/K}$，为玻耳兹曼常数；$h=6.626\times10^{-34}\text{J}\cdot\text{s}$，为 Plank 常数；$c=2.998\times10^{8}\text{m/s}$，为光速；$\varepsilon$（无量纲）为地表比辐射率。

由上可知，Artis 算法仅需要地表比辐射率参数，该参数可参考单窗算法的 Sobrino 提出的 NDVI 阈值法进行计算。

10.4.2 反演流程

本实例基于 Artis 算法，利用 Landsat8 TIRS 反演地表温度，主要内容是使用 Band Math 工具计算公式（10-8），处理流程如图 10-3 所示。

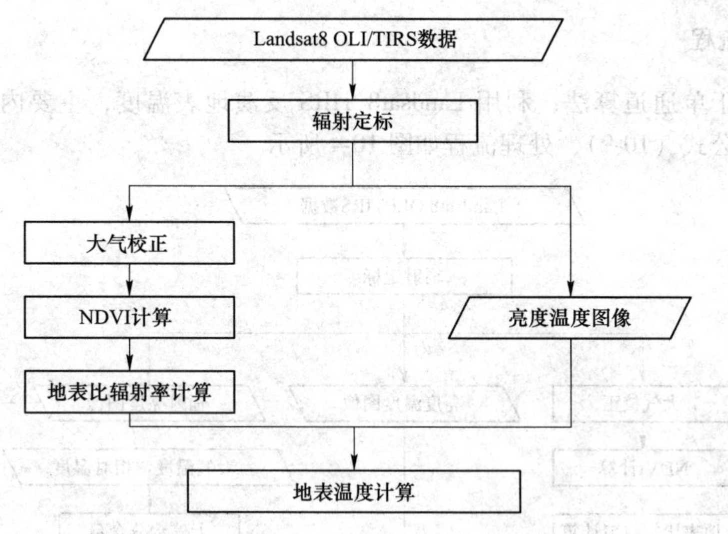

图 10-3 基于 Artis 算法的 TIRS 反演流程图

10.5 单通道算法

10.5.1 单通道算法（Single Channel Algorithm）

由 Jiménez-Muñoz 和 Sobrino 提出的一种针对只有一个热红外波段影像的地表温度反演算法，对于 Landsat8 卫星遥感影像，Jiménez-Muñoz 等在原有的单通道算法的基础上，增加了针对 Landsat8 的大气参数改进，该算法的计算公式如下：

$$T_S = \gamma[\varepsilon^{-1}(\varphi_1 L_\lambda + \varphi_2) + \varphi_3] + \delta \tag{10-9}$$

$$\gamma = \left[\frac{c_2 L_\lambda}{T_R^2}\left(\frac{\lambda^4}{c_1}L_\lambda + \frac{1}{\lambda}\right)\right]^{-1}$$

$$\delta = -\gamma L_\lambda + T_R$$

式中，T_S 为地表真实温度，K；L_λ 为像元在传感器处的光谱辐射强度值，W/(m^2 · sr · μm)；ε（无量纲）为地表比辐射；T_R 为卫星高度上热红外波段所探测到的像元亮度温度，K；λ 为热红外波段的中心波长，μm；c_1、c_2 为 Plank 辐射常数，分别为 1.19104×10^8W · μm^4/(m^2 · sr) 和 14387.7μm · K；φ_1、φ_2、φ_3 为大气水分含量 w(g/cm^2) 的函数，其计算公式为：

$$\varphi_1 = 0.04019w^2 + 0.02916w + 1.01523$$

$$\varphi_2 = -0.38333w^2 - 1.50294w + 0.20321$$

$$\varphi_3 = 0.00918w^2 + 1.36072w - 0.27514$$

上述公式中，γ、φ_1、φ_2、φ_3、δ 均为中间变量。

由上可知，单通道算法需要大气水分含量和地表比辐射率两个参数，其中大气水分含量可通过其与大气温度的函数关系式（10-5）计算，地表比辐射率可参考单窗算法的 Sobrino 提出的 NDVI 阈值法进行计算。

10.5.2 反演流程

本实例基于单通道算法，利用 Landsat8 TIRS 反演地表温度，主要内容是使用 Band Math 工具计算公式（10-9），处理流程如图 10-4 所示。

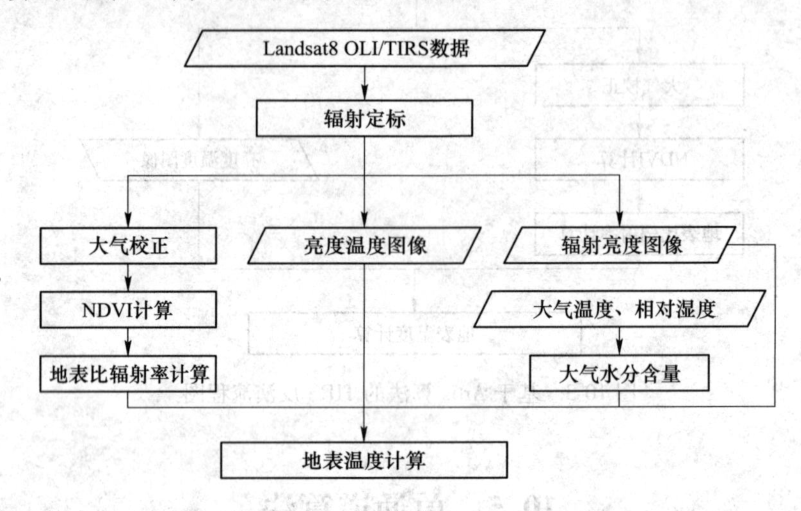

图 10-4 基于单通道算法的 TIRS 反演流程图

10.6 Landsat8 数据反演稀土矿区地表温度

10.6.1 稀土矿区温度反演

10.6.1.1 大气校正法

参照基于大气校正法的 TIRS 反演流程图，首先对 Landsat8 进行辐射定标和大气校正影像处理。

（1）在主界面中，选择 File→Open，在文件选择对话框中选择“LC81210432014281LGN00_MTL.txt”文件，ENVI 自动按照波长分为 5 个数据集：多光谱数据（1~7 波段）、全色波段数据（8 波段）、卷云波段数据（9 波段）、热红外波段（10、11 波段）和质量波段数据（12 波段），如图 10-5 所示。

（2）在 Toolbox 工具箱中，选择 Radiometric Correction→Radiometric Calibration。在 File Selection 对话框中，选择数据“LC81210432014281LGN00_MTL_Thermal”，单击 Spectral Subset 选择 Thermal Infrared1（10.9000），打开 Radiometric Calibration 面板，如图 10-6 所示。

（3）在 Radiometric Calibration 面板中，设置以下参数：

1）定标类型（Calibration Type）：辐射亮度值（radiance）。

2）其他选择默认参数。

（4）选择输出路径和文件名，单击 OK 按钮，执行辐射定标。得到 Landsat8 的 Band 10 辐射亮度图像。

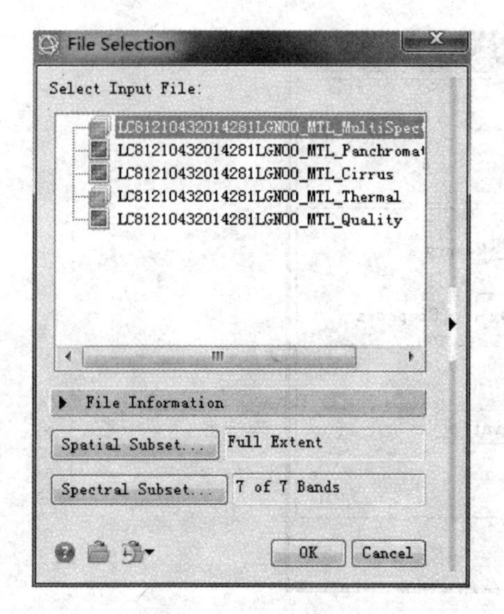

图 10-5 File Selection 面板

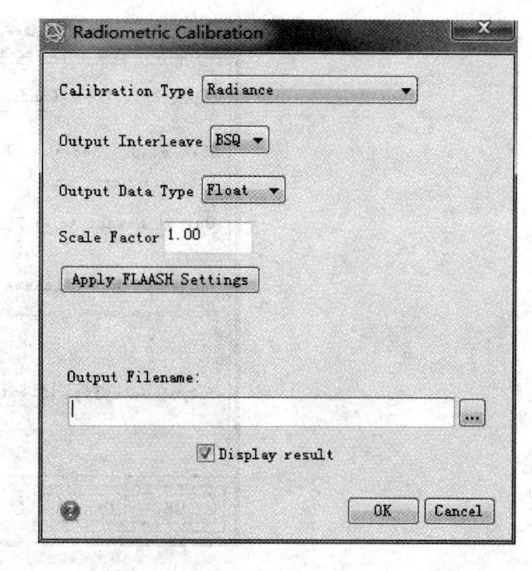

图 10-6 Radiometric Calibration 面板

（5）NDVI 计算：

1）在 Toolbox 工具箱中，双击 Spectral→Vegetation→NDVI 工具，在文件输入对话框中选择 Landsat8 OLI 大气校正图像，如图 10-7 所示。

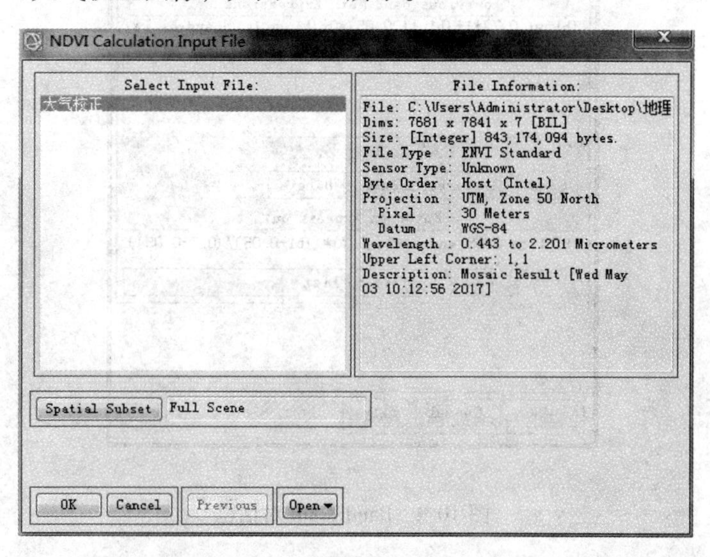

图 10-7 NDVI 文件输入对话框

2）在 NDVI Calculation Parameters 对话框中，自动识别 NDVI 计算波段：Red：4，Near IR：5。计算 Landsat8 影像 NDVI 图像，如图 10-8 所示。

3）选择输出文件和路径。

（6）地表比辐射率计算：

1）在 ToolBox 工具箱中，选择 Band Ratio/Band Math，输入表达式：(b1 gt 0.7) * 1 + (b1 lt 0.05) * 0 + (b1 ge 0.05 and b1 le 0.7) * ((b1 - 0.05)/(0.7 - 0.05))。其中，b1 为 NDVI。计算得到植被覆盖度图像，如图 10-9 所示。

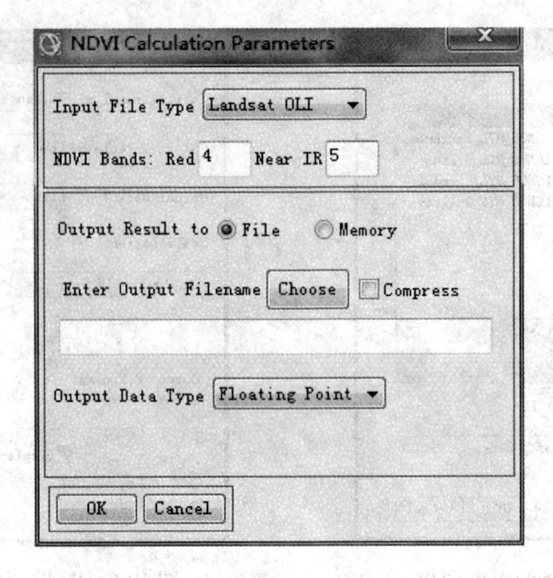

图 10-8 NDVI Calculation Parameters 对话框

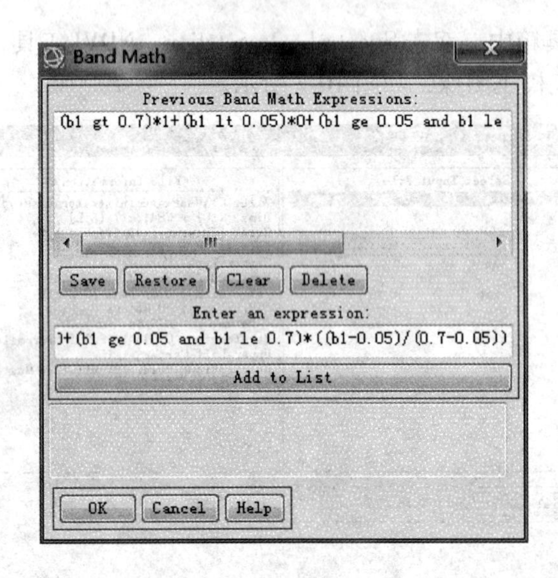

图 10-9 Band Math 对话框

2）在 ToolBox 工具箱中，选择 Band Ratio/Band Math，输入表达式：0.004 * b1+0.986。其中，b1 为植被覆盖度图像。计算得到地表比辐射率图像。

提示：为了得到更精确的地表比辐射率图像，可使用覃志豪等（2004）提出的先将地表分成水体、自然地表和城镇区，分别针对 3 种地表类型计算地表比辐射率：

① 水体像元比辐射率：0.995。

② 自然表面像元比辐射率：$\varepsilon_{surface} = 0.9625 + 0.0617P_v - 0.0461P_v^2$。

③ 城镇区像元比辐射率：$\varepsilon_{building} = 0.9589 + 0.086P_v - 0.0671P_v^2$。

（7）同温度下黑体辐射亮度与地表温度计算：

1）在 NASA 公布的网站查询（http：//atmcorr. gsfc. nasa. gov），输入成影时间：2014-10-8 和中心经纬度（Lat：24. 54939722，Lon：115. 46948333），以及其他相关参数。如图 10-10 所示，得到大气剖面参数为：

① 大气在热红外波段的透射率 τ：0. 77。

② 大气向上辐射亮度 $L^{atm\uparrow}$：1. 88W/(m^2 · μm · sr)。

③ 大气向下辐射到达地面后反射的能量 $L^{atm\downarrow}$：3. 03W/(m^2 · μm · sr)。

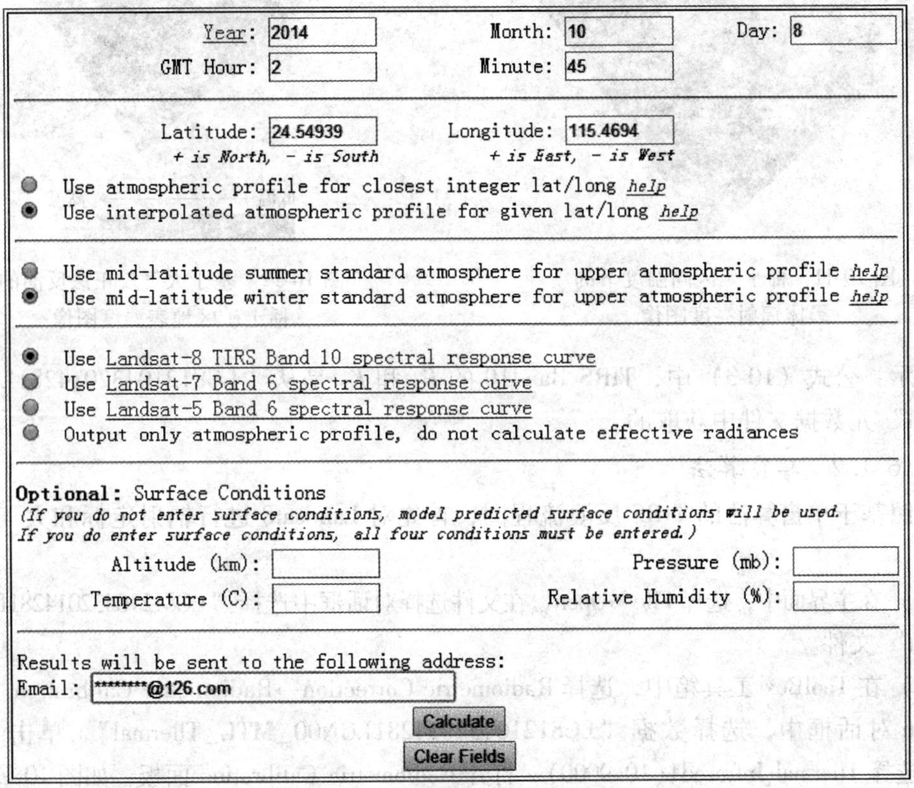

Year: 2014　Month: 10　Day: 8
GMT Hour: 2　Minute: 45

Latitude: 24.54939　Longitude: 115.4694
+ is North, - is South　+ is East, - is West
Use atmospheric profile for closest integer lat/long help
Use interpolated atmospheric profile for given lat/long help

Use mid-latitude summer standard atmosphere for upper atmospheric profile help
Use mid-latitude winter standard atmosphere for upper atmospheric profile help

Use Landsat-8 TIRS Band 10 spectral response curve
Use Landsat-7 Band 6 spectral response curve
Use Landsat-5 Band 6 spectral response curve
Output only atmospheric profile, do not calculate effective radiances

Optional: Surface Conditions
*(If you do not enter surface conditions, model predicted surface conditions will be used.
If you do enter surface conditions, all four conditions must be entered.)*
Altitude (km):　Pressure (mb):
Temperature (C):　Relative Humidity (%):

Results will be sent to the following address:
Email: ********@126.com
Calculate
Clear Fields

图 10-10　NASA 网站查询界面

提示：由于缺少地表相关参数（气压、温度和相对湿度等信息），得到的结果是基于模型计算的。

2）依据公式（10-2），在 ToolBox 工具箱中，选择 Band Ratio/Band Math，输入表达式：(b2-1. 88-0. 77 * (1-b1) * 3. 03)/(0. 77 * b1)。其中，b1：地表比辐射率图像；b2：Band10 辐射亮度图像。计算得到同温度下的黑体辐射亮度图像。

3）“图像镶嵌和裁剪”，通过矿区矢量文件，掩膜裁剪同温度下的黑体辐射亮度图像，从而获得稀土矿区同温度下的黑体辐射亮度图像，如图 10-11 所示。

4）依据公式（10-3），在 ToolBox 工具箱中，选择 Band Ratio/Band Math，输入表达式：(1321. 08)/alog(774. 89/b1+1)。其中，b1：稀土矿区同温度下的黑体辐射亮度图像。计算得到地表温度图像，如图 10-12 所示。

图 10-11 稀土矿区同温度下的黑体辐射亮度图像

图 10-12 基于大气校正法反演的稀土矿区地表温度图像

提示：公式（10-3）中，TIRS Band10 的 K_1 和 K_2 是从“LC81210432014281LGN00_MTL. txt”元数据文件中获取的。

10.6.1.2 单窗算法

参照基于单窗算法的 TIRS 反演流程图，首先对 Landsat8 进行辐射定标和大气校正影像处理。

（1）在主界面中，选择 File→Open，在文件选择对话框中选择“LC81210432014281LGN00_MTL. txt”文件。

（2）在 ToolBox 工具箱中，选择 Radiometric Correction→Radiometric Calibration。在 File Selection 对话框中，选择数据“LC81210432014281LGN00_MTL_Thermal”，单击 Spectral Subset 选择 Thermal Infrared1(10.9000)，打开 Radiometric Calibration 面板，如图 10-13 所示。

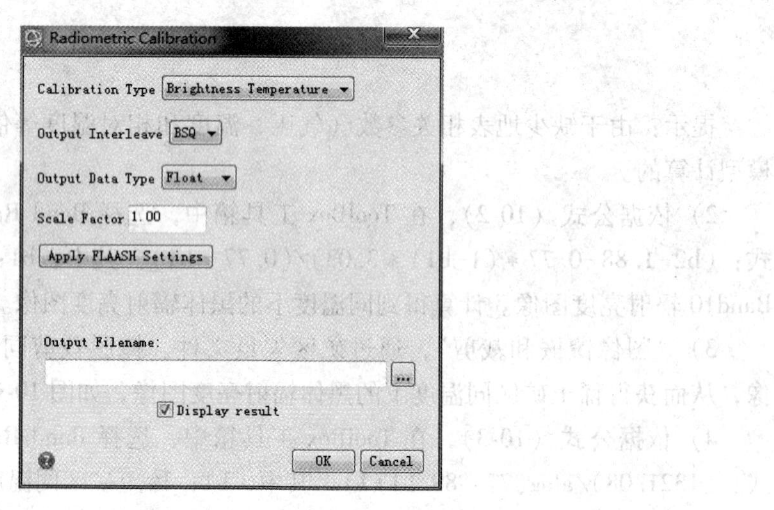

图 10-13 Radiometric Calibration 面板

（3）在 Radiometric Calibration 面板中，设置以下参数：

1）定标类型（Calibration Type）：亮度温度（Brightness Temperature）。

2）其他选择默认参数。

（4）选择输出路径和文件名，单击 OK 按钮，执行辐射定标。得到 Landsat8 的 Band10 亮度温度图像。

地表比辐射率图像已在大气校正法中获得。

大气平均作用温度计算：

依据公式 $T_a = 16.0110 + 0.92621T_0$ 可知，大气平均作用温度可通过大气温度 T_0 计算。本练习大气温度数据由当地气象站提供，为 297.5K，代入该公式计算，可获得大气平均作用温度为 286.9737355K。

大气透过率计算：

（1）首先计算大气水分含量，结合公式（10-5）可知，大气水分含量的计算需要气温和相对湿度 2 个参数，这两个参数均由气象站提供，其中 T_0 为 297.5K，RH 为 64。代入公式（10-5），可得大气水分含量为 1.374264g/cm^2。

（2）结合表 10-2 大气透射率估算方程 $\tau = 0.974290 - 0.08007w$，将大气水分含量值代入该方程，可计算出大气透射率为 0.864253。

公共参数 C 和 D 计算：

（1）在 ToolBox 工具箱中，选择 Band Ratio/Band Math，输入表达式：0.864253 * b1。其中，b1 为地表比辐射率图像。计算得到参数 C 图像，如图 10-14 所示。

（2）在 ToolBox 工具箱中，选择 Band Ratio/Band Math，输入表达式：(1-0.864253) * [1+(1-b1) * 0.864253]。其中，b1 为地表比辐射率图像。计算得到参数 D 图像，如图 10-15 所示。

图 10-14 参数 C 图像

图 10-15 参数 D 图像

地表温度计算：

在 ToolBox 工具箱中，选择 Band Ratio/Band Math，输入表达式：{-62.360 * (1-b1-b2)+[0.4395 * (1-b1-b2)+b1+b2] * b3-b2 * 286.9737355}/b1。其中，b1 为参数 C；b2 为参数 D；b3 为亮度温度。计算得到稀土矿区地表温度图像，如图 10-16 所示。

10.6.1.3 Artis 算法

参照基于 Artis 算法的 TIRS 反演流程图，首先对 Landsat8 进行辐射定标和大气校正影像处理，然后运用 NDVI 阈值法求解地表比辐射率，最后代入公式（10-8）求解地表温度。

（1）在 ToolBox 工具箱中，选择 Radiometric Correction→Radiometric Calibration。在 Radiometric Calibration 面板中，在定标类型中分别选择亮度温度，进行辐射定标，可得到 Band10 亮度温度图像。该过程可参考单窗算法亮度温度的求解。

（2）对 Landsat8 多光谱数据进行大气校正，然后运用 Sobrino 提出的 NDVI 阈值法计算 NDVI，该过程可参考大气校正法地表比辐射率的求解。

（3）在 ToolBox 工具箱中，选择 Band Ratio/Band Math，输入表达式：b1/[1+(1.09 * b1/1439) * alog(b2)]。其中，b1 为亮度温度；b2 为地表比辐射率。计算得到稀土矿区地表温度图像，如图 10-17 所示。

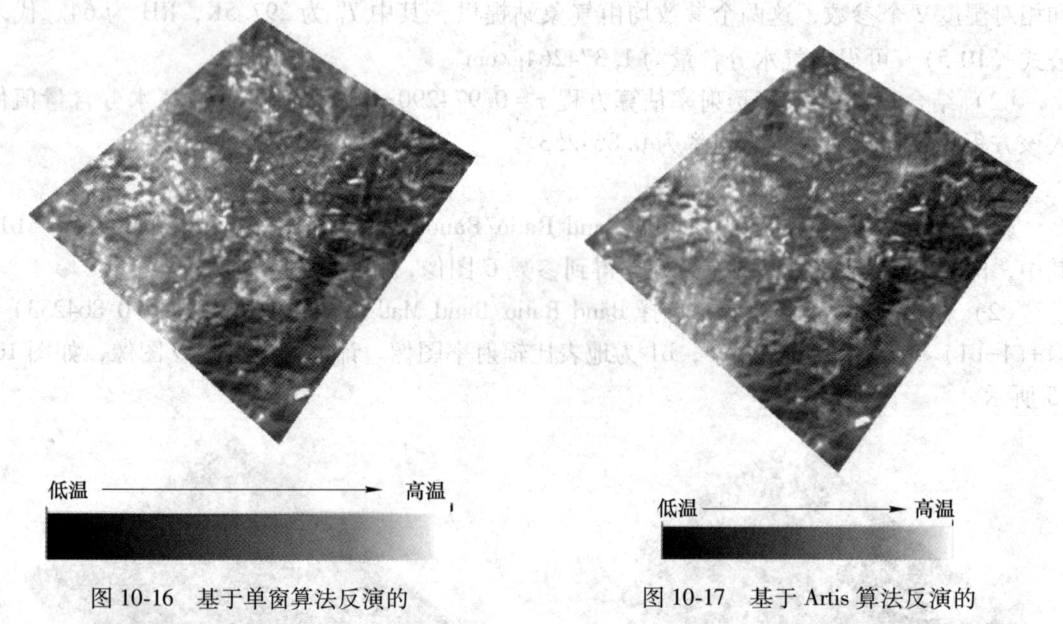

图 10-16 基于单窗算法反演的稀土矿区地表温度图像

图 10-17 基于 Artis 算法反演的稀土矿区地表温度图像

10.6.1.4 单通道算法

参照基于单通道算法的 TIRS 反演流程图，首先进行辐射定标和大气校正等预处理，然后求解出 γ、φ_1、φ_2、φ_3、δ 等中间变量，最后代入公式（10-9）求解出稀土矿区地表温度。

（1）在 ToolBox 工具箱中，选择 Radiometric Correction→Radiometric Calibration。在 Radiometric Calibration 面板中，在定标类型中分别选择辐射亮度值和亮度温度，进行辐射定标，可分别得到 Band10 辐射亮度图像和亮度温度图像。

（2）对 Landsat8 多光谱数据进行大气校正，然后运用 Sobrino 提出的 NDVI 阈值法计算 NDVI，该过程可参考大气校正法地表比辐射率的求解。

（3）大气水分含量的计算，该参数的计算需要大气温度和相对湿度两个参数，可由气象站提供，该参数的计算可参考单窗算法。

中间参数计算：

（1）φ_1、φ_2、φ_3 的计算：依据 φ_1、φ_2、φ_3 与大气水分含量 w（g/cm^2）的函数关系，将上述求解的大气水分含量值代入函数关系，可分别求解出该三个中间参数的值。φ_1 为 1.131206、φ_2 为-2.586183、φ_3 为 1.612186。

（2）在 ToolBox 工具箱中，选择 Band Ratio/Band Math，输入表达式：1/[0.0143877 * b1/b2 * b2 *（1.09 * 1.09 * 1.09 * 1.09/11910.4 * b1+100000/1.09）]。其中，b1 为辐射强度；b2 为亮度温度。计算得到中间参数 γ 图像，如图 10-18 所示。

（3）在 ToolBox 工具箱中，选择 Band Ratio/Band Math，输入表达式：b2-b3 * b1。其中，b1 为辐射强度；b2 为亮度温度；b3 为 γ。计算得到中间参数 δ 图像，如图 10-19 所示。

图 10-18　参数 γ 图像

图 10-19　参数 δ 图像

稀土矿区地表温度计算：

在 ToolBox 工具箱中，选择 Band Ratio/Band Math，输入表达式：b3 * [(1.131206 * b1-2.586183)/b4+1.612186]+b5。其中，b1 为辐射强度；b3 为 γ；b4 为地表比辐射率；b5 为 δ。计算得到稀土矿区地表温度图像，如图 10-20 所示。

10.6.2　稀土矿区温度反演方法比较

运用上述 4 种算法，均可反演出稀土矿区地表温度。从图 10-12、图 10-16、图 10-17、图 10-20 稀土矿区地表温度图看出，上述 4 种算法反演的地表温度在空间分布上大体相同。为更具体了解 4 种算法反演温度的差异及准确性，本书分别统计每种算法反演的温度的最小值、最大值、平均值以及标准差，并利用 MODIS 温度产品对其进行比较。

（1）在 ToolBox 工具箱中，选择 Statistics→Compute Statistics，打开统计输入对话框，选择基于大气校正法反演的地表温度图像，如图 10-21 所示。

（2）在统计参数对话框中，勾选直方图（Histograms），其余默认，如图 10-22 所示。

（3）在统计结果对话框中，有该算法反演温度的最大值、最小值、平均值和标准差，如图 10-23 所示，对该值进行记录。

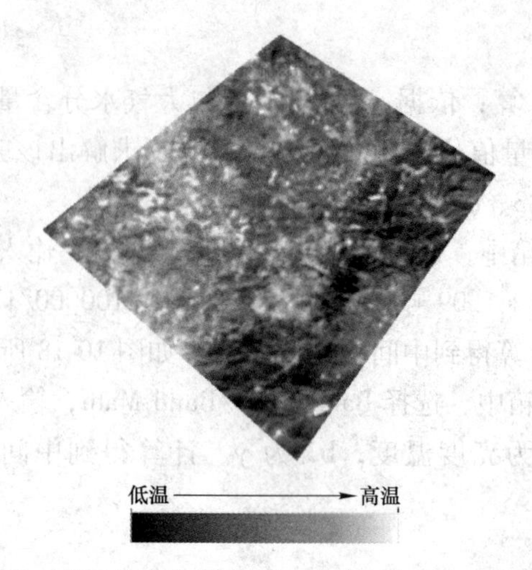

图 10-20 基于单通道算法反演的稀土矿区地表温度图像

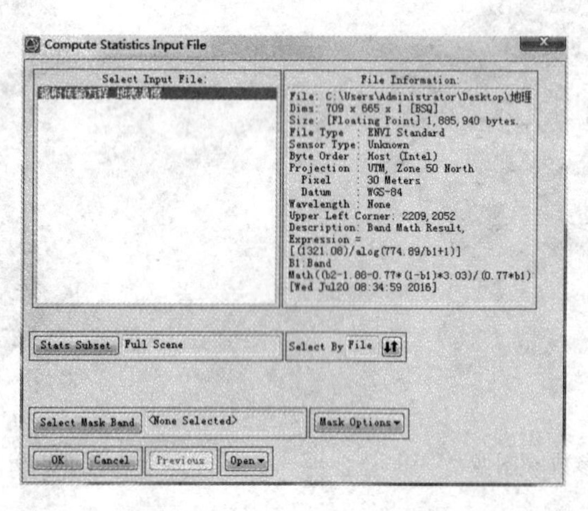

图 10-21 统计输入对话框

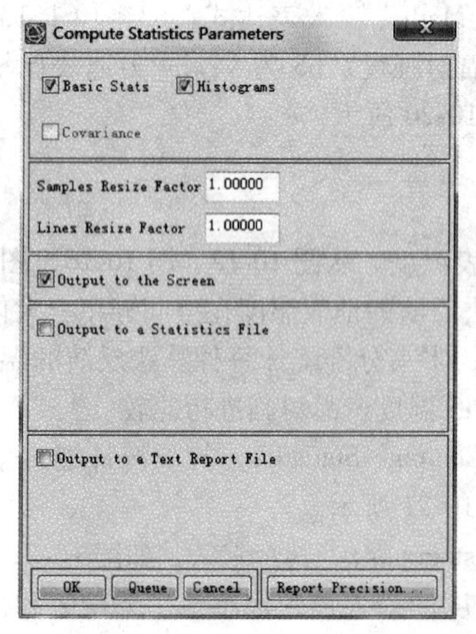

图 10-22 统计参数对话框

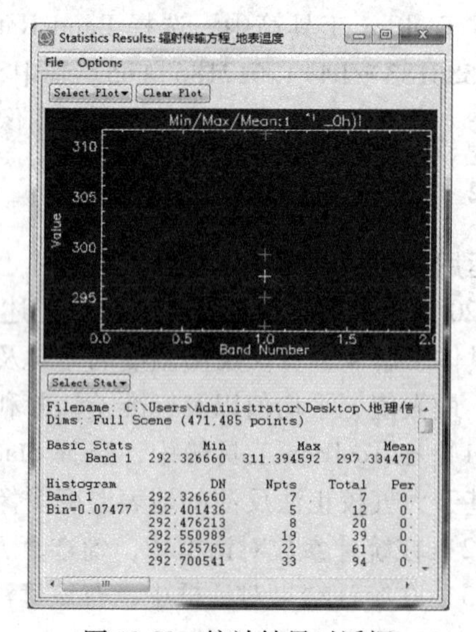

图 10-23 统计结果对话框

（4）利用该统计工具，分别对单窗算法、Artis 算法和单通道算法反演温度的最小值、最大值、平均值和标准差进行记录。

（5）依据上述统计的 4 种算法反演温度的最小值、最大值、平均值和标准差，如表 10-3 所示。

表 10-3　2014 年 4 种温度反演算法的数据统计

反演算法	T_{min}	T_{max}	T_m	s_{tdev}
大气校正法	292.33	311.39	297.33	2.16
单窗算法	291.85	310.06	297.17	2.20
Artis 算法	291.42	307.08	295.93	1.91
单通道算法	291.37	306.18	295.23	1.66

依据表 10-3 所示，其中大气校正法与单通道算法反演的平均地表温度差值最大，为 2.1K，其最大温差为 5.2K；平均温度差值稍小的是单窗算法与单通道算法，为 1.9K，其最大温差是 3.9K；平均温度差值再小的是大气校正法与 Artis 算法，为 1.4K，而其最大温差为 4.3K；单通道算法与 Artis 算法反演的平均温度差值较为接近，它们最大温差为 1K；大气校正法反演的地表温度与单窗算法最为接近，其平均温度差值仅为 0.2K，最大温差为 1.3K。因此 4 种算法反演的地表平均温度排序为：大气校正法>单窗算法>Artis 算法>单通道算法，且算法间平均温差在 0.2~2.1K，最大温差在 1~5.2K。

选择 MODIS 温度产品作为验证数据，其稀土矿区平均温度为 296.4K。由此可知，单窗算法与 Artis 算法反演的稀土矿区地表温度较为准确，其平均温差分别为 0.8K 和 0.5K，而单通道算法反演的稀土矿区地表温度偏差较大。

11 土壤侵蚀遥感评估

11.1 土壤侵蚀遥感评估方法概述

土壤侵蚀是世界范围内最重要的土地退化问题，对全世界范围内的农作物产量，土壤结构和水质产生负面影响。因此，对侵蚀进行适当评估，了解其空间分布以及侵蚀程度，对政策的制定、治理措施的实施都具有非常重要的指导作用。虽然遥感因其具有大面积重复观测能力，已经渗透到各种研究方法中，但无论是定性的方法还是定量的方法，遥感往往仅作为数据进行输入，而遥感的潜力并没有得到充分的发挥，其多源多时相的能力并没有得到充分的应用。以遥感在土壤侵蚀中的应用为主线，介绍国内外多种土壤侵蚀评价方法，包括定性的判断和定量的计算，目的是让今后的研究更加重视运用遥感的空间分析和动态监测，以及利用其多源多时相的特性，使遥感更充分发挥其在土壤侵蚀监测中的作用。

11.1.1 定性方法

（1）目视判读。目视判读法（目视解译）主要是通过对遥感影像的判读，对一些主要的侵蚀控制因素进行目视解译后，根据经验对其进行综合，进而在叠加的遥感图像上直接勾绘图斑（侵蚀范围），标识图斑相对应的属性（侵蚀等级和类型）来实现的。目视解译是土壤侵蚀调查中基于专家的方法中最典型的应用。这一方法利用对区域情况了解和对水土流失规律有深刻认识的专家，使用遥感影像资料，结合其他专题信息，对区域土壤侵蚀状况进行判定或判别，从而制作相应的土壤侵蚀类型图或强度等级图，其实质是对计算机储存的遥感信息和人所掌握的关于土壤侵蚀的其他知识、经验，通过人脑和电脑的结合进行推理、判断的过程。

我国水土保持部门于1985年使用该方法，采用MSS影像在全国范围内进行第一次土壤侵蚀遥感调查。该方法的优点在于可以将人的经验和知识与遥感技术结合起来，充分利用专家的先验知识和对土壤侵蚀影响因素的综合理解以及利用人脑对影像纹理结构的理解优势，避免了单纯的光谱分析可能带来的误差。缺点主要是：1）主观性强。由于没有明确的标准，且影响土壤侵蚀的各种要素组合和变化的复杂性以及调查人员认识的差异性，往往造成不同专家各抒己见，难得一致。2）成本高，效率低。由于这种方法需要投入大量的人力、资金和时间，使得其成本和时效不能兼顾。3）可对比性差。由于方法的主观性使得其结果难以在空间区域和时间序列上进行对比。

（2）指标综合。这类方法的共同特征是综合应用单个或多个侵蚀因子，制定决策规则，与各侵蚀等级建立关联关系。侵蚀因子的选择以及决策规则的制定通常是基于专家的判断，或对区域侵蚀过程的深刻认识。最基本的方法是，根据侵蚀过程中各侵蚀因子的重要性，分别赋予不同的权重，通过因子的加权和或加权平均结合已制定的决策规则确定侵蚀风险。Hill J 等人于 1994 年应用 If-Then 决策规则结合 Landsat TM 数据光谱分离得到的植被覆盖信息和土壤状态，并将结果关联到侵蚀等级上，进一步结合相同季节不同年份的结果进行对比给出最终的侵蚀风险评价结果。Vrieling A 等采用在专家打分基础上各因子综合的方法对哥伦比亚东部平原上侵蚀风险绘图法进行研究，根据地质、土壤、地貌、气候 4 个因子的平均值得出该点位的潜在侵蚀风险图，由上面 4 个因子结合管理（包括土地利用及植被因子等）等 5 个因子的平均值为该点位的真实风险图。中华人民共和国水利部部颁标准（土壤侵蚀分类分级标准 SL190—96）是我国水土保持部门最常用的一种计算土壤侵蚀风险的方法，按照耕地与非耕地分别在坡度与覆盖度上的表现进行分级，从而划分土壤侵蚀等级。1999~2001 年，在此方法的基础上利用 TM 影像进行第二次全国土壤侵蚀遥感调查。该方法的优势在于省去了大量的人力和时间，结合遥感影像和 GIS 技术可以快速地进行土壤侵蚀的调查。但基于专家经验的侵蚀控制因子的分级、权重与判别规则对调查结果影响很大，需要深入研究。

（3）影像分类。影像分类方法是直接利用遥感记录的地表光谱信息进行土壤侵蚀评价的方法，将常用的遥感影像分类方法引入到土壤侵蚀的研究中，以区分土壤侵蚀强度以及空间分布。Servenay A 和 Prat C 采用航空影像和 SPOT 卫星数据，来确定土壤侵蚀在时间和空间上的强度，结果表明 SPOT 影像分类结果可以区分 4 个不同的侵蚀等级，但使用 SPOT 数据不能区分裸露的灰盖和安山石。G. I. Metternicht 和 J. A. Zinck 基于 Erdas 软件进行影像分类，通过确定土地退化分类类别来进行土壤侵蚀状态制图。他们比较了只利用 TM 的波段信息进行分类和将 TM 与 JERS-1 SAR 融合后的影像进行监督分类这两种方法进行土壤侵蚀特征信息提取的效果，分析表明相对于单一的 Landsat TM 影像，融合后影像进行信息提取监测精度明显提高。由于土壤侵蚀本身并不是以特定的土地覆盖等地表特征出现，而且指示土壤侵蚀的土壤属性光谱信息往往被植被覆盖、田间管理和耕种方式等这样的土壤表层信息所掩盖，理论上只利用遥感信息是难以提取土壤侵蚀状况的，影像分类法在土壤侵蚀研究中的应用往往局限在某些特定的半干旱地区，这些地区反映不同侵蚀状态的地表覆盖差异明显。

（4）其他方法。Liu 等在西班牙半干旱地区，利用多时相 SAR 干涉解相干影像进行侵蚀调查，从 Landsat 影像中提取岩性和植被信息，从 SAR 干涉图中提取坡度信息，应用模糊逻辑和多标准评价方法进行侵蚀研究。Metternicht 在玻利维亚半干旱区域，应用模糊逻辑确定特定像元对所考虑因子的隶属度，这些因子包括从 DEM、重力等势面和 TM 数据的光谱分离中提取的坡度、地形位置、植被覆盖、岩石碎裂度、土壤类型（微红壤、白壤）。成员函数从最低到最高被编译成五类以表达侵蚀风险，决策规则为不同的因子确定其综合范围。

11.1.2 定量方法

11.1.2.1 侵蚀模型

侵蚀模型可以分为经验模型和物理模型。经验模型有统计学基础，而物理模型倾向于描述基于降雨事件的过程。然而许多模型既有经验模型成分也有物理模型成分。遥感影像有提供区域空间数据的潜力，可以作为侵蚀模型输入参数。大多数研究仅仅利用光学卫星数据获取植被参数。其他参数则从容易获取的土壤图、DEM、地形图、航空影像和野外测量数据中提取。

（1）经验统计模型。最为广泛使用的经验模型是USLE，它是一个基于美国东部的数据，评估长期片蚀和细沟侵蚀的经验模型，常被用来评估土壤侵蚀风险。由于USLE全面考虑了影响土壤侵蚀的自然因素，并通过降雨侵蚀力、土壤可蚀性、坡度坡长、作物覆盖和水土保持措施五大因子进行定量计算，具有很强的使用性，因此USLE及其改进版本RUSLE和MUSLE被应用在世界范围内的不同空间尺度、不同环境和不同大小的区域。USLE的应用中卫星影像解决的是植被参数，它已经被运行在不同大小的区域：2.5km^2的小流域，10~100km^2的区域，100~5000km^2的区域，10000km^2的大流域，一个国家如墨西哥以及一个洲如欧洲。但也有学者质疑模型的适用性。欧洲和非洲各国专家也有较深入的研究。在20世纪60年代初，M. J. KIBKBY通过对非洲侵蚀性降雨的深入研究，建立了土壤侵蚀量与土壤类型、坡度、坡长、农业管理、水土保持措施和降雨等因素之间的关系。Elwell建立的坡面土壤侵蚀模型，把土壤侵蚀环境分为气候、土壤、作物和地形4个自然系统并将这4个系统有机地结合起来，构成一个完整的坡面土壤流失模型，该模型在南非地区得到广泛应用。我国学者也进行了深入的研究。刘宝元等根据USLE的建模思路，以及我国水土保持措施的实际情况，提出中国土壤流失预报方程，将USLE中的作物与水土保持措施两大因子变为水土保持生物措施、工程措施与耕作措施三个因子。江忠善等将沟间地与沟谷地区别对待，分别建立侵蚀模型。以沟间地裸露地基准状态坡面土壤侵蚀模型为基础，将浅沟侵蚀、植被与水土保持措施的影响以修正系数的方式进行处理。

（2）物理过程模型。经验统计模型主要用于估算某一区域、一定时期内的平均侵蚀量。随着研究的深入和人们对流域泥沙自然机制认识水平的不断提高，这类研究的不足越来越清晰地显露出来。物理过程模型从产沙、水流汇流及泥沙输移的物理概念出发，利用各种数学方法，结合相关学科的基本原理，根据降雨、径流条件，以数学的形式总结出土壤侵蚀过程，预报在给定时段内的土壤侵蚀量。遥感的作用仍然是提供植被覆盖因子或植被在不同时刻对降雨的拦截因子。1947年Ellison将土壤侵蚀划分为降雨分离、径流分离、降雨输移和径流输移4个子过程，为土壤侵蚀物理模型的研究指明了方向。1958年L. Meyer成功地建造了人工模拟降雨器，为土壤侵蚀机理研究创造了便利的技术条件。自20世纪80年代初到20世纪末，众多基于土壤侵蚀过程的物理模型相继问世，其中以美国的WEPP模型最具代表性，它是目前国际上最为完整，也是最复杂的土壤侵蚀预报模型，它几乎涉及与土壤侵蚀相关的所有过程，主要包括天气变化、降雨、截留、入渗、蒸发、灌溉、地表径流、地下径流、土壤分离、泥沙输移、植物生长、根系发育、根冠生物量比、植物残渣分解、农机的影响等子过程。模型能较好地反映侵蚀产沙的时空分布，外延性较好，易于在其他区域应用。此外，还有欧洲的EUROSEM（European Soil Erosion Model）、LISEM（Limburg Soil Erosion Model）、澳大利亚的GUEST（Griffith University Erosion System Template）。我国土壤侵蚀物理过程模型的研究起源于20世纪80年代。牟金泽、孟庆枚从河流动力学的基本原理出发，根据黄土丘陵沟壑区径流小区观测资料，以年径流模数、河道平均比降、泥沙粒径和流域长度为基本参数，建立了流域侵蚀预报模型。谢树楠等从泥沙运动力学的基本原理出发，假定坡面流为一维流体、流动中的动量系数为常数、不考虑泥沙黏性的前提下，通过理论推导建立了坡面产沙量与雨强、坡长、坡度、径流系数和泥沙粒径间的函数关系，在充分考虑植被和土壤类型对土壤侵蚀影响的基础上，建立了具有一定理论基础的流域侵蚀模型。汤立群从流域水沙产生、输移、沉积过程的基本原理出发，根据黄土地区地形地貌和侵蚀产沙的垂直分带性规律，将流域划分为梁峁上部、梁峁下部及沟谷坡三个典型的地貌单元，分别进行水沙演算。蔡强国在充分考虑黄土丘陵沟壑区复杂地貌特征和侵蚀垂直分带性的基础上，将流域土壤侵蚀模型划分为坡面、沟坡和沟道三个相互联系的子模型，该模型考虑因素较为全面，模型结构合理，充分考虑了黄土丘陵沟壑区土壤侵蚀的实际情况，可较为理想地模拟次降雨引起的土壤侵蚀过程。

（3）分布式模型。为了处理降雨和下垫面条件的不均匀性，加强对水文过程描述的物理基础，分布式模型将流域划分成一个个网格，每个网格单元中的土壤、植被覆盖均匀分布，在每个网格上进行参数的输入，然后依据一定的数学表达式来计算，并将计算结果推算到流域出口，得到流域土壤侵蚀总量。遥感在模型中被用来提取植被参数、土地覆盖或者土壤信息。典型的分布式土壤侵蚀模型（System Hydrologique Europeen，SHE），研究水流及泥沙运动空间分布情况的模型，可应用于河流流域，模拟土壤侵蚀和泥沙输移的方程，包括雨滴击溅侵蚀、面蚀，在面蚀中的二维负荷对流，以及河床侵蚀等。20 世纪 80 年代初期 Beasly 和 Huggins 研发 ANSWERS 模型把流域细分为均等的网格单元。美国农业部农业研究局与明尼苏达污染物防治局共同研发的 AGNPS 模型是基于方格框架组成的流域分布式事件模型。TOPMODEL 模型是一个以地形为基础的半分布式小流域模型，模拟了径流产生的变动产流面积概念，是数字高程模型（DEM）、水文模型与 GIS 的结合应用。

11.1.2.2 数字高程模型（DEM）方法

在侵蚀模型的应用中，DEM 的作用主要在于可以提取出各种地形参数如坡度、坡向、坡长以及地表破碎度等，作为模型的输入内容进行土壤侵蚀计算。本节所提的方法指的是利用 DEM 直接进行量测，即通过对不同时期获取的 DEM 数据进行减法运算，获取土壤侵蚀量和沉积量。DEM 数据的获取可以是实地测量、立体像对、SAR 干涉测量以及三维激光扫描仪等。实地测量主要指的是利用不同时相的实测高程数据分别建立数字高程模型，以计算两个时期间隔内的土壤侵蚀量。该方法理论成熟、测量精度较高，高程测量高，但为了能建立高精度的 DEM，样本点及样本数都有严格的要求，因此需要耗费大量的人力、物力和时间，所以该方法并不适合大区域作业。此为获取 DEM 的一种方法，以计算这一时段内的土壤侵蚀量和沉积量。Dymond 和 Hicks 根据历史航空影像，利用传统的立体测图仪计算了流域所有侵蚀和沉积区域的高程变化，从而估算了新西兰山地整个 Waipawa 流域 1950~1981 年间及期间平均每年土壤侵蚀量，认为这种方法适用于新西兰绝大部分地区，高程精度可控制在±(0.5~4)m。Derose 等根据三期历史航空相片制作了高分辨率的序列 DEM，对 Waipawa 流域上游的 11 条沟谷的侵蚀变化进行了定量研究。Harley 则根据历史航空相片对同一个流域上游 26 个沟谷的侵蚀变化做了定量估算。Smith 等于 2000 年研究证明，利用 SAR 相干测量法提取 DEM 可以估算侵蚀和沉积量，该方法适用于大于 4m 净侵蚀的区域。已有学者利用三维激光扫描仪定期进行观测，以获取不同时相的立体三维信息来计算区域的侵蚀量和沉积量。扫描仪测量精度可达到毫米级别，但此方法也只能适用于小区域操作，且植被的影响是这一研究需要重点考虑的。利用多时相 DEM 进行土壤侵蚀研究的明显的优点是能够快速、准确地获取土壤侵蚀和沉积量及其分布位置。然而也有其缺点，就目前的遥感技术应用水平而言，此方法仅适用于对发生剧烈侵蚀的事件进行监测。

11.1.2.3 核示踪

Menzel 于 1960 年首次研究了关于土壤侵蚀和放射性核素沉降运移关系；Rogowski 和 Tamar 于 1965 年和 1970 年应用 ^{137}Cs 法研究土壤侵蚀，测定了径流量、土坡侵蚀量和 ^{137}Cs 流失量，发现了土壤侵蚀量与 ^{137}Cs 流失量之间的指数关系；Ritchie 等于 1974 年根据土壤 ^{137}Cs 损失率与土壤侵蚀量之间的变化规律，最早建立起耕作土壤中的经验定量关系模型；Kachanoeki 于 1984 年最早提出质量平衡模型；Zhang 等于 1990 年提出非耕地土壤剖面模型。常规的核示踪法采用地面作业法，往往在试验小区内按水平和垂直剖面用网格法采集土样，所采集土样经风干、混合、研磨、封装、照射，再利用 γ 能谱仪测量核素浓度。由于地面工作量大，效率难以提高，仅适用于小区域的研究。航空伽马能谱测量系统的出现使进行同步、快速、大面积、高效率土壤侵蚀监测成为可能，它是一套用于对天然放射性核素的伽马射线能量进行动态监测的高精度仪器。可以根据放射性核素具有以伽马射线的方式向外辐射能量的特征，利用航空伽马能谱仪测量地球表面土壤和大气中的放射性核素的地球化学含量及其分布，从而进行土壤侵蚀研究。

11.1.3 土壤侵蚀评价遥感研究存在的问题

（1）经过多年的发展，遥感虽然以许多不同的方式渗透到土壤侵蚀评价的研究中，但其所发挥的作用还比较有限，在多数研究中，遥感数据往往仅局限在植被类型和覆盖的估算上，遥感多源、多时相、多分辨率的优势并没有得到充分的发挥。

（2）土壤侵蚀评价遥感研究需要解决时间上的变化问题。对于定型的研究，需要解决研究中影像的时间选择问题；对于物理模型，需要卫星影像和降雨周期以及农作物生长的精确匹配，这就要求一个时间序列的遥感影像来解决季相变化。

（3）在不同环境中衰老植被以及作物残渣对土壤侵蚀影响的遥感研究较少，且方法还不够成熟。

（4）遥感对岩性、地表粗糙度、纹理、土壤湿度、表层结皮的研究也很少用于土壤侵蚀评价的研究中。

（5）基于遥感的土壤侵蚀评价很少涉及标定问题。因为获取足够的地面实测数据需要花费大量的时间和人力，并且将局部的数据推广到整个研究区存在一定的困难。

11.2 RUSLE 模型构建方法

RUSLE（修正土壤流失方程）是一种定量的，基于经验统计的模型，目前在研究区域土壤侵蚀的量化应用中最为广泛。其模型构建方法如下：

$$A = R \times K \times L \times S \times C \times P \tag{11-1}$$

式中，A 为平均土壤侵蚀量，t/(km² · a)；R 为降雨侵蚀因子，MJ · mm/(hm² · h · a)；K 为土壤可蚀性因子，t · h/(MJ · mm)；L 为坡长因子；S 为坡度因子；C 为植被覆盖与管理因子；P 为水土保持措施因子。采用相关的实验数据，借助 ENVI 和 ArcGIS 软件，分别计算出公式中的各因子值，并将各因子统一在 WGS84 坐标系统下 GRID 图层，然后根据模型的形式，将各因子相乘运算，获得定南县岭北矿区土壤侵蚀强度等级数据和图层。

11.2.1 降雨侵蚀因子 R 值的估算

降雨侵蚀因子 R 指降雨引起土壤侵蚀的潜在能力，与降雨总动能、降雨强度和雨量有关。该参数采用南方山区日降雨侵蚀模型计算，如式（11-2）所示：

$$R_i = \alpha \sum_{j=1}^{m} (D_j)^{\beta} \tag{11-2}$$

式中，R_i 为第 i 个半月侵蚀力；D_j 为第 j 天的日降雨量；m 为半月内侵蚀性降雨的天数（要求 $D_j \geqslant 12$mm，否则以 0 计算）；α、β 为模型参数，如式（11-3）和式（11-4）所示：

$$\alpha = 21.586\beta^{-7.1891} \tag{11-3}$$

$$\beta = 0.8363 + 18.177/P_{d12} + 24.455/P_{y12} \tag{11-4}$$

式中，P_{d12} 表示日降雨量为 12mm 以上的日平均降雨量；P_{y12} 表示日降雨量为 12mm 以上的年平均降雨量。年平均降雨量如式（11-5）所示：

$$R = \sum_{i=1}^{24} R_i \tag{11-5}$$

11.2.2 土壤可蚀性因子 K 的确定

土壤可蚀性因子是一项评价土壤被降雨侵蚀力分离、冲蚀和搬运难易程度的指标，是土壤抗侵蚀能力的综合体现，与降雨、径流、渗透的综合作用密切相关。当前普遍采用的方法认为土壤可蚀性因子只与土壤的砂粒、粉粒、黏粒以及有机质有关，如式（11-6）所示：

$$K = \{0.2 + 0.3\exp[-0.0256SA(1 - SA/100)]\} * \left(\frac{SI}{CL + SI}\right)^{0.3} * \left[1 - \frac{0.25c}{c + \exp(3.72 - 2.95c)}\right] * \left[1 - \frac{0.75SA_1}{SA_1 + \exp(-5.51 + 22.9SA_1)}\right] \tag{11-6}$$

式中，SA 为砂粒质量分数（粒径 0.05～2mm）；SI 为粉粒质量分数（粒径 0.002～0.05mm）；CL 为黏粒质量分数（粒径<0.002mm）；c 为有机质质量分数；$SA_1 = 1 - SA/100$。这 4 个土壤理化性质指标因子在 HWSD_Data 提取得到，具有较高准确性。研究区的土壤剖面为上层土壤（0～30cm）；通过要素转栅格将 4 个土壤理化性质指标因子分别转换为栅格值，最后通过栅格计算器得到 K 值分布栅格图。

11.2.3 坡长坡度因子 LS 的获取

LS 反映了地形地貌特征对土壤侵蚀的影响。通常采用数字高程模型（DEM），在软件 ArcGIS 协助下，进行地形特征分析，提取坡长坡度图。本节采用 Flow Accumulation（累计流量）来估算坡长，借鉴 Moore 和 Burch 提出的坡面每个坡段的 L 因子算法，如式（11-7）所示，采用 ArcGIS 的水文分析模块实现。

$$L = (\text{Flow Accumulation Cell Size}/22.13)^{m} \tag{11-7}$$

式中，Flow Accumulation 为像元上坡来水流入该像元的累积面积；Cell Size 为像元边长，对应 DEM 分辨率为 30m；m 为 RUSLE 的坡长指数，与细沟侵蚀和细沟间侵蚀的比率有关。本研究主要采用式（11-8）计算 m 取值：

$$m=\begin{cases}0.5 & \beta\geqslant 5\% \\ 0.4 & 3\%\leqslant\beta\leqslant 5\% \\ 0.3 & 1\%\leqslant\beta\leqslant 3\% \\ 0.2 & \beta\leqslant 1\%\end{cases} \tag{11-8}$$

式中，β 为用百分率表示的地面坡度，可由 ArcGIS 软件直接提取。考虑到实际地形的复杂性，缓坡采用 McCool 公式（D. K. McCool，1989），陡坡采用 Liu 等的公式（B. Y. Liu，1994）。其中 Liu 公式如式（11-9）所示：

$$S=\begin{cases}10.8\sin\theta+0.3 & \theta<5^\circ \\ 16.8\sin\theta-0.5 & 5^\circ\leqslant\theta\leqslant 10^\circ \\ 21.91\sin\theta-0.96 & \theta\geqslant 10^\circ\end{cases} \tag{11-9}$$

式中，S 为坡度因子；θ 为坡度。最后将 L 因子与 S 因子相乘得到 LS 因子栅格图层。

11.2.4　植被覆盖与管理因子 C 的确定

C 是根据地面植被覆盖状况不同而反映植被对土壤侵蚀影响的因素，由于植被覆盖和 C 值之间有很好的相关性，因此，本小结采用蔡崇法等的方法，计算公式如式（11-10）所示：

$$C=\begin{cases}1 & V_f=0 \\ 0.6508-0.34361\lg V_f & 0<V_f\leqslant 78.3\% \\ 0 & V_f>78.3\%\end{cases} \tag{11-10}$$

式中，V_f 为植被覆盖度。当植被覆盖率大于 78.3% 时，基本不会发生土壤侵蚀，因此 C 值接近于0；当植被覆盖率为0时，土壤侵蚀量最大，C 值接近于1。遥感技术的快速发展为区域植被覆盖度的获取提供了便利，本研究采用像元二分法计算植被覆盖度，如式（11-11）所示：

$$V_f=(NDVI-NDVI_{soil})/(NDVI_{veg}-NDVI_{soil}) \tag{11-11}$$

式中，NDVI 为归一化植被指数；$NDVI_{soil}$ 为裸土或无植被覆盖区域的 NDVI 值；$NDVI_{veg}$ 为完全植被覆盖 NDVI 的值。

11.2.5　水土保持措施因子 P 的确定

对于水土保持措施因子，国内尚未进行全面综合的研究，在土壤侵蚀分析中还没有普遍性的水土保持措施因子赋值标准，该因子取值范围为0~1。其中，0 代表不会发生土壤侵蚀的地区，1 代表没有采取任何水土保持措施的地区，土地利用信息可充分反应水土保持措施的信息。

11.3　稀土矿区土壤侵蚀遥感评估分析

离子型稀土矿的开采导致矿区大面积水土流失及土地退化，引起严重的矿区土壤侵蚀等生态环境问题。为定量评估稀土矿区土壤侵蚀问题，采用修正的国际通用土壤侵蚀方程

(RUSLE)，该模型适用于计算机处理和大量数据整合，能较好地反映野外真实情况。本节以岭北矿区 2008 年 Landsat 系列影像和相关气象数据等为例，采用 RS、GIS 技术及 RUSLE 模型，对 2008 年矿区土壤侵蚀定量评估并对其进行分析，对于矿区环境治理与生态修复具有重要意义。

11.3.1 降雨侵蚀因子 R 值的估算

分别从岭北气象站收集 2008 年的逐日降雨量，依据降雨侵蚀力公式（11-2），计算四个年份的降雨侵蚀力 R 值。整个岭北矿区面积仅 200 多平方公里，可以认为降雨为均匀分布。因此根据收集气象站点 2008 年降雨量资料，计算出降雨侵蚀力 R 值为 281.06MJ · mm/(hm^2 · h · a)。

11.3.2 土壤可蚀性因子 K 值的估算

土壤可蚀性因子是一项评价土壤被降雨侵蚀力分离、冲蚀和搬运难易程度的指标，是土壤抗侵蚀能力的综合体现，与降雨、径流、渗透的综合作用密切相关。但考虑到矿区面积较小，而且土壤类型为单一的红壤，可直接查找江西省可侵蚀因子查找表，得到红壤的土壤可蚀性因子 K 值为 0.2242。

11.3.3 坡长坡度因子 LS 的获取

坡长坡度因子 LS 反映了地形地貌对土壤侵蚀的影响。利用岭北矿区 30m 分辨率的 DEM 数据，在软件 ArcGIS 水文分析模块协助下，提取坡度坡长栅格数据，具体步骤如下：

（1）数据预处理。利用岭北矿区矢量数据掩膜提取出岭北矿区的 DEM。可通过软件 ArcGIS ArcToolBox 工具箱中【Spatial Analyst 工具】|【提取分析】，选择“按掩膜提取”，选择提取的栅格数据和掩膜数据及设置输出路径，再单击“确定”按钮。

（2）计算坡度。结合上一步提取的岭北矿区 DEM 数据，通过软件 ArcGIS ArcToolBox 工具箱中【Spatial Analyst 工具】|【表面分析】|【坡度】，选择输入栅格数据及输出路径，单击“确定”按钮提取矿区坡度栅格图，如图 11-1 所示。

（3）计算坡度因子 S。岭北矿区位于南方丘陵山区，坡度大于 15°的区域较多，因此借鉴公式（11-9）计算坡度因子 S。通过软件 ArcGIS ArcToolBox 工具箱中【Spatial Analyst 工具】|【地图代数】|【栅格计算器】输入公式：Con("Slope" < 5,10.8 * Sin("Slope" * 3.1415926/180)+0.036, Con("Slope" >= 10,21.9 * Sin("Slope" * 3.1415926/180)-0.96, 16.8 * Sin("Slope" * 3.1415926/180)-0.5))进行计算（其中公式"Slope" 为上一步骤提取的坡度数据），得到坡度因子 S 数据，结果如图 11-2 所示。

（4）计算坡长因子 L。本实例采用 Flow Accumulation（累计流量）来估算坡长，借鉴 Moore 和 Burch 提出的坡面每个坡段的 L 因子算法，即结合公式（11-7）计算坡长因子 L。由公式（11-7）可知，Flow Accumulation 为像元上坡来水流入该像元的累积面积（进行水文分析时，要打开 ArcGIS 的自定义工具下的扩展模块，将相应的扩展功能打“√”）。

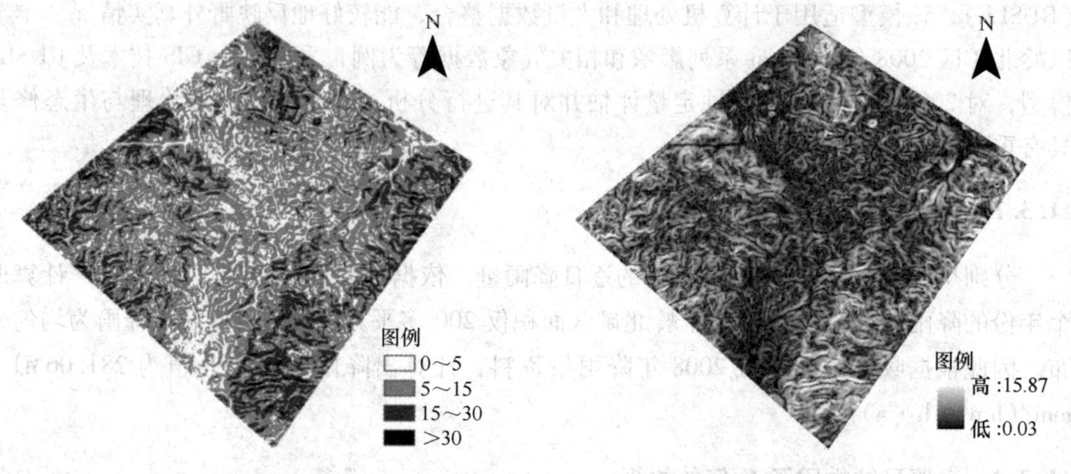

图 11-1　岭北矿区坡度　　　　图 11-2　岭北矿区坡度因子 S

步骤如下：1）填洼：基于 DEM 数据，通过 ArcGIS ArcToolBox 工具箱中【Spatial Analyst 工具】|【水文分析】|【填洼】，系统默认情况是不设阈值，也就是所有的洼地区域都将被填平，点击“确定”，得到无洼地的 DEM 数据 Fill_dem；2）流向分析：通过【Spatial Analyst 工具】|【水文分析】|【流向】，在“输入表面栅格数据”中选择上一步填洼得到的 Fill_dem 数据，单击“确定”后执行完成后得到流向栅格 Flowdir_fill 数据；3）流水累积量：在【水文分析】|【流量】，单击“确定”后得到流水累积量栅格数据 flowacc_flow，再利用获取的水流方向计算出汇流量，如图 11-3 所示。

结合公式（11-8）计算 RUSLE 的坡长指数。通过 ArcToolBox 工具箱中【Spatial Analyst 工具】|【地图代数】|【栅格计算器】输入公式：Con("slope" < 1,0.2,Con("slope" <3,0.3,Con("slope" < 5,0.4,0.5)))进行计算（其中"slope" 为像元坡度文件；如计算错误，则更改路径，默认路径输出），得到坡长指数 m 数据，结果如图 11-4 所示。

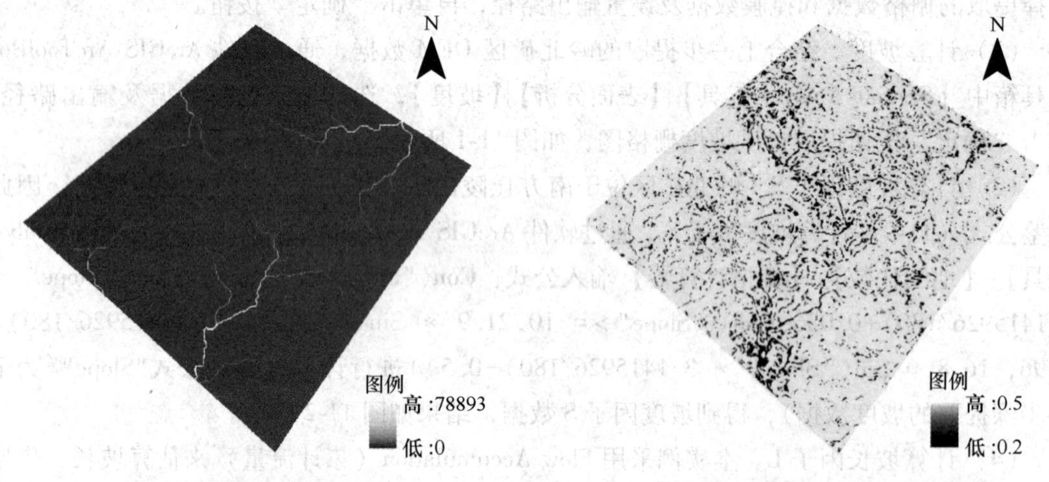

图 11-3　岭北矿区汇流量　　　　图 11-4　岭北矿区坡长指数 m

计算坡长因子 L，通过 ArcToolBox 工具箱中【Spatial Analyst 工具】|【地图代数】|【栅格计算器】输入公式：Power("flowacc_flow" * 30/22.13,"m")运算（其中"flowacc_flow"

为汇流量数据，"m"为 RUSLE 模型的坡长指数），得到坡长因子数据 L 如图 11-5 所示。

计算因子 LS，将坡长因子和坡度因子相乘，通过 ArcToolBox 工具箱中【Spatial Analyst 工具】|【地图代数】|【栅格计算器】输入公式：L＊S，运算结果见图 11-6。

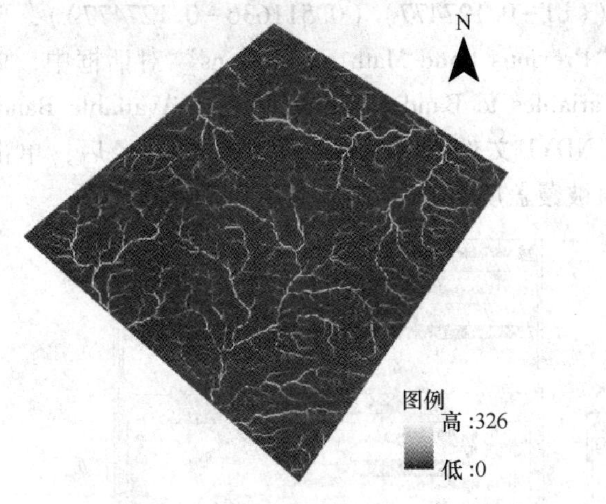

图 11-5　岭北矿区坡长因子 L

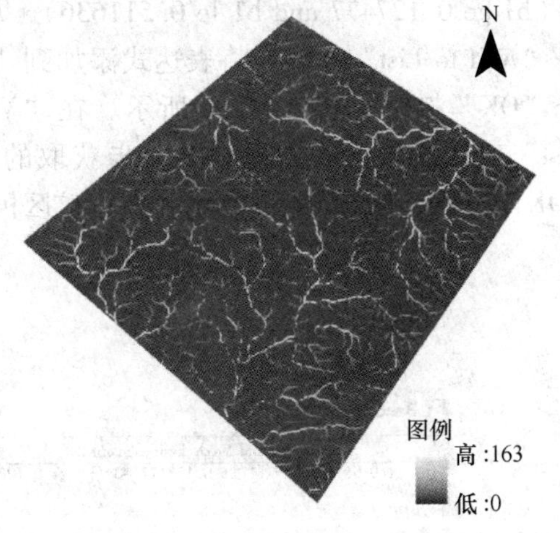

图 11-6　岭北矿区坡度坡长因子 LS

11.3.4　植被覆盖与管理因子 C 的确定

C 是根据地面植被覆盖状况不同而反映植被对土壤侵蚀影响的因素。据公式（11-10）和公式（11-11），C 因子的计算应首先求解出过程参数 NDVI，再求解出植被覆盖度，最终求解出因子 C。

利用软件 ENVI Toolbox 中搜索“NDVI”工具，默认参数设置及设置输出路径，单击“OK”获得基于 2013 年 Landsat 影像数据提取的 NDVI 数据，如图 11-7 所示。

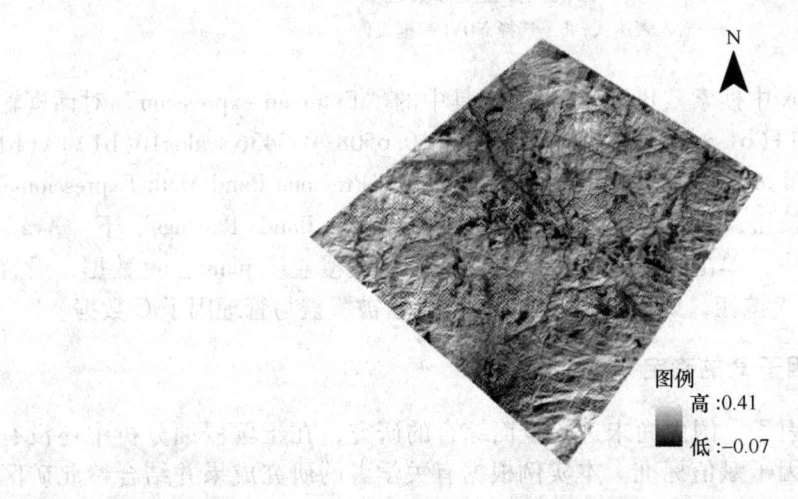

图 11-7　岭北矿区 NDVI

采用 NDVI 阈值法求解矿区植被覆盖度：即取 NDVI 值的累计概率为 95%的 NDVI 值作为经验值 $NDVI_{veg}$ = 0. 511636 和 NDVI 值的累计概率为 5%的 NDVI 值作为 $NDVI_{soil}$ 经验

值=0.127477。当某个像元的NDVI大于0.511636时，植被覆盖度取值为1；当NDVI小于0.127477时，植被覆盖度取值为0。在ENVI Toolbox中搜索“Band Math”工具中的“Enter an expression”下的对话框输入表达式：(b1 gt 0.511636)*1+(b1 lt 0.127477)*0+(b1 ge 0.127477 and b1 le 0.511636)*((b1-0.127477)/(0.511636-0.127477))，单击“Add to List”按钮，将表达式添加到“Previous Band Math Expressions”对话框中，单击“OK”按钮，如图11-8a所示。在“Variables to Bands Pairings”下“Available Bands List”对话框中，单击选中上一步获取的NDVI文件的Band1，设置输出路径后，单击“OK”按钮，如图11-8b所示，获得矿区植被覆盖度plant_cov数据。

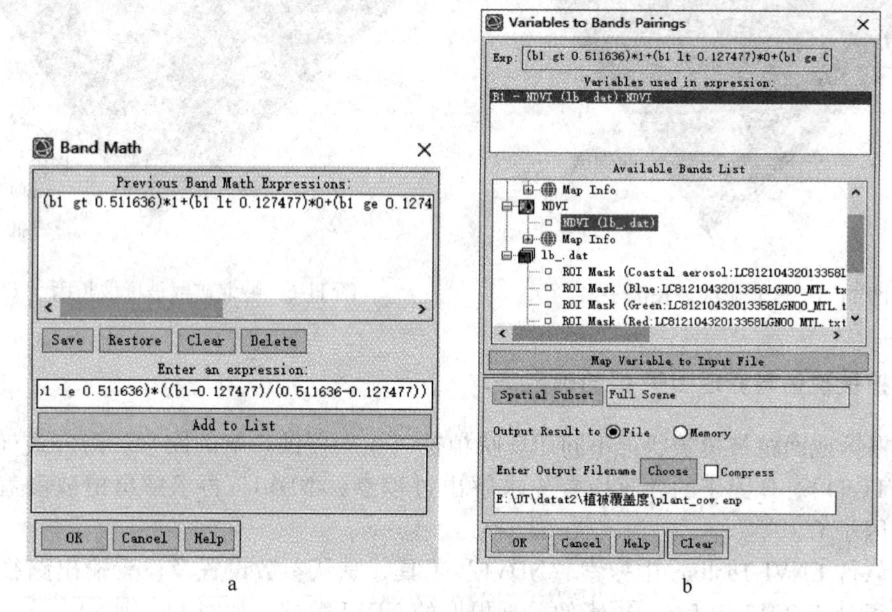

图11-8　矿区植被覆盖度参数设置
a—输入表达式；b—选择NDVI数据文件

在软件ENVI5Toolbox中搜索“Band Math”工具中的“Enter an expression”对话框输入表达式：(b1 eq 0)*1+(b1 gt 0 and b1 le 0.783)*(0.6508-0.3436*alog10(b1))+(b1 gt 0.783)*0，单击“Add to List”按钮，将表达式添加到“Previous Band Math Expressions”对话框中，单击“OK”按钮，如图11-9a所示；在“Variables to Bands Pairings”下“Available Bands List”对话框中，单击选中上一步获取的矿区植被覆盖度plant_cov数据，设置输出路径后，单击“OK”按钮，如图11-9b所示，得到植被覆盖与管理因子C数据。

11.3.5　水土保持措施因子P的确定

对于水土保持措施因子，国内尚未进行全面综合的研究，在土壤侵蚀分析中还没有普遍性的水土保持措施因子赋值标准。本实例根据有关学者的研究成果并结合岭北矿区的实际情况对区域内土地利用类型进行监督分类，土地利用类型分为：城镇用地、耕地、林地、裸土和矿区。监督分类步骤如下：(1) 打开需要分类的影像数据；(2) 在ENVI的工具栏中找到Reg-ion of interset (ROI) Tool工具，创建需要参与分类的感兴趣样本；(3) 在Toolbox/Classification/Supervised Classification中有多种监督分类方法，本

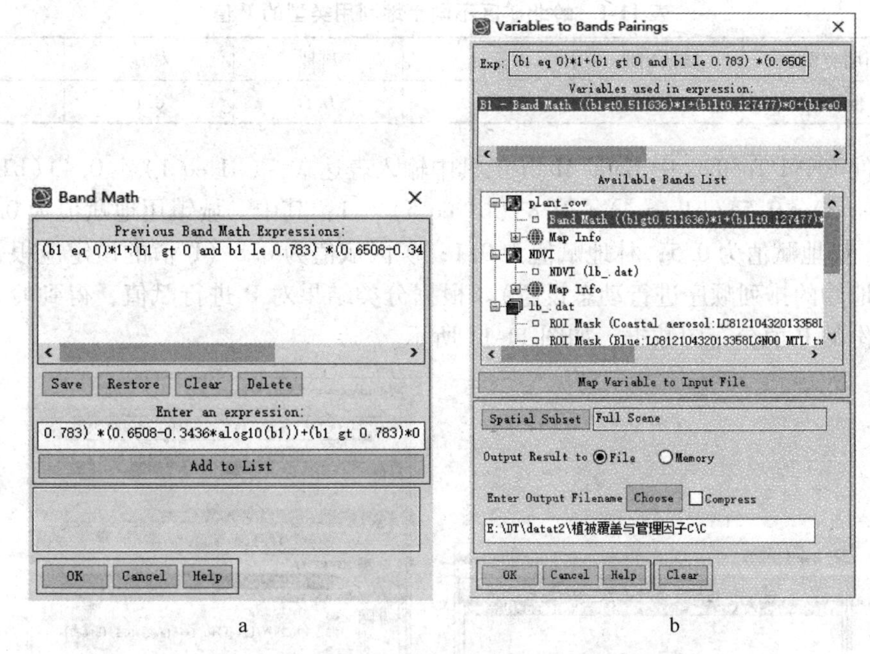

a　　　　　　　　　　　　b

图 11-9　岭北矿区植被覆盖与管理因子参数设置

a—输入表达式；b—选择矿区植被覆盖度数据

书采用支持向量机分类方法，在 Toolbox 中选择 Classification/Supervised Classification/Support Vector Machine Classification，选择待分类影像（分类时需要掩膜，去除背景色，掩膜相关教程可参考相关资料），在“Select Classes from Regions”面板中选择要参与分类的 ROI 样本类别，设置输出路径，点击 OK，按照默认设置参数输出分类结果，分类结果如图 11-10 所示。

本实例根据有关学者的研究成果并结合岭北矿区监督分类的实际情况对 P 进行赋值，确定了不同土地利用类型的 P 值（P 值为下面分类结果计算所用），如表 11-1 所示。

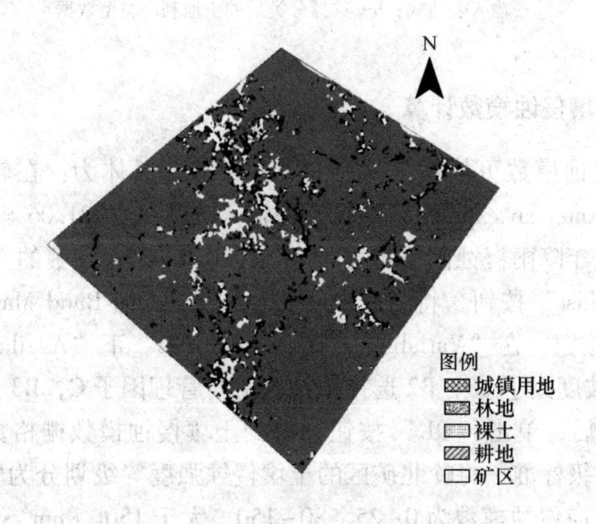

图 11-10　岭北矿区 2008 年土地利用类型

表 11-1 岭北矿区不同土地利用类型的 P 值

土地利用类型	城镇用地	裸地	耕地	林地	矿区
P 值	0.4	1	0.5	0.1	0.8

在软件 ENVI Toolbox 中 Band Math 工具中输入表达式：(b1 eq 1) * 0.4+(b1 eq 2) * 0.1+(b1 eq 3) *0.5+(b1 eq 4) * 0.8+(b1 eq 5) * 1；其中，城镇用地赋值为 0.4；裸地赋值为 1；耕地赋值为 0.5；林地赋值为 0.1；矿区赋值为 0.8（P 值的设定应根据实际分类中对应地物的排列顺序进行动态设置）。根据分类结果对 P 进行赋值，得到岭北稀土矿区不同年份的 P 值分布图数据，如图 11-11 所示。

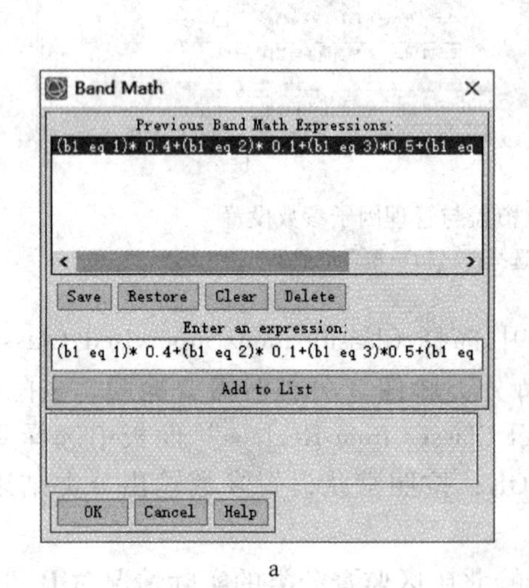

a

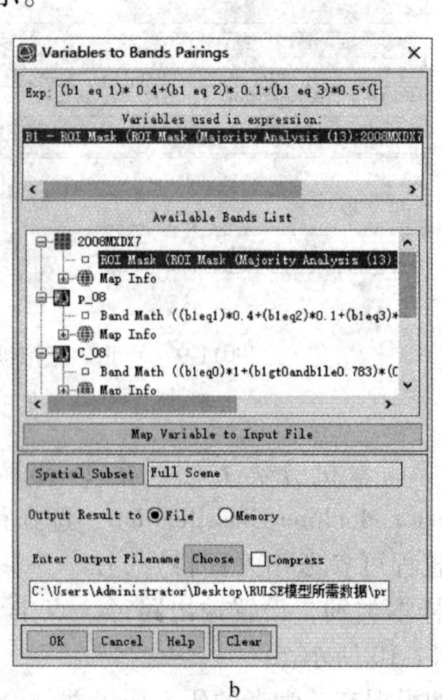

b

图 11-11 岭北矿区水土保持措施因子 P 参数设置

a—输入表达式；b—选择分类后的土地利用类型数据

11.3.6 岭北矿区土壤侵蚀模数计算

岭北矿区土壤侵蚀模数可依据公式（11-1）计算。具体为：在软件 ENVI Toolbox 中 Band Math 工具中"Enter an expression"对话框输入表达式：281.06 * 0.2242 * b1 * b2 * b3 (281.06 为前文 2008 年降雨侵蚀因子 R 的估算值，0.2242 为红壤的土壤可蚀性因子 K 的值)，单击"Add to List"按钮，将表达式添加到"Previous Band Math Expressions"对话框中，单击"OK"按钮。在"Variables to Bands Pairings"下"Available Bands List"对话框中，B1 选择坡长坡度因子 LS，B2 选择植被覆盖与管理因子 C，B3 选择水土保持措施因子 P，设置输出路径后，单击"OK"按钮，得到土壤侵蚀模数栅格数据。根据水利部颁布的土壤侵蚀分类分级标准，将岭北矿区的土壤侵蚀强度等级划分为轻度、强烈、剧烈侵蚀 3 种等级，分别对应侵蚀模数为 0~25、80~150、大于 150t/(hm^2 · a)。

利用 ENVI 软件将处理所得的土壤侵蚀模数栅格数据导出为 .tif 格式，操作步骤如下：

Flie/Sava As/Save As...（ENVI，TIEF，TIFF，DTED）/，在“File Selection”对话框中选择数据文件，单击“OK”按钮，在“Save File as Parameters”对话框中，将“Output Format”下拉框中选择 TIFF 格式，设置输出路径，单击“OK”按钮，将数据导出为 .tif 格式。使用 ArcGIS 软件将 TIFF 格式的土壤侵蚀模数栅格数据加载，对土壤侵蚀模数栅格数据进行重分类为轻度、强烈、剧烈侵蚀 3 种等级，在 ArcToolbox 工具箱中【Spatial Analyst】|【重分类】|【重分类】，在“重分类”对话框中，“输入栅格选择”土壤侵蚀模数栅格数据，“重分类字段”选择“value”，单击“分类”按钮，“类别”数量设置为 3；在“中断值”分别填入 25、80、150 等值，侵蚀范围为：0~25 为轻度侵蚀，80~150 为强烈侵蚀，大于 150 为剧烈侵蚀，单击“确定”，在“重分类”对话框的“输出栅格”中设置输出路径，单击“确定”按钮，得到土壤侵蚀强度等级划分结果如图 11-12 所示（另一种分类方法，可在 ArcGIS 的【目录列表】中选中数据右键打开其【属性】，【属性】|【符号系统】|【已分类】，在分类对话框中设置分类参数进行分类即可），分类结果如图 11-12 所示。

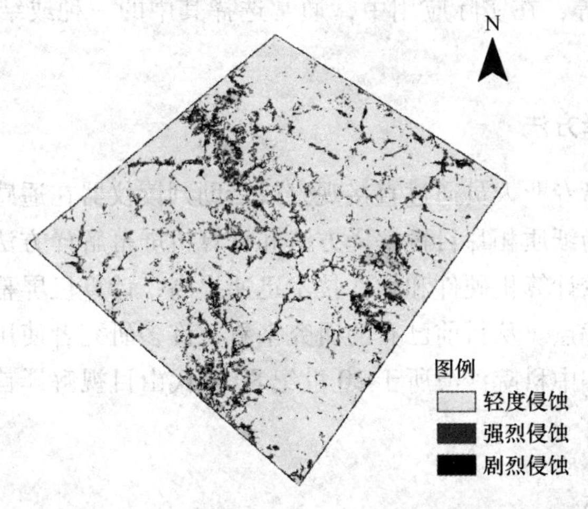

图 11-12 岭北矿区土壤侵蚀模数

12 土地荒漠化遥感监测

12.1 土地荒漠化信息遥感提取方法概述

使用遥感影像数据可以提取土地荒漠化信息，通过遥感影像所表现的不同信息，可以判断土地荒漠化的发生与否以及发展程度等。在进行土地荒漠化信息提取时，常用的方法有人工目视解译方法、监督分类方法、非监督分类方法、决策树分层分类方法、神经网络自动提取方法等，在实际应用中，通常选择其中的一种或结合几种方法进行分类提取。

12.1.1 人工目视解译方法

人工目视解译是指专业人员通过直接观察或借助判读仪器在遥感图像上获取特定地物信息的过程，可以分为纸质相片目视解译方法和计算机屏幕解译方法两种。早期的人工目视解译采用前者。随着计算机硬件和软件技术迅速提高，计算机屏幕解译表现出纸质影像目视解译不可比拟的优点。从目前已有的研究来看，许多研究者使用人工目视解译进行土地荒漠化信息提取，如中科院沙漠所于 20 世纪 80 年代由目视解译首次绘制成 1∶50 万科尔沁沙地荒漠化图。

12.1.2 监督分类方法

监督分类，又称训练场地法，是利用地面样区的实况调查资料，从已知训练样区得出实际地物的统计资料，再用统计资料作为图像分类的判别依据，并依一定的判别准则对所有图像像元进行判别处理，使具有相似特征并满足一定识别规则的像元归并为一类。使用监督分类进行土地荒漠化信息提取相比目视解译可大大减少工作量，因为目视解译是对整个图像的人工目视判别，而监督分类只需在分类前定义训练样本（Training Classes）以此作为图像分类的判别依据，剩下的像元识别工作由已经定义好的计算机算法进行自动分类。监督分类方法是目前遥感分类中应用较多、算法较为成熟的分类方法之一，常见的监督分类方法有最小距离法、平行六面体法、特征窗口曲线法、最大似然法等。

12.1.3 非监督分类方法

非监督分类是对主体分级在事先没有主体内容或归属关系的情况下，用像素的灰度值进行演算来识别，它是由像素的光谱特征，在一个多维标志空间的集群构成。与人工目视解译和监督分类方法相比，非监督分类所需人工投入工作量更小，解译速度更快，但是非监督分类仅仅是利用图像像元的灰度值进行计算，其结果只是对地物光谱特征分布规律的分类，而不能确定类别的属性，并且难以解决“同物异谱”和“异物同谱”的问题。而土地荒漠化监测，特别是不同原因形成的不同类型的荒漠化，其地表特征复杂，难以简单通过地物灰度值计算识别出不同类型的土地荒漠化。因此，在已有研究中，仅使用非监督分类进行土地荒漠化信息提取的相对较少。

12.1.4 决策树分层分类方法

决策树是遥感图像分类中的一种分层次处理，适用于下垫面地物复杂并模糊的状况，其基本思想是逐步从原始影像中分离并掩膜每一种目标作为一个图层或树枝，避免此目标对其他目标提取时造成干扰及影响，最终复合所有的图层以实现图像的自动分类，由此可以应用各种有效的分类技术，在每一次分类过程中，只需要对一种地物进行识别，从而提高分类精度。

12.1.5 人工神经网络分类方法

人工神经网络，简称神经网络，这个概念在 20 世纪 40 年代中期提出，70 年代开始应用，80 年代以来随着计算机技术的发展得到迅速发展，1988 年应用于遥感图像分类。神经网络分类是一种非线性分类方法，具有强抗干扰、高容错性、并行分布式处理、自组织学习和分类精度高等特点。它除了以其神经计算能力进行低层次图像视觉识别外，其非符号的连接主义的知识处理能力使其能与地学知识、地理信息和遥感信息互相融合，来完成深层影像理解及空间决策分析，近年来在遥感研究中得到了广泛的应用。使用神经网络分类方法进行土地荒漠化监测时，所需人工工作量小，人工在分类中所需的工作是选择对土地荒漠化有影响的因素作为输入层，然后利用已有的土地荒漠化信息数据对神经网络进行训练，用训练样本对神经网络进行调整，调整后的神经网络可用于整个研究区的土地荒漠化监测。这种方法中，人工主观判断土地荒漠化的内容较少，因此，受人为影响因素较小，而且需要人工的工作量较小。

在目前荒漠化遥感监测中，主要采用监督分类、非监督分类、决策树分层分类及神经网络自动提取等方法。半自动方法不仅工作强度大，效率低，还会受到主观影响，而且由于对遥感信息的利用程度不高，从而难以让丰富的遥感信息在荒漠化监测中发挥作用。自动分类方法中，尽管现有的荒漠化理论研究已为其提供了较完整的分类评价指标体系，但多数指标为非物理参数，制约了其从遥感数据中的直接提取，使分类精度的提高受到一定程度的限制，因此，发展荒漠化遥感定量评价方法是极具价值的方向。由遥感图像确定的归一化植被指数（NDVI）是反映地表植被状态的重要生物物理参数，而地表反照率（Albedo）则是反映地表对太阳短波辐射反射特性的物理参量。随着荒漠化程度的加重，地表植被遭受严重破坏，地表植被覆盖度降低，生物量减少，地表粗糙度下降，在遥感图像上表现为 NDVI 值相应减少，地表反照率得到相应的增加。荒漠化研究表明，如果不单独依靠上述某一个参数，而是通过构造“反照率（Albedo）—植被指数（NDVI）特征空间”获取植被指数和地表反照率的组合信息，则可以更加有效和便捷地实现荒漠化时空分布与动态变化的定量监测与研究。

12.2 荒漠化遥感监测模型

12.2.1 Albedo-NDVI 特征空间及其特性

由遥感图像红和近红外波段反射率值确定的归一化植被指数（NDVI）是应用最为广泛的植被指数，众多的研究证明，NDVI 能有效用于植被的监测，植被覆盖度、植被叶面积指数的估算，是反映地表植被状态的重要生物物理参数。沙漠化研究表明，随着沙漠化程度的加重，地表植被遭受严重破坏，地表植被覆盖度降低和生物量减少，在遥感图像上表现为植被指数相应减少。由此看来，植被指数可作为反映沙漠化程度的生物物理参数。

由遥感数据反演的地表反照率 Albedo 是反映地表对太阳短波辐射反射特性的物理参量，地表反照率的变化受土壤水分、植被覆盖、积雪覆盖等陆面状况异常的影响。反照率作为表征陆地下垫面辐射特征的重要参量，它的变化将改变地表辐射平衡，并直接对大气产生影响。目前地表反照率的变化对全球气候变化的影响虽然存在着不同的认识，但在沙漠化的研究实践中，通过定位观测发现，随着沙漠化程度的加重地表状况发生了明显的改变，伴随着地表植被覆盖度的下降，地表水分相应减少，地表粗糙度下降，地表反照率得到相应的增加。因此，沙漠化过程导致的地表下垫面状况的变化，使地表反照率发生明显的变化。当地表反照率达到一定数值时，会出现草地沙漠化，沙漠化发生的地表反照率阈值为 30%。我们在野外确定的不同沙漠化土地样点及其对应的图像反照率值具有相似的特征。轻度、中度、重度和极重度沙漠化土地的平均反照率值分别为 36%、39%、40%、44%。因此，地表反照率（Albedo）可作为反映沙漠化程度的重要地表物理参数。

以上分析表明，沙漠化过程分别在植被指数和地表反照率的一维特征空间中都存在显著相关关系。为进一步研究沙漠化过程在植被指数和地表反照率组成的二维特征空间的变化特征，在研究区选择了地表覆盖类型比较全面的典型区域，利用正规化处理的植被指数和地表反照率，构建了 Albedo-NDVI 特征空间的散点图，散点图呈典型的梯形分布（图 12-1）。不同地表覆盖类型在 Albedo-NDVI 特征空间的分布具有显著的分异规律，图 12-2 和图 12-3 显示了不同地表覆盖类型在 Albedo-NDVI 特征空间的分布及对应的图像特征，不同地表覆盖类型在 Albedo-NDVI 特征空间中能很好地加以区分。

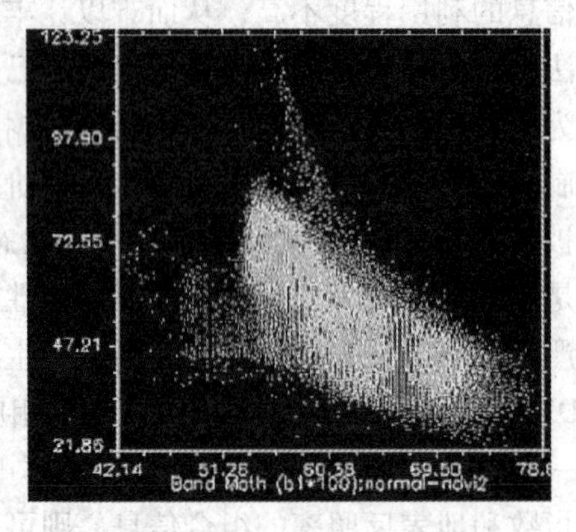

图 12-1 样区彩色合成图像、Albedo-NDVI 特征空间散点图

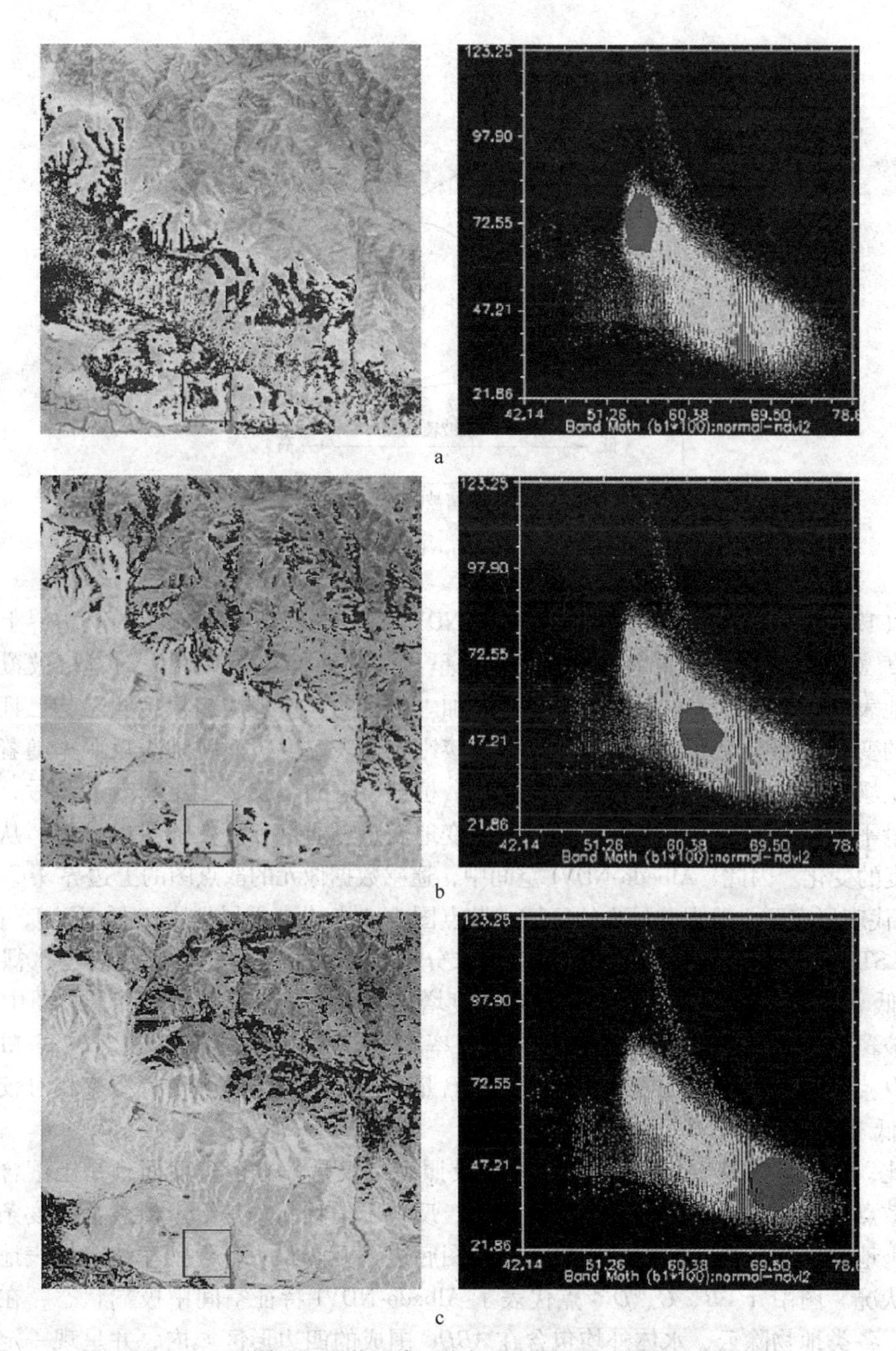

图 12-2 不同土地覆盖遥感图像与 Albedo-NDVI 特征空间对比

a—全裸露地；b—部分植被覆盖；c—植被全覆盖土地

为进一步研究 Albedo-NDVI 特征空间的特性，对散点图上边界 *A-C*（图 12-3）的 Albedo（反照率）、LST（地表辐射温度）与 NDVI（植被指数）的关系进行了统计分析，结果为：

$$\text{Albedo} = 88.998 - 0.7442 * \text{NDVI}(R^2 = 0.9804) \tag{12-1}$$

$$\text{LST} = 130.88 - 0.8411 * \text{NDVI}(R^2 = 0.8458) \tag{12-2}$$

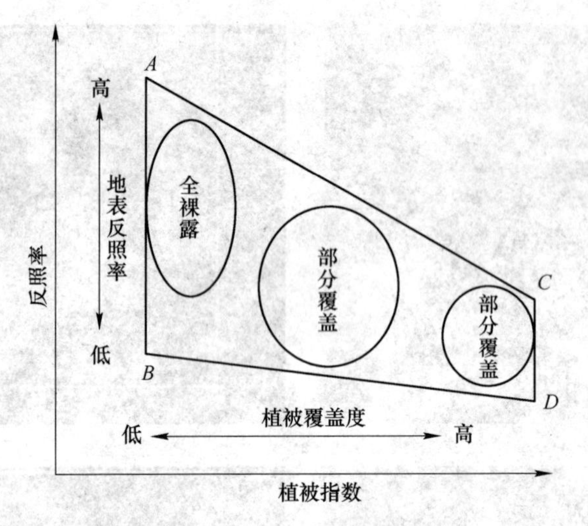

图 12-3 Albedo-NDVI 特征空间

式（12-1）和式（12-2）表明，Albedo-NDVI 特征空间像元散点图的上边界上，地表辐射温度（LST）、地表反照率都与植被指数呈显著的线性负相关性。随着植被覆盖度的降低，地表反照率和地表辐射温度都相应增加。已有的大量观测与模拟实验均已证明地表反射率的变化将影响地表辐射平衡，进而直接影响地表温度，而且地表反照率随着植被覆盖度、土壤水分、地表粗糙度的变化而变化。植被覆盖的变化、土壤水分的盈亏，将改变地表能量平衡，致使波文比发生变化，并改变地表感热通量和潜热通量的分配，从而影响地表温度的变化。因此，Albedo-NDVI 空间中，遥感数据像元的散点图的上边界 *A-C*（图 12-3）可能代表研究区土壤水分最少的区域，散点图中 *A* 点代表干旱裸土（低 NDVI，高 Albedo，高 LST）；裸地地表反照率变化与地表水分含量高度相关，*B* 点则代表富水裸土（低 NDVI、低 Albedo、低 LST）；随着植被覆盖度增加，地表反照率要相应降低，图中 *C* 点代表高植被覆盖区，由于土壤含水量低，反照率相对较高（高 NDVI，相对较高 Albedo 和 LST）；*D* 点对应于植被覆盖度高，土壤水分含量充足的情况，该点的反照率相对较低（高 NDVI，低 Albedo，低 LST）。

因此，Albedo-NDVI 特征空间中，地表反照率不仅是植被覆盖度而且是土壤含水量的函数。散点图上边界 *A-C* 边代表高反照率线，反映干旱状况，是给定植被覆盖度条件下完全干旱土地对应的最高反照率的极限。散点图底边 *B-D* 为最大低反照率线，代表地表水分充足的状况。图中 *A*、*B*、*C*、*D* 4 点代表了 Albedo-NDVI 特征空间中极端状态，在植物生长季节，各类地物除云、水体外均包含在 *ABDC* 围成的四边形区域内，并呈现一定的空间分异规律。因此，Albedo-NDVI 特征空间具有明确的生态学内涵，反映了各种生物物理机制驱动下地表覆盖及各种物理参量的变化。利用 Albedo-NDVI 特征空间提取的信息能有效进行土地覆盖分类，利用多时相数据还可进行土地覆盖变化研究。

12.2.2 沙漠化遥感监测差值指数模型（DDI）

在 Albedo-NDVI 特征空间，不同沙漠化土地对应的植被指数和地表反照率具有非常强的线性负相关性。如果在代表沙漠化变化趋势的垂直方向上划分 Albedo-NDVI 特征空间，可以将不同的沙漠化土地有效地区分开来。而垂线方向在 Albedo-NDVI 特征空间的位置可以用 Albedo-NDVI 特征空间中简单的二元线性多项式加以表达：

$$DDI = a * NDVI - Albedo \tag{12-3}$$

实验与对比分析发现，沙漠化差值指数（DDI）能将不同沙漠化土地较好地区分开来。因此，在沙漠化监测中可选用能够反映地表水热组合与变化的沙漠化差值指数模型（DDI）作为监测的指标。荒漠化遥感监测差值指数模型充分利用了多维遥感信息，指标反映了沙漠化土地地表覆盖、水热组合及其变化，具有明确的生物物理意义。而且指标简单、易于获取，有利于沙漠化的定量分析与监测。

以定南县岭北稀土矿区为研究案例，基于 Albedo-NDVI 特征空间理论，对岭北矿区 1990 年、1999 年、2008 年、2010 年、2013 年和 2016 年的荒漠化信息进行提取，定量监测与分析矿区荒漠化动态变化特征和规律。

12.3　稀土矿区荒漠化遥感监测

12.3.1　数据与方法

12.3.1.1　遥感数据源及预处理

本书采用的遥感数据包括：1990 年 12 月 9 日（Landsat5 TM），1999 年 12 月 26 日（Landsat7 ETM+），2008 年 12 月 10 日（Landsat5 TM），2010 年 10 月 29 日（Landsat5 TM），2013 年 12 月 24 日（Landsat8 OLI），2016 年 3 月 3 日（Landsat8 OLI），对以上遥感影像数据进行辐射定标、大气校正、图像剪裁等数据预处理。

12.3.1.2　荒漠化信息提取方法

首先对 1990 年、1999 年、2008 年、2010 年、2013 年和 2016 年共六个时相的遥感数据进行预处理、参数反演；其次，构建 Albedo-NDVI 特征空间，建立 Albedo 和 NDVI 的定量相关关系，获取各个时期的荒漠化遥感差值指数模型；最后，结合高空间分辨率遥感影像及实地调查，建立典型样区与 DDI 之间的对应关系，提取不同时期对应的荒漠化土地信息并进行讨论与分析。

12.3.1.3　基本参数的反演

利用经过预处理后的六个时相的 TM、ETM、OLI 数据反演地表反照率和植被指数，如式（12-4）和式（12-5）所示。

$$Albedo = 0.356\rho_{Blue} + 0.13\rho_{Red} + 0.373\rho_{NIR} + 0.085\rho_{SWIR1} + 0.072\rho_{SWIR2} - 0.0018 \tag{12-4}$$

$$NDVI = \frac{\rho_{NIR} - \rho_{Red}}{\rho_{NIR} + \rho_{Red}} \tag{12-5}$$

式（12-4）和式（12-5）中，地表反照率为 Albedo，ρ_{Blue}，ρ_{Red}，ρ_{NIR}，ρ_{SWIR1}，ρ_{SWIR2}分别为所选数据的 Blue 波段、Red 波段、NIR 波段、SWIR1 波段、SWIR2 波段的反射率，NDVI 为植被指数。分别统计研究区 5 期数据地表反照率和植被指数为 0.5%和 99.5%的值作为最大值和最小值进行正规化处理，正规化处理后的 NDVI 记为 N，Albedo 记为 A。如式

(12-6) 和式 (12-7) 所示。

$$N = \frac{\mathrm{NDVI} - \mathrm{NDVI}_{\min}}{\mathrm{NDVI}_{\max} - \mathrm{NDVI}_{\min}} \tag{12-6}$$

$$A = \frac{\mathrm{Albedo} - \mathrm{Albedo}_{\min}}{\mathrm{Albedo}_{\max} - \mathrm{Albedo}_{\min}} \tag{12-7}$$

12.3.1.4 Albedo-NDVI 特征空间的建立

通过构建研究区的 Albedo-NDVI 特征空间，寻找离子稀土矿区的 Albedo 与 NDVI 的函数关系。在 6 期不同时相数据上分别随机选取分布于不同荒漠化土地类型的点各 500 个，对每个点 Albedo 和 NDVI 值进行回归分析，结果表明：当 NDVI 的值越小时，其地表反照率越大，地表反照率与植被指数之间存在较强的线性负相关的关系，可构建函数关系，如式 (12-8)，即：

$$y = a * x + b \tag{12-8}$$

式中，y 为地表反照率；x 为植被指数；a 为回归方程的斜率；b 为回归方程在纵坐标上的截距。可得出研究区 1990 年、1999 年、2008 年、2010 年、2013 年和 2016 年的回归方程：

$$\mathrm{Albedo} = 1.019 - 0.990 * \mathrm{NDVI}(R^2 = 0.863)$$
$$\mathrm{Albedo} = 1.001 - 1.039 * \mathrm{NDVI}(R^2 = 0.891)$$
$$\mathrm{Albedo} = 1.162 - 1.255 * \mathrm{NDVI}(R^2 = 0.895)$$
$$\mathrm{Albedo} = 1.089 - 0.978 * \mathrm{NDVI}(R^2 = 0.918)$$
$$\mathrm{Albedo} = 1.054 - 1.054 * \mathrm{NDVI}(R^2 = 0.816)$$
$$\mathrm{Albedo} = 1.198 - 1.052 * \mathrm{NDVI}(R^2 = 0.822)$$

对 Albedo-NDVI 特征空间在荒漠化变化趋势的垂直方向上进行划分，可以将不同荒漠化土地有效区分开来。即用遥感监测荒漠化差值指数模型 DDI 表示：

$$\mathrm{DDI} = m * N - A \tag{12-9}$$

式中，m 为 a 的负倒数，即 $m=-1/a$；N 为正规化后的植被指数；A 为正规化后的地表反照率。

基于 Albedo-NDVI 特征空间的建立，以 DDI 模型获取 1990 年、1999 年、2008 年、2010 年、2013 年和 2016 年六期荒漠化信息图像，然后通过野外调研和典型分析，按照各级 DDI 值内部的方差之和最小，等级之间方差之和最大的原则，建立 DDI 与荒漠化程度的对应关系，对矿区的荒漠化土地类型的 DDI 值进行分级如表 12-1 所示。

表 12-1　岭北矿区不同年份不同类型荒漠化土地的 DDI 值

荒漠化土地类型	DDI 值					
	1990 年	1999 年	2008 年	2010 年	2013 年	2016 年
非荒漠化	89.55	86.08	90.72	89.66	91.48	94.74
轻度	66.34	73.76	82.36	82.96	70.68	81.67
中度	46.33	44.89	56.21	63.89	49.56	46.51
重度	42.34	34.69	42.68	41.87	39.5	39.28
极重度	24.89	29.04	36.99	34.97	33.7	30.14

12.3.1.5 荒漠化变化对比分析

动态度是用来反映单位时间内不同土地利用类型面积的变化幅度与变化速率以及区域土地利用变化中类型差异的常用指数。研究区某类型荒漠化土地动态度可表达为：

$$k = \frac{U_b - U_a}{U_a} \times \frac{1}{T} \times 100\% \tag{12-10}$$

式中，k 为研究时段内某一荒漠化土地类型的动态度,%/年；U_a 为研究初期某类型荒漠化土地的面积；U_b 为末期某类型荒漠化土地的面积；T 为研究时长，年。动态度如果为正值，表明在研究时段内该类型土地面积呈增加趋势；反之该类型土地面积呈减少趋势。

12.3.1.6 实验过程

（1）数据预处理（本实验采用的遥感数据是 2016 年 3 月 3 日（Landsat8 OLI））。

（2）选择 File->Open，选择_MTL. txt 文件，点击 OK 打开。

（3）辐射定标：选择 ToolBox/Radiometric Correction/Radiometric Calibration，自动读取元数据中的信息并加载（如图 12-4 所示），定标类型选择 Radiance，指定保存路径，点击 OK。

（4）大气校正：采用 FLAASH Atmospheric Correction 对其进行大气校正。

（5）图像裁剪：选择 File→Open，打开研究区域的矢量边界文件，对其进行裁剪。

（6）提取 NDVI：打开 ToolBox->Spectral->Vegetation->NDVI，弹出 NDVI Calculation Parameters 对话框，设置对应波段。设置保存路径，保存文件，输出，点击 OK。具体参数如图 12-5 所示。

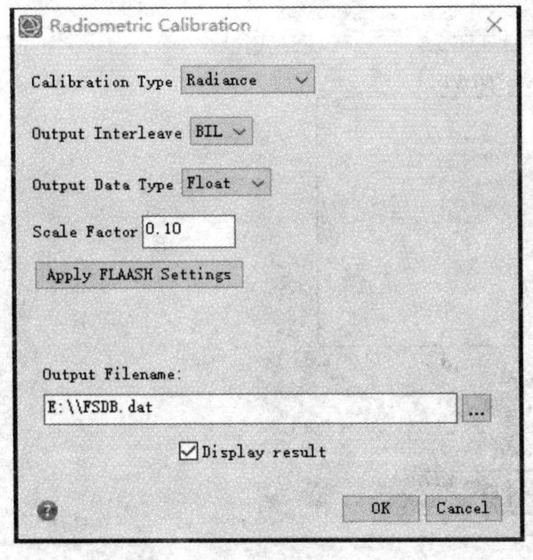

图 12-4 辐射定标面板

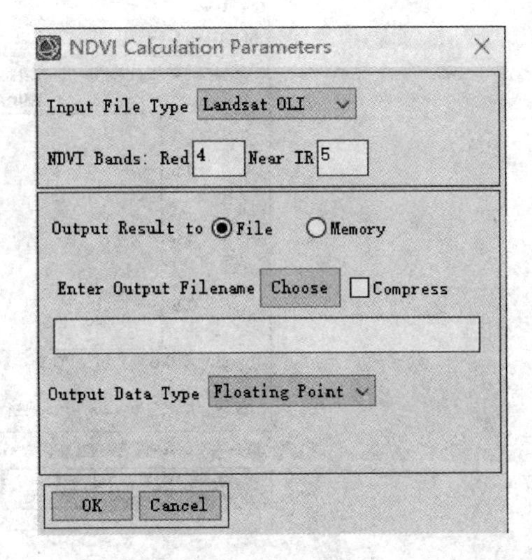

图 12-5 NDVI 计算参数设置

（7）提取 Albedo：地表反照率反演计算，利用 Liang 建立的 LandsatTM 数据的反演模型，估算研究区地表反照率。

$$\text{Albedo} = 0.356\rho_{\text{Blue}} + 0.13\rho_{\text{Red}} + 0.373\rho_{\text{NIR}} + 0.085\rho_{\text{SWIR1}} + 0.072\rho_{\text{SWIR2}} - 0.0018 \tag{12-11}$$

具体操作流程如下：

1）ToolBox->Band Algebra->Bandmath->弹出 Band Math 对话框，键入表达式：0.356 *

b1+0.13 * b3+0.373 * b4+0.085 * b5+0.072 * b7-0.0018，点击 Add to List，点击 OK。

2）在弹出的 Variables to Bands Pairings 对话框中分别为 B1、B3、…、B7 指定相应的波段（经过大气校正后的数据）。具体参数设置如图 12-6 所示。

（8）归一化处理：采用归一化公式进行 NDVI 和 Albedo 数据的归一化处理，归一化公式如下：

$$N = \frac{NDVI - NDVI_{min}}{NDVI_{max} - NDVI_{min}} \tag{12-12}$$

$$A = \frac{Albedo - Albedo_{min}}{Albedo_{max} - Albedo_{min}} \tag{12-13}$$

具体计算过程如下：

1）计算 NDVI 和 Albedo 数据的最大最小值（图 12-7）。通过波段列表（Available Band List）中选择 NDVI 和 Albedo 文件，右键该文件，点击 Quick Stats... 进行统计后，弹出 Statistics Results 对话框，可以获取 NDVI 或者 Albedo 的最大最小值。

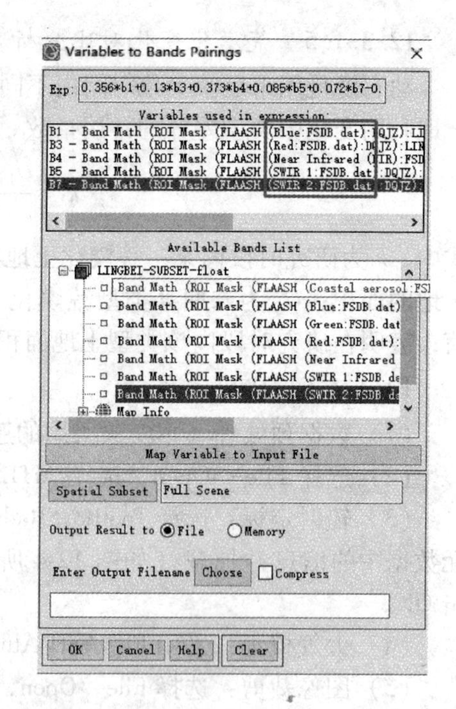

图 12-6 Variables to Bands Pairings 对话框

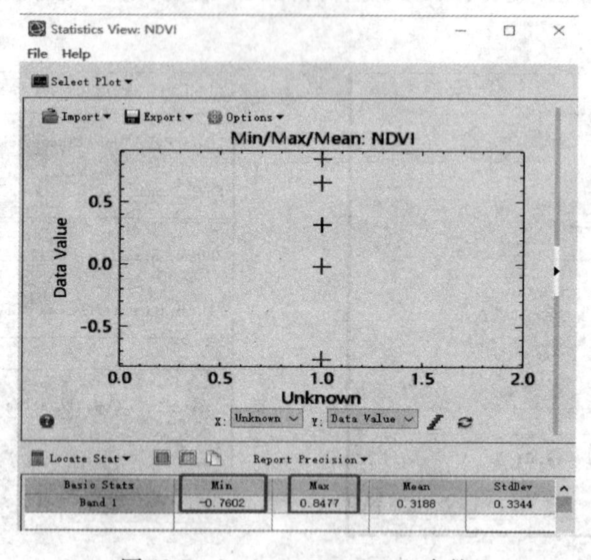

Basic Stats	Min	Max	Mean	StdDev
Band 1	-0.7602	0.8477	0.3188	0.3344

图 12-7 Statistics View NDVI 参数

2）归一化计算。ToolBox->Band Algebra->Bandmath->弹出 Band Math 对话框，键入表达式：(b1+0.7602)/(0.8477+0.7602)，点击 Add to List，点击 OK。在弹出的 Variables to Band Pairings 对话框中分别为 B1 指定相应的波段（NDVI 数据）。

3）按照同样的方法，归一化 Albedo 数据。

4）计算 NDVI 与 Albedo 的定量关系。为了找到两者之间的定量关系，需要分别找出 NDVI 和 Albedo 对应的两组数据，利用这两组数据进行回归拟合出一个关系式。

① 在 NDVI 或者 Albedo 的图像窗口中，右键->选择 ROI Tools，弹出 ROI Tools 对话框，在 ROI_Type 中选择 Point。然后点击 Image，在 Image 窗口中选点。如图 12-8 所示。

② 选好点后，将点导出。

在 ROI Tool 中，选择 File->Output ROIs to ASCII。选择 NDVI 的图像，在 Output ROIs to ASCII Parameters 面板中，选择 ROI 点，单击 Edit Output ASCII Form，在输出内容设置面板中（如图 12-9 所示），选择 ID、经纬度（Geo Location）和波段像元值（Band Values），点击 OK。指定输出路径和名称，点击 OK，将对应的 NDVI 点值输出。同样的方法前面选择的 ROI 点对应的 Albedo 的点值输出为 Albedo. txt 文件。

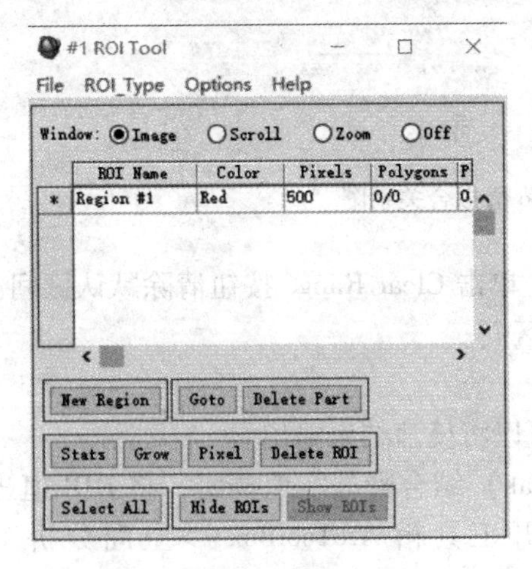

图 12-8 ROI Tool 对话框

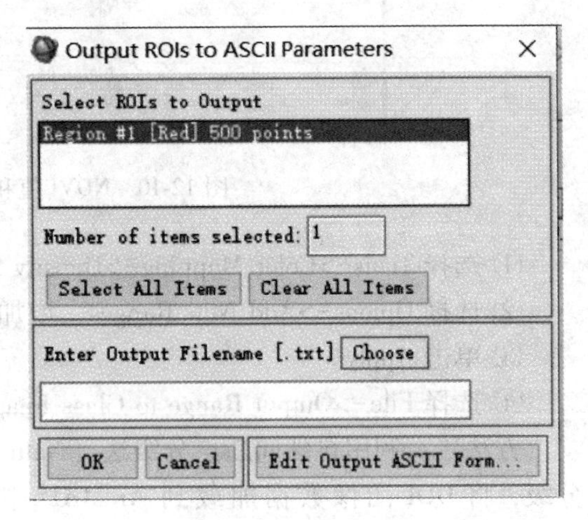

图 12-9 Output ROIs to ASCII Parameters 对话框

③ 计算定量关系。

在 Excel 软件中进行线性拟合两者的定量关系。有了相同位置的 NDVI 值和 Albedo 值，在 Excel 中选中 NDVI 值与 Albedo 值，绘制散点图。

在散点图上选中散点，单击右键->添加趋势线，打开设置趋势线格式面板，勾选线性，显示公式，显示 R 平方值。点击“关闭”按钮，线性回归方程和 R 平方值在散点图上显示。如图 12-10 所示。

5）荒漠化差值指数的计算。

通过上一步的处理得到了参数 a，根据公式 $a*k=-1$，可以计算出 k。将 k 值代入荒漠化差值指数表达式 DDI=k * NDVI-Albedo 中可以计算 DDI。表达式为：DDI=1/1.0526 * NDVI-Albedo，使用 Basic Tool->Bandmath，在 Enter an expression 下面输入表达式：1/1.0562 * b1-b2，单击 Add to List，单击 OK，在 Variables to Bands Pairings 面板中，选择 b1 为 NDVI 的图像，b2 为 Albedo 的图像，设置输出路径和文件名，单击 OK，计算得到荒漠化差值指数的反演图。

6）荒漠化分级信息提取。

方法一：实地考察，根据相关标准，将该区域的荒漠化程度分级，即非荒漠化、轻度荒漠化、中度荒漠化、重度荒漠化和极重度荒漠化。找出不同荒漠化级别与对应的荒漠化差值指数图上的临界点。然后利用 Density Slice 工具进行分级显示。

在 Display 中显示荒漠化差值指数，是一个灰度的单波段图像。

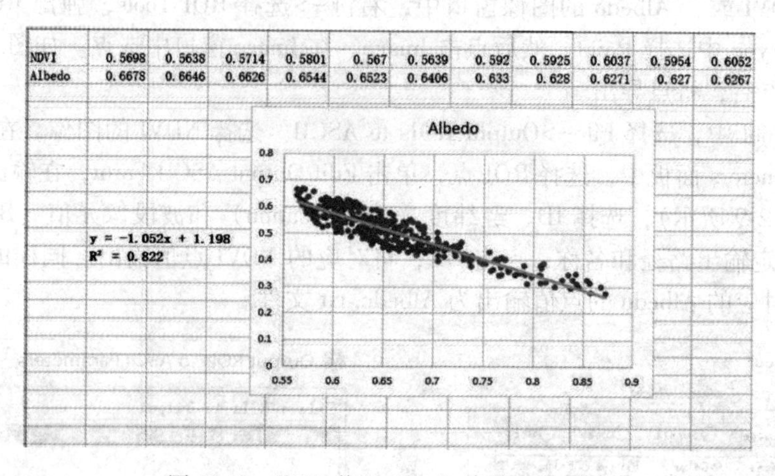

图 12-10　NDVI 值和 Albedo 值拟合关系图

① 选择 Tools->Color Mapping->Density Slice，单击 Clear Range 按钮清除默认区间。

② 选择 Opions->Add New Ranges，增加四个区间。

③ 单击 Apply。

④ 选择 File->Output Range to Class Image，可以将反演结果输出。

方法二：利用自然间断点分级法（Natural Break）结合野外实地调研，将 DDI 值进行分级，将 DDI 图像数据加载到 ArcMAP 中，打开工具箱 ArcToolBox->空间分析工具（Spatial Analyst)->重分类（Reclassify)->重分类。弹出重分类对话框如图 12-11 所示。选中数据、点击“分类”按钮，弹出分类对话框，选择“自然间断点分级法”、设置“类别”数，点击“确定”。得到分级结果如图 12-12 所示。

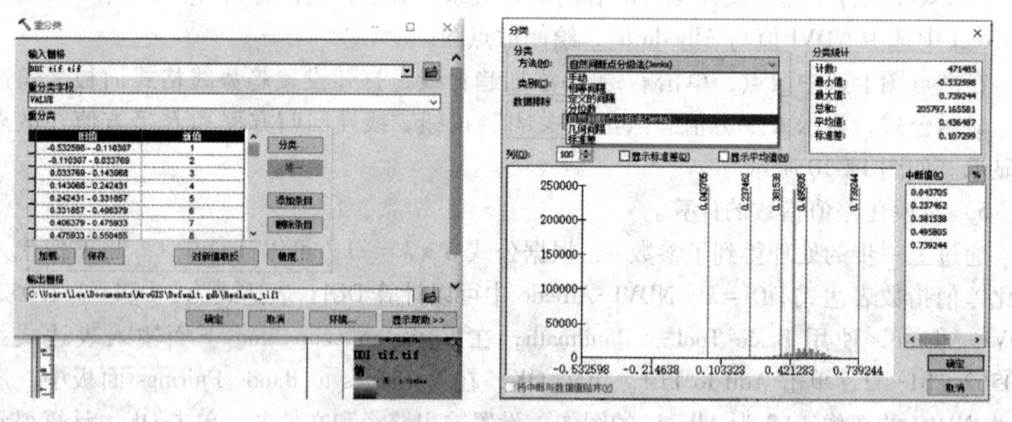

图 12-11　重分类对话框

12.3.2　矿区土地荒漠化制图及变化分析

根据表 12-1 中得到的各种类型荒漠化的 DDI 值，对 1990 年，1999 年，2008 年，2010 年，2013 年，2016 年六期荒漠化图像进行分级如图 12-13 所示，对各年度的数据进行相关的统计分析，得到矿区不同年份不同类型荒漠化面积如表 12-2 所示。

图 12-12 重分类结果

表 12-2 岭北矿区不同年份不同荒漠化类型土地面积统计表 (km^2)

荒漠化土地类型	面积					
	1990 年	1999 年	2008 年	2010 年	2013 年	2016 年
轻度	84.97	120.52	161.54	97.38	91.01	111.86
中度	12.99	7.01	11.02	14.56	9.69	17.52
重度	1.18	1.02	2.67	2.45	2.16	2.17
极重度	0.27	0.68	3.29	2.79	1.84	1.01
合计	99.4	129.24	178.51	117.18	104.7	132.55

结合图 12-13 和表 12-2 可以看出，从 1990~2016 年，荒漠化土地面积在 27 年中呈波动变化，在 2008 年达到最大值。轻度荒漠化主要集中在矿区中的稀疏林地，面积变化剧烈，而且从图 12-13 也可以看出，其空间分布在不同年份也呈现较大差异，反映出矿区生态环境具有一定的不稳定性；重度和极重度荒漠化主要集中在稀土矿点裸露地表及周边区域，体现了稀土开采规模、开采模式及环境治理措施对矿区地表荒漠化的影响，其面积在 27 年间先增加后减少，总面积在 2008 年高达 5.96km^2，主要为稀土价格的持续上涨导致稀土规模持续扩大，大量池浸/堆浸开采方式导致矿点及周边区域出现大量裸露地表，且以矿点采场为中心，集中连片分布，产生了极其严重的荒漠化问题。在 2010 年，由于当地政府对矿区生态环境治理力度加大，并且全面采用了不直接破坏地表植被的原地浸矿开采工艺，重度和极重度荒漠化面积有所减少，矿区严重荒漠化问题得到一定程度遏制；中度荒漠化区域主要集中在矿区农田及果园，该区域面积在 2013 年后急剧扩大，一定程度上体现了原地浸泡规模扩大后对矿区地表荒漠化所产生的影响。

12.3.3 矿区荒漠化对比分析

对 1990 年、1999 年、2008 年、2016 年土地荒漠化图进行空间叠加，得到矿区不同时段内各类荒漠化土地内部变化动态，如图 12-14 所示，矿区荒漠化土地总的发展趋势可以

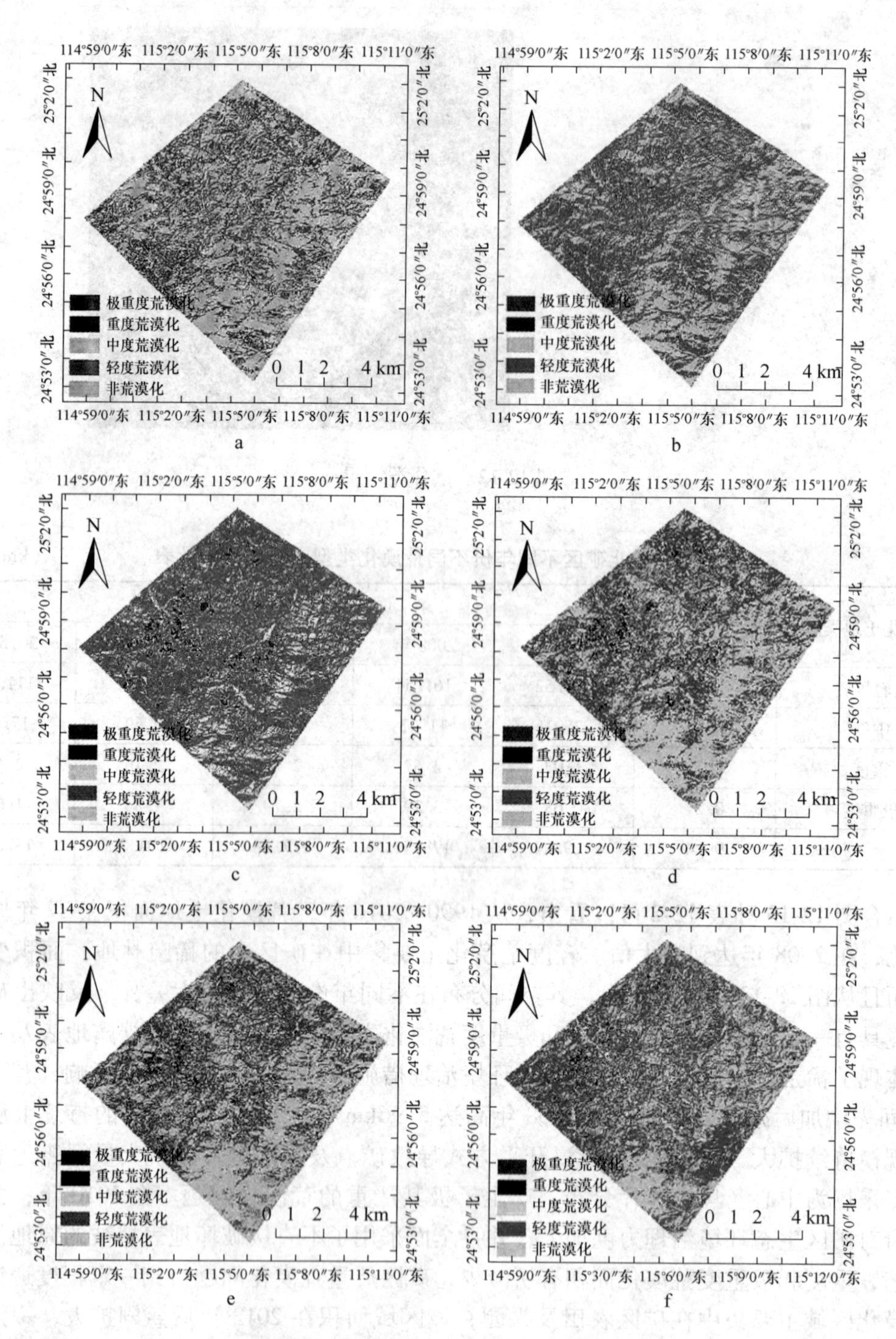

图 12-13 岭北稀土矿区荒漠化土地分级图

a—1990 年；b—1999 年；c—2008 年；d—2010 年；e—2013 年；f—2016 年

从不同类型荒漠化土地面积总量的变化反映出来。根据公式（12-10），算出岭北稀土矿区 4 种不同类型荒漠化土地动态度，如表 12-3 所示。

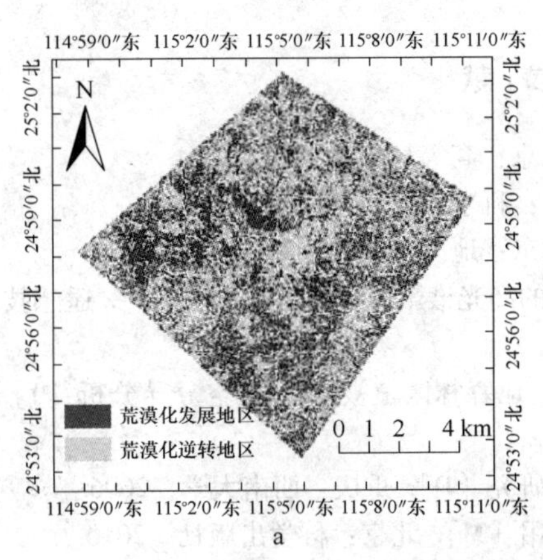

a

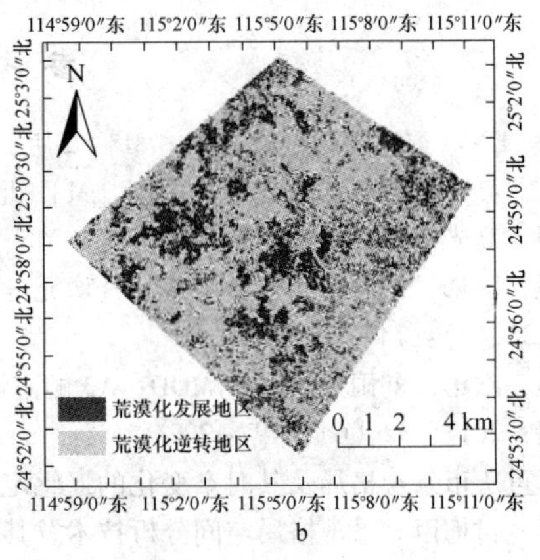

b

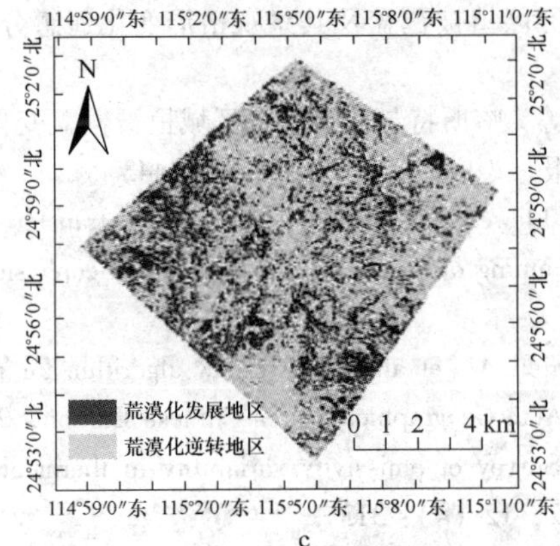

c

图 12-14 荒漠化土地逆转和发展区分布图

a—1990~1999 年；b—1999~2008 年；c—2008~2016 年

表 12-3 岭北矿区 1990~2016 年荒漠化动态度 （%/年）

荒漠化土地类型	轻度	中度	重度	极重度
1990~1999 年动态度 K	4. 649	−5. 112	−1. 486	17. 246
1999~2008 年动态度 K	3. 782	6. 337	17. 907	42. 524
2008~2016 年动态度 K	−3. 844	7. 385	−2. 331	−8. 684

结合表 12-2 及图 12-14，在 1990~1999 年，除中度和重度荒漠化面积有所减少外，轻度、极重度荒漠化面积和荒漠化总面积均在增加，研究区荒漠化土地总面积由 99. 40km^2 增加至 129. 24km^2，增加了 29. 83km^2。1990~1999 年这 10 年间研究区荒漠化程度总体上呈恶化趋势；在 1999~2008 年，各类型荒漠化面积均变化较剧烈，荒漠化土地总面积增加了 49. 26km^2，荒漠化发展区域呈现集中连片趋势，主要集中在矿点及周边，体现为稀土开采对矿区环境的影响，这十年里研究区荒漠化程度呈发展趋势；在 2008~2016 年，这段期间采矿的开采主要为原地浸矿的模式，原地浸矿的模式与池浸/堆浸工艺相比，对植被破坏相对较弱，因此重度和极重度荒漠化情况变好，荒漠化发展区域向矿点周边扩散，主要为中度及轻度荒漠化，其原因为随着时间的推移和原地浸矿工艺的普及，由于浸矿液体不可避免的泄漏，造成了矿点周边植被及土地的一定程度退化，因此改进稀土开采工艺，合理评估各种工艺对环境的长期影响显得尤为重要。

参考文献

[1] 邓书斌 . ENVI 遥感图像处理方法 [M]. 2 版 . 北京：高等教育出版社，2014.

[2] 刘代志 . 高光谱遥感图像处理与应用 [M]. 北京：科学出版社，2016.

[3] 杨可明 . 高光谱遥感影像信息提取技术 [M]. 北京：地质出版社，2013.

[4] 李恒凯，欧彬，刘雨婷，等 . 基于混合像元分解的高光谱影像柑橘识别方法 [J]. 遥感技术与应用，2017，32 (4)：743~750.

[5] 李恒凯，欧彬，刘雨婷 . 基于 MOD17A3 的南岭山地森林区植被 NPP 时空分异分析 [J]. 西北林学院学报，2017，32 (6)：197~202.

[6] 范莉 . 重庆市景观格局及其时空变化的遥感定量研究 [D]. 重庆：西南大学，2006.

[7] 郑新奇，付梅臣 . 景观格局空间分析技术及其应用 [M]. 北京：科学出版社，2010.

[8] 高国林，王石英，蒋容 . 翠屏区植被覆盖及其景观格局变化遥感分析 [J]. 水土保持研究，2013，20 (3)：104~109.

[9] 汪明冲，王兮之，梁钊雄，等 . 喀斯特与非喀斯特区域植被覆盖变化景观分析——以广西壮族自治区河池市为例 [J]. 生态学报，2014，34 (12)：3435~3443.

[10] Zavody A M，Mutlow C T，Llewellyn Jones D T. A radiative transfer model for sea surface temperature retrieval for the along-track scanning radiometer [J]. Journal of Geophysical Research：Oceans，1995，100 (C1)：937~952.

[11] Qin Z H，Zhang M H，Karnieli A，et al. Mono-window algorithm for retrieving land surface temperature from Landsat TM6 data [J]. Acta Geographica Sinica-Chinese Edition，2001，56 (4)：466.

[12] Artis D A，Carnahan W H. Survey of emissivity variability in thermography of urban areas [J]. Remote Sensing of Environment，1982，12 (4)：313.

[13] 龚绍琦，张茜茹，王少峰，等 . 地表温度遥感中大气平均作用温度估算模型研究 [J]. 遥感技术与应用，2015，30 (6)：1113~1121.

[14] 张喜旺，周月敏，李晓松，等 . 土壤侵蚀评价遥感研究进展 [J]. 土壤通报，2010 (4)：1010~1017.

[15] 颉耀文，陈怀录，徐克斌 . 数字遥感影像判读法在土壤侵蚀调查中的应用 [J]. 兰州大学学报：自然科学版，2002，38 (2)：157~162.

[16] Dwivedi R S，Sankar T R，Venkataratnam L，et al. The inventory and monitoring of eroded lands using remote sensing data [J]. International Journal of Remote Sensing，1997，18 (1)：107~119.

[17] Ploey J，Auzet A V. Soil erosion map of western Europe [M]. Catena，1989.

[18] Fadul H M，Salih A A，Imad-eldin A A，et al. Use of remote sensing to map gully erosion along the Atbara River，Sudan [J]. International Journal of Applied Earth Observation and Geoinformation，1999，1 (3~4)：175~180.

[19] Hill J，Mehl W，Smith M O，et al. Mediterranean ecosystem monitoring with earth observation satellites [C]. Remote Sensing-from research to operational applications in the new Europe：Proceedings of the 13th EARSeL Symposium. Springer-Verlag，Budapest，Hungary，1994：131~141.

[20] 杨晓梅 . 哥伦比亚东部平原上侵蚀风险绘图法的研究 [J]. 水土保持科技情报，2003 (3)：8~10.

[21] Servenay A，Prat C. Erosion extension of indurated volcanic soils of Mexico by aerial photographs and remote sensing analysis [J]. Geoderma，2003，117 (3)：367~375.

[22] Metternicht G I，Zinck J A. Evaluating the information content of JERS-1 SAR and Landsat TM data for discrimination of soil erosion features [J]. ISPRS Journal of Photogrammetry and Remote Sensing，1998，53 (3)：143~153.

[23] Liu J G，Mason P，Hilton F，et al. Detection of rapid erosion in SE Spain：A GIS approach based on ERS SAR coherence imagery：InSAR Application [J]. Photogrammetric engineering and remote sensing，2004，

70 (10): 1179~1185.

[24] Artemi Cerdà, Keesstra S, Pulido M, et al. Soil erosion and degradation in Mediterranean Type Ecosystems. The Soil Erosion and Degradation Research Group (SEDER) approach and findings [C] // Egu General Assembly Conference. EGU General Assembly Conference Abstracts, 2017.

[25] Kibkby M J, Morgon. Soil Erosion [J]. Journal of Hydrology, 1980, 55 (1~4): 376~377.

[26] Elwell H A. Modelling soil losses in Southern Africa [J]. Journal of Agricultural Engineering Research, 1978, 23 (2): 117~127.

[27] 刘宝元, 等. 中国土壤侵蚀预报模型研究 [C]. 第十二届国际水土保持大会. 北京, 2002.

[28] 江忠善, 王志强. 黄土丘陵区小流域土壤侵蚀空间变化定量研究 [J]. 土壤侵蚀与水土保持学报, 1996, 2 (1): 1~9.

[29] 谢树楠, 王孟楼, 张仁. 黄河中游黄土沟壑区暴雨产沙模型的研究 [R]. 北京: 清华大学, 1990.

[30] 汤立群. 流域产沙模型的研究 [J]. 水科学进展, 1996, 7 (1): 47~53.

[31] 蔡强国, 王贵平, 陈永宗. 黄土高原小流域侵蚀产沙过程与模拟 [M]. 北京: 科学出版社, 1998.

[32] McCool D K, Foster G R, Mutchler C K, et al. Revised slope length factor for the Universal Soil Loss Equation [J]. Transactions of the ASAE, 1989, 32 (5): 1571~1576.

[33] Liu B Y, Nearing M A, Risse L M. Slope gradient effects on soil loss for steep slopes [J]. Transactions of the ASAE, 1994, 37 (6): 1835~1840.

[34] 李恒凯, 李芹, 王秀丽. 基于 QuickBird 影像的离子型稀土矿区土地利用及景观格局分析 [J]. 稀土, 2019, 40 (5): 73~83.

[35] 李恒凯, 雷军, 吴娇. 基于多源时序 NDVI 的稀土矿区土地毁损与恢复过程分析 [J]. 农业工程学报, 2018, 34 (1): 232~240.

[36] 李恒凯, 杨柳, 雷军. Landsat-8 热红外数据反演稀土矿区地表温度的方法比较 [J]. 中国稀土学报, 2017, 35 (5): 657~666.

[37] 李恒凯, 阮永俭, 杨柳. 离子稀土矿区地表扰动温度分异效应分析——以岭北矿区为例 [J]. 稀土, 2017, 38 (1): 134~142.

[38] 李恒凯, 熊云飞, 吴立新. 面向对象的离子吸附型稀土矿开采高分遥感影像识别方法 [J]. 稀土, 2017, 38 (4): 38~49.

[39] 吴娇, 李恒凯, 雷军. 东江源区植被覆盖时空演变遥感监测与分析 [J]. 江西理工大学学报, 2017, 38 (1): 29~36.

[40] 李芹, 李恒凯, 杨柳, 等. 离子稀土开采扰动下的矿区荒漠化遥感监测分析——以岭北矿区为例 [J]. 有色金属科学与工程, 2017, 8 (3): 114~120.

[41] 李恒凯, 雷军, 杨柳. 基于 Landsat 影像的离子稀土矿区植被覆盖度提取及景观格局分析 [J]. 农业工程学报, 2016, 32 (10): 267~276.

[42] 李恒凯, 杨柳, 雷军. 基于温度分异的稀土矿区地表扰动分析方法 [J]. 中国稀土学报, 2016, 34 (3): 373~384.

[43] 李恒凯, 吴立新, 熊云飞, 等. 基于 RUSLE 模型的离子稀土矿区土壤侵蚀时空演变分析——以岭北矿区为例 [J]. 稀土, 2016, 37 (4): 35~44.

[44] 李恒凯, 杨柳, 雷军, 等. 利用 HJ-CCD 影像的红壤丘陵区土壤侵蚀分析——以赣州市为例 [J]. 遥感信息, 2016, 31 (3): 122~129.

[45] 阮永俭, 邱玉宝, 李恒凯, 等. 近 26 年赣州地区陆表环境遥感与变化分析 [J]. 遥感信息, 2016, 31 (6): 110~120.

[46] 李恒凯, 刘小生, 李博, 等. 红壤区植被覆盖变化及与地貌因子关系——以赣南地区为例 [J]. 地理科学, 2014, 34 (1): 103~109.